GD32F3 开发标准教程
——基于 GD32F303RCT6

董　磊　张沛昌　主　编

蔡夫鸿　李运运　郭文波　副主编

电子工业出版社

Publishing House of Electronics Industry

北京·BEIJING

内 容 简 介

本书采用基于 GD32F303RCT6 芯片的 GD32F3 杨梅派开发板，重点介绍 GD32F30x 系列微控制器的基本原理及应用。全书可分为三部分，第一部分（第 1～2 章）主要介绍本书所使用的开发平台和工具，以及基准工程的创建；第二部分（第 3～20 章）主要介绍 GD32F303RCT6 微控制器的 GPIO、串口、定时器、SysTick、RCU、外部中断、看门狗、DAC 和 ADC 等基础片上外设的原理与应用；第三部分（第 21～30 章）围绕 GD32F3 杨梅派开发板的复杂外设展开介绍，包括 LCD、触摸屏、SD 卡和 USB 等。本书旨在通过原理讲解与应用开发实例展示，深入地介绍 GD32F30x 系列微控制器的系统架构，并说明其各个外设的工作原理和开发流程。

全书程序代码的编写规范均遵循《C 语言软件设计规范（LY-STD001—2019）》。各实例采用模块化设计，以便于应用在实际项目和产品中。本书配有丰富的资料包，涵盖 GD32F3 杨梅派开发板原理图、例程、软件包、PPT等，资料包将持续更新，下载链接可通过微信公众号"卓越工程师培养系列"获取。

本书既可以作为高等院校电子信息、自动化等专业微控制器相关课程的教材，也可以作为微控制器系统设计及相关行业工程技术人员的参考书或入门培训用书。

图书在版编目（CIP）数据

GD32F3 开发标准教程：基于 GD32F303RCT6 / 董磊，张沛昌主编. —北京：电子工业出版社，2024.5
ISBN 978-7-121-47415-6

Ⅰ. ①G⋯　Ⅱ. ①董⋯ ②张⋯　Ⅲ. ①微控制器—系统开发—教材　Ⅳ. ①TP368.1

中国国家版本馆 CIP 数据核字（2024）第 052479 号

责任编辑：张小乐
印　　刷：固安县铭成印刷有限公司
装　　订：固安县铭成印刷有限公司
出版发行：电子工业出版社
　　　　　北京市海淀区万寿路 173 信箱　　邮编：100036
开　　本：787×1092　1/16　印张：27.25　字数：698 千字
版　　次：2024 年 5 月第 1 版
印　　次：2025 年 1 月第 2 次印刷
定　　价：89.00 元

序

回顾半导体产业几十年来的发展历程，西方国家在核心技术和全球市场上处于领先地位，而中国的半导体产业发展相对滞后。近年来，西方国家为了维持自身技术的领先地位，对我国高新技术企业采取了技术封锁和政治打压等措施。"断供"成为限制我国高新科技产业发展的重要难题。在层层封锁之下，国产芯片行业的发展将面临巨大挑战，中国亟须打破关键技术垄断，加快推进自主创新进程，从而提升产业链的安全性、稳定性和可靠性，避免在事关国家安全的核心技术及产业上受制于人。

那么，在自主创新的大背景下，我们为什么迫切地要出版国产芯片的配套教材？根据业内众多躬身于国产芯片研发的工程师反馈，国产芯片在推广中面临最严重的问题之一是开发资料难求，这也导致实际研发难度大、成本高。国外知名芯片品牌之所以屹立不倒，是因为其已占据市场数十载，相关开发资料唾手可得，且具有较高的市场认可度和用户黏性。而国产芯片由于起步较晚，在品牌知名度、市场占有率、技术生态等方面都较为落后。为了降低学习门槛，提升参与研发的兴趣和动力，进而加快技术升级和产品普及，有必要尽快丰富和完善相关开发资料，而编写优质的配套教材是其中至关重要的一环。

长期以来，我国半导体产业都存在人才严重不足的问题。在行业发展初期，产业人才主要是赴海外深造后归国的学者，如黄昆、谢希德、林兰英、高鼎三等，他们在新中国成立后毅然决定回国，并带回了半导体技术。为了培养人才，1956 年，中国第一个半导体专门化培训班在北京大学成立。历经辛苦和努力，一批科技工作者成长起来，在半导体领域发挥了巨大的作用。这其中，王阳元、许居衍等都是半导体产业技术的引领者。此外，还有 2000 年回国创办中芯国际的张汝京，以及 2005 年回国创办兆易创新的朱一明。专业人才的培养始终是推动产业发展的重中之重。近年来，国家着力加大对集成电路相关人才的培养，产业人才数量有了较快增长，尽管如此，整个半导体产业的人才缺口依旧巨大。

虽然我国要完成从芯片大国到芯片强国的转变还有很长一段路要走，但近年来国产芯片也取得了相当卓越的成就。在面临西方国家制裁的背景下，华为通过自主研发和技术创新，成功推出了麒麟芯片，实现了高端手机 SoC 的自主创新。麒麟 9000 系列采用自主研发的海思 SoC 架构，拥有先进的制造工艺，最高主频达到 3.13GHz，被业界普遍认为是领先的智能手机芯片解决方案。经过 20 余年的研发积累，龙芯中科推出的 3A6000 处理器在性能上已接近第十代智能英特尔酷睿处理器的水平，而且龙芯处理器在架构、设计、制造、封装等环节均采用国产技术和设备，是真正意义上的国产 CPU。在自动驾驶大算力芯片领域，理想汽车推出了全球首款搭载地平线征程 5 芯片的车型，此举表明地平线征程 5 芯片已正式开启与英伟达 Orin 芯片的同台竞技，这也是国产车载计算芯片厂商与国际大厂相竞争的一角缩影。在通用微控制器领域，兆易创新推出了 45 个产品系列 550 余个型号的微控制器，全面覆盖低、中、高端应用，在微控制器的性能、外设资源、功耗等方面不输国外厂商；甚至在部分相同定位的微控制器系列中，兆易创新的微控制器主频更高。

在国产芯片的赶超之路上，我们还不能因为所取得的成就而自喜。因为客观上来说，差距依然存在，且差距的缩短也必将是一个漫长而艰苦的过程。正如上海兆芯的罗勇博士所说，市场生态是慢慢积累下来的，英特尔和微软用 40 年做的生态，没有一家芯片厂商可以在短时间内将其替代。我们正视差距，也坚信随着一代又一代人的努力，终将实现全面自主创新。

此套基于国产单片机的系列教材，作为自主创新中一个小而重要的部分，期待能为推动国产芯片进高校、进企业、进社会贡献微薄之力。

前　言

近年来，围绕缺芯的话题热度持续高涨，而微控制器正是缺货最严重的品类之一。在国内外微控制器厂商大幅调整售价的情况下，不少厂商将目光转向了性价比更高的国产品牌。在国产化进程的推动下，国内微控制器产品不断得到验证，市场占比也不断提升。其中，兆易创新的 GD32 微控制器在我国高性能通用微控制器领域中占据重要地位，成为国内 32 位通用微控制器市场的热门之选。相较于目前国际市场上的主流微控制器，GD32 位微控制器主频更高，内存更大，外设更丰富，更适应国内的应用需求。本书围绕 GD32F3 系列微控制器展开介绍，希望为 GD32 微控制器的开发人员及爱好者提供一些简单有效的开发示例和参考。

本书采用基于 GD32F303RCT6 芯片的 GD32F3 杨梅派开发板，其 CPU 内核为 Cortex-M4，最大主频为 120MHz，内部 Flash 和 SRAM 容量分别为 256KB 和 48KB，有 51 个 GPIO。开发板板载的 GD-Link 和 USB 转串口均基于 Type-C 接口设计，基于 LED、独立按键、蜂鸣器等基础模块可以完成简单的项目，基于 USB 从机、SD 卡、触摸屏等高级模块可以完成复杂的项目。另外，还可以通过 EMA/EMB/EMC 接口实现基于串口、SPI、I^2C 等通信协议的项目，如 OLED、蓝牙、Wi-Fi、传感器等。

本书的主要参考资料包括《GD32F303xx 数据手册》、《GD32F30x 用户手册（中文版）》、《GD32F30x 用户手册（英文版）》、《GD32F30x 固件库用户指南》、《Cortex-M4 器件用户指南》及《ARM Cortex-M3 与 Cortex-M4 权威指南》。其中，前 4 份为 GD32 微控制器的官方资料，可供参考有关 GD32 的外设架构及其寄存器、操作寄存器的固件库函数等内容；后 2 份是 ARM 公司的官方资料，可用于参考与 Cortex-M4 内核相关的 CPU 架构、指令集、NVIC、功耗管理、MPU、FPU 等内容。限于篇幅，本书只介绍基本原理和应用，如果想要深入学习，读者还需要深入查阅上述资料。

本书的特点如下：

（1）本书配套的所有例程严格按照统一的工程架构设计，每个子模块按照统一标准设计；代码严格按照《C 语言软件设计规范（LY-STD001—2019）》设计，如排版和注释规范、文件和函数命名规范等。

（2）本书配套的所有例程遵循"高内聚、低耦合"的设计原则，有效提高了代码的可重用性及可维护性。

（3）"实例与代码解析"引导读者开展项目设计，并通过代码解析快速理解例程；"本章任务"作为延伸和拓展，通过实战让读者巩固本章的知识点。

（4）本书配套有丰富的资料包，包括 GD32F3 杨梅派开发板原理图、例程、软件包、PPT、参考资料等。这些资料会持续更新，下载链接可通过微信公众号"卓越工程师培养系列"获取。

对于初学者，可以先通过《GD32F3 开发标准教程——基于 GD32F303RCT6》一书开启 32 位微控制器的学习之旅，建议先通过第 1~2 章快速熟悉整个开发流程，然后重点学习第 3~20 章，掌握单片机片上外设架构、寄存器、固件库函数、驱动设计和应用层设计等内容，最后，将所学知识灵活运用于后续第 21~30 章中。对于有经验的开发者，则不需要按部就班，直接从代码入手，将教材和参考资料当作工具书，在无法理解代码时再查阅。俗话说，"纸上得来终觉浅，绝知此事要躬行"。无论是初学者还是有经验的开发者，都建议准备一套 GD32F3 杨梅派开发板，反复实践，并结合教材和参考资料中的知识，提升工程能力。另外，完成书中的本章任务之后，如果还需要进一步提升嵌入式设计水平，建议自行设计或采购一些模块，如加速度传感器模块、激光测距模块、GPS 模块、蓝牙模块、Wi-Fi 模块等，基于 GD32F3 杨梅派开发板完成一些拓展项目或综合项目。

董磊和张沛昌共同策划了本书的编写思路，指导、参与了全书的编写，并对全书进行统稿。蔡夫鸿、李运运和郭文波参与了本书的编写。本书配套的 GD32F3 杨梅派开发板和例程由深圳市乐育科技有限公司开发。兆易创新科技集团股份有限公司的金光一、王霄同样为本书的编写提供了充分的技术支持。电子工业出版社张小乐编辑为本书的出版做了大量的编辑和审校工作。在此一并致以衷心的感谢！

由于编者水平有限，书中难免有不成熟和错误的地方，恳请读者批评指正。读者反馈发现的问题、获取相关资料或遇平台技术问题，可发邮件至邮箱：ExcEngineer@163.com。

全书思维导图

目　录

第 1 章　GD32 开发平台和工具

本书主要介绍 GD32F30x 系列微控制器（MCU）系统设计的相关知识，硬件平台为 GD32F3 杨梅派开发板。通过学习本书中各个实例的原理，基于本书提供的配套例程和代码解析完成实例开发。

本章首先介绍 GD32F3 杨梅派开发板及 GD32F30x 系列微控制器，并解释为什么选择 GD32F3 杨梅派开发板作为本书的硬件载体；然后介绍 GD32 微控制器开发工具的安装和配置；最后对 GD32F3 杨梅派开发板上可以开展的实例及本书配套的资料包进行介绍。

1.1　为什么选择 GD32

兆易创新的 GD32 MCU 是中国高性能通用微控制器领域的领跑者，是中国首个 ARM Cortex-M3、Cortex-M4 及 Cortex-M23 内核通用 MCU 产品系列，现已经发展成为中国 32 位通用 MCU 市场的主流之选。所有型号在软件和硬件引脚封装方面都相互兼容，全面满足各种高中低端嵌入式控制需求和升级，具有高性价比、完善的生态系统和易用性优势，全面支持多层次开发，可缩短设计周期。

自 2013 年推出中国第一颗 ARM Cortex 内核 MCU 以来，GD32 目前已经成为中国最大的 ARM MCU 家族，提供 63 个产品系列共 700 余个产品型号。各系列都具有很高的设计灵活性并可以软硬件相互兼容，允许用户根据项目开发需求在不同型号间自由切换。

GD32 产品家族以 Cortex-M3 和 Cortex-M4 主流型内核为基础，由 GD32F1、GD32F3 和 GD32F4 系列产品构建，并不断向高性能和低成本两个方向延伸。GD32F303 系列通用 MCU 基于 120MHz Cortex-M4 内核并支持快速 DSP 功能，持续以更高性能、更低功耗、更方便易用的灵活性为工控消费及物联网等市场主流应用注入澎湃动力。

"以触手可及的开发生态为用户提供更好的使用体验"是 GD32 支持服务的理念。GD32 丰富的生态系统和开放的共享中心，既与用户需求紧密结合，又与合作伙伴互利共生，在蓬勃发展中使多方受益，惠及大众。

GD32 联合全球合作厂商推出了多种集成开发环境（IDE）、开发套件（EVB）、图形化界面（GUI）、安全组件、嵌入式 AI、操作系统和云连接方案，并打造全新技术网站，提供多个系列的视频教程和短片，可任意点播在线学习，产品手册和软硬件资料也可随时下载。另外，GD32 还推出了多周期全覆盖的MCU开发人才培养计划，从青少年科普到高等教育全面展开，为新一代工程师提供学习与成长的沃土。

1.2　GD32F3 系列微控制器介绍

在微控制器的选型过程中，以往工程师常常会陷入这样一个困局：一方面为 8 位/16 位微控制器有限的指令和性能，另一方面为 32 位处理器的高成本和高功耗。能否有效地解决这个问题，让工程师不必在性能、成本、功耗等因素中做出取舍和折中？

兆易创新 GD32F3 系列 MCU 基于 120MHz Cortex-M4 内核并支持快速 DSP 功能，具有更高性能、更低功耗、更方便易用的特性。

GD32F3 系列 MCU 提供六大系列（F303、F305、F307、F310、F330 和 F350）共 80 个

产品型号，包括 LQFP144、LQFP100、LQFP64、LQFP48、LQFP32、QFN32、QFN28、TSSOP20 共 8 种封装类型，以便以前所未有的设计灵活性和兼容度轻松应对飞速发展的产业升级挑战。

　　GD32F3 系列 MCU 最高主频可达 120MHz，并支持 DSP 指令运算；配备了 128～3072KB 的超大容量 Flash 及 48～96KB 的 SRAM，内核访问 Flash 高速零等待。芯片采用 2.6～3.6V 供电，I/O 端口可承受 5V 电平；配备了 2 个支持三相 PWM 互补输出和霍尔采集接口的 16 位高级定时器，可用于矢量控制，还拥有多达 10 个 16 位通用定时器、2 个 16 位基本定时器和 2 个多通道 DMA 控制器。芯片还为广泛的主流应用配备了多种基本外设资源，包括 3 个 USART、2 个 UART、3 个 SPI、2 个 I^2C、2 个 I^2S、1 个 CAN2.0B 和 1 个 SDIO，以及外部总线扩展控制器（EXMC）。

　　其中，全新设计的 I^2C 接口支持快速 Plus（Fm+）模式，频率最高可达 1MHz（1MB/s），是以往速度的两倍，从而以更高的数据传输速率来适配高带宽应用场合。SPI 接口也已经支持四线制，方便扩展 Quad/SPI/NOR Flash 并实现高速访问。内置的 USB 2.0 OTG FS 接口可提供 Device、HOST、OTG 等多种传输模式，还拥有独立的 48MHz 振荡器，支持无晶振设计以降低使用成本。10/100Mbps 自适应的快速以太网媒体存取控制器（MAC）可协助开发以太网连接功能的实时应用。芯片还配备了 3 个采样率高达 2.6MSa/s 的 12 位高速 ADC，提供了多达 21 个可复用通道，并新增了 16 位硬件过采样滤波功能和分辨率可配置功能，还拥有 2 个 12 位 DAC。多达 80% 的 GPIO 具有多种可选功能，还支持端口重映射，并以增强的连接性满足主流开发应用需求。

　　由于采用了最新的 Cortex-M4 内核，GD32F3 系列主流型产品在最高主频下的工作性能可达 150DMIPS，CoreMark 测试可达 403 分。同主频下的代码执行效率相比市场同类 Cortex-M4 产品提高 10%～20%，相比 Cortex-M3 产品更提高 30%。不仅如此，全新设计的电压域支持高级电压管理功能，使得芯片在所有外设全速运行模式下的最大工作电流仅为 380μA/MHz，电池供电时的 RTC 待机电流仅为 0.8μA，在确保高性能的同时实现了最佳的能耗比，从而全面超越 GD32F1 系列产品。另外，GD32F3 系列与 GD32F1 系列保持了完美的软件和硬件兼容性，并使得用户可以在多个产品系列之间方便地自由切换，以前所未有的灵活性和易用性构建设计蓝图。

　　兆易创新还为新产品系列配备了完整丰富的固件库，包括多种开发板和应用软件在内的 GD32 开发生态系统也已准备就绪。线上技术门户（www.GD32MCU.com）已经为研发人员提供了强大的产品支持、技术讨论及设计参考平台。得益于广泛丰富的 ARM 生态体系，包括 Keil MDK、CrossWorks 等更多开发环境和第三方烧录工具也已全面支持。这些都极大程度地降低了项目开发难度并有效缩短了产品的上市周期。

　　由于 GD32 拥有丰富的外设、强大的开发工具、易于上手的固件库，在 32 位微控制器选型中，GD32 已经成为许多工程师的首选。并且经过多年的积累，GD32 的开发资料非常完善，这也降低了初学者的学习难度。因此，本书选用 GD32 微控制器作为载体，GD32F3 杨梅派开发板上的主控芯片就是封装为 LQFP64 的 GD32F303RCT6，其最高主频可达 120MHz。

　　GD32F303RCT6 微控制器拥有的资源包括 48KB SRAM、256KB Flash、1 个 NVIC、1 个 EXTI（支持 20 个外部中断/事件请求）、2 个 DMA（支持 12 个通道）、1 个 RTC、2 个 16 位基本定时器、4 个 16 位通用定时器、2 个 16 位高级定时器、1 个独立看门狗定时器、1 个窗口看门狗定时器、1 个 24 位 SysTick、2 个 I^2C、3 个 USART、2 个 UART、3 个 SPI、2 个 I^2S、1 个 SDIO 接口、1 个 CAN、1 个 USBD、51 个 GPIO、3 个 12 位 ADC（可测量 16 个外部和

2 个内部信号源)、2 个 12 位 DAC、1 个内置温度传感器和 1 个串行调试接口 JTAG 等。

GD32 微控制器可用于开发各种产品,如智能小车、无人机、电子体温枪、电子血压计、血糖仪、胎心多普勒、监护仪、呼吸机、智能楼宇控制系统和汽车控制系统等。

1.3　GD32F3 杨梅派开发板电路简介

本书将以 GD32F3 杨梅派开发板为载体对 GD32 微控制器进行介绍。那么,什么是 GD32F3 杨梅派开发板?

GD32F3 杨梅派开发板如图 1-1 所示,是由电源转换电路、通信-下载模块电路、GD-Link 调试下载模块电路、LED 电路、蜂鸣器电路、独立按键电路、触摸按键电路、SPI Flash 电路、EEPROM 电路、SD 卡电路、USB 从机电路、LCD 接口电路、外扩引脚电路、外扩接口电路和 GD32 微控制器电路组成的电路板。

利用 GD32F3 杨梅派开发板完成本书中的实例开发,还需要搭配两条 USB 转 Type-C 型连接线和一块 OLED 显示屏。开发板上集成了通信-下载模块和 GD-Link 调试下载模块,这两个模块分别通过一条 USB 转 Type-C 型连接线连接到计算机,通信-下载模块除了可以用于向微控制器下载程序,还可以实现开发板与计算机之间的数据通信,GD-Link 调试下载模块既能下载程序,又能进行断点调试。OLED 显示屏则用于参数显示。GD32F3 杨梅派开发板、OLED 显示屏和计算机的连接图如图 1-2 所示。

图 1-1　GD32F3 杨梅派开发板

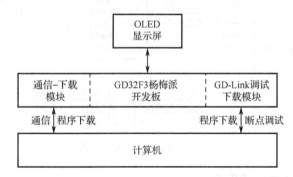

图 1-2　GD32F3 杨梅派开发板、OLED 显示屏和计算机连接图

1. 通信-下载模块电路

工程师编写完程序后,需要通过通信-下载模块将.hex(或.bin)文件下载到微控制器中。通信-下载模块通过一条 USB 转 Type-C 型连接线与计算机连接,通过计算机上的 GD32 下载工具(如 GigaDevice MCU ISP Programmer),就可以将程序下载到 GD32 微控制器中。通信-下载模块除了具备程序下载功能,还担任着"通信员"的角色,即可以通过通信-下载模块实现计算机与 GD32F3 杨梅派开发板之间的通信。注意,开发板上的 PWR_KEY 为电源开关,通过 Type-C 接口引入 5V 电源后,还需要按下电源开关才能使开发板正常工作。

通信-下载模块电路如图 1-3 所示。USB$_1$ 即为 Type-C 接口，可引入 5V 电源。编号为 U$_{301}$ 的芯片 CH340G 为 USB 转串口芯片，可以实现计算机与微控制器之间的通信。J$_{302}$ 为 2×2Pin 双排排针，在使用通信-下载模块之前，应先使用跳线帽分别将 CH340_TX 和 USART0_RX、CH340_RX 和 USART0_TX 连接。

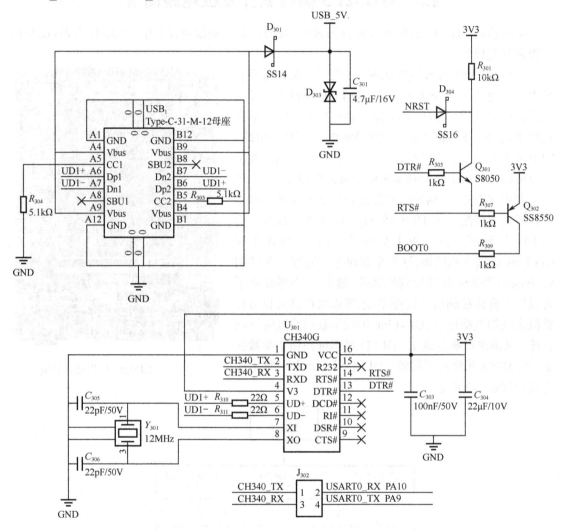

图 1-3 通信-下载模块电路

2. GD-Link 调试下载模块电路

GD-Link 调试下载模块不仅可以下载程序，还可以对 GD32F303RCT6 微控制器进行断点调试。图 1-4 为 GD-Link 调试下载模块电路，USB$_2$ 为 Type-C 接口，同样可引入 5V 电源，USB$_2$ 上的 UD2+和 UD2-通过一个 22Ω 电阻连接到 GD32F103RGT6 微控制器，该微控制器为 GD-Link 调试下载电路的核心，可通过 SWD 接口对开发板的主控芯片 GD32F303RCT6 进行断点调试，或程序下载。

虽然 GD-Link 调试下载模块既可以下载程序，又能进行断点调试，但是无法实现 GD32 微控制器与计算机之间的通信。因此，在设计产品时，除了保留 GD-Link 接口，还建议保留通信-下载接口。

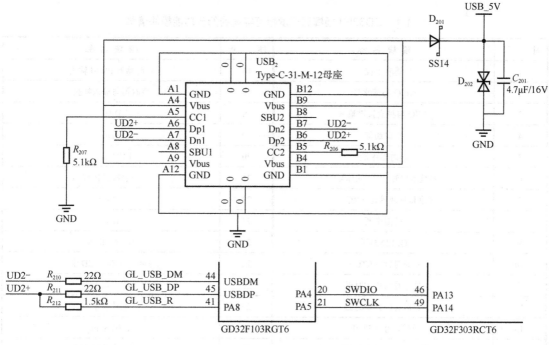

图 1-4　GD-Link 调试下载模块电路

3. 电源转换电路

图 1-5 所示为 5V 转 3V3 电源转换电路，其功能是将 5V 输入电压转换为 3.3V 输出电压。通信-下载模块和 GD-Link 调试下载模块的两个 Type-C 接口均可引入 5V 电源（USB_5V 网络）。然后通过电源开关 PWR_KEY 控制开发板的电源，开关闭合时，USB_5V 网络与 5V 网络连通，并通过 AMS1117-3.3 芯片输出 3.3V 电压，微控制器即可正常工作。D_{103} 为瞬态电压抑制二极管，功能是防止电源电压过高时损坏芯片。U_{101} 为低压差线性稳压芯片，可将 Vin 端输入的 5V 转化为 3.3V 在 Vout 端输出。

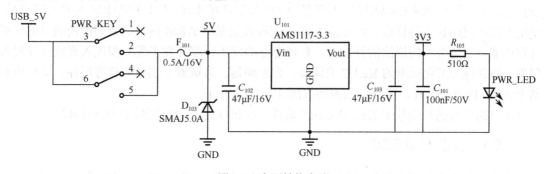

图 1-5　电源转换电路

GD32F3 杨梅派开发板上的其他模块电路将在后续对应的章节中进行详细介绍。

1.4　GD32F3 杨梅派开发板可以实现的部分功能模块

本书配套的 GD32F3 杨梅派开发板可以实现的功能模块非常丰富，这里仅列出具有代表性的 29 个，如表 1-1 所示。其中，第 1~19 为基础模块，第 20~29 为进阶模块。

表 1-1　GD32F3 杨梅派开发板可实现的部分功能模块清单

序　号	模 块 名 称	序　号	模 块 名 称
1	基准工程	16	定时器与 PWM 输出
2	GPIO 与流水灯	17	定时器与输入捕获
3	GPIO 与独立按键输入	18	DAC
4	串口通信	19	ADC
5	定时器中断	20	LCD 显示
6	系统节拍时钟（SysTick）	21	电容触摸按键
7	复位和时钟单元（RCU）	22	触摸屏
8	外部中断	23	内存管理
9	OLED 显示	24	读/写 SD 卡
10	实时时钟（RTC）	25	FatFs 与读/写 SD 卡
11	独立看门狗定时器	26	中文显示
12	窗口看门狗定时器	27	图片显示
13	读/写内部 Flash	28	USB 从机
14	软件模拟 I²C 与读/写 EEPROM	29	IAP 在线升级应用
15	软件模拟 SPI 与读/写 Flash		

1.5　GD32 微控制器开发工具的安装与配置

自从兆易创新于 2013 年推出 GD32 微控制器至今，与 GD32 配套的开发工具有很多，如 Keil 公司的 Keil、ARM 公司的 DS-5、Embest 公司的 EmbestIDE、IAR 公司的 EWARM 等。目前国内使用较多的是 EWARM 和 Keil。

EWARM（Embedded Workbench for ARM）是 IAR 公司为 ARM 微处理器开发的一个集成开发环境（简称 IAR EWARM）。与其他 ARM 开发环境相比，IAR EWARM 具有入门容易、使用方便和代码紧凑的特点。Keil 是 Keil 公司开发的基于 ARM 内核的系列微控制器的集成开发环境，它适合不同层次的开发者，包括专业的应用程序开发工程师和嵌入式软件开发入门者。Keil 包含工业标准的 Keil C 编译器、宏汇编器、调试器、实时内核等组件，支持所有基于 ARM 内核的芯片，能帮助工程师按照计划完成项目。

本书的所有例程均基于 Keil μVision5 软件，建议读者选择相同版本的开发环境。

1.5.1　安装 Keil 5.30

双击运行本书配套资料包"02.相关软件\MDK5.30"文件夹中的 MDK5.30.exe 文件，在如图 1-6 所示的对话框中，单击 Next 按钮。

系统弹出如图 1-7 所示的对话框，勾选 I agree to all the terms of the preceding License Agreement 项，然后单击 Next 按钮。

系统弹出如图 1-8 所示的对话框，选择安装路径和包存放路径，建议安装在 D 盘，单击 Next 按钮。读者也可以自行选择安装路径。

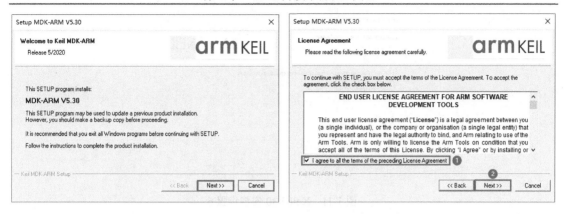

图 1-6　Keil 5.30 安装步骤 1　　　　　　　图 1-7　Keil 5.30 安装步骤 2

　　系统弹出如图 1-9 所示的对话框，在各栏中输入相应的信息，然后单击 Next 按钮。软件开始安装。

图 1-8　Keil 5.30 安装步骤 3　　　　　　　图 1-9　Keil 5.30 安装步骤 4

　　在软件安装过程中，系统会弹出如图 1-10 所示的对话框，勾选"始终信任来自"ARM Ltd"的软件（A）"项，然后单击"安装（I）"按钮。

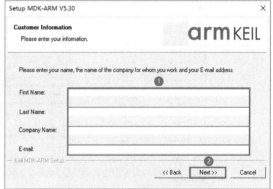

图 1-10　Keil 5.30 安装步骤 5

　　软件安装完成后，系统弹出如图 1-11 所示的对话框，取消勾选 Show Release Notes.项，然后单击 Finish 按钮。

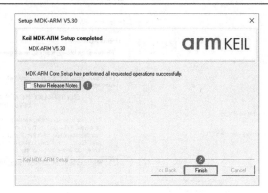

图 1-11　Keil 5.30 安装步骤 6

系统弹出如图 1-12 所示的对话框，取消勾选 Show this dialog at startup 项，然后单击 OK 按钮，最后关闭 Pack Installer 对话框。

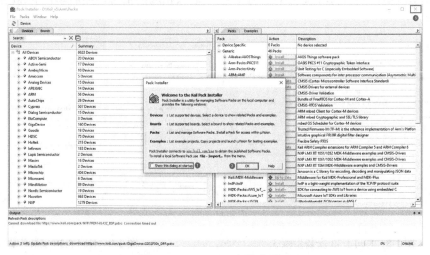

图 1-12　Keil 5.30 安装步骤 7

在资料包的"02.相关软件\MDK5.30"文件夹中，还有 1 个名为 GigaDevice.GD32F30x_DFP.2.1.0.pack 的文件，该文件为 GD32F30x 系列微控制器的固件库包。如果使用 GD32F30x 系列微控制器，则需要安装该固件库包。双击运行 GigaDevice.GD32F30x_DFP.2.1.0.pack，弹出如图 1-13 所示的对话框，直接单击 Next 按钮，固件库包即开始安装。

固件库包安装完成后，弹出如图 1-14 所示的对话框，单击 Finish 按钮。

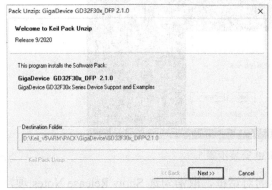

图 1-13　安装固件库包步骤 1　　　　　　　　图 1-14　安装固件库包步骤 2

1.5.2　设置 Keil 5.30

Keil 5.30 安装完成后，需要对 Keil 软件进行标准化设置，首先在"开始"菜单找到并单击 Keil μVision5，软件启动后，弹出如图 1-15 所示的对话框，单击"是"按钮。

然后在打开的 Keil μVision5 软件界面中，执行菜单栏命令 Edit→Configuration，如图 1-16 所示。

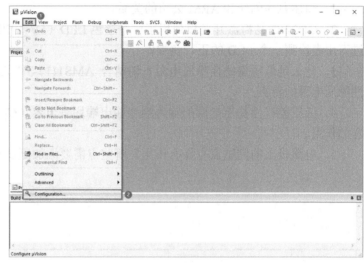

图 1-15　设置 Keil 5.30 步骤 1　　　　　　　图 1-16　设置 Keil 5.30 步骤 2

系统弹出如图 1-17 所示的 Configuration 对话框，在 Editor 标签页的 Encoding 栏中选择 Chinese GB2312(Simplified)。将编码格式改为 Chinese GB2312(Simplified)可以防止代码文件中输入的中文乱码现象；在 C/C++ Files 栏中勾选所有选项，将 Tab size 设置为 2；在 ASM Files 栏中勾选所有选项，将 Tab size 设置为 2；在 Other Files 栏中勾选所有选项，将 Tab size 设置为 2。将缩进的空格数设置为两个空格，同时将 Tab 键也设置为两个空格，这样可以防止使用不同的编辑器阅读代码时出现代码布局不整齐的现象。设置完成后单击 OK 按钮。

图 1-17　设置 Keil 5.30 步骤 3

本 章 任 务

学习完本章后，下载本书配套的资料包，准备好配套的开发套件，熟悉 GD32F3 杨梅派开发板的电路原理及各模块功能。

本 章 习 题

1．简述兆易创新和 ARM 公司的关系。

2．GD32F3 杨梅派开发板使用了一个蓝色 LED（5V_LED）作为电源指示，请问如何通过万用表检测一个 LED 的正、负端？

3．什么是低压差线性稳压电源？请结合 AMS1117-3.3 芯片的数据手册，简述低压差线性稳压电源的特点。

4．低压差线性稳压电源的输入端和输出端均有电容（C_{102}、C_{103}、C_{101}），请解释这些电容的作用。

5．电路板上的测试点有什么作用？哪些点需要添加测试点？请举例说明。

第2章　基准工程原理

本书所有实例均基于 Keil μVision5 开发环境，在开始 GD32 微控制器程序设计之前，本章先以创建一个基准工程为主线，分为 16 个步骤，详细介绍 Keil 软件的使用，以及工程的编译和程序下载。读者通过学习本章，主要掌握软件的使用和工具的操作方法，不需要深入理解代码。

2.1　寄存器与固件库

GD32 刚刚面世时就有配套的固件库了，基于固件库进行微控制器程序开发十分便捷高效。然而，在微控制器面世之初，更多的嵌入式开发人员习惯使用寄存器，很少使用固件库。究竟是基于寄存器开发更快捷还是基于固件库开发更快捷，曾引起了非常激烈的讨论。然而，随着微控制器固件库的不断完善和普及，越来越多的嵌入式开发人员开始接受并适应这种高效率的开发模式。

什么是寄存器开发模式？什么是固件库开发模式？为了便于理解这两种开发模式，下面以日常所熟悉的开汽车为例，从芯片设计者的角度来解释。

1. 如何开汽车

开汽车实际上并不复杂，只要能够协调好变速箱（Gear）、油门（Speed）、刹车（Brake）和方向盘（Wheel），基本上就掌握了开汽车的要领。启动车辆时，首先将变速箱从驻车挡切换到前进挡，然后松开刹车，紧接着踩油门。需要加速时，将油门踩得深一些，需要减速时，将油门适当松开一些。需要停车时，先松开油门，然后踩刹车，在车停稳之后，将变速箱从前进挡切换到驻车挡。当然，实际开汽车还需要考虑更多的因素，本例仅为了形象地解释寄存器和固件库开发模式而将其简化了。

2. 汽车芯片

要设计一款汽车芯片，除了 CPU、ROM、RAM 和其他常用外设（如 CMU、PMU、Timer、UART 等），还需要一个汽车控制单元（CCU），如图 2-1 所示。

为了实现对汽车的控制，即控制变速箱、油门、刹车和方向盘，还需要进一步设计与汽车控制单元相关的 4 个寄存器，分别是变速箱控制寄存器（CCU_GEAR）、油门控制寄存器（CCU_SPEED）、刹车控制寄存器（CCU_BRAKE）和方向盘控制寄存器（CCU_WHEEL），如图 2-2 所示。

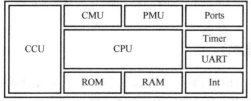
　　图 2-1　汽车芯片结构图 1

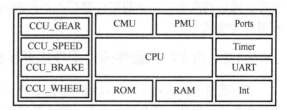
　　图 2-2　汽车芯片结构图 2

2.1.1　汽车控制单元寄存器（寄存器开发模式）

通过向汽车控制单元寄存器写入不同的值，即可实现对汽车的操控，因此首先需要了解寄存器的每一位是如何定义的。下面依次说明变速箱控制寄存器（CCU_GEAR）、油门控制寄存器（CCU_SPEED）、刹车控制寄存器（CCU_BRAKE）和方向盘控制寄存器（CCU_WHEEL）的结构及功能。

（1）CCU_GEAR 的结构如图 2-3 所示，部分位的解释说明如表 2-1 所示。

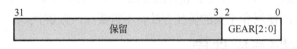

图 2-3　CCU_GEAR 的结构

表 2-1　CCU_GEAR 部分位的解释说明

位	描　　述
位 2:0	GEAR[2:0]：挡位选择。 000-PARK（驻车挡）；001-REVERSE（倒车挡）； 010-NEUTRAL（空挡）；011-DRIVE（前进挡）； 100-LOW（低速挡）

（2）CCU_SPEED 的结构如图 2-4 所示，部分位的解释说明如表 2-2 所示。

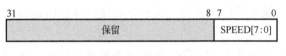

图 2-4　CCU_SPEED 的结构

表 2-2　CCU_SPEED 部分位的解释说明

位	描　　述
7:0	SPEED[7:0]：油门选择。 0 表示未踩油门，255 表示将油门踩到底

（3）CCU_BRAKE 的结构如图 2-5 所示，部分位的解释说明如表 2-3 所示。

图 2-5　CCU_BRAKE 的结构

表 2-3　CCU_BRAKE 部分位的解释说明

位	描　　述
7:0	BRAKE[7:0]：刹车选择。 0 表示未踩刹车，255 表示将刹车踩到底

（4）CCU_WHEEL 的结构如图 2-6 所示，部分位的解释说明如表 2-4 所示。

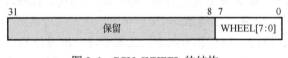

图 2-6　CCU_WHEEL 的结构

表 2-4　CCU_WHEEL 部分位的解释说明

位	描　　述
7:0	WHEEL[7:0]：方向盘方向选择。 0 表示方向盘向左转到底，255 表示方向盘向右转到底

完成汽车芯片的设计之后，就可以借助一款合适的集成开发环境（如 Keil 或 IAR）编写程序，通过向汽车芯片中的寄存器写入不同的值来实现对汽车的操控，这种开发模式称为寄存器开发模式。

2.1.2　汽车芯片固件库（固件库开发模式）

寄存器开发模式对于一款功能简单的芯片（如 51 单片机，只有二三十个寄存器），开发起来比较容易。但是，当今市面上主流的微控制器的功能都非常强大，如 GD32 微控制器，其寄存器个数为几百个甚至更多，而且每个寄存器又有很多功能位，寄存器开发模式就较为复杂。为了方便工程师更好地读/写这些寄存器，提高开发效率，芯片制造商通常会设计一套完整的固件库，通过固件库来读/写芯片中的寄存器，这种开发模式称为固件库开发模式。

例如，汽车控制单元的 4 个固件库函数分别是变速箱控制函数 SetCarGear、油门控制函数 SetCarSpeed、刹车控制函数 SetCarBrake 和方向盘控制函数 SetCarWheel，定义如下：

```
int SetCarGear(Car_TypeDef* CAR, int gear);
int SetCarSpeed(Car_TypeDef* CAR, int speed);
int SetCarBrake(Car_TypeDef* CAR, int brake);
int SetCarWheel(Car_TypeDef* CAR, int wheel);
```

由于以上 4 个函数的功能类似，下面重点介绍 SetCarGear 函数的功能及实现。

1. SetCarGear 函数的描述

SetCarGear 函数用于根据 Car_TypeDef 中指定的参数设置挡位，通过向 CAR_GEAR 写入参数来实现，具体描述如表 2-5 所示。

表 2-5　SetCarGear 函数的描述

函 数 名	SetCarGear
函 数 原 型	int SetCarGear(Car_TypeDef* CAR, CarGear_TypeDef gear)
功 能 描 述	根据 Car_TypeDef 中指定的参数设置挡位
输入参数 1	CAR：指向 CAR 寄存器组的指针
输入参数 2	gear：具体的挡位
输 出 参 数	无
返 回 值	设定的挡位是否有效（FALSE 为无效，TRUE 为有效）

Car_TypeDef 定义如下：

```
typedef struct
{
    __IO uint32_t GEAR;
    __IO uint32_t SPEED;
    __IO uint32_t BRAKE;
    __IO uint32_t WHEEL;
}Car_TypeDef;
```

CarGear_TypeDef 定义如下：

```
typedef enum
{
    Car_Gear_Park = 0,
    Car_Gear_Reverse,
    Car_Gear_Neutral,
    Car_Gear_Drive,
    Car_Gear_Low
}CarGear_TypeDef;
```

2. SetCarGear 函数的实现

SetCarGear 函数的实现代码如程序清单 2-1 所示，通过将参数 gear 写入 CAR_GEAR 来实现。返回值用于判断设定的挡位是否有效，当设定的挡位为 0～4 时，即有效挡位，返回值为 TRUE；当设定的挡位不为 0～4 时，即无效挡位，返回值为 FALSE。

程序清单 2-1

```
int SetCarGear(Car_TypeDef* CAR, int gear)
{
```

```
int valid = FALSE;

   if(0 <= gear && 4 >= gear)
{
CAR_GEAR = gear;
valid = TRUE;
}

   return valid;
}
```

至止，已解释了寄存器开发模式和固件库开发模式，以及这两种开发模式之间的关系。无论是寄存器开发模式，还是固件库开发模式，实际上最终都要配置寄存器，只不过寄存器开发模式是直接读/写寄存器，而固件库开发模式是通过固件库函数间接读/写寄存器。固件库的本质是建立了一个新的软件抽象层，因此，固件库开发的优点是基于分层开发带来的高效性，缺点也是由于分层开发导致的资源浪费。

嵌入式开发从最早的基于汇编语言，到基于 C 语言，再到基于操作系统，实际上是一种基于分层的进化；另外，GD32 作为高性能的微控制器，其固件库导致的资源浪费远不及它所带来的高效性。因此，有必要适应基于固件库的先进的开发模式。那么，基于固件库的开发是否还需要深入学习寄存器？这个疑惑实际上很早就有答案了，比如使用 C 语言开发某一款微控制器，为了设计出更加稳定的系统，了解汇编指令还是非常有必要的，同样，基于操作系统开发，也有必要熟悉操作系统的底层运行机制。兆易创新提供的固件库编写的代码非常规范，注释清晰，可以通过追踪底层代码来研究固件库如何读/写寄存器。

2.2　Keil 编辑和编译及程序下载过程

GD32 微控制器的集成开发环境有很多种，本书使用的是 Keil。首先，用 Keil 建立工程、编写程序；然后，编译工程并生成二进制或十六进制文件；最后，将二进制或十六进制文件下载到 GD32 微控制器上运行。

1．Keil 编辑和编译过程

Keil 的编辑和编译过程与其他集成开发环境的类似，如图 2-7 所示，可分为以下 4 个步骤：①创建工程，并编辑程序，程序包括 C/C++代码（存放于.c 文件）和汇编代码（存放于.s 文件）；②通过编译器 armcc 对.c 文件进行编译，通过汇编器 armasm 对.s 文件进行编译，这两种文件编译之后，都会生成一个对应的目标程序（.o 文件），.o 文件的内容主要是从源文件编译得到的机器码，包含代码、数据及调试使用的信息；③通过链接器 armlink 将各个.o 文件及库文件链接生成一个映射文件（.axf 或.elf 文件）；④通过格式转换器 fromelf，将.axf 或.elf 文件转换成二进制文件（.bin 文件）或十六进制文件（.hex 文件）。编译过程中使用到的编译器 armcc、armasm，以及链接器 armlink 和格式转换器 fromelf 均位于 Keil 的安装目录下，如果 Keil 默认安装在 C 盘，这些工具就存放在 C:\Keil_v5\ARM\ARMCC\bin 目录下。

2．程序下载过程

通过 Keil 生成的映射文件（.axf 或.elf）或二进制/十六进制文件（.bin 或.hex）可以使用不同的工具下载到 GD32 微控制器的 Flash 中，通电后，系统将 Flash 中的文件加载到片上 SRAM，运行整个代码。

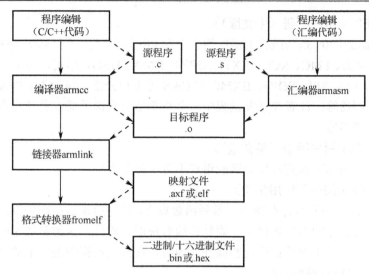

图 2-7 Keil 编辑和编译过程

本书使用了两种程序下载的方法：①使用 Keil 将.axf 文件通过 GD-Link 下载到 GD32 微控制器的 Flash 中；②使用 GigaDevice MCU ISP Programmer 将.hex 文件通过串口下载到 GD32 微控制器的 Flash 中。

2.3 GD32 工程模块名称及说明

工程建立完成后，按照模块被分为 App、Alg、HW、OS、TPSW、FW 和 ARM，如图 2-8 所示。各模块名称及说明如表 2-6 所示。

图 2-8 Keil 工程模块分组

表 2-6 GD32 工程模块名称及说明

模 块	名 称	说 明
App	应用层	应用层包括 Main、硬件应用和软件应用文件
Alg	算法层	算法层包括项目算法相关文件，如心电算法文件等
HW	硬件驱动层	硬件驱动层包括 GD32 微控制器的片上外设驱动文件，如 UART0、Timer 等
OS	操作系统层	操作系统层包括第三方操作系统，如 μC/OS III、FreeRTOS 等
TPSW	第三方软件层	第三方软件层包括第三方软件，如 emWin、FatFs 等
FW	固件库层	固件库层包括与 GD32 微控制器相关的固件库，如 gd23f30x_gpio.c 和 gd32f30x_gpio.h 文件
ARM	ARM 内核层	ARM 内核层包括启动文件、NVIC、SysTick 等与 ARM 内核相关的文件

2.4 相关参考资料

在 GD32 微控制器系统设计过程中，有许多资料可供参考，这些资料存放在本书配套资料包的"09.参考资料"文件夹下，下面对这些参考资料进行简要介绍。

1.《GD32F303xx 数据手册》

选定好某一款具体微控制器之后，需要清楚地了解该微控制器的主功能引脚定义、默认复用引脚定义、重映射引脚定义、电气特性和封装信息等，可以通过《GD32F303xx 数据手册》来查询这些信息。

2.《GD32F30x 用户手册（中文版）》

该手册是 GD32F30x 系列微控制器的用户手册（中文版），主要对 GD32F30x 系列微控制器的外设，如存储器、FMC、RCU、EXTI、GPIO、DMA、DBG、ADC、DAC、WDGT、RTC、Timer、USART、I²C、SPI、SDIO、EXMC 和 CAN 等进行介绍，包括各个外设的架构、工作原理、特性及寄存器等。读者在开发过程中，会频繁使用到该手册，尤其是查阅某个外设的工作原理和相关寄存器。

3.《GD32F30x 用户手册（英文版）》

该手册是 GD32F30x 系列微控制器的用户手册（英文版）。

4.《GD32F30x 固件库使用指南》

固件库实际上就是读/写寄存器的一系列函数集合，该手册是这些固件库函数的使用说明文档，包括封装寄存器的结构体说明、固件库函数说明、固件库函数参数说明，以及固件库函数使用实例等。读者不需要记住这些固件库函数，在开发过程中遇到不清楚的固件库函数时，能够翻阅之后解决问题即可。

本书中各实例所涉及的上述参考资料均已在原理部分说明。在开发设计其他项目时可能会遇到书中未提及的知识点，读者可查阅上述手册，或翻阅其他书籍，或借助于网络资源。

2.5　基准工程创建与配置

根据前面介绍的基准工程原理，按照以下步骤创建和编译工程，将编译生成的.hex 和.axf 文件下载到 GD32F3 杨梅派开发板，验证以下基本功能：两个 LED（编号为 LED_1 和 LED_2）每 500ms 交替闪烁；计算机上的串口助手每秒输出一次字符串。

步骤 1：新建存放工程的文件夹

在计算机的 D 盘中建立一个 GD32F3KeilTest 文件夹，将本书配套资料包的"04.例程资料"文件夹下的所有文件复制到 GD32F3KeilTest 文件夹中。工程保存的文件夹路径也可以自行选择。注意，保存工程的文件夹一定要严格按照要求进行命名，从细微之处养成良好的规范习惯。

步骤 2：新建一个工程

首先，在"D:\GD32F3KeilTest\01.BaseProject"文件夹中新建一个 Project 文件夹。打开 Keil μVision5 软件，执行菜单命令 Project→New μVision Project，在弹出的 Create New Project 对话框中，工程路径选择"D:\GD32F3KeilTest\01.BaseProject\Project"，将文件名命名为 GD32KeilPrj，最后单击"保存"按钮，如图 2-9 所示。

图 2-9　新建一个工程

步骤 3：选择对应的微控制器型号

在弹出的 Options for Target 'Target 1'对话框中，选择对应的微控制器型号。由于开发板上的微控制器型号是 GD32F303RCT6，因此在如图 2-10 所示的对话框中，选择 GD32F303RC，然后单击 OK 按钮。

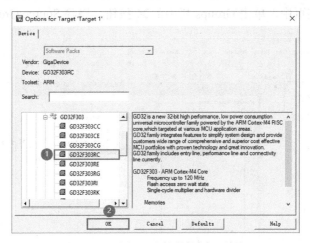

图 2-10　选择对应的微控制器型号

步骤 4：设置 Manage Run-Time Environment 对话框

由于本书使用到微控制器软件接口标准（CMSIS：Cortex Microcontroller Software Interface Standard），因此，在弹出的如图 2-11 所示的 Manage Run-Time Environment 对话框中，先展开 CMSIS 选项，然后在 Sel 一栏中勾选 CORE 对应的选项，最后单击 OK 按钮，保存设置并关闭对话框。

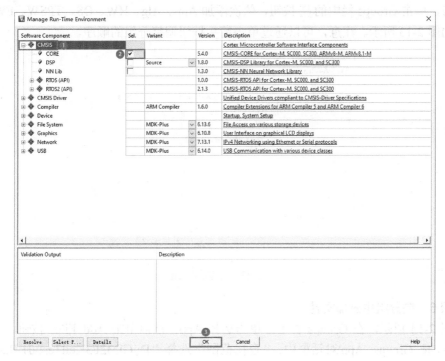

图 2-11　设置 Manage Run-Time Environment 对话框

步骤 5：删除原有分组并新建分组

关闭 Manage Run-Time Environment 对话框之后，一个简单的工程创建完成，工程名为
GD32KeilPrj。在 Keil 软件界面的左侧可以看到，Target1 下有一个 Source Group1 分组，这里
需要将已有的分组删除，并添加新的分组。首先，单击工具栏中的🔧按钮，如图 2-12 所示，
在 Project Items 标签页中，单击 Groups 栏中的✖按钮，删除 Source Group 1 分组。

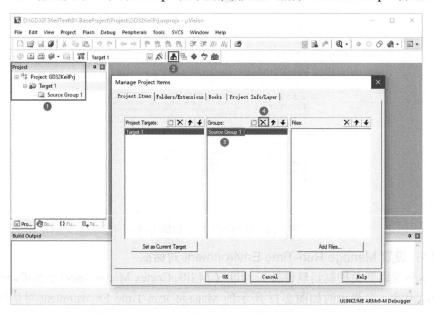

图 2-12　删除原有的 Source Group1 分组

接着，单击 Groups 栏中的▢按钮，依次添加 App、Alg、HW、OS、TPSW、FW、ARM
分组，如图 2-13 所示。注意，可以通过单击箭头按钮调整分组的顺序。

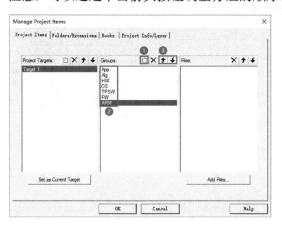

图 2-13　添加新分组

步骤 6：向分组中添加文件

如图 2-14 所示，在 Groups 栏中，单击选择 App，然后单击 Add Files 按钮。在弹出的
Add Files to Groups 'App'对话框中，"查找范围"选择"D:\GD32F3KeilTest\01.BaseProject\
App\Main"。最后，单击选择 Main.c 文件，再单击 Add 按钮，将 Main.c 文件添加到 App 分

组中。注意，也可以在 Add Files to Groups 'App'对话框中，通过双击 Main.c 文件向 App 分组中添加该文件。

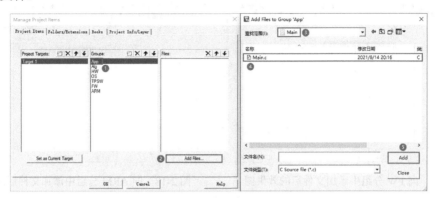

图 2-14　向 App 分组中添加 Main.c 文件

　　采用同样的方法，将 "D:\GD32F3KeilTest\01.BaseProject\App\LED" 路径下的 LED.c 文件添加到 App 分组中。添加完成后的效果图如图 2-15 所示。

　　将 "D:\GD32F3KeilTest\01.BaseProject\HW\RCU" 路径下的 RCU.c 文件、"D:\GD32F3KeilTest\01.BaseProject\HW\Timer"路径下的 Timer.c 文件、"D:\GD32F3KeilTest\01.BaseProject\HW\UART0" 路径下的 Queue.c 和 UART0.c 文件分别添加到 HW 分组中。添加完成后的效果图如图 2-16 所示。

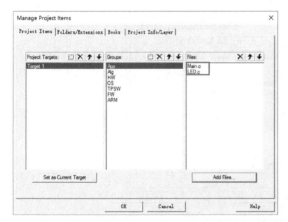 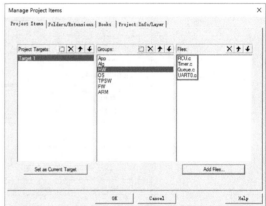

图 2-15　将 LED.c 文件添加到 App 分组中的效果图　　　图 2-16　向 HW 分组中添加文件后的效果图

　　将"D:\GD32F3KeilTest\01.BaseProject\FW\Source"路径下的 gd32f30x_fmc.c、gd32f30x_gpio.c、gd32f30x_misc.c、gd32f30x_rcu.c、gd32f30x_timer.c、gd32f30x_usart.c 文件添加到 FW 分组中。添加后的效果图如图 2-17 所示。

　　将 "D:\GD32F3KeilTest\01.BaseProject\ARM\System" 路径下的 gd32f30x_it.c、system_gd32f30x.c、startup_gd32f30x_hd.s 文件添加到 ARM 分组中，再将 "D:\GD32F3KeilTest\01.BaseProject\ARM\NVIC"路径下的 NVIC.c 文件和"D:\GD32F3KeilTest\01.BaseProject\ARM\SysTick" 路径下的 SysTick.c 文件添加到 ARM 分组中，添加完成后的效果图如图 2-18 所示。注意，向 ARM 分组中添加 startup_gd32f30x_hd.s 文件时，需要在 "文件类型(T)" 的下拉菜单中选择 Asm Source file(*.s*; *.src; *.a*)或 All files(*.*)。

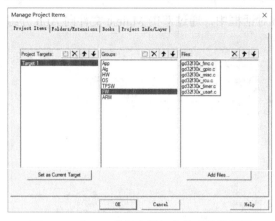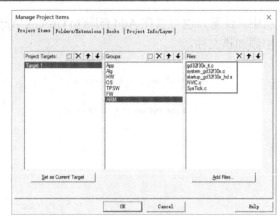

图 2-17　向 FW 分组中添加文件后的效果图　　　图 2-18　向 ARM 分组中添加文件后的效果图

步骤 7：勾选 Use MicroLIB 项

为了方便调试，本书在很多地方都使用了 printf 语句。在 Keil 中使用 printf 语句，需要勾选 Use MicroLIB 项，如图 2-19 所示。首先，单击工具栏中的 按钮，在弹出的 Options for Target 'Target1'对话框中，单击 Target 标签页，勾选 Use MicroLIB 项。然后，将 ARM Compiler 项设置为 Use default compiler version 5。最后，单击 OK 按钮保存设置。

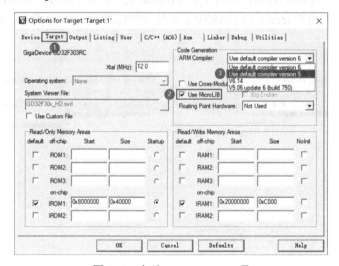

图 2-19　勾选 Use MicroLIB 项

步骤 8：勾选 Create HEX File

通过 GD-Link 既可以下载.hex 文件，也可以将.axf 文件下载到 GD32 微控制器的内部 Flash 中，本书中的实例均使用 GD-Link 下载.axf 文件。Keil 默认编译时不生成.hex 文件，如果需要生成.hex 文件，则需要勾选 Create HEX File 项。首先，单击工具栏中的 按钮，在弹出的 Options for Target 'Target1'对话框中，单击 Output 标签页，勾选 Create HEX File 项，如图 2-20 所示。注意，通过 GD-Link 下载.hex 文件通常要使用 GD-Link Programmer 软件，限于篇幅，这里不介绍如何下载，读者可以自行尝试。

步骤 9：添加宏定义和头文件路径

GD32 微控制器的固件库具有非常强的兼容性，通过宏定义就可以区分并使用在不同型号的微控制器上，而且，可以通过宏定义选择是否使用标准库，具体做法如下。首先，单击

工具栏中的 ✎ 按钮，在弹出的 Options for Target 'Target1'对话框中，单击 C/C++标签页，如图 2-21 所示，在 Define 栏中输入 USE_STDPERIPH_DRIVER,GD32F30X_HD。注意，USE_STDPERIPH_ DRIVER 和 GD32F30X_HD 用英文逗号隔开，第一个宏定义表示使用标准库，第二个宏定义表示使用的微控制器型号为 GD32F30x 系列中的高密度产品。

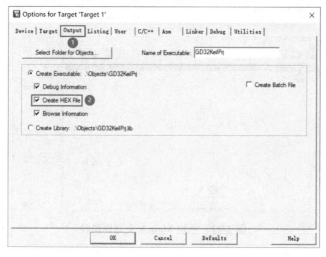

图 2-20　勾选 Create HEX File 项

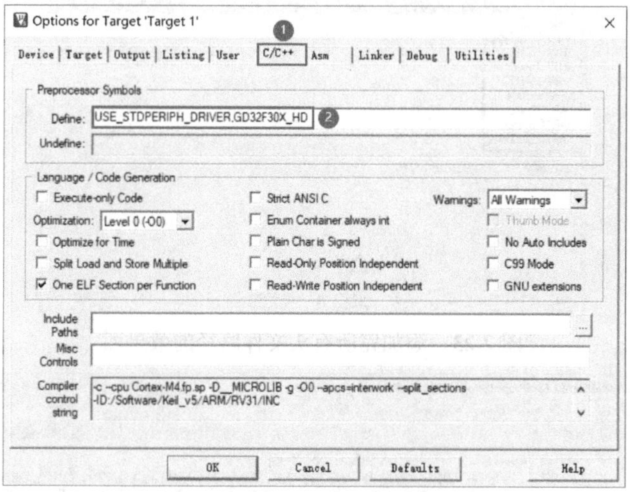

图 2-21　添加宏定义

添加完分组中的.c 文件和.s 文件后，还需要添加头文件路径，这里以添加 Main.h 头文件路径为例进行介绍。首先，单击工具栏中的 ✎ 按钮，在弹出的 Options for Target 'Target1'对话框中：①单击 C/C++标签页；②单击"文件夹设定"按钮；③单击"新建路径"按钮；④将路径选择到"D:\GD32F3KeilTest\01.BaseProject\App\Main"；⑤单击 OK 按钮，如图 2-22 所示。这样即完成了 Main.h 头文件路径的添加。

采用添加 Main.h 头文件路径的方法，依次添加其他头文件路径。所有头文件路径添加完成后的效果图如图 2-23 所示。

步骤 10：程序编译

完成以上步骤后，可以开始程序编译。单击工具栏中的 ▦（Rebuild）按钮，对整个工程进行编译。当 Build Output 栏中出现 FromELF:creating hex file...时，表示已经成功生成.hex 文件；出现 0 Error(s), 0 Warning(s)时，表示编译成功，如图 2-24 所示。

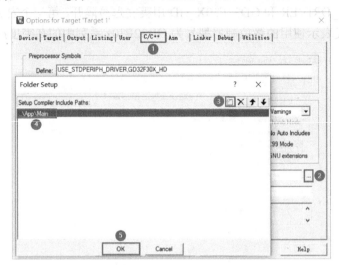

图 2-22 添加 Main.h 头文件路径

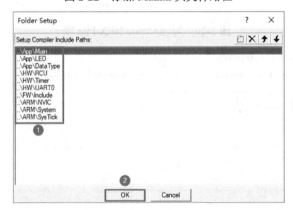

图 2-23 添加完所有头文件路径的效果图

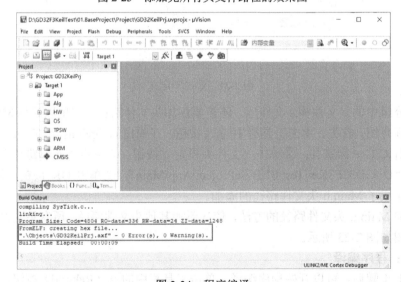

图 2-24 程序编译

步骤 11：通过 GD-Link 下载程序

取出开发套件中的两条 USB 转 Type-C 型连接线
和 GD32F3 杨梅派开发板，分别将两条连接线的
Type-C 接口端接入开发板的通信-下载接口端和
GD-Link 接口端，然后将两条连接线的 USB 接口端
均插到计算机的 USB 接口，如图 2-25 所示。

打开 Keil μVision5 软件，单击工具栏中的 按
钮，进入设置界面。在弹出的 Options for Target
'Target1'对话框中，选择 Debug 标签页，如图 2-26 所
示，在 Use 下拉列表中，选择 CMSIS-DAP Debugger，
然后单击 Settings 按钮。

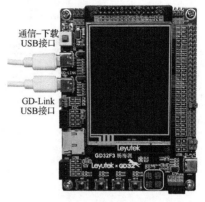

图 2-25　GD32F3 杨梅派开发板连接实物图

图 2-26　GD-Link 调试模式设置步骤 1

在弹出的 CMSIS-DAP Cortex-M Target Driver Setup 对话框中，选择 Debug 标签页，如
图 2-27 所示，在 Port 下拉列表中，选择 SW；在 Max Clock 下拉列表中，选择 1MHz。

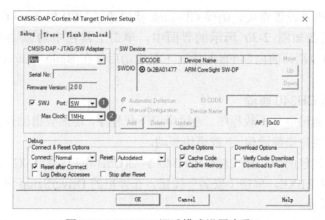

图 2-27　GD-Link 调试模式设置步骤 2

再选择 Flash Download 标签页，如图 2-28 所示，勾选 Reset and Run 项，然后单击 OK
按钮。

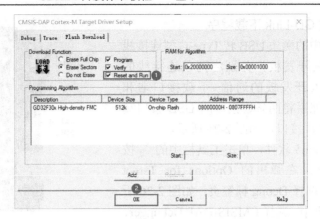

图 2-28　GD-Link 调试模式设置步骤 3

打开 Options for Target 'Target 1'对话框中的 Utilities 标签页，如图 2-29 所示，勾选 Use Debug Driver 和 Update Target before Debugging 项，最后单击 OK 按钮。

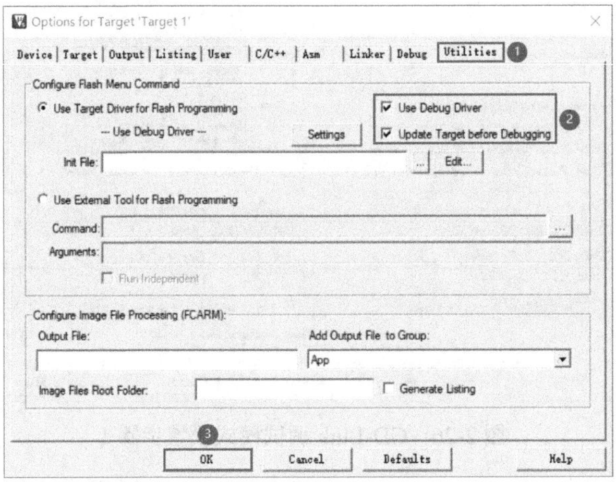

图 2-29　GD-Link 调试模式设置步骤 4

GD-Link 调试模式设置完成，确保 GD-Link 接口通过 USB 转 Type-C 型连接线连接到计算机之后，就可以在如图 2-30 所示的界面中，单击工具栏中的 ⏬ 按钮，将程序下载到 GD32F303RCT6 微控制器的内部 Flash 中。下载成功后，在 Build Output 栏中将显示图中方框里的内容。

步骤 12：安装 CH340 驱动

下面介绍如何通过串口下载程序。通过串口下载程序，还需要借助开发板上集成的通信-下载模块，因此，要先安装通信-下载模块驱动。

在本书配套资料包的 "02.相关软件\CH340 驱动(USB 串口驱动)_XP_WIN7 共用" 文件夹中，双击运行 SETUP.EXE，单击 "安装" 按钮，在弹出的 DriverSetup 对话框中单击 "确定" 按钮，如图 2-31 所示。

驱动安装成功后，将开发板上的通信-下载接口通过 USB 转 Type-C 型连接线连接到计算机，然后在计算机的设备管理器中找到 USB 串口，如图 2-32 所示。注意，串口号不一定是 COM3，每台计算机有可能会不同。

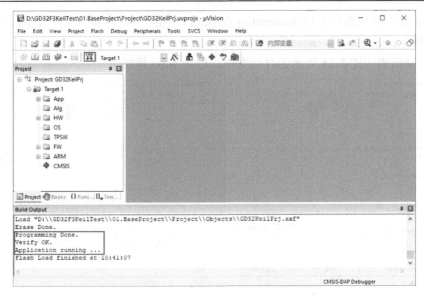

图 2-30　通过 GD-Link 向开发板下载程序成功界面

图 2-31　安装 CH340 驱动　　　　　图 2-32　计算机设备管理器中显示 USB 串口信息

步骤 13：通过 GigaDevice MCU ISP Programmer 下载程序

首先确保在开发板的 J_{302} 排针上，已用跳线帽分别将 TXD 和 PA10 引脚、RXD 和 PA9 引脚连接。然后在本书配套资料包的 "02.相关软件\串口烧录工具\GigaDevice_MCU_ISP_ Programmer_V3.0.2.5782_1" 文件夹中，双击运行 GigaDevice MCU ISP Programmer.exe，如图 2-33 所示。

图 2-33　程序下载步骤 1

在弹出的如图 2-34 所示的 GigaDevice ISP Programmer 3.0.2.5782 对话框中，在 Port Name 下拉列表中选择 COM3（需在设备管理器中查看串口号）；在 Baut Rate 下拉列表中选择 57600；

在 Boot Switch 下拉列表中选择 Automatic；在 Boot Option 下拉列表中选择"RTS 高电平复位，DTR 高电平进 Bootloader"，最后单击 Next 按钮。

然后在弹出的如图 2-35 所示的对话框中，单击 Next 按钮。

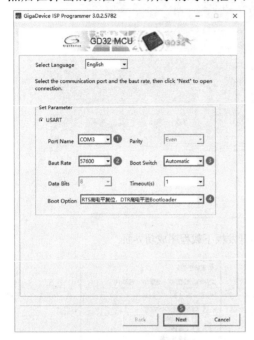

图 2-34　程序下载步骤 2　　　　　　　图 2-35　程序下载步骤 3

在弹出的如图 2-36 所示的对话框中，单击 Next 按钮。

在弹出的如图 2-37 所示的对话框中，依次点选 Download to Device、Erase all pages (faster) 项，然后单击 OPEN 按钮，定位编译生成的.hex 文件。

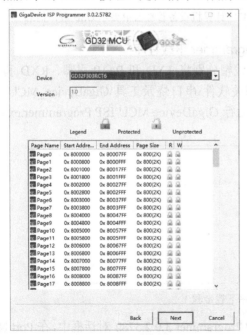
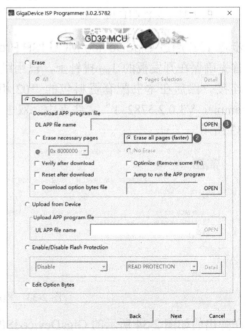

图 2-36　程序下载步骤 4　　　　　　　图 2-37　程序下载步骤 5

在"D:\GD32F3KeilTest\01.BaseProject\Project\Objects"目录下，找到 GD32KeilPrj.hex 文件并单击 Open 按钮，如图 2-38 所示。

图 2-38 程序下载步骤 6

在图 2-37 所示对话框中单击 Next 按钮开始下载，出现图 2-39 所示界面表示程序下载成功。注意，使用 GigaDevice MCU ISP Programmer 成功下载程序后，需按开发板上的 RST 按键进行复位，程序才会运行。

步骤 14：通过串口助手查看接收数据

在本书配套资料包的"02.相关软件\串口助手"文件夹中，双击运行 sscom5.13.1.exe（串口助手软件），如图 2-40 所示。选择正确的端口号，波特率选择 115200，取消勾选"HEX 显示"项，然后单击"打开串口"按钮。当窗口中每秒输出一次"This is the first GD32F303 Project, by Zhangsan"时，表示验证成功。注意，验证完成后，在串口助手软件中先单击"关闭串口"按钮，再断开 GD32F3 开发板的电源。

图 2-39 程序下载步骤 7

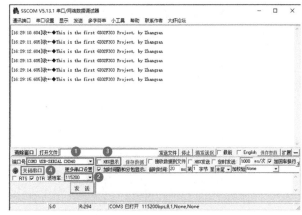

图 2-40 串口助手操作步骤

步骤 15：查看 GD32F3 杨梅派开发板的工作状态

此时可以观察到开发板上的电源指示灯（编号为 PWR_LED，蓝色）正常显示，蓝色 LED

（编号为 LED_1）和绿色 LED（编号为 LED_2）每 500ms 交替闪烁。

本　章　任　务

学习完本章后，严格按照程序设计的步骤，进行软件标准化设置、创建工程、编译并生成.hex 和.axf 文件、将程序下载到 GD32F3 杨梅派开发板，查看运行结果。

本　章　习　题

1．为什么要对 Keil 进行软件标准化设置？

2．GD32F3 杨梅派开发板上的主控芯片型号是什么？其内部 Flash 和内部 SRAM 的容量分别是多少？

3．在创建基准工程时，使用了宏定义 GD32F30X_HD，该宏定义的作用是什么？

4．在创建基准工程时，为什么要勾选 Use MicroLIB 项和 Create HEX File 项？

5．通过查找资料，总结.hex、.bin 和.axf 文件的区别。

第3章 GPIO 与流水灯

从本章开始，将详细介绍在 GD32F3 杨梅派开发板上可以实现的代表性功能模块。本章旨在通过编写一个简单的流水灯程序，来了解 GD32F30x 系列微控制器的部分 GPIO 功能，并掌握基于寄存器和固件库的 GPIO 配置及使用方法。

3.1 LED 电路原理图

GPIO 与流水灯功能涉及的硬件包括 2 个位于 GD32F3 杨梅派开发板上的 LED（LED_1 和 LED_2），以及分别与 LED_1 和 LED_2 串联的限流电阻 R_{101} 和 R_{107}，LED_1 通过 510Ω 电阻连接到 GD32F303RCT6 微控制器的 PA8 引脚，LED_2 通过 510Ω 电阻连接到 PA2 引脚，如图 3-1 所示。PA8 为高电平时，LED_1 点亮；PA8 为低电平时，LED_1 熄灭。同样，PA2 为高电平时，LED_2 点亮；PA2 为低电平时，LED_2 熄灭。

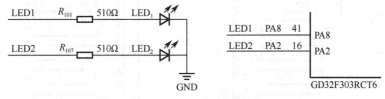

图 3-1　LED 硬件电路

3.2 GD32F30x 系列微控制器的系统架构与存储器映射

从本章开始，将深入学习 GD32F30x 系列微控制器的各种片上外设，在学习外设之前，先来了解 GD32F30x 系列微控制器的系统架构和存储器映射。

3.2.1 系统架构

GD32F30x 系列微控制器的系统架构如图 3-2 所示。它采用 32 位多层总线结构，该结构可使系统中的多个主机和从机之间进行并行通信。多层总线结构包括一个 AHB 互联矩阵（AHB Matrix）、一条 AHB 总线和两条 APB 总线。

AHB 互联矩阵连接多个主机，包括 IBUS、DBUS、SBUS、DMA0、DMA1 和 ENET。IBUS 是 Cortex-M4 内核的指令总线，用于从代码区域（0x0000 0000～0x1FFF FFFF）中取指令和向量。DBUS 是 Cortex-M4 内核的数据总线，用于加载和存储数据，以及代码区域的调试访问。SBUS 是 Cortex-M4 内核的系统总线，用于指令和向量获取、数据加载和存储，以及系统区域的调试访问。系统区域包括内部 SRAM 区域和外设区域。DMA0 和 DMA1 分别是 DMA0 和 DMA1 存储器总线。ENET 是以太网。

AHB 互联矩阵也连接多个从机，包括 FMC-I、FMC-D、SRAM、EXMC、AHB、APB1 和 APB2。FMC-I 是 Flash 控制器的指令总线，FMC-D 是 Flash 的数据总线，SRAM 是片上静态随机存取存储器，EXMC 是外部存储器控制器。AHB 是连接所有 AHB 从机的 AHB 总线，APB1 和 APB2 是两条连接所有 APB 从机的 APB 总线。APB1 操作速度限制在 60MHz，APB2 操作于全速（这取决于设备，可高达 120MHz）。

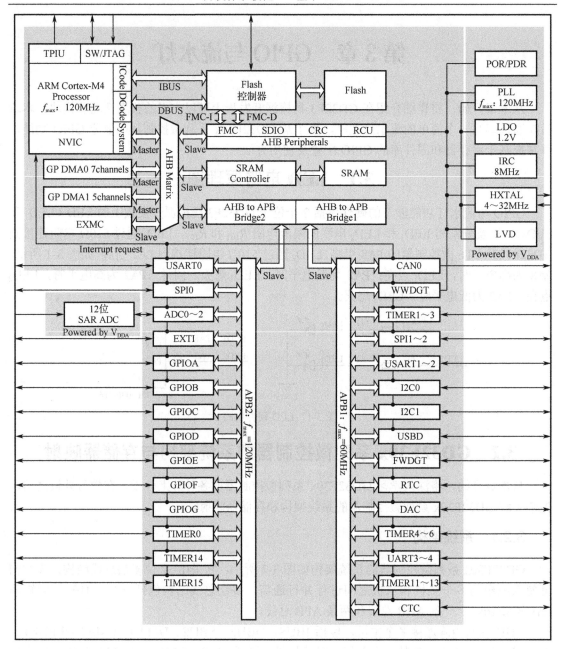

图 3-2　GD32F30x 系列微控制器的系统架构图

AHB 互联矩阵的互联关系如表 3-1 所示。"1"表示相应的主机可以通过 AHB 互联矩阵访问对应的从机，空白的单元格表示相应的主机不可以通过 AHB 互联矩阵访问对应的从机。

表 3-1　AHB 互联矩阵的互联关系

从　机	主　机					
	IBUS	DBUS	SBUS	DMA0	DMA1	ENET
FMC-I	1					
FMC-D		1		1	1	

从　机	主　机					
	IBUS	DBUS	SBUS	DMA0	DMA1	ENET
SRAM	1	1	1	1	1	1
EXMC	1	1	1	1	1	1
AHB			1	1	1	
APB1			1	1	1	
APB2			1	1	1	

3.2.2　存储器映射

Cortex-M4 处理器采用哈佛结构,可以使用相互独立的总线来读取指令和加载/存储数据。指令代码和数据都位于相同的存储器地址空间,但在不同的地址范围。程序存储器、数据存储器、寄存器和 I/O 端口都在同一个线性的 4GB 地址空间之内。这是 Cortex-M4 的最大地址范围,因为它的地址总线宽度是 32 位。另外,为了降低不同用户在相同应用时的软件复杂度,存储映射是按 Cortex-M4 处理器提供的规则预先定义的。同时,一部分地址空间由 Cortex-M4 的系统外设所占用。表 3-2 为 GD32F30x 系列微控制器的存储器映射表。几乎每个外设都分配了 1KB 的地址空间,这样就可以简化每个外设的地址译码。

表 3-2　GD32F30x 系列微控制器的存储器映射表

预定义的区域	总　　线	地 址 范 围	外　　设
外部设备	AHB3	0xA000 0000～0xA000 0FFF	EXMC-SWREG
外部 RAM		0x9000 0000～0x9FFF FFFF	EXMC-PC CARD
		0x7000 0000～0x8FFF FFFF	EXMC-NAND
		0x6000 0000～0x6FFF FFFF	EXMC-NOR/PSRAM/SRAM
片上外设	AHB1	0x5000 0000～0x5003 FFFF	USBFS
		0x4002 A000～0x4FFF FFFF	保留
		0x4002 8000～0x4002 9FFF	ENET
		0x40023400～0x4002 7FFF	保留
		0x4002 3000～0x4002 33FF	CRC
		0x4002 2400～0x4002 2FFF	保留
		0x4002 2000～0x4002 23FF	FMC
		0x4002 1400～0x4002 1FFF	保留
		0x4002 1000～0x4002 13FF	RCU
		0x4002 0800～0x4002 0FFF	保留
		0x4002 0400～0x4002 07FF	DMA1
		0x4002 0000～0x4002 03FF	DMA0
		0x4001 8400～0x4001 FFFF	保留
		0x4001 8000～0x4001 83FF	SDIO

续表

预定义的区域	总　线	地 址 范 围	外　设
片上外设	APB2	0x4001 5800～0x4001 7FFF	保留
		0x4001 5400～0x4001 57FF	TIMER10
		0x4001 5000～0x4001 53FF	TIMER9
		0x4001 4C00～0x4001 4FFF	TIMER8
		0x4001 4000～0x4001 4BFF	保留
		0x4001 3C00～0x4001 3FFF	ADC2
		0x4001 3800～0x4001 3BFF	USART0
		0x4001 3400～0x4001 37FF	TIMER7
		0x4001 3000～0x4001 33FF	SPI0
		0x4001 2C00～0x4001 2FFF	TIMER0
		0x4001 2800～0x4001 2BFF	ADC1
		0x4001 2400～0x4001 27FF	ADC0
		0x4001 2000～0x4001 23FF	GPIOG
		0x4001 1C00～0x4001 1FFF	GPIOF
		0x4001 1800～0x4001 1BFF	GPIOE
		0x4001 1400～0x4001 17FF	GPIOD
		0x4001 1000～0x4001 13FF	GPIOC
		0x4001 0C00～0x4001 0FFF	GPIOB
		0x4001 0800～0x4001 0BFF	GPIOA
		0x4001 0400～0x4001 07FF	EXTI
		0x4001 0000～0x4001 03FF	AFIO
	APB1	0x4000 CC00～0x4000 FFFF	保留
		0x4000 C800～0x4000 CBFF	CTC
		0x4000 7800～0x4000 C7FF	保留
		0x4000 7400～0x4000 77FF	DAC
		0x4000 7000～0x4000 73FF	PMU
		0x4000 6C00～0x4000 6FFF	BKP
		0x4000 6800～0x4000 6BFF	CAN1
		0x4000 6400～0x4000 67FF	CAN0
		0x4000 6000～0x4000 63FF	Shared USBD/CAN SRAM 512 Bytes
		0x4000 5C00～0x4000 5FFF	USBD
		0x4000 5800～0x4000 5BFF	I2C1
		0x4000 5400～0x4000 57FF	I2C0
		0x4000 5000～0x4000 53FF	UART4
		0x4000 4C00～0x4000 4FFF	UART3
		0x4000 4800～0x4000 4BFF	USART2

预定义的区域	总　线	地 址 范 围	外　设
片上外设	APB1	0x4000 4400～0x4000 47FF	USART1
		0x4000 4000～0x4000 43FF	保留
		0x4000 3C00～0x4000 3FFF	SPI2/I2S2
		0x4000 3800～0x4000 3BFF	SPI1/I2S1
		0x4000 3400～0x4000 37FF	保留
		0x4000 3000～0x4000 33FF	FWDGT
		0x4000 2C00～0x4000 2FFF	WWDGT
		0x4000 2800～0x4000 2BFF	RTC
		0x4000 2400～0x4000 27FF	保留
		0x4000 2000～0x4000 23FF	TIMER13
		0x4000 1C00～0x4000 1FFF	TIMER12
		0x4000 1800～0x4000 1BFF	TIMER11
		0x40001400～0x4000 17FF	TIMER6
		0x4000 1000～0x4000 13FF	TIMER5
		0x4000 0C00～0x4000 0FFF	TIMER4
		0x4000 0800～0x4000 0BFF	TIMER3
		0x4000 0400～0x4000 07FF	TIMER2
		0x4000 0000～0x4000 03FF	TIMER1
SRAM	AHB	0x2001 8000～0x3FFF FFFF	保留
		0x2000 0000～0x2001 7FFF	SRAM
Code	AHB	0x1FFF F810～0x1FFF FFFF	保留
		0x1FFF F800～0x1FFF F80F	Options Bytes
		0x1FFF B000～0x1FFF F7FF	Boot Loader
		0x0830 0000～0x1FFF AFFF	保留
		0x0800 0000～0x082F FFFF	主闪存（Main Flash）
		0x0030 0000～0x07FF FFFF	保留
		0x0010 0000～0x002F FFFF	Aliased to Main Flash or Boot loader
		0x0002 0000～0x000F FFFF	
		0x0000 0000～0x0001 FFFF	

3.3　GPIO 输出原理

3.3.1　GPIO 功能框图

　　本节讲解部分 GPIO 寄存器的相关知识，关于 GD32F30x 系列微控制器的 GPIO 相关寄存器将在 3.3.4 节详细介绍。

　　微控制器的 I/O 引脚可以通过寄存器配置成不同的功能,如输入或输出,因此被称为GPIO

（General Purpose Input Output，通用输入/输出），下面以 GD32F30x 系列微控制器为例进行介绍。GD32F30x 系列微控制器最多可提供 112 个 GPIO，GPIO 分为 GPIOA、GPIOB、…、GPIOG 共 7 组端口，每组端口包含 0～15（如 PA0～PA15）共 16 个不同的引脚。对于不同型号的 GD32 微控制器，端口的组数和引脚数不尽相同，具体可参阅相应微控制器的数据手册。

每个 GPIO 端口都可通过端口控制寄存器（GPIOx_CTL0 或 GPIOx_CTL1）配置成 8 种模式，包括 4 种输入模式和 4 种输出模式。4 种输入模式分别为浮空输入、上拉输入、下拉输入和模拟输入；4 种输出模式分别为开漏输出、推挽输出、备用推挽输出和备用开漏输出。

图 3-3 所示的 GPIO 功能框图可用于原理分析，两个 LED 引脚对应的 GPIO 配置为推挽输出模式。下面按照编号顺序依次介绍 GPIO 功能框图的各个功能模块。

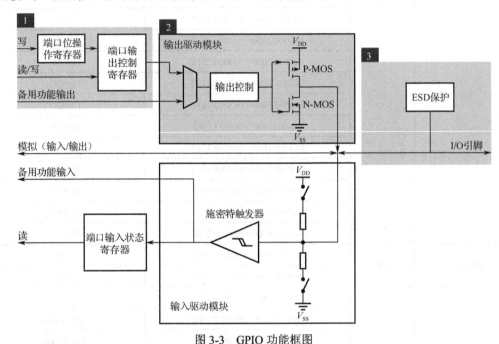

图 3-3　GPIO 功能框图

1. 输出相关寄存器

输出相关寄存器包括端口位操作寄存器（GPIOx_BOP）和端口输出控制寄存器（GPIOx_OCTL）。可以通过更改 GPIOx_OCTL 中的值来更改 GPIO 引脚电平。然而，写 GPIOx_OCTL 的过程将一次性更改 16 个引脚的电平，这样就很容易把一些不需要更改的引脚电平更改为非预期值。为了准确地修改某一个或某几个引脚的电平，如将 GPIOx_OCTL[0] 更改为 1，将 GPIOx_OCTL[14]更改为 0，可以先读取 GPIOx_OCTL 的值到一个临时变量（temp），再将 temp[0]更改为 1，将 temp[14]更改为 0，最后将 temp 写入 GPIOx_OCTL，如图 3-4 所示。

这种"读→改→写"方式效率低。为了简化操作，可以通过修改端口位操作寄存器（GPIOx_BOP）的值来实现。该寄存器由 16 位端口清除位（对应 16 个引脚，向某位写入 1，即可设置 GPIOx_OCTL 的对应位为 0；向某位写入 0，GPIOx_OCTL 的对应位不受影响）和 16 位端口设置位（对应 16 个引脚，向某位写入 1，即可设置 GPIOx_OCTL 的对应位为 1；向某位写入 0，GPIOx_OCTL 的对应位不受影响）组成。同样是将 GPIOx_OCTL 的值由 1110001010100010 更改为 1010001010100011，实际上是将 GPIOx_OCTL[0]从 0 改为 1，将 GPIOx_OCTL[14]从 1 改为 0，有了 GPIOx_BOP，只需向 GPIOx_BOP 写入 01000000 00000000000000000000000001 即可。GPIOx_BOP[30]为 1，表示将 GPIOx_OCTL[14]从 1 改为 0；GPIOx_BOP[0]为 1，表示将 GPIOx_OCTL[0]从 0 改为 1；GPIOx_BOP 的其他位为 0，表示不需要更改其他对应位的值。上述过程如图 3-5 所示。

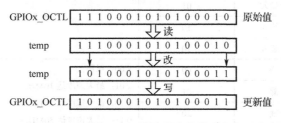

图 3-4　"读→改→写"方式修改 GPIOx_OCTL

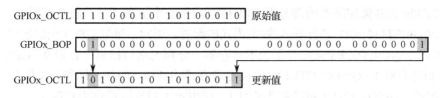

图 3-5　通过 GPIOx_BOP 修改 GPIOx_OCTL

2. 输出驱动模块

输出驱动模块既可以配置为推挽模式，也可以配置为开漏模式。两个 LED 均配置为推挽模式，推挽模式的工作原理如下。

输出驱动模块包含两个 MOS 晶体管，上方连接 V_{DD} 的为 P-MOS 晶体管，下方连接 V_{SS} 的为 N-MOS 晶体管。这两个 MOS 晶体管组成一个 CMOS 反向器，当输出驱动模块的输出控制端为高电平时，P-MOS 晶体管关闭，N-MOS 晶体管导通，I/O 引脚对外输出低电平；当输出控制端为低电平时，P-MOS 晶体管导通，N-MOS 晶体管关闭，I/O 引脚对外输出高电平。当 I/O 引脚的高、低电平切换时，两个 MOS 晶体管轮流导通，P-MOS 晶体管负责灌电流，N-MOS 晶体管负责拉电流，使其负载能力和开关速度均比普通的方式有较大的提升。推挽输出的低电平约为 0V，高电平约为 3.3V。

3. I/O 引脚和 ESD 保护

I/O 引脚即为微控制器的引脚，可配置为输出模式或输入模式。在 I/O 引脚上还集成了 ESD 保护模块，ESD 又称静电放电，其显著特点是高电位和作用时间短，不仅影响元器件的使用寿命，严重时甚至会损坏元器件。ESD 保护模块可有效防止静电放电对芯片产生不良影响。

3.3.2　GPIO 部分寄存器

每个 GPIO 端口有 8 个寄存器，本章主要用到以下 5 个 GPIO 寄存器。

1. 端口控制寄存器 0（GPIOx_CTL0）和端口控制寄存器 1（GPIOx_CTL1）

每个 GPIO 端口通过 MDy[1:0]、CTLy[1:0]和 SPDy（y = 0, 1, 2,···, 15）可配置为多种模式中的一种，如表 3-3 所示。

表 3-3　GPIO 配置表

配 置 模 式		CTLy[1:0]	SPDy:MDy[1:0]	OCTL
输入	模拟输入	00		不使用
	浮空输入	01	x 00	不使用
	下拉输入	10		0
	上拉输入	10		1
普通输出（GPIO）	推挽	00	x 00：保留； x 01：最大速度达 10MHz；	0 或 1
	开漏	01		0 或 1
备用功能输出（AFIO）	推挽	10	x 10：最大速度达 2MHz； 0 11：最大速度达 50MHz； 1 11：最大速度达 120MHz	不使用
	开漏	11		不使用

GD32F30x 系列微控制器的部分组 GPIO 端口有 16 个引脚，每个引脚都需要 4 位（分别为 MDy[1:0]和 CTLy[1:0]）进行输入/输出模式的配置，因此，每组 GPIO 端口需要 64 位。作为 32 位微控制器，GD32F30x 设计了两组寄存器，分别为端口控制寄存器 0（GPIOx_CTL0）和端口控制寄存器 1（GPIOx_CTL1），这两组寄存器的结构、偏移地址和复位值分别如图 3-6 和图 3-7 所示。GPIOx_CTL1 可简称为 CTL1，GPIOx_CTL0 可简称为 CTL0。

偏移地址：0x00
复位值：0x4444 4444

图 3-6　GPIOx_CTL0 的结构、偏移地址和复位值

偏移地址：0x04
复位值：0x4444 4444

图 3-7　GPIOx_CTL1 的结构、偏移地址和复位值

图 3-6 和图 3-7 中只标注了偏移地址而没有标注绝对地址，因为 GD32F30x 系列微控制器有 7 组 GPIO 端口，如果标注绝对地址，则需要将每组端口的 CTL0 和 CTL1 全部罗列出来，既没有意义，也没有必要。通过偏移地址计算绝对地址很简单，比如要计算 GPIOA 端口的 CTL1 的绝对地址，可以先查看 GPIOA 端口的起始地址，由图 3-8 可以确定 GPIOA 端口的起始地址为 0x4001 0800，CTL1 的偏移地址为 0x04，计算可得 GPIOA 端口的 CTL1 的绝对地址为 0x4001 0804（即 0x4001 0800+0x04）。又如，要计算 GPIOC 端口的 BOP 的绝对地址，可以先查看 GPIOC 端口的起始地址，由图 3-8 可知 GPIOC 端口的起始地址为 0x4001 1000，BOP 的偏移地址为 0x10，计算可得 GPIOC 端口的 BOP 的绝对地址为 0x4001 1010。

起始地址	外设
0x4001 2000～0x4001 23FF	GPIOG
0x4001 1C00～0x4001 1FFF	GPIOF
0x4001 1800～0x4001 1BFF	GPIOE
0x4001 1400～0x4001 17FF	GPIOD
0x4001 1000～0x4001 13FF	GPIOC
0x4001 0C00～0x4001 0FFF	GPIOB
0x4001 0800～0x4001 0BFF	GPIOA

偏移	寄存器
00h	GPIOx_CTL0
04h	GPIOx_CTL1
08h	GPIOx_ISTAT
0Ch	GPIOx_OCTL
10h	GPIOx_BOP
14h	GPIOx_BC
18h	GPIOx_LOCK
3Ch	GPIOx_SPD

```
     GPIOA的起始地址  0x4001 0800
  +     CTL1的偏移地址       0x04
  ─────────────────────────────────
     GPIOA的CTL1的绝对地址  0x4001 0804


     GPIOC的起始地址  0x4001 1000
  +     BOP的偏移地址        0x10
  ─────────────────────────────────
     GPIOC的BOP的绝对地址  0x4001 1010
```

图 3-8　绝对地址计算示例

CTL0 和 CTL1 用于控制 GPIO 端口的输入/输出模式，且与 SPD 协同控制输出速度，CTL0 用于控制 GPIO 端口低 8 位的输入/输出模式及输出速度，CTL1 用于控制 GPIO 端口高 8 位的输入/输出模式及输出速度。每个 GPIO 端口的引脚占用 CTL0 或 CTL1 的 4 位，高 2 位为 CTLy[1:0]，低 2 位为 MDy[1:0]，CTLy[1:0] 和 MDy[1:0] 的解释说明如表 3-4 所示。从图 3-6 和图 3-7 可以看到，这两个寄存器的复位值均为 0x4444 4444，即 CTLy[1:0] 为 01，MDy[1:0] 为 00，从表 3-4 可以得出结论，即 GD32F30x 系列微控制器复位后所有引脚配置为浮空输入模式。

表 3-4　CTLy[1:0] 和 MDy[1:0] 的解释说明

位/位域	名　称	描　述	位/位域	名　称	描　述
31:30 27:26 23:22 19:18 15:14 11:10 7:6 3:2	CTLy[1:0]	Piny 配置位（y = 0, 1, 2, …, 15）。 该位由软件置位和清除。 输入模式（MDy[1:0] = 00）。 00：模拟输入； 01：浮空输入； 10：上拉输入/下拉输入； 11：保留。 输出模式（MDy[1:0] > 00）。 00：GPIO 推挽输出； 01：GPIO 开漏输出； 10：AFIO 推挽输出； 11：AFIO 开漏输出	29:28 25:24 21:20 17:16 13:12 9:8 5:4 1:0	MDy[1:0]	Piny 模式位（y = 0, 1, 2, …, 15）。 该位由软件置位和清除。 00：输入模式（复位状态）； 01：输出模式，最大速度 10MHz； 10：输出模式，最大速度 2MHz； 11：输出模式，最大速度 50MHz

2. 端口输出控制寄存器（GPIOx_OCTL）

GPIOx_OCTL 是一组 GPIO 端口的 16 个引脚的输出控制寄存器，因此只使用了低 16 位。该寄存器为可读可写，从该寄存器读出的数据可用于判断某组 GPIO 端口的输出状态，向该寄存器写数据可以控制某组 GPIO 端口的输出电平。GPIOx_OCTL 的结构、偏移地址和复位值如图 3-9 所示，各个位的解释说明如表 3-5 所示。GPIOx_OCTL 也简称为 OCTL。

偏移地址：0x14
复位值：0x0000 0000

31	30	29	28	27	26	25	24	23	22	21	20	19	18	17	16
							保留								

15	14	13	12	11	10	9	8	7	6	5	4	3	2	1	0
OCTL 15	OCTL 14	OCTL 13	OCTL 12	OCTL 11	OCTL 10	OCTL 9	OCTL 8	OCTL 7	OCTL 6	OCTL 5	OCTL 4	OCTL 3	OCTL 2	OCTL 1	OCTL 0
r/w	r/w	r/w	r/w	r/w	r/w	r/w	r/w	r/w	r/w	r/w	r/w	r/w	r/w	r/w	r/w

图 3-9　GPIOx_OCTL 的结构、偏移地址和复位值

例如，通过寄存器操作的方式，将 PA4 引脚输出设置为高电平，且 GPIOA 端口的其他引脚电平不变，代码如下：

表 3-5　GPIOx_OCTL 各个位的解释说明

位/位域	名　称	描　　述
31:16	保留	必须保持复位值
15:0	OCTLy	端口输出数据（y=0, …, 15）。该位由软件置位和清除。 0：引脚输出低电平；1：引脚输出高电平

```
unsigned int temp;
temp = GPIO_OCTL(GPIOA);
temp = (temp & 0xFFFFFFEF) | 0x00000010;
GPIO_OCTL(GPIOA) = temp;
```

这里修改 GPIOA 端口的寄存器值时，并没有使用 GPIOA_OCTL，似乎与前面关于寄存器的描述不符，这是因为在 GD32F30x 系列微控制器的 GPIO 固件库头文件 gd32f30x_gpio.h 中，并没有关于 GPIOA_OCTL 等寄存器名称的定义，其关于 GPIO 端口的寄存器的宏定义如下：

```
/* GPIOx(x=A,B,C,D,E,F,G) definitions */
#define GPIOA                 (GPIO_BASE + 0x00000000U)
#define GPIOB                 (GPIO_BASE + 0x00000400U)
#define GPIOC                 (GPIO_BASE + 0x00000800U)
#define GPIOD                 (GPIO_BASE + 0x00000C00U)
#define GPIOE                 (GPIO_BASE + 0x00001000U)
#define GPIOF                 (GPIO_BASE + 0x00001400U)
#define GPIOG                 (GPIO_BASE + 0x00001800U)

/* AFIO definitions */
#define AFIO                  AFIO_BASE

/* registers definitions */
/* GPIO registers definitions */
#define GPIO_CTL0(gpiox)    REG32((gpiox) + 0x00U)    /*!< GPIO port control register 0 */
#define GPIO_CTL1(gpiox)    REG32((gpiox) + 0x04U)    /*!< GPIO port control register 1 */
#define GPIO_ISTAT(gpiox)   REG32((gpiox) + 0x08U)    /*!< GPIO port input status register */
...
```

GPIO_CTL0(gpiox)中的 gpiox 即表示 GPIO 端口，如 GPIO_CTL0(GPIOA)表示 GPIOA 端口的 GPIO_CTL0 寄存器中存放的值，而不是寄存器的地址。因此，要修改 GPIOA 端口的 GPIO_OCTL 的值，直接对 GPIO_OCTL(GPIOA)进行赋值即可。

3. 端口位操作寄存器（GPIOx_BOP）

GPIOx_BOP 用于设置 GPIO 端口的输出位为 0 或 1。该寄存器和 OCTL 有类似的功能，都可用来设置 GPIO 端口的输出。GPIOx_BOP 的结构、偏移地址和复位值如图 3-10 所示，各个位的解释说明如表 3-6 所示。GPIOx_BOP 可简称为 BOP。

偏移地址：0x10
复位值：0x0000 0000

31	30	29	28	27	26	25	24	23	22	21	20	19	18	17	16
CR15	CR14	CR13	CR12	CR11	CR10	CR9	CR8	CR7	CR6	CR5	CR4	CR3	CR2	CR1	CR0
w	w	w	w	w	w	w	w	w	w	w	w	w	w	w	w

15	14	13	12	11	10	9	8	7	6	5	4	3	2	1	0
BOP15	BOP14	BOP13	BOP12	BOP11	BOP10	BOP9	BOP8	BOP7	BOP6	BOP5	BOP4	BOP3	BOP2	BOP1	BOP0
w	w	w	w	w	w	w	w	w	w	w	w	w	w	w	w

图 3-10　GPIOx_BOP 的结构、偏移地址和复位值

表 3-6　GPIOx_BOP 各个位的解释说明

位/位域	名　称	描　述
31:16	CRy	端口清除位 y（y=0，…，15）。该位由软件置位和清除。 0：相应的 OCTLy 位没有改变；1：清除相应的 OCTLy 位为 0
15:0	BOPy	端口置位位 y（y=0，…，15）。该位由软件置位和清除。 0：相应的 OCTLy 位没有改变；1：设置相应的 OCTLy 位为 1

通过 BOP 和 OCTL 都可以将 GPIO 端口的输出位设置为 0 或 1，那么这两种寄存器的区别是什么？下面用 4 个示例进行说明。

示例 1：通过 OCTL 将 PA4 引脚的输出设置为 1，且 GPIOA 端口的其他引脚状态保持不变，代码如下：

```
unsigned int temp;
temp = GPIO_OCTL(GPIOA);
temp = (temp & 0xFFFFFFEF) | 0x00000010;
GPIO_OCTL(GPIOA) = temp;
```

示例 2：通过 BOP 将 PA4 引脚的输出设置为 1，且 GPIOA 端口的其他引脚状态保持不变，代码如下：

```
GPIO_BOP(GPIOA) = 1 << 4;
```

示例 3：通过 OCTL 将 PA4 引脚的输出设置为 0，且 GPIOA 端口的其他引脚状态保持不变，代码如下：

```
unsigned int temp;
temp = GPIO_OCTL(GPIOA);
temp = temp & 0xFFFFFFEF;
GPIO_OCTL(GPIOA) = temp;
```

示例 4：通过 BOP 将 PA4 引脚的输出设置为 0，且 GPIOA 端口的其他引脚状态保持不变，代码如下：

```
GPIO_BOP(GPIOA) = 1 << (16+4);
```

从上述示例可以得出以下结论：①如果不是对某一组 GPIO 端口的所有引脚输出状态进行更改，而是仅更改其中一个或若干引脚输出状态，通过 OCTL 需要经过"读→改→写" 3 个步骤，通过 BOP 只需要一步；②向 BOP 的某一位写 0 对相应的引脚输出不产生影响，如果要将某一组 GPIO 端口的一个引脚设置为 1，只需向对应的 BOPy 写 1，其余写 0 即可；③如果要将某一组 GPIO 端口的一个引脚设置为 0，只需向对应的 CRy 写 1，其余写 0 即可。

4．位清除寄存器（GPIOx_BC）

GPIOx_BC 用于设置 GPIO 端口的输出位为 0，GPIOx_BC 的结构、偏移地址和复位值如图 3-11 所示，部分位的解释说明如表 3-7 所示。GPIOx_BC 可简称为 BC。

偏移地址：0x14
复位值：0x0000 0000

图 3-11　GPIOx_BC 的结构、偏移地址和复位值

表 3-7　GPIOx_BC 部分位的解释说明

位/位域	名　　称	描　　述
31:16	保留	必须保持复位值
15:0	CRy	清除端口 x 的位 y（y=0, …, 15）。该位由软件置位和清除。 0：相应 OCTLy 位没有改变；1：清除相应的 OCTLy 位

例如，通过 BC 将 PA4 引脚的输出设置为 0，且 GPIOA 端口的其他引脚状态保持不变，代码如下：

```
GPIO_BC(GPIOA) = 1 << 4;
```

除了以上介绍的 5 种寄存器，GD32F30x 系列微控制器的 GPIO 相关寄存器还有 11 种，由于本章并未涉及，这里不做介绍，感兴趣的读者可参见《GD32F30x 用户手册（中文版）》或《GD32F30x 用户手册（英文版）》（上述文件存放在本书配套资料包的"09.参考资料"文件夹中）。

3.3.3　GPIO 部分固件库函数

本章用到的 GPIO 固件库函数包括 gpio_init、gpio_bit_write、gpio_bit_get、gpio_bit_set 和 gpio_output_bit_reset，这些函数在 gd32f30x_gpio.h 文件中声明，在 gd32f30x_gpio.c 文件中实现。本书使用的固件库版本均为"2020-09-30, V2.1.0"。

1．gpio_init

gpio_init 函数用于初始化 GPIO 参数，通过向 GPIOx_CTL0、GPIOx_SPD 和 GPIO_BC 写入参数来实现。具体描述如表 3-8 所示。

表 3-8　gpio_init 函数的描述

函　数　名	gpio_init
函 数 原 型	void gpio_init(uint32_t gpio_periph, uint32_t mode, uint32_t speed, uint32_t pin)
功 能 描 述	GPIO 参数初始化
输入参数 1	gpio_periph：GPIOx（x = A, B, C, D, E, F, G）
输入参数 2	gpio_mode：GPIO 引脚模式
输入参数 3	speed：GPIO 输出最大速度
输入参数 4	pin：GPIO 引脚
输 出 参 数	无
返 回 值	void

（1）参数 mode 用于设置 GPIO 引脚模式，可取值如表 3-9 所示。

表 3-9　参数 mode 的可取值

可 取 值	描　　述	可 取 值	描　　述
GPIO_MODE_AIN	模拟输入模式	GPIO_MODE_OUT_OD	开漏输出模式
GPIO_MODE_IN_FLOATING	浮空输入模式	GPIO_MODE_OUT_PP	推挽输出模式
GPIO_MODE_IPD	下拉输入模式	GPIO_MODE_AF_OD	备用开漏输出模式
GPIO_MODE_IPU	上拉输入模式	GPIO_MODE_AF_PP	备用推挽输出模式

（2）参数 speed 用于设置 GPIO 输出最大速度，可取值如表 3-10 所示。

（3）参数 pin 用于设置选中引脚的编号，可取值如表 3-11 所示。

表 3-10　参数 speed 的可取值

可　取　值	描　　述
GPIO_OSPEED_10MHz	最大速度为 10MHz
GPIO_OSPEED_2MHz	最大速度为 2MHz
GPIO_OSPEED_50MHz	最大速度为 50MHz
GPIO_OSPEED_MAX	最大速度为 120MHz

表 3-11　参数 pin 的可取值

可　取　值	描　　述
GPIO_PIN_x	引脚选择（x = 0, 1, …, 15）
GPIO_PIN_ALL	所有引脚

例如，配置 PA4 引脚为模拟输入模式，最大速度为 50MHz，代码如下：

```
gpio_init(GPIOA, GPIO_MODE_AIN, GPIO_OSPEED_50MHz, GPIO_PIN_4);
```

2. gpio_bit_write

gpio_bit_write 函数用于向引脚写入 0 或 1，通过向 GPIOx_BOP 和 GPIOx_BC 写入参数来实现。具体描述如表 3-12 所示。

表 3-12　gpio_bit_write 函数的描述

函　数　名	gpio_bit_write
函　数　原　型	void gpio_bit_write(uint32_t gpio_periph, uint32_t pin, bit_status bit_value)
功　能　描　述	向引脚写入 0 或 1
输入参数 1	gpio_periph：GPIOx（x = A, B, C, D, E, F, G）
输入参数 2	pin：GPIO 引脚
输入参数 3	bit_value：写入引脚的值
输　出　参　数	无
返　回　值	void

参数 bit_value 用于设置写入引脚的值，可取值如表 3-13 所示。

例如，向 PA4 引脚写 1，代码如下：

表 3-13　参数 bit_value 的可取值

可　取　值	描　　述
RESET	清除引脚值（写 0）
SET	设置引脚值（写 1）

```
gpio_bit_write(GPIOA, GPIO_PIN_4, SET);
```

3. gpio_output_bit_get

gpio_output_bit_get 函数用于获取引脚的输出值，通过读 GPIOx_OCTL 来实现。具体描述如表 3-14 所示。

表 3-14　gpio_output_bit_get 函数的描述

函　数　名	gpio_output_bit_get
函　数　原　型	FlagStatus gpio_output_bit_get(uint32_t gpio_periph, uint32_t pin)
功　能　描　述	获取引脚的输出值
输入参数 1	gpio_periph：GPIOx（x = A, B, C, D, E, F, G）
输入参数 2	pin：GPIO 引脚

续表

输 出 参 数	无
返 回 值	引脚电平（SET/RESET）

例如，读取 PA4 引脚的电平，代码如下：

```
FlagStatus  bit_state;
bit_state = gpio_output_bit_get(GPIOA, GPIO_PIN_4);
```

此外，gpio_bit_set 函数用于置位引脚值，即向引脚写 1；gpio_bit_reset 函数用于复位引脚值，即向引脚写 0。

关于以上固件库函数及更多其他 GPIO 固件库函数的函数原型、输入/输出参数及用法等信息可参见《GD32F30x 固件库使用指南》。

3.3.4 RCU 部分寄存器

本章用到的 RCU 寄存器只有 APB2 使能寄存器（RCU_APB2EN），该寄存器的结构、偏移地址和复位值如图 3-12 所示，部分位的解释说明如表 3-15 所示。本章只对该寄存器进行简单介绍，第 8 章将详细介绍。

偏移地址：0x18

复位值：0x0000 0000

31	30	29	28	27	26	25	24	23	22	21	20	19	18	17	16
保留										TIMER10EN	TIMER9EN	TIMER8EN	保留		
										r/w	r/w	r/w			

15	14	13	12	11	10	9	8	7	6	5	4	3	2	1	0
保留	USART0EN	TIMER7EN	SPI0EN	TIMER0EN	ADC1EN	ADC0EN	PGEN	PFEN	PEEN	PDEN	PCEN	PBEN	PAEN	保留	AFEN
	r/w	r/w	r/w	r/w	r/w	rw	r/w	r/w	r/w	r/w	r/w	r/w	r/w		r/w

图 3-12　RCU_APB2EN 的结构、偏移地址和复位值

表 3-15　RCU_APB2EN 部分位的解释说明

位/位域	名　称	描　述	位/位域	名　称	描　述
8	PGEN	GPIOG 端口时钟使能。 由软件置 1 或清零。 0：GPIOG 时钟关闭； 1：GPIOG 时钟开启	4	PCEN	GPIOC 端口时钟使能。 由软件置 1 或清零。 0：GPIOC 时钟关闭； 1：GPIOC 时钟开启
7	PFEN	GPIOF 端口时钟使能。 由软件置 1 或清零。 0：GPIOF 时钟关闭； 1：GPIOF 时钟开启	3	PBEN	GPIOB 端口时钟使能。 由软件置 1 或清零。 0：GPIOB 时钟关闭； 1：GPIOB 时钟开启
6	PEEN	GPIOE 端口时钟使能。 由软件置 1 或清零。 0：GPIOE 时钟关闭； 1：GPIOE 时钟开启	2	PAEN	GPIOA 端口时钟使能。 由软件置 1 或清零。 0：GPIOA 时钟关闭； 1：GPIOA 时钟开启
5	PDEN	GPIOD 端口时钟使能。 由软件置 1 或清零。 0：GPIOD 时钟关闭； 1：GPIOD 时钟开启	0	AFEN	备用功能 I/O 时钟使能。 由软件置 1 或清零。 0：关闭备用功能 I/O 时钟； 1：开启备用功能 I/O 时钟

3.3.5　RCU 部分固件库函数

本章涉及的 RCU 固件库函数为 rcu_periph_clock_enable。该函数在 gd32f30x_rcu.h 文件中声明，在 gd32f30x_rcu.c 文件中实现。

rcu_periph_clock_enable 函数用于使能总线上相应外设的时钟，具体描述如表 3-16 所示。

表 3-16　rcu_periph_clock_enable 函数的描述

函 数 名	rcu_periph_clock_enable
函 数 原 型	void rcu_periph_clock_enable(rcu_periph_enum periph)
功 能 描 述	使能外设时钟
输 入 参 数	periph：RCU 外设
输 出 参 数	无
返 回 值	void

参数 periph 为待使能的 RCU 外设，可取值如表 3-17 所示。

表 3-17　参数 periph 的可取值

可 取 值	描　　述	可 取 值	描　　述
RCU_GPIOx	GPIOx 时钟（x = A, B, C, D, E, F, G）	RCU_SPIx	SPIx 时钟（x = 0, 1, 2）
RCU_AF	备用功能时钟	RCU_USARTx	USARTx 时钟（x = 0, 1, 2）
RCU_CRC	CRC 时钟	RCU_UARTx	UARTx 时钟（x = 3, 4）
RCU_DMAx	DMAx 时钟(x = 0, 1)	RCU_I2Cx	I2Cx 时钟（x = 0, 1）
RCU_ENET	ENET 时钟（CL 型）	RCU_CANx	CANx 时钟（x = 0, 1）（仅 CL 型有 CAN1）
RCU_ENETTX	ENETTX 时钟（CL 型）	RCU_PMU	PMU 时钟
RCU_ENETRX	ENETRX 时钟（CL 型）	RCU_DAC	DAC 时钟
RCU_USBD	USBD 时钟（HD、XD 型）	RCU_RTC	RTC 时钟
RCU_USBFS	USBFS 时钟（CL 型）	RCU_ADCx	ADCx 时钟（x = 0, 1, 2）（CL 型无 ADC2）
RCU_EXMC	EXMC 时钟	RCU_SDIO	SDIO 时钟（HD、XD 型）
RCU_TIMERx	TIMERx 时钟（x = 0, 1, 2, ⋯, 13）	RCU_CTC	CTC 时钟
RCU_WWDGT	WWDGT 时钟	RCU_BKPI	BKP 接口时钟

例如，使能 GPIOA 时钟，代码如下：

```
rcu_periph_clock_enable(RCU_GPIOA);
```

3.4　实例与代码解析

前面学习了 LED 电路原理图、GD32F30x 系列微控制器的系统架构与存储器映射，以及 GPIO 功能框图、寄存器和固件库函数。本节基于 GD32F3 杨梅派开发板设计一个流水灯程序，实现开发板上的 LED_1 和 LED_2 交替闪烁，每个 LED 的点亮时间和熄灭时间均为 500ms。

3.4.1　程序架构

本实例的程序架构如图 3-13 所示，该图简要介绍了程序开始运行后各个函数的执行和调用流程，图中仅列出了与本实例相关的部分函数。下面详细解释该程序架构图。

（1）在 main 函数中调用 InitHardware 函数进行硬件相关模块初始化，包含 RCU、NVIC、Timer 和 LED 等模块，这里仅介绍 LED 模块初始化函数 InitLED。在 InitLED 函数中调用 ConfigLEDGPIO 函数对 LED 对应的 GPIO（PA8 和 PA2）引脚进行配置。

（2）调用 InitSoftware 函数进行软件相关模块初始化，本实例中，InitSoftware 函数为空。

（3）调用 Proc2msTask 函数进行 2ms 任务处理，在该函数中，调用 LEDFlicker 函数实现 LED 闪烁。

（4）调用 Proc1SecTask 函数进行 1s 任务处理，在该函数中，调用 printf 函数打印字符串，可以通过计算机上的串口助手查看。

（5）Proc2msTask 和 Proc1SecTask 函数均在 while 循环中调用，因此，Proc1SecTask 函数执行完后将再次执行 Proc2msTask 函数。循环调用 LEDFlicker 函数即可实现 LED 闪烁的功能。

在图 3-13 中，编号①、④、⑤和⑦的函数在 Main.c 文件中声明和实现；编号②和⑥的函数在 LED.h 文件中声明，在 LED.c 文件中实现；编号③的函数在 LED.c 文件中声明和实现。

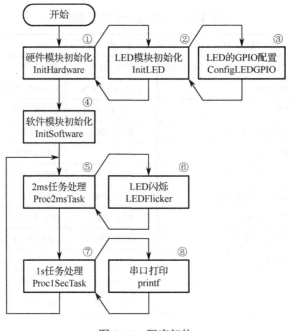

图 3-13　程序架构

要点解析：

（1）GPIO 配置，通过调用固件库函数使能对应的 GPIO 端口时钟和配置 GPIO 引脚的功能模式等。

（2）通过调用 GPIO 相关固件库函数来实现读/写引脚的电平。

（3）LED 闪烁逻辑的实现，即在固定的时间间隔后同时改变两个 LED 的状态。

实现 LED 的点亮和熄灭，本质上即为控制对应的 GPIO 引脚输出高、低电平，通过调用 GPIO 相关固件库函数即可。

本实例初步介绍了 GPIO 部分寄存器和固件库函数的功能和用法，为后续开发奠定了基础。GD32F30x 系列微控制器有着丰富的外设资源，也包含一系列寄存器和固件库函数，限于篇幅，本书无法一一列举，读者可自行查阅数据手册等官方参考资料。养成查阅官方参考资料的习惯对程序开发人员十分重要，对初学者更是大有裨益。掌握各个外设的寄存器和固件库函数的功能及用法，将使程序开发变得更加灵活简单。

3.4.2　LED 文件对

1. LED.h 文件

在 LED.h 文件的"API 函数声明"区，为 API 函数的声明代码，如程序清单 3-1 所示。InitLED 函数用于初始化 LED 模块，每个模块都有模块初始化函数，使用前，要先在 Main.c 的 InitHardware 或 InitSoftware 函数中通过调用模块初始化函数的代码进行模块初始化，硬件相关的模块初始化在 InitHardware 函数中实现，软件相关的模块初始化在 InitSoftware 函数中实现。LEDFlicker 函数可实现控制 GD32F3 杨梅派开发板上的 LED$_1$ 和 LED$_2$ 的电平翻转。

程序清单 3-1

```
void   InitLED(void);                    //初始化 LED 模块
void   LEDFlicker(unsigned short cnt);   //控制 LED 闪烁
```

2. LED.c 文件

在 LED.c 文件的"包含头文件"区的最后，包含 gd32f30x_conf.h 头文件。gd32f30x_conf.h 为 GD32F30x 系列微控制器的固件库头文件，LED 模块主要对 GPIO 相关的寄存器进行操作，因此，包含了 gd32f30x_conf.h 就可以使用 GPIO 的固件库函数，对 GPIO 相关的寄存器进行间接操作。

gd32f30x_conf.h 包含了各种固件库头文件，包括 gd32f30x_gpio.h，因此，也可以在 LED.c 文件的"包含头文件"区的最后，包含 gd32f4xx_gpio.h 头文件。

在"内部函数声明"区声明内部函数 ConfigLEDGPIO，如程序清单 3-2 所示。本书规定，所有的内部函数都必须在"内部函数声明"区声明，且无论是内部函数的声明还是实现，都必须加 static 关键字，表示该函数只能在其所在文件的内部调用。

程序清单 3-2

```
static  void  ConfigLEDGPIO(void);  //配置 LED 的 GPIO
```

在"内部函数实现"区，为 ConfigLEDGPIO 函数的实现代码，如程序清单 3-3 所示。

（1）第 4 行代码：GD32F3 杨梅派开发板的 LED$_1$ 和 LED$_2$ 分别与 GD32F303RCT6 微控制器的 PA8 和 PA2 引脚相连接，因此需要通过 rcu_periph_clock_enable 函数使能 GPIOA 时钟。该函数涉及 RCU_APB2EN 的 PAEN，可参见图 3-12 和表 3-15。

（2）第 6 和 9 行代码：通过 gpio_init 函数将 PA8 和 PA2 引脚配置为推挽输出模式，并将两个引脚的输出最大速度配置为 50MHz。这个函数涉及 GPIOx_CTL0 和 GPIOx_CTL1，可参见图 3-6、图 3-7 和表 3-4。

（3）第 7 和 10 行代码：通过 gpio_bit_set 和 gpio_bit_reset 函数将 PA8 和 PA2 引脚的默认电平分别设置为高电平和低电平，即将 LED$_1$ 和 LED$_2$ 的默认状态分别设置为点亮和熄灭。这两个函数涉及 GPIOx_BOP 和 GPIOx_BC，通过 GPIOx_BOP 设置高电平，通过 GPIOx_BC 设置低电平。

程序清单 3-3

```
1.   static  void  ConfigLEDGPIO(void)
2.   {
3.      //使能 RCU 相关时钟
4.      rcu_periph_clock_enable(RCU_GPIOA);                          //使能 GPIOA 的时钟
5.
6.      gpio_init(GPIOA, GPIO_MODE_OUT_PP, GPIO_OSPEED_50MHZ, GPIO_PIN_8);
                                                                     //设置 GPIO 输出模式及速度
7.      gpio_bit_set(GPIOA, GPIO_PIN_8);                             //将 LED₁ 默认状态设置为点亮
8.
9.      gpio_init(GPIOA, GPIO_MODE_OUT_PP, GPIO_OSPEED_50MHZ, GPIO_PIN_2);
                                                                     //设置 GPIO 输出模式及速度
10.     gpio_bit_reset(GPIOA, GPIO_PIN_2);                           //将 LED₂ 默认状态设置为熄灭
11.  }
```

在"API 函数实现"区，实现了 InitLED 和 LEDFlicker 函数，如程序清单 3-4 所示。

（1）第 1 至 4 行代码：InitLED 函数作为 LED 模块的初始化函数，调用 ConfigLEDGPIO 函数实现对 LED 模块的初始化。

（2）第 6 至 22 行代码：LEDFlicker 作为 LED 的闪烁函数，通过改变 GPIO 引脚电平实现 LED 的闪烁，参数 cnt 用于控制闪烁的周期。例如，当 cnt 为 250 时，由于 LEDFlicker 函数每隔 2ms 被调用一次，因此每个 LED 每 500ms 点亮，500ms 熄灭。

程序清单 3-4

```
1.   void InitLED(void)
2.   {
3.      ConfigLEDGPIO();                    //配置 LED 的 GPIO
4.   }
5.
6.   void LEDFlicker(unsigned short cnt)
7.   {
8.      static unsigned short s_iCnt;       //定义静态变量 s_iCnt 作为计数器
9.
10.     s_iCnt++;                           //计数器的计数值加 1
11.
12.     if(s_iCnt >= cnt)                   //计数器的计数值大于或等于 cnt
13.     {
14.        s_iCnt = 0;                      //重置计数器的计数值为 0
15.
16.        //LED₁ 状态取反，实现 LED₁ 闪烁
17.        gpio_bit_write(GPIOA, GPIO_PIN_8, (bit_status)(1 - gpio_output_bit_get(GPIOA, GPIO_PIN_8)));
18.
19.        //LED₂ 状态取反，实现 LED₂ 闪烁
20.        gpio_bit_write(GPIOA, GPIO_PIN_2, (bit_status)(1 - gpio_output_bit_get(GPIOA, GPIO_PIN_2)));
21.     }
22.  }
```

3.4.3　Main.c 文件

在 Main.c 文件的"内部函数实现"区的 Proc2msTask 函数中，调用 LEDFlicker 函数实现

GD32F3 杨梅派开发板上的 LED_1 和 LED_2 每 500ms 交替闪烁一次的功能，如程序清单 3-5 所示。注意，LEDFlicker 函数必须置于 if 语句内，才能保证该函数每 2ms 被调用一次。

程序清单 3-5

```
1.   static  void  Proc2msTask(void)
2.   {
3.     if(Get2msFlag())              //判断 2ms 标志位状态
4.     {
5.       LEDFlicker(250);           //调用闪烁函数
6.
7.       Clr2msFlag();             //清除 2ms 标志位
8.     }
9.   }
```

3.4.4　运行结果

单击 📇 按钮进行编译，编译结束后，Build Output 栏中出现 "0 Error(s), 0 Warning(s)"，表示编译成功。然后，参见图 2-30，通过 Keil μVision5 软件将.axf 文件下载到 GD32F3 杨梅派开发板。下载完成后，按下开发板上的 RST 按键进行复位，可以观察到开发板上的 LED_1 和 LED_2 交替闪烁，表示运行成功。

本 章 任 务

基于 GD32F3 杨梅派开发板编写程序，实现 LED 编码计数功能。假设 LED 熄灭为 0，点亮为 1，初始状态为 LED_1 和 LED_2 均熄灭（00），第二状态为 LED_1 熄灭、LED_2 点亮（01），第三状态为 LED_1 点亮、LED_2 熄灭（10），第四状态为 LED_1 点亮、LED_2 点亮（11）。按照 "初始状态→第二状态→第三状态→第四状态→初始状态" 循环执行，两相邻状态之间的时间间隔为 1s。

任务提示：

1．可使用静态变量作为状态计数器，每个数值对应 LED 的一种状态。

2．可仿照 LEDFlicker 函数编写 LEDCounter 函数，并在 Proc1SecTask 函数中调用 LEDCounter 函数来实现 LED 编码计数功能。

本 章 习 题

1．GPIO 有哪些工作模式？

2．GPIO 有哪些寄存器？CTL0、CTL1 和 OCTL 的功能分别是什么？

3．计算 GPIO_BOP(GPIOA)的绝对地址。

4．gpio_bit_set 函数的作用是什么？该函数可操作哪些寄存器？

5．如何通过固件库函数使能 GPIOC 端口时钟？

6．LEDFlicker 函数中通过 static 关键字定义了一个 s_iCnt 变量,该关键字的作用是什么？

第4章 GPIO 与独立按键输入

GD32F30x 系列微控制器的 GPIO 既能作为输入使用，也能作为输出使用。第 3 章通过一个简单的 GPIO 与流水灯实例介绍了 GPIO 的输出功能，本章将通过一个简单的 GPIO 与独立按键输入实例介绍 GPIO 的输入功能。

4.1 独立按键电路原理图

独立按键硬件电路如图 4-1 所示。本章涉及的硬件包括 3 个独立按键（KEY_1、KEY_2 和 KEY_3），以及与独立按键串联的 10kΩ 限流电阻、与独立按键相连的 100nF 滤波电容。KEY1 网络连接到 GD32F303RCT6 微控制器的 PA0 引脚，KEY2 网络连接到 PC4 引脚，KEY3 网络连接到 PC5 引脚。对于 KEY_2 和 KEY_3 按键，按键弹起时，输入微控制器引脚上的电平为高电平；按键按下时，输入微控制器引脚上的电平为低电平。KEY_1 按键的电路与另外两个按键的不同之处是，连接 KEY1 网络的 PA0 引脚除了可以用作 GPIO，还可通过配置备用功能来实现微控制器的唤醒。在本章中，PA0 引脚用作 GPIO，且被配置为下拉输入模式。因此，KEY_1 按键弹起时，PA0 引脚为低电平；KEY_1 按键按下时，PA0 引脚为高电平。

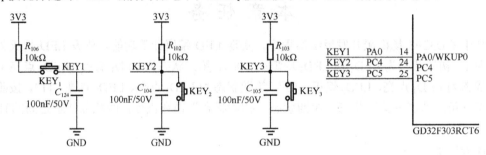

图 4-1 独立按键硬件电路

4.2 GPIO 输入原理

4.2.1 GPIO 功能框图

图 4-2 给出了本章的 GPIO 功能框图。下面按照编号顺序依次介绍各个功能模块。

1. I/O 引脚和 ESD 保护

独立按键与 GD32F303RCT6 的 I/O 引脚相连接，由第 3.2.3 节可知，ESD 保护模块可有效防止静电对芯片产生不良影响，I/O 引脚还可配置为上拉/下拉输入模式。由于本章中的 KEY_2 和 KEY_3 按键在电路中通过一个 10kΩ 电阻连接到 3.3V 电源，因此，为了保持电路的一致性，内部也需要通过寄存器配置为上拉输入模式。KEY_1 按键则需要配置为下拉输入模式。

2. 上拉/下拉电阻

当 I/O 引脚配置为输入模式时，可以选择配置为上拉、下拉或浮空输入模式（无上拉和下拉），通过控制上拉/下拉电阻的通断来实现。上拉即将引脚的默认电平设置为高电平（接近 V_{DD}）；下拉即将引脚的默认电平设置为低电平（接近 V_{SS}）；悬空时，引脚的默认电平不定。

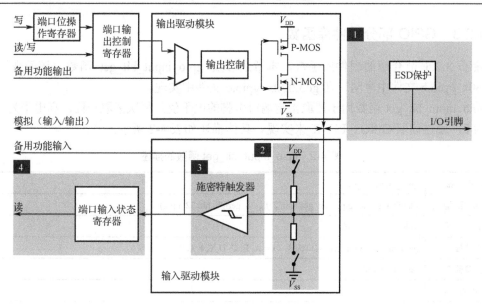

图 4-2　GPIO 功能框图

3．施密特触发器

经过上拉或下拉电路的输入信号依然是模拟信号，而本章将独立按键的输入信号视为数字信号，因此，还需要通过施密特触发器将输入的模拟信号转换为数字信号。

4．输入数据寄存器

经过施密特触发器转换之后的数字信号存储在端口输入状态寄存器（GPIOx_ISTAT）中，通过读取 GPIOx_ISTAT，即可获得 I/O 引脚的电平状态。

4.2.2　GPIO 部分寄存器

第 3 章介绍了 GPIO 的部分寄存器，本节主要介绍端口输入状态寄存器（GPIOx_ISTAT）。

GPIOx_ISTAT（简称为 ISTAT）用于读取一组 GPIO 端口的 16 个引脚的输入电平状态，只占用低 16 位。该寄存器为只读，其结构、偏移地址和复位值如图 4-3 所示，部分位的解释说明如表 4-1 所示。

偏移地址：0x08
复位值：0x0000 xxxx

31	30	29	28	27	26	25	24	23	22	21	20	19	18	17	16
保留															

15	14	13	12	11	10	9	8	7	6	5	4	3	2	1	0
ISTAT 15	ISTAT 14	ISTAT 13	ISTAT 12	ISTAT 11	ISTAT 10	ISTAT 9	ISTAT 8	ISTAT 7	ISTAT 6	ISTAT 5	ISTAT 4	ISTAT 3	ISTAT 2	ISTAT 1	ISTAT 0
r	r	r	r	r	r	r	r	r	r	r	r	r	r	r	r

图 4-3　GPIOx_ISTAT 的结构、偏移地址和复位值

表 4-1　GPIOx_ISTAT 部分位的解释说明

位/位域	名　称	描　述
15:0	ISTATy	端口输入状态位（y=0，…，15）。这些位由软件置位和清除。 0：引脚输入信号为低电平；1：引脚输入信号为高电平

4.2.3　GPIO 部分固件库函数

除了 3.2.5 节介绍的固件库函数，本章还涉及 gpio_input_bit_get 函数，该函数同样在 gd32f30x_gpio.h 文件中声明，在 gd32f30x_gpio.c 文件中实现。

gpio_input_bit_get 函数用于读取指定端口引脚的电平值，每次读取一位，高电平为 1，低电平为 0，通过读取 GPIOx_ISTAT 来实现。具体描述如表 4-2 所示。

表 4-2　gpio_input_bit_get 函数的描述

函　数　名	gpio_input_bit_get
函 数 原 型	FlagStatus gpio_input_bit_get(uint32_t gpio_periph, uint32_t pin)
功 能 描 述	获取引脚的输入值
输入参数 1	gpio_periph：GPIOx，端口选择（x = A, B, C, D, E, F, G）
输入参数 2	pin：GPIO 引脚
输 出 参 数	无
返 回 值	SET 或 RESET

例如，读取 PA2 引脚的电平，代码如下：

```
FlagStatus pa2Value;
pa2Value = gpio_input_bit_get(GPIOA, GPIO_PIN_2);
```

4.3　按键去抖原理

目前，市面上绝大多数按键都采用机械式开关结构，而机械式开关的核心部件是弹性金属簧片，因此在开关切换的瞬间，在接触点会出现来回弹跳的现象，按键弹起时也会出现类似的情况，这种情况称为抖动。按键按下时产生前沿抖动，按键弹起时产生后沿抖动，如图 4-4 所示。不同类型的按键，其最长抖动时间也有差别，抖动时间的长短与按键的机械特性有关，一般为 5～10ms，而通常手动按下按键持续的时间大于 100ms。于是，可以基于两个时间的差异，取一个中间值（如 80ms）作为界限，将小于 80ms 的信号视为抖动脉冲，大于 80ms 的信号视为按键按下。

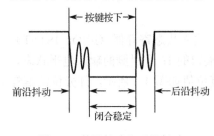

图 4-4　前沿抖动和后沿抖动

独立按键去抖原理图如图 4-5 所示，按键未按下时为高电平，按键按下时为低电平，对于理想按键，按键按下时可立刻检测到低电平，按键弹起时可立刻检测到高电平。但是，对于实际按键，未按下时为高电平，按键一旦按下，就会产生前沿抖动，抖动持续时间为 5～10ms，接着，微控制器引脚会检测到稳定的低电平；按键弹起时，会产生后沿抖动，抖动持续时间也为 5～10ms，接着，微控制器引脚会检测到稳定的高电平。去抖实际上是每 10ms 检测一次连接到按键的引脚电平，如果连续检测到 8 次低电平，即低电平持续时间超过 80ms，则表示识别到按键按下。同理，按键按下后，如果连续检测到 8 次高电平，即高电平持续时间超过 80ms，则表示识别到按键弹起。

独立按键去抖程序设计流程图如图 4-6 所示，先启动一个 10ms 定时器，然后每 10ms 读取一次电平值。如果连续 8 次检测到的电平值均为按键按下电平（KEY₁ 按键按下电平为高电平，KEY₂ 和 KEY₃ 按键按下电平为低电平），且按键按下标志为 TRUE，则将按键按下标志置为 FALSE，同时处理按键按下函数；如果按键按下标志为 FALSE，表示按键按下事件已经得到处理，则继续检查定时器是否产生 10ms 溢出。对于按键弹起也一样，如果当前为按键按下状态，且连续 8 次检测到的电平值均为按键弹起电平（KEY$_1$ 按键弹起电平为低电平，KEY$_2$ 和 KEY$_3$ 按键弹起电平为高电平），且按键弹起标志为 FALSE，则将按键弹起标志置为 TRUE，同时处理按键弹起函数；如果按键弹起标志为 TRUE，表示按键弹起事件已经得到处理，则继续检查定时器是否产生 10ms 溢出。

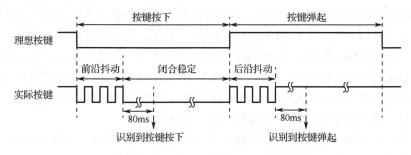

图 4-5　独立按键去抖原理图

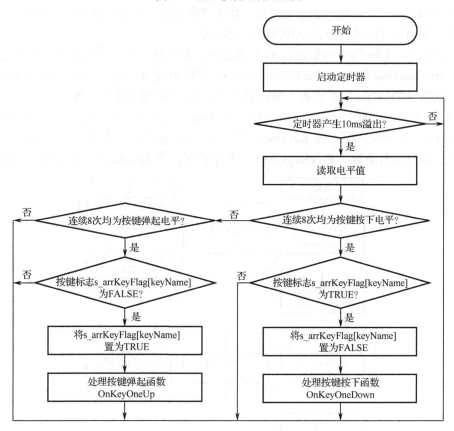

图 4-6　独立按键去抖程序设计流程图

4.4　实例与代码解析

前面学习了独立按键电路原理图、GPIO 功能框图、GPIO 部分寄存器、固件库函数及按键去抖原理，本节基于 GD32F3 杨梅派开发板设计一个独立按键程序。每次按下一个按键，通过串口助手输出按键按下的信息，比如 KEY₁ 按下时，输出 KEY1 PUSH DOWN；按键弹起时，输出按键弹起的信息，比如 KEY₂ 弹起时，输出 KEY2 RELEASE。在进行独立按键程序设计时，需要对按键的抖动进行处理，即每次按键按下时，只能输出一次按键按下信息；每次按键弹起时，也只能输出一次按键弹起信息。

4.4.1 程序架构

本实例的程序架构如图 4-7 所示，该图简要介绍了程序开始运行后各个函数的执行和调用流程，图中仅列出了与本实例相关的部分函数。下面详细解释该程序架构图。

（1）在 main 函数中调用 InitHardware 函数进行硬件相关模块初始化，包括 RCU、NVIC、Timer、KeyOne 和 ProcKeyOne 模块，这里仅介绍按键模块初始化函数 InitKeyOne。在 InitKeyOne 函数中调用 ConfigKeyOneGPIO 函数对 3 个按键对应的 GPIO（PA0、PC4 和 PC5）引脚进行配置，并对表示按键按下的数组变量进行赋值。

（2）调用 InitSoftware 函数进行软件相关模块初始化，本实例中 InitSoftware 函数为空。

（3）调用 Proc2msTask 函数进行 2ms 任务处理，在该函数中，调用 ScanKeyOne 函数依次扫描 3 个按键的状态，经过去抖处理后，如果判断出某一按键有效按下或弹起，且按键标志位正确，则调用对应按键的按下和弹起响应函数。

（4）调用 Proc1SecTask 函数进行 1s 任务处理，本实例中没有需要处理的 1s 任务。

（5）Proc2msTask 和 Proc1SecTask 均在 while 循环中调用，因此，Proc1SecTask 函数执行完后将再次执行 Proc2msTask 函数。循环调用 ScanKeyOne 函数进行按键扫描。

在图 4-7 中，编号①、⑤、⑥和⑨的函数在 Main.c 文件中声明和实现；编号②和⑦的函数在 KeyOne.h 文件中声明，在 KeyOne.c 文件中实现；编号③的函数在 KeyOne.c 文件中声明和实现；编号⑧的函数在 ProcKeyOne.h 文件中声明，在 ProcKeyOne.c 文件中实现。

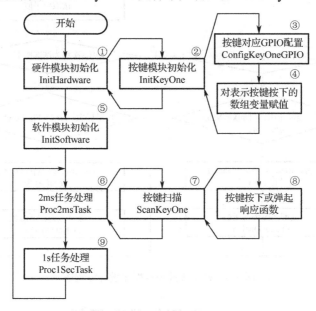

图 4-7　程序架构

要点解析：

（1）按键对应的 GPIO 配置，包括对应外设的时钟使能和 GPIO 的功能模式。

（2）用 8 位无符号字节型变量来表示按键按下和弹起的状态，对于 KEY₁，变量值为 0xFF 表示按键按下，为 0x00 表示按键弹起；KEY₂ 和 KEY₃ 与 KEY₁ 相反。将该变量初始化为按键按下状态对应的值后，通过对该变量进行取反即可表示按键弹起状态。

（3）按键去抖原理的实现，每 10ms 读取一次按键对应引脚的电平，通过移位操作将 8 次读取的电平依次存放于无符号字节型变量的 8 个位中。若变量值与按键按下或弹起对应的值相等，即表示检测到按键的有效按下和弹起。

（4）当检测到某一按键的有效按下或弹起时，利用函数指针调用对应按键的按下或弹起响应函数。

以上要点均在 KeyOne.c 文件中实现，KeyOne.c 文件为按键驱动文件，向外提供了按键扫描的接口函数 ScanKeyOne。理解按键驱动的原理，以及 ScanKeyOne 函数的实现过程和功能用法，即可掌握本实例的核心知识点。

4.4.2　KeyOne 文件对

1. KeyOne.h 文件

在 KeyOne.h 文件的"包含头文件"区，包含 DataType.h 头文件。KeyOne.c 包含 KeyOne.h，而 KeyOne.h 又包含 DataType.h，相当于 KeyOne.c 包含 DataType.h，因此在 KeyOne.c 中使用 DataType.h 中的宏定义等就不需要再重复包含头文件 DataType.h。

DataType.h 文件主要包含一些宏定义，如程序清单 4-1 所示。

（1）第 1 至 12 行代码：定义一些常用数据类型的缩写替换。

（2）第 8 至 24 行代码：进行字节、半字和字的组合及拆分操作的宏定义，这些操作在代码编写过程中使用非常频繁，例如，求一个半字的高字节，正常操作是((BYTE)(((WORD)(hw) >> 8) & 0xFF))，而使用 HIBYTE(hw)就显得简洁明了。

（3）第 26 至 29 行代码：进行布尔数据、空数据及无效数据的宏定义，例如，TRUE 实际上是 1，FALSE 实际上是 0，而无效数据 INVALID_DATA 实际上是-100。

程序清单 4-1

```
1.   typedef signed char        i8;
2.   typedef signed short       i16;
3.   typedef signed int         i32;
4.   typedef unsigned char      u8;
5.   typedef unsigned short     u16;
6.   typedef unsigned int       u32;
7.
8.   typedef int                BOOL;
9.   typedef unsigned char       BYTE;
10.  typedef unsigned short      HWORD;   //2 字节组成一个半字
11.  typedef unsigned int        WORD;    //4 字节组成一个字
12.  typedef long               LONG;
13.
14.  #define LOHWORD(w)      ((HWORD)(w))                         //字的低半字
15.  #define HIHWORD(w)      ((HWORD)(((WORD)(w) >> 16) & 0xFFFF)) //字的高半字
16.
17.  #define LOBYTE(hw)      ((BYTE)(hw) )                        //半字的低字节
18.  #define HIBYTE(hw)      ((BYTE)(((WORD)(hw) >> 8) & 0xFF))   //半字的高字节
```

```
19.
20.  //2 字节组成一个半字
21.  #define MAKEHWORD(bH, bL)    ((HWORD)(((BYTE)(bL)) | ((HWORD)((BYTE)(bH))) << 8))
22.
23.  //两个半字组成一个字
24.  #define MAKEWORD(hwH, hwL)   ((WORD)(((HWORD)(hwL)) | ((WORD)((HWORD)(hwH))) << 16))
25.
26.  #define TRUE            1
27.  #define FALSE           0
28.  #define NULL            0
29.  #define INVALID_DATA   -100
```

在"宏定义"区，对按键按下电平进行宏定义，如程序清单 4-2 所示。

程序清单 4-2

```
1.  //各个按键按下的电平
2.  #define   KEY_DOWN_LEVEL_KEY1     0xFF      //0xFF 表示 KEY1 按下为高电平
3.  #define   KEY_DOWN_LEVEL_KEY2     0x00      //0x00 表示 KEY2 按下为低电平
4.  #define   KEY_DOWN_LEVEL_KEY3     0x00      //0x00 表示 KEY3 按下为低电平
```

在"枚举结构体"区，进行如程序清单 4-3 所示的枚举声明。这些枚举主要是对按键名的定义，如 KEY1 的按键名为 KEY_NAME_KEY1，对应的值为 0；KEY3 的按键名为 KEY_NAME_KEY3，对应的值为 2。

程序清单 4-3

```
1.  typedef enum
2.  {
3.    KEY_NAME_KEY1 = 0,   //KEY1
4.    KEY_NAME_KEY2,       //KEY2
5.    KEY_NAME_KEY3,       //KEY3
6.    KEY_NAME_MAX
7.  }EnumKeyOneName;
```

在"API 函数声明"区为 API 函数的声明代码，如程序清单 4-4 所示。InitKeyOne 函数用于初始化 KeyOne 模块。ScanKeyOne 函数用于按键扫描，建议该函数每 10ms 调用一次，即每 10ms 读取一次按键电平。

程序清单 4-4

```
void  InitKeyOne(void);                                      //初始化 KeyOne 模块
void  ScanKeyOne(unsigned char keyName, void(*OnKeyOneUp)(void), void(*OnKeyOneDown)(void));
                                                             //每 10ms 调用一次
```

2. KeyOne.c 文件

在 KeyOne.c 文件的"宏定义"区为宏定义代码，如程序清单 4-5 所示，用于定义读取 3 个按键电平状态。

程序清单 4-5

```
1.  //KEY1 为读取 PA0 引脚电平
2.  #define KEY1 (gpio_input_bit_get(GPIOA, GPIO_PIN_0))
```

```
3.  //KEY2 为读取 PC4 引脚电平
4.  #define KEY2 (gpio_input_bit_get(GPIOC, GPIO_PIN_4))
5.  //KEY3 为读取 PC5 引脚电平
6.  #define KEY3 (gpio_input_bit_get(GPIOC, GPIO_PIN_5))
```

在"内部变量"区为内部变量的声明代码，如程序清单 4-6 所示。

程序清单 4-6

```
//按键按下时的电平，0xFF 表示按下为高电平，0x00 表示按下为低电平
static  unsigned char  s_arrKeyDownLevel[KEY_NAME_MAX];//使用前要在 InitKeyOne 函数中进行初始化
```

在"内部函数声明"区为内部函数的声明代码，如程序清单 4-7 所示。

程序清单 4-7

```
static  void  ConfigKeyOneGPIO(void);  //配置按键的 GPIO
```

在"内部函数实现"区为 ConfigKeyOneGPIO 函数的实现代码，如程序清单 4-8 所示。

（1）第 4 至 5 行代码：GD32F3 杨梅派开发板的 KEY1、KEY2 和 KEY3 网络分别与 GD32F303RCT6 微控制器的 PA0、PC4 和 PC5 引脚相连接，因此需要通过 rcu_periph_clock_ enable 函数使能 GPIOA 和 GPIOC 时钟。

（2）第 7 至 9 行代码：通过 gpio_init 函数将 PA0 引脚配置为下拉输入模式，将 PC4 和 PC5 引脚配置为上拉输入模式。

程序清单 4-8

```
1.   static  void  ConfigKeyOneGPIO(void)
2.   {
3.    //使能 RCU 相关时钟
4.    rcu_periph_clock_enable(RCU_GPIOA);      //使能 GPIOA 的时钟
5.    rcu_periph_clock_enable(RCU_GPIOC);      //使能 GPIOC 的时钟
6.
7.    gpio_init(GPIOA, GPIO_MODE_IPD, GPIO_OSPEED_50MHZ, GPIO_PIN_0); //配置 PA0 为下拉输入
8.    gpio_init(GPIOC, GPIO_MODE_IPU, GPIO_OSPEED_50MHZ, GPIO_PIN_4); //配置 PC4 为上拉输入
9.    gpio_init(GPIOC, GPIO_MODE_IPU, GPIO_OSPEED_50MHZ, GPIO_PIN_5); //配置 PC5 为上拉输入
10.  }
```

在"API 函数实现"区为 InitKeyOne 和 ScanKeyOne 函数的实现代码，如程序清单 4-9 所示。

（1）第 1 至 8 行代码：InitKeyOne 函数作为 KeyOne 模块的初始化函数，首先调用 ConfigKeyOneGPIO 函数配置独立按键的 GPIO，然后分别设置 3 个按键按下时的电平。

（2）第 10 至 45 行代码：ScanKeyOne 为按键扫描函数，每 10ms 调用一次，该函数有 3 个参数，分别为 keyName、OnKeyOneUp 和 OnKeyOneDown。其中，keyName 为按键名称，取值为 KeyOne.h 文件中定义的枚举值；OnKeyOneUp 为按键弹起的响应函数名，由于函数名也是指向函数的指针，因此 OnKeyOneUp 也为指向 OnKeyOneUp 函数的指针；OnKeyOneDown 为按键按下的响应函数名，也为指向 OnKeyOneDown 函数的指针。因此，(*OnKeyOneUp)() 为按键弹起的响应函数，(*OnKeyOneDown)() 为按键按下的响应函数。参考图 4-6 所示的流程图有助于理解代码。

程序清单 4-9

```
1.   void InitKeyOne(void)
2.   {
3.     ConfigKeyOneGPIO(); //配置按键的 GPIO
4.
5.     s_arrKeyDownLevel[KEY_NAME_KEY1] = KEY_DOWN_LEVEL_KEY1;   //按键 KEY1 按下时为高电平
6.     s_arrKeyDownLevel[KEY_NAME_KEY2] = KEY_DOWN_LEVEL_KEY2;   //按键 KEY2 按下时为低电平
7.     s_arrKeyDownLevel[KEY_NAME_KEY3] = KEY_DOWN_LEVEL_KEY3;   //按键 KEY3 按下时为低电平
8.   }
9.
10.  void ScanKeyOne(unsigned char keyName, void(*OnKeyOneUp)(void), void(*OnKeyOneDown)(void))
11.  {
12.    static unsigned char  s_arrKeyVal[KEY_NAME_MAX];
                          //定义一个 unsigned char 类型的数组，用于存放按键的数值
13.    static unsigned char  s_arrKeyFlag[KEY_NAME_MAX];
                          //定义一个 unsigned char 类型的数组，用于存放按键的标志位
14.
15.    s_arrKeyVal[keyName] = s_arrKeyVal[keyName] << 1;    //左移一位
16.
17.    switch (keyName)
18.    {
19.      case KEY_NAME_KEY1:
20.        s_arrKeyVal[keyName] = s_arrKeyVal[keyName] | KEY1; //按下/弹起时，KEY1 为 1/0
21.        break;
22.      case KEY_NAME_KEY2:
23.        s_arrKeyVal[keyName] = s_arrKeyVal[keyName] | KEY2; //按下/弹起时，KEY2 为 0/1
24.        break;
25.      case KEY_NAME_KEY3:
26.        s_arrKeyVal[keyName] = s_arrKeyVal[keyName] | KEY3; //按下/弹起时，KEY3 为 0/1
27.        break;
28.      default:
29.        break;
30.    }
31.
32.    //按键标志位的值为 TRUE 时，判断是否有按键有效按下
33.    if(s_arrKeyVal[keyName] == s_arrKeyDownLevel[keyName] && s_arrKeyFlag[keyName] == TRUE)
34.    {
35.      (*OnKeyOneDown)();            //执行按键按下的响应函数
36.      s_arrKeyFlag[keyName] = FALSE;   //表示按键处于按下状态，按键标志位的值更改为 FALSE
37.    }
38.
39.    //按键标志位的值为 FALSE 时，判断是否有按键有效弹起
40.    else if(s_arrKeyVal[keyName] == (unsigned char)(~s_arrKeyDownLevel[keyName]) &&
       s_arrKeyFlag[keyName] == FALSE)
41.    {
42.      (*OnKeyOneUp)();              //执行按键弹起的响应函数
43.      s_arrKeyFlag[keyName] = TRUE;    //表示按键处于弹起状态，按键标志位的值更改为 TRUE
44.    }
45.  }
```

4.4.3　ProcKeyOne 文件对

1. ProcKeyOne.h 文件

在 ProcKeyOne.h 文件的"API 函数声明"区为 API 函数的声明代码,如程序清单 4-10 所示。

(1) 第 1 行代码:InitProcKeyOne 函数用于初始化 ProcKeyOne 模块。

(2) 第 3、5 和 7 行代码:ProcKeyDownKeyx 函数(x=1, 2, 3)用于处理按键按下事件, 当检测到按键有效按下时调用该函数。

(3) 第 4、6 和 8 行代码:ProcKeyUpKeyx 函数(x=1, 2, 3)用于处理按键弹起事件,当 检测到按键有效弹起时调用该函数。

程序清单 4-10

```
1.   void   InitProcKeyOne(void);        //初始化 ProcKeyOne 模块
2.
3.   void   ProcKeyDownKey1(void);       //处理 KEY₁ 按下的事件,即 KEY₁ 按键按下的响应函数
4.   void   ProcKeyUpKey1(void);         //处理 KEY₁ 弹起的事件,即 KEY₁ 按键弹起的响应函数
5.   void   ProcKeyDownKey2(void);       //处理 KEY₂ 按下的事件,即 KEY₂ 按键按下的响应函数
6.   void   ProcKeyUpKey2(void);         //处理 KEY₂ 弹起的事件,即 KEY₂ 按键弹起的响应函数
7.   void   ProcKeyDownKey3(void);       //处理 KEY₃ 按下的事件,即 KEY₃ 按键按下的响应函数
8.   void   ProcKeyUpKey3(void);         //处理 KEY₃ 弹起的事件,即 KEY₃ 按键弹起的响应函数
```

2. ProcKeyOne.c 文件

在 ProcKeyOne.c 文件的"包含头文件"区,包含了 UART0.h 头文件。ProcKeyOne 主要 用于处理按键按下和弹起事件,这些事件通过串口输出按键按下和弹起的信息,需要调用串 口相关的 printf 函数,因此,除了包含 ProcKeyOne.h,还需要包含 UART0.h。

在"API 函数实现"区为 API 函数的实现代码,如程序清单 4-11 所示。ProcKeyOne.c 文 件的 API 函数有 7 个,分为 3 类,分别为 ProcKeyOne 模块初始化函数 InitProcKeyOne、按键 弹起事件处理函数 ProcKeyUpKeyx、按键按下事件处理函数 ProKeyDownKeyx。注意,由于 3 个按键的按下和弹起事件处理函数类似,在程序清单 4-11 中只列出了 KEY₁ 按键的按下和 弹起事件处理函数。

程序清单 4-11

```
1.   void InitProcKeyOne(void)
2.   {
3.
4.   }
5.
6.   void   ProcKeyDownKey1(void)
7.   {
8.     printf("KEY1 PUSH DOWN\r\n");    //打印按键状态
9.   }
10.
11.  void   ProcKeyUpKey1(void)
12.  {
13.    printf("KEY1 RELEASE\r\n");      //打印按键状态
14.  }
```

4.4.4　Main.c 文件

在 Main.c 文件的"内部函数实现"区的 Proc2msTask 函数中，调用 ScanKeyOne 函数实现按键扫描，如程序清单 4-12 所示。

（1）第 3 行代码：定义一个静态变量 s_iCnt5 用于进行时间计数，每 2ms 令 s_iCnt5 执行一次加 1 操作，即可通过 s_iCnt5 的值来判断时间。

（2）第 9 至 20 行代码：ScanKeyOne 函数需要每 10ms 调用一次，而 Proc2msTask 函数的 if 语句中的代码每 2ms 执行一次，因此，需要设计一个计数器（变量 s_iCnt5）进行计数，当从 0 计数到 4，即经过 5 个 2ms 时，执行一次 ScanKeyOne 函数，从而实现每 10ms 进行一次按键扫描。注意，s_iCnt5 必须定义为静态变量，需要加 static 关键字，如果不加，则退出函数后 s_iCnt5 分配的存储空间会自动释放。

程序清单 4-12

```
1.   static  void  Proc2msTask(void)
2.   {
3.     static signed short s_iCnt5 = 0;
4.
5.     if(Get2msFlag())        //判断 2ms 标志位状态
6.     {
7.       LEDFlicker(250);      //调用 LED 闪烁函数
8.
9.       if(s_iCnt5 >= 4)
10.      {
11.        ScanKeyOne(KEY_NAME_KEY1, ProcKeyUpKey1, ProcKeyDownKey1);
12.        ScanKeyOne(KEY_NAME_KEY2, ProcKeyUpKey2, ProcKeyDownKey2);
13.        ScanKeyOne(KEY_NAME_KEY3, ProcKeyUpKey3, ProcKeyDownKey3);
14.
15.        s_iCnt5 = 0;
16.      }
17.      else
18.      {
19.        s_iCnt5++;
20.      }
21.
22.      Clr2msFlag();         //清除 2ms 标志位
23.    }
24.  }
```

独立按键按下和弹起时会通过串口输出提示信息，不需要每秒输出一次"This is the first GD32F303 Project, by Zhangsan"，因此，还需要注释掉 Proc1SecTask 函数中的 printf 语句。

4.4.5　运行结果

代码编译通过后，下载程序并进行复位。打开串口助手，选择正确的串口号并打开串口，依次按下 GD32F3 杨梅派开发板上的 KEY$_1$、KEY$_2$ 和 KEY$_3$ 按键，可以看到串口助手中输出如图 4-8 所示的按键按下和弹起的提示信息，同时，开发板上的 LED$_1$ 和 LED$_2$ 交替闪烁，表示程序运行成功。

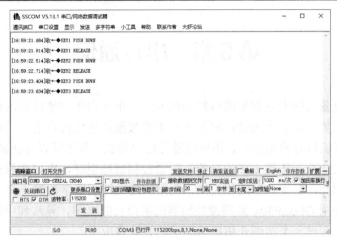

图 4-8　运行结果

本 章 任 务

基于 GD32F3 杨梅派开发板编写程序,实现通过按键切换 LED 编码计数方向。假设 LED 熄灭为 0,点亮为 1,初始状态为 LED_1 和 LED_2 均熄灭(00),第二状态为 LED_1 熄灭、LED_2 点亮(01),第三状态为 LED_1 点亮、LED_2 熄灭(10),第四状态为 LED_1 点亮、LED_2 点亮(11)。按下 KEY_1 按键,LED 按照“初始状态→第二状态→第三状态→第四状态→初始状态”方向进行递增编码计数;按下 KEY_3 按键,LED 按照“初始状态→第四状态→第三状态→第二状态→初始状态”方向进行递减编码计数。无论是递增编码计数,还是递减编码计数,两个相邻状态之间的时间间隔均为 1s。

任务提示:

1. KeyOne 文件对为按键的驱动文件,在按键对应 GPIO 不变的情况下,编写完成后不需要修改。在本章任务的程序中,按键的操作应添加在 ProcKeyOne.c 文件中,如按键按下的操作应添加在 ProcKeyDownKeyx 函数中,按键弹起的操作应添加在 ProcKeyUpKeyx 函数中。

2. 定义一个变量表示按键按下标志,在 KEY_1 和 KEY_3 的按键按下响应函数中设置该标志为按键按下。然后仿照 LEDFlicker 函数编写 LEDCounter 函数,在该函数中先判断按键按下标志,如果有按键按下,则开始进行递增或递减编码。

3. 分别单独观察 LED_1 和 LED_2 的状态变化情况:在递增编码时,LED_1 每 2s 切换一次状态,在递减编码时,LED_1 第一次切换状态需要 1s,随后每 2s 切换一次状态。而 LED_2 无论在递增还是递减编码时,均为 1s 切换一次状态。因此,可分别定义两个变量对 LED_1 和 LED_2 计数,计数完成后,翻转引脚电平实现 LED 状态切换。

本 章 习 题

1. GPIO 的 ISTAT 的功能是什么?
2. 计算 GPIOA 的 ISTAT 的绝对地址。
3. gpio_input_bit_get 函数的作用是什么?该函数具体操作了哪些寄存器?
4. 如何通过寄存器操作读取 PA4 引脚的电平?
5. 如何通过固件库操作读取 PA4 引脚的电平?
6. 在函数内部定义一个变量,加与不加 static 关键字有什么区别?

第5章 串口通信

串口通信是设备之间十分常见的数据通信方式,由于占用的硬件资源极少、通信协议简单和易于使用等优势,串口成为微控制器中使用最频繁的通信接口之一。通过串口,微控制器不仅可以与计算机进行数据通信,还可以进行程序调试,甚至可以连接蓝牙、Wi-Fi 和传感器等外部硬件模块,从而拓展更多的功能。在微控制器选型时,串口数量也是工程师参考的重要指标之一。因此,掌握串口的相关知识及用法是微控制器学习的一个重要环节。

本章将详细介绍 GD32F30x 系列微控制器的串口功能框图、异常和中断,以及串口模块驱动设计。最后,通过一个实例介绍串口驱动的设计和应用。

5.1 串口通信原理

5.1.1 串口通信协议

串口在不同的物理层上可分为 UART 口、COM 口和 USB 口等,还可根据不同的电平标准(如 TTL、RS-232 和 RS-485 等)来划分,下面主要介绍基于 TTL 电平标准的 UART。

通用异步串行收发器(Universal Asynchronous Receiver/Transmitter,UART)是微控制器领域十分常用的通信设备,还有一种是通用同步/异步串行收发器(Universal Synchronous/Asynchronous Receiver/Transmitter,USART)。二者的区别是 USART 既可以进行同步通信,也可以进行异步通信,而 UART 只能进行异步通信。简单区分同步和异步通信的方式是根据通信过程中是否使用时钟信号,在同步通信中,收发设备之间通过一条信号线表示时钟信号,在时钟信号的驱动下同步数据,而异步通信不需要时钟信号进行数据同步。

相较于 USART 的同步通信功能,其异步通信功能使用更为频繁。当使用 USART 进行异步通信时,其用法与 UART 没有区别,只需要两条信号线和一条共地线即可完成双向通信,本章使用 USART 的异步通信功能来实现串口通信。下面介绍 UART 通信协议及其通信原理。

1. UART 物理层

UART 采用异步串行全双工通信的方式,因此 UART 通信没有时钟线,而是通过两条数据线来实现双向同时传输。收发数据只能一位一位地在各自的数据线上传输,因此 UART 最多只有两条数据线,一条是发送数据线,另一条是接收数据线。数据线根据高低逻辑电平进行传输,因此还必须有参照的地线。最简单的 UART 接口由发送数据线 TXD、接收数据线 RXD 和 GND(地)线组成。

UART 一般采用 TTL 的逻辑电平标准表示数据,逻辑 1 用高电平表示,逻辑 0 用低电平表示。在 TTL 电平标准中,高/低电平为范围值,通常规定,引脚作为输出时,电压低于 0.4V 稳定输出低电平,电压高于 2.4V 稳定输出高电平;引脚作为输入时,电压低于 0.8V 稳定输入低电平,电压高于 2V 稳定输入高电平。微控制器通常也采用 TTL 电平标准,但其对引脚输入/输出高/低电平的电压范围有额外的规定,实际应用时需要参考数据手册。

两个 UART 设备的连接非常简单,如图 5-1 所示,只需要将 UART 设备 A 的发送数据线 TXD 与 UART 设备 B 的接

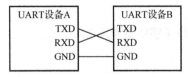

图 5-1 两个 UART 设备连接方式

收数据线 RXD 相连接，将 UART 设备 A 的接收数据线 RXD 与 UART 设备 B 的发送数据线 TXD 相连接，此外，两个 UART 设备必须共地，即将两个设备的 GND 相连接。

2．UART 数据格式

UART 数据按照一定的格式打包成帧，微控制器或计算机在物理层上以帧为单位传输数据。UART 的一帧数据由起始位、数据位、校验位、停止位和空闲位组成，如图 5-2 所示。注意，一个完整的 UART 数据帧必须有起始位、数据位和停止位，但不一定有校验位和空闲位。

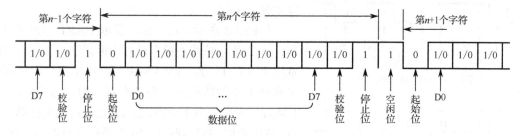

图 5-2　UART 数据帧格式

（1）起始位的长度为 1 位，起始位的逻辑电平为低电平。由于 UART 空闲状态时的电平为高电平，因此，在每个数据帧的开始，需要先发出一个逻辑 0，表示传输开始。

（2）数据位的长度通常为 8 位，也可以为 9 位；每个数据位的值可以为逻辑 0，也可以为逻辑 1；传输采用小端方式，即最低位（D0）在前，最高位（D7）在后。

（3）校验位不是必需项，因此可以将 UART 配置为没有校验位，即不对数据位进行校验；也可以将 UART 配置为带奇偶校验位。如果配置为带奇偶校验位，则校验位的长度为 1 位，校验位的值可以为逻辑 0，也可以为逻辑 1。在奇校验方式下，如果数据位中有奇数个逻辑 1，则校验位为 0；如果数据位中有偶数个逻辑 1，则校验位为 1。在偶校验方式下，如果数据位中有奇数个逻辑 1，则校验位为 1；如果数据位中有偶数个逻辑 1，则校验位为 0。

（4）停止位的长度可以是 1 位、1.5 位或 2 位，通常情况下停止位是 1 位。停止位是一帧数据的结束标志，由于起始位是低电平，因此停止位为高电平。

（5）空闲位是当数据传输完毕后，线路上保持逻辑 1（高电平）的位，表示当前线路上没有数据传输。

3．UART 传输速率

UART 传输速率常用波特率或比特率来表示。比特率是每秒传输的二进制位数，单位为 bps（bit per second）。波特率，即每秒传送码元的个数，单位为 baud。由于 UART 使用 NRZ（Non-Return to Zero，不归零）编码，因此 UART 的波特率和比特率在数值上是相同的（为与软件界面保持一致，本书统一采用单位 bps）。在实际应用中，常用的 UART 传输速率有 1200bps、2400bps、4800bps、9600bps、19200bps、38400bps、57600bps 和 115200bps。

假设数据位为 8 位，校验方式为奇校验，停止位为 1 位，波特率为 115200bps，计算每 2ms 最多可以发送多少字节数据。首先，计算可知，一帧数据有 11 位（1 位起始位+8 位数据位+1 位校验位+1 位停止位），其次，波特率为 115200bps，即每秒传输 115200bit，相当于每毫秒可以传输 115.2bit，由于每帧数据有 11 位，因此每毫秒可以传输 10 字节数据，2ms 就可以传输 20 字节数据。

综上所述，UART 是以帧为单位进行数据传输的。一个 UART 数据帧由 1 位起始位、8 或 9 位数据位、0 或 1 位校验位、1 位/1.5 位/2 位停止位组成。除了起始位，其余位必须在通信前由通信双方设定好，即通信前必须确定数据位和停止位的位数、校验方式及波特率。

4．UART 通信实例

由于 UART 采用异步串行通信，没有时钟线，只有数据线。那么，收到一个 UART 原始波形，如何确定一帧数据？如何计算传输的是什么数据？下面以一个 UART 波形为例来说明。假设 UART 波特率为 115200bps，数据位为 8 位，无奇偶校验位，停止位为 1 位。

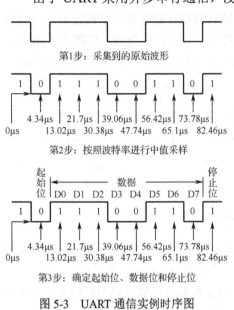

图 5-3　UART 通信实例时序图

如图 5-3 所示，第 1 步，获取 UART 原始波形数据；第 2 步，按照波特率进行中值采样，每位的时间宽度为（1/115200）s ≈ 8.68μs，将电平第一次由高电平到低电平的转换点作为基准点，即 0μs 时刻，在 4.34μs 时刻采样第 1 个点，在 13.02μs 时刻采样第 2 个点，依次类推，然后判断第 10 个采样点是否为高电平，如果为高电平，表示完成一帧数据的采样；第 3 步，确定起始位、数据位和停止位，采样的第 1 个点为起始位，且起始位为低电平，采样的第 2～9 个点为数据位，其中第 2 个点为数据最低位，第 9 个点为数据最高位，第 10 个点为停止位，且停止位为高电平。

5.1.2　串口电路原理图

串口硬件电路如图 5-4 所示，主要为 USB 转串口模块电路，包括 Type-C 型 USB 接口（编号为 USB₁）、USB 转串口芯片 CH340G（编号为 U₃₀₁）和 12MHz 晶振等。Type-C 型接口的 UD1+和 UD1-网络为数据传输线（使用 USB 通信协议），这两条线各通过一个 22Ω 电阻连接到 CH340G 芯片的 UD+和 UD-引脚。CH340G 芯片可以实现 USB 通信协议和标准 UART 串行通信协议的转换，因此，还需将 CH340G 芯片的一对串口连接到 GD32F303RCT6 微控制器的串口，这样即可实现 GD32F3 杨梅派开发板通过 Type-C 型接口与计算机进行数据通信。这里将 CH340G 芯片的 TXD 引脚通过 CH340_TX 网络连接到 GD32F303RCT6 微控制器的 PA10 引脚（USART0_RX），将 CH340G 芯片的 RXD 引脚通过 CH340_RX 网络连接到 GD32F303RCT6 微控制器的 PA9 引脚（USART0_TX）。此外，两芯片还应共地。

注意，在 CH340G 和 GD32F303RCT6 之间添加了一个 2×2Pin 的排针 J₃₀₂，需要先使用两个跳线帽分别连接 1 号引脚（CH340_TX）和 2 号引脚（USART0_RX）、3 号引脚（CH340_RX）和 4 号引脚（USART0_TX）。

5.1.3　串口功能框图

图 5-5 所示是串口功能框图，下面按照编号顺序依次介绍各个功能模块。其中涉及的串口部分寄存器可参见《GD32F30x 用户手册（中文版）》的第 17.4 节。

1．功能引脚

GD32F30x 系列微控制器的串口功能引脚包括 TX、RX、SW_RX、nRTS、nCTS 和 CK。本书中有关串口的实例仅用到 TX 和 RX，TX 是发送数据输出引脚，RX 是接收数据输入引脚。TX 和 RX 的引脚信息可参见《GD32F303xx 数据手册》。

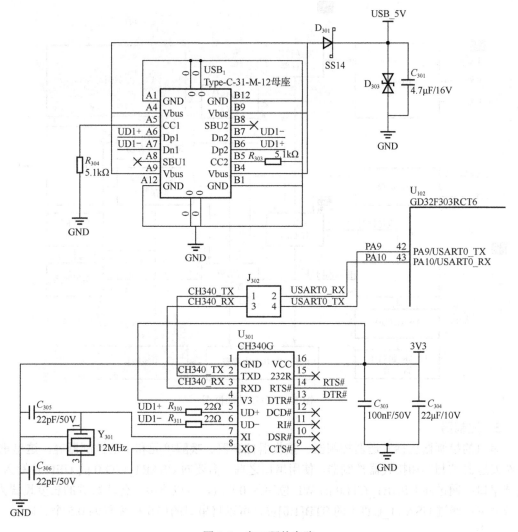

图 5-4　串口硬件电路

GD32F303RCT6 微控制器包含 5 个串口，分别为 USART0～USART2、UART3 和 UART4。其中，USART0 的时钟来源于 APB2 总线时钟，APB2 总线时钟的最大频率为 120MHz；USART1、USART2、UART3 和 UART4 的时钟来源于 APB1 总线时钟，APB1 总线时钟的最大频率为 60MHz。

2. 数据寄存器

USART 的数据寄存器只有低 9 位有效。在图 5-5 中，串口执行发送操作（写操作），即向 USART 数据寄存器（USART_DATA）写数据；串口执行接收操作（读操作），即读取 USART_DATA 中的数据。

数据写入 USART_DATA 后，USART 会将数据转移到发送移位寄存器，再通过 TX 引脚逐位发送出去。通过 RX 引脚接收到的数据将按照顺序保存在接收移位寄存器中，然后 USART 会将数据转移到 USART_DATA 中。

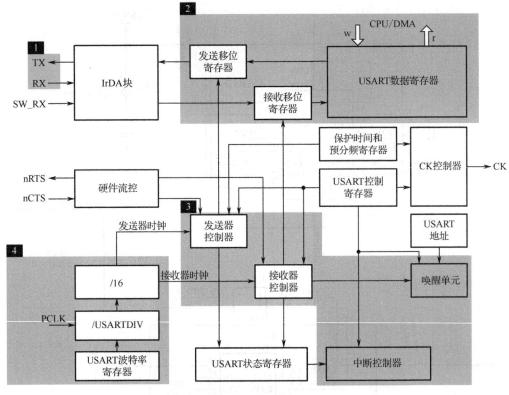

图 5-5　串口功能框图

3. 控制器

串口的控制器包括发送器控制器、接收器控制器、唤醒单元和中断控制器等，这里重点介绍发送器控制器和接收器控制器。使用串口之前，需要向 USART_CTL0 的 UEN 位写入 1，使能串口；通过向 USART_CTL0 的 WL 位写入 0 或 1，可以将串口传输数据的长度设置为 8 位或 9 位；通过 USART_CTL1 的 STB[1:0]位，可以将串口的停止位配置为 0.5 个、1 个、1.5 个或 2 个。

（1）发送器控制器

向 USART_CTL0 的 TEN 位写入 1，即可启动数据发送，发送移位寄存器的数据会按照一帧数据格式（起始位+数据帧+可选的奇偶校验位+停止位）通过 TX 引脚逐位输出，当一帧数据的最后一位发送完成且 TBE 位为 1 时，USART_STAT0 的 TC 位将由硬件置 1，表示数据传输完成，此时，如果 USART_CTL0 寄存器的 TCIE 位为 1，则产生中断。在发送过程中，除了发送完成（TC = 1）可以产生中断，发送数据缓冲区为空（TBE = 1）也可以产生中断，即 USART_DATA 寄存器中的数据被硬件转移到发送移位寄存器时，TBE 位将被硬件置 1。此时，如果 USART_CTL0 的 TBEIE 位为 1 时，则产生中断。

（2）接收器控制器

向 USART_CTL0 的 REN 位写入 1，即可启动数据接收，当串口控制器在 RX 引脚侦测到起始位时，就会按照配置的波特率将 RX 引脚上读取到的高/低电平（对应逻辑 1 或 0）依次存放在接收移位寄存器中。当接收到一帧数据的最后一位（停止位）时，接收移位寄存器中的数据将被转移到 USART_DATA 中，USART_STAT0 的 RBNE 位将由硬件置 1，表示数据接收完成。此时，如果 USART_CTL0 的 RBNEIE 位为 1，则产生中断。

4．波特率发生器

接收器和发送器的波特率由波特率发生器控制，用户只需向波特率寄存器（USART_BAUD）写入不同的值即可控制波特率发生器输出不同的波特率。USART_BAUD 由整数部分 INTDIV[11:0]和小数部分 FRADIV[3:0]组成，如图 5-6 所示。

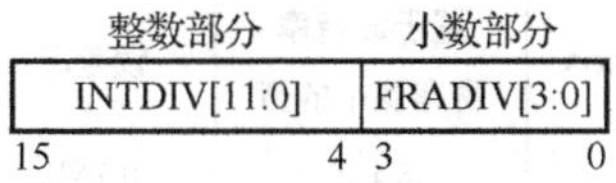

整数部分	小数部分
INTDIV[11:0]	FRADIV[3:0]

图 5-6　USART_BAUD 结构

INTDIV[11:0]是波特率分频系数（USARTDIV）的整数部分，FRADIV[3:0]是 USARTDIV 的小数部分，接收器和发送器的波特率计算公式如下：

$$\text{Baud Rate} = f_{PCLK} / (USARTDIV \times 16)$$

式中，PCLK 是外设的时钟（PCLK2 用于 USART0，PCLK1 用于 USART1、USART2、UART3、UART4），USARTDIV 是一个 16 位无符号定点数，其值可在 USART_BAUD 中设置。

向 USART_BAUD 写入数据后，波特率计数器会被 USART_BAUD 中的新值替换。因此，不能在通信进行中改变 USART_BAUD 中的数值。

如何根据 USART_BAUD 计算 USARTDIV，以及根据 USARTDIV 计算 USART_BAUD？下面以两个示例进行说明。

当过采样率为 16 时：

（1）由 USART_BAUD 寄存器的值得到 USARTDIV：

假设 USART_BAUD = 0x021D，分别用 INTDIV 和 FRADIV 来表示 USARTDIV 的整数部分和小数部分，则 INTDIV = 33（0x21），FRADIV = 13（0xD）。

USARTDIV 的整数部分 = INTDIV = 33，USARTDIV 的小数部分 = FRADIV/16 = 13/16 = 0.81。因此，USARTDIV = 33.81。

（2）由 USARTDIV 得到 USART_BAUD 的值：

假设 USARTDIV = 30.37，分别用 INTDIV 和 FRADIV 来表示 USARTDIV 的整数部分和小数部分，则 INTDIV = 30（0x1E），FRADIV = 16×0.37 = 5.92 ≈ 6（0x6）。

因此，USART_BAUD = 0x01E6。

注意，若取整后 FRADIV = 16（溢出），则进位必须加到整数部分。

在串口通信过程中，常用的波特率理论值有 2.4kbps、9.6kbps、19.2kbps、57.6kbps、115.2kbps 等，但由于微控制器的主频较低，导致在传输过程中的波特率实际值与理论值有偏差。微控制器的主频不同，波特率的误差范围也存在差异，如表 5-1 所示。

表 5-1　波特率误差

序　号	波特率理论值/kbps	f_{PCLK} = 60MHz				f_{PCLK} = 120MHz			
		实际值/kbps	置于波特率寄存器中的值	误差率		实际值/kbps	置于波特率寄存器中的值	误差率	
1	2.4	2.4	1562.5	0%		2.4	3125	0%	
2	9.6	9.6	390.625	0%		9.6	781.25	0%	
3	19.2	19.2	195.3125	0%		19.2	390.625	0%	
4	57.6	57.636	65.0625	0.0625%		57.609	130.1875	0.0156%	
5	115.2	115.384	32.5	0.15%		115.273	65.0625	0.0633%	
6	230.4	230.769	16.25	0.16%		230.769	32.5	0.16%	
7	460.8	461.538	8.125	0.16%		461.538	16.25	0.16%	

序　号	波特率理论值/kbps	$f_{PCLK}=60\text{MHz}$			$f_{PCLK}=120\text{MHz}$		
		实际值/kbps	置于波特率寄存器中的值	误差率	实际值/kbps	置于波特率寄存器中的值	误差率
8	921.6	923.076	4.0625	0.16%	923.076	8.125	0.16%
9	2250	2307.692	1.625	2.56%	2264.150	3.3125	0.628%
10	4500	不可能	不可能	不可能	4615.384	1.625	2.56%

5.2　中断与 NVIC 原理

5.2.1　异常和中断

GD32F30x 系列微控制器的内核是 Cortex-M4，由于 GD32F30x 系列微控制器的异常和中断继承了 Cortex-M4 的异常响应系统，因此，要理解 GD32F30x 系列微控制器的异常和中断，首先要知道什么是异常和中断，还要知道什么是线程模式和处理模式，以及什么是 Cortex-M4 的异常和中断。

1. 异常和中断的概念

中断是主机与外设进行数据通信的重要机制，负责处理处理器外部的异常事件。异常实质上也是一种中断，主要负责处理处理器内部事件。

2. 线程模式和处理模式

处理器复位或异常退出时会进入线程模式（Thread Mode），出现中断或异常时会进入处理模式（Handler Mode），在处理模式下所有代码为特权访问。

3. Cortex-M4 的异常和中断

Cortex-M4 在内核水平上搭载了一个异常响应系统，支持为数众多的系统异常和外部中断。其中，系统异常如表 5-2 所示（编号 1～15），外部中断如表 5-3 所示（编号 16～255）。除了个别异常的优先级不能被修改，其他异常优先级都可以通过编程进行修改。

表 5-2　Cortex-M4 系统异常清单

编　号	类　型	优　先　级	简　　介
1	复位	−3（最高）	复位
2	NMI	−2	不可屏蔽中断（外部 NMI 输入）
3	硬件错误	−1	所有错误都可能会引发，前提是相应的错误处理未使能
4	MemManage 错误	可编程	存储器管理错误，存储器管理单元（MPU）冲突或访问非法位置
5	总线错误	可编程	总线错误。当高级高性能总线（AHB）接口收到从总线的错误响应时产生（若为取指也称为预取终止，数据访问则为数据终止）
6	使用错误	可编程	程序错误或试图访问协处理器导致的错误（Cortex-M4 不支持协处理器）
7～10	保留	N/A	N/A
11	SVC	可编程	请求管理调用。一般用于 OS 环境且允许应用任务访问系统服务
12	调试监视器	可编程	调试监控。在使用基于软件的调试方案时，断点和监视点等调试事件的异常
13	保留	N/A	N/A

编　号	类　型	优先级	简　介
14	PendSV	可编程	可挂起的服务调用。OS 一般用该异常进行上下文切换
15	SysTick	可编程	系统节拍定时器。当其在处理器中存在时，由定时器外设产生。可用于 OS 或简单的定时器外设

表 5-3　Cortex-M4 外部中断清单

编　号	类　型	优先级	简　介
16	IRQ #0	可编程	外部中断#0
17	IRQ #1	可编程	外部中断#1
⋮	⋮	⋮	⋮
255	IRQ #239	可编程	外部中断#239

4. 异常和中断

芯片设计厂商（如兆易创新）可以修改 Cortex-M4 的硬件描述源代码，因此可以根据产品定位对表 5-2 和表 5-3 进行调整。例如，GD32F30x 系列产品将中断号从-15～-1 的向量定义为系统异常，将中断号为 0～67 的向量定义为外部中断。其中，GD32F30x 系列中的非互联型产品和互联型产品（GD32F305xx 系列和 GD32F307xx 系列）的中断向量表有所不同，互联型产品有 68（编号 0～67）个外部中断，而非互联型产品只有 60（编号 0～59）个外部中断。GD32F30x 系列非互联型产品的中断向量如表 5-4 所示。其中，优先级为-3、-2 和-1 的系统异常，即复位（Reset）、不可屏蔽中断（NMI）和硬件失效（HardFault），其优先级是固定的，其他异常和中断的优先级可通过编程修改。向量表中的异常和中断的中断服务函数名可参见启动文件 startup_gd32f30x_hd.s。

表 5-4　GD32F30x 系列非互联型产品的中断向量表

中断号	优先级	名称	中断名	说明	地址
—				保留	0x0000_0000
-15	-3	Reset	—	复位	0x0000_0004
-14	-2	NMI	NonMaskableInt_IRQn	不可屏蔽中断 RCU 时钟安全系统（CSS）连接到 NMI 向量	0x0000_0008
-13	-1	硬件失效（HardFault）	HardFault_Handler	所有类型的失效	0x0000_000C
-12	可设置	存储管理（MemManage）	—	存储器管理	0x0000_0010
-11	可设置	总线错误（BusFault）	—	预取指失败,存储器访问失败	0x0000_0014
-10	可设置	错误应用（UsageFault）	—	未定义的指令或非法状态	0x0000_0018
—	—	—	—	保留	0x0000_001C ～ 0x0000_002B

续表

中断号	优先级	名称	中断名	说明	地址
−5	可设置	SVCall	SVCall_IRQn	通过 SWI 指令的系统服务调用	0x0000_002C
−4	可设置	调试监控（DebugMonitor）	—	调试监控器	0x0000_0030
	—	—		保留	0x0000_0034
−2	可设置	PendSV	PendSV_IRQn	可挂起的系统服务	0x0000_0038
−1	可设置	SysTick	SysTick_IRQn	系统嘀嗒定时器	0x0000_003C
0	可设置	WWDGT	WWDGT_IRQn	窗口看门狗中断	0x0000_0040
1	可设置	LVD	LVD_IRQn	连接到 EXTI 线的 LVD 中断	0x0000_0044
2	可设置	TAMPER	TAMPER_IRQn	侵入检测中断	0x0000_0048
3	可设置	RTC	RTC_IRQn	RTC 全局中断	0x0000_004C
4	可设置	FMC	FMC_IRQn	FMC 全局中断	0x0000_0050
5	可设置	RCU_CTC	RCU_CTC_IRQn	RCU 和 CTC 中断	0x0000_0054
6	可设置	EXTI0	EXTI0_IRQn	EXTI 线 0 中断	0x0000_0058
7	可设置	EXTI1	EXTI1_IRQn	EXTI 线 1 中断	0x0000_005C
8	可设置	EXTI2	EXTI2_IRQn	EXTI 线 2 中断	0x0000_0060
9	可设置	EXTI3	EXTI3_IRQn	EXTI 线 3 中断	0x0000_0064
10	可设置	EXTI4	EXTI4_IRQn	EXTI 线 4 中断	0x0000_0068
11	可设置	DMA0_Channel0	DMA0_Channel0_IRQn	DMA0 通道 0 全局中断	0x0000_006C
12	可设置	DMA0_Channel1	DMA0_Channel1_IRQn	DMA0 通道 1 全局中断	0x0000_0070
13	可设置	DMA0_Channel2	DMA0_Channel2_IRQn	DMA0 通道 2 全局中断	0x0000_0074
14	可设置	DMA0_Channel3	DMA0_Channel3_IRQn	DMA0 通道 3 全局中断	0x0000_0078
15	可设置	DMA0_Channel4	DMA0_Channel4_IRQn	DMA0 通道 4 全局中断	0x0000_007C
16	可设置	DMA0_Channel5	DMA0_Channel5_IRQn	DMA0 通道 5 全局中断	0x0000_0080
17	可设置	DMA0_Channel6	DMA0_Channel6_IRQn	DMA0 通道 6 全局中断	0x0000_0084
18	可设置	ADC0_1	ADC0_1_IRQn	ADC0 和 ADC1 全局中断	0x0000_0088
19	可设置	USBD_HP_CAN0_TX	USBD_HP_CAN0_TX_IRQn	USB 高优先级或 CAN0 发送中断	0x0000_008C
20	可设置	USBD_LP_CAN0_RX0	USBD_LP_CAN0_RX0_IRQn	USB 低优先级或 CAN0 接收 0 中断	0x0000_0090
21	可设置	CAN0_RX1	CAN0_RX1_IRQn	CAN0 接收 1 中断	0x0000_0094
22	可设置	CAN0_EWMC	CAN0_EWMC_IRQn	CAN0 EWMC 中断	0x0000_0098
23	可设置	EXTI5_9	EXTI5_9_IRQn	EXTI 线[9:5]中断	0x0000_009C
24	可设置	TIMER0_BRK/ TIMER0_BRK_TIMER8	TIMER0_BRK_IRQn/ TIMER0_BRK_TIMER8_IRQn	TIMER0 中止中断 /TIMER0 中止中断和 TIMER8 全局中断	0x0000_00A0

中断号	优先级	名称	中断名	说明	地址
25	可设置	TIMER0_UP/ TIMER0_UP_TIMER9	TIMER0_UP_IRQn/ TIMER0_UP_TIMER9_IRQn	TIMER0 更新中断 /TIMER0 更新中断和 TIMER9 全局中断	0x0000_00A4
26	可设置	TIMER0_TRG_CMT/ TIMER0_TRG_CMT_TIMER10	TIMER0_TRG_CMT_IRQn/ TIMER0_TRG_CMT_TIMER10 _IRQn	TIMER0 触发与通道 换相中断/ TIMER0 触 发与通道换相中断和 TIMER10 全局中断	0x0000_00A8
27	可设置	TIMER0_Channel	TIMER0_Channel_IRQn	TIMER0 通道捕获比 较中断	0x0000_00AC
28	可设置	TIMER1	TIMER1_IRQn	TIMER1 全局中断	0x0000_00B0
29	可设置	TIMER2	TIMER2_IRQn	TIMER2 全局中断	0x0000_00B4
30	可设置	TIMER3	TIMER3_IRQn	TIMER3 全局中断	0x0000_00B8
31	可设置	I2C0_EV	I2C0_EV_IRQn	I2C0 事件中断	0x0000_00BC
32	可设置	I2C0_ER	I2C0_ER_IRQn	I2C0 错误中断	0x0000_00C0
33	可设置	I2C1_EV	I2C1_EV_IRQn	I2C1 事件中断	0x0000_00C4
34	可设置	I2C1_ER	I2C1_ER_IRQn	I2C1 错误中断	0x0000_00C8
35	可设置	SPI0	SPI0_IRQn	SPI0 全局中断	0x0000_00CC
36	可设置	SPI1	SPI1_IRQn	SPI1 全局中断	0x0000_00D0
37	可设置	USART0	USART0_IRQn	USART0 全局中断	0x0000_00D4
38	可设置	USART1	USART1_IRQn	USART1 全局中断	0x0000_00D8
39	可设置	USART2	USART2_IRQn	USART2 全局中断	0x0000_00DC
40	可设置	EXTI10_15	EXTI10_15_IRQn	EXTI 线[15:10]中断	0x0000_00E0
41	可设置	RTC_Alarm	RTC_Alarm_IRQn	连接 EXTI 线的 RTC 闹钟中断	0x0000_00E4
42	可设置	USBD_WKUP	USBD_WKUP_IRQn	连接 EXTI 线的 USBD 唤醒中断	0x0000_00E8
43	可设置	TIMER7_BRK/ TIMER7_BRK_TIMER11	TIMER7_BRK_IRQn/ TIMER7_BRK_TIMER11_IRQn	TIMER7 中止中断 /TIMER7 中止中断和 TIMER11 全局中断	0x0000_00EC
44	可设置	TIMER7_UP/ TIMER7_UP_TIMER12	TIMER7_UP_IRQn/ TIMER7_UP_TIMER12_IRQn	TIMER7 更新中断 /TIMER7 更新中断和 TIMER12 全局中断	0x0000_00F0
45	可设置	TIMER7_TRG_CMT/ TIMER7_TRG_CMT_TIMER13	TIMER7_TRG_CMT_IRQn/ TIMER7_TRG_CMT_TIMER13 _IRQn	TIMER7 触发与通道 换相中断/TIMER7 触 发与通道换相中断和 TIMER13 全局中断	0x0000_00F4
46	可设置	TIMER7_Channel	TIMER7_Channel_IRQn	TIMER7 通道捕获比 较中断	0x0000_00F8
47	可设置	ADC2	ADC2_IRQn	ADC2 全局中断	0x0000_00FC
48	可设置	EXMC	EXMC_IRQn	EXMC 全局中断	0x0000_0100

续表

中断号	优先级	名称	中断名	说明	地址
49	可设置	SDIO	SDIO_IRQn	SDIO 全局中断	0x0000_0104
50	可设置	TIMER4	TIMER4_IRQn	TIMER4 全局中断	0x0000_0108
51	可设置	SPI2	SPI2_IRQn	SPI2 全局中断	0x0000_010C
52	可设置	UART3	UART3_IRQn	UART3 全局中断	0x0000_0110
53	可设置	UART4	UART4_IRQn	UART4 全局中断	0x0000_0114
54	可设置	TIMER5	TIMER5_IRQn	TIMER5 全局中断	0x0000_0118
55	可设置	TIMER6	TIMER6_IRQn	TIMER6 全局中断	0x0000_011C
56	可设置	DMA1_Channel0	DMA1_Channel0_IRQn	DMA1 通道 0 全局中断	0x0000_0120
57	可设置	DMA1_Channel1	DMA1_Channel1_IRQn	DMA1 通道 1 全局中断	0x0000_0124
58	可设置	DMA1_Channel2	DMA1_Channel2_IRQn	DMA1 通道 2 全局中断	0x0000_0128
59	可设置	DMA1_Channel3_4	DMA1_Channel3_4_IRQn	DMA1 通道 3 全局中断和 DMA1 通道 4 全局中断	0x0000_012C

5.2.2 NVIC 中断控制器

通过表 5-4 可以看到，GD32F30x 系列的非互联型产品的系统异常多达 10 个，而外部中断多达 60 个，如何管理这么多的异常和中断？ARM 公司专门设计了一个功能强大的中断控制器——NVIC（Nested Vectored Interrupt Controller）。NVIC 是嵌套向量中断控制器，控制着整个微控制器中断相关的功能。NVIC 与 CPU 紧密耦合，是内核里的一个外设，它包含若干系统控制寄存器。NVIC 采用向量中断的机制，在中断发生时，会自动取出对应的服务例程入口地址，并直接调用，无须软件判定中断源，从而可以大大缩短中断延时。

5.2.3 NVIC 部分寄存器

ARM 公司在设计 NVIC 时，给每个寄存器都预设了很多位，但是各微控制器厂商在设计微控制器时，会对 Cortex-M4 内核里的 NVIC 进行裁减，把不需要的部分去掉，也就是说，GD32F30x 系列微控制器的 NVIC 是 Cortex-M4 的 NVIC 的一个子集。

下面介绍 GD32F30x 系列微控制器的 NVIC 常用的寄存器。

1. 中断使能/禁止寄存器（NVIC→ISER/NVIC→ICER）

中断的使能与禁止分别由各自的寄存器控制，这与传统的、使用单一位的两个状态来表示使能与禁止截然不同。Cortex-M4 中可以有 240 对使能/禁止位，每个中断拥有一对，这 240 对分布在 8 对 32 位寄存器中（最后一对只用了一半）。GD32F30x 系列微控制器尽管没有 240 个中断，但是在固件库设计中，依然预留了 8 对 32 位寄存器（最后一对只用了一半），分别是 8 个 32 位中断使能寄存器（NVIC→ISER[0]～NVIC→ISER[7]）和 8 个 32 位中断禁止寄存器（NVIC→ICER[0]～NVIC→ICER[7]），如表 5-5 所示。

表 5-5　中断使能/禁止寄存器（NVIC→ISER/NVIC→ICER）

地　址	名　称	类　型	复位值	描　述
0xE000E100	NVIC→ISER[0]	r/w	0	设置外部中断#0~31 的使能（异常#16~47）。 bit0 用于外部中断#0（异常#16）； bit1 用于外部中断#1（异常#17）； ⋮ bit31 用于外部中断#31（异常#47）。 写 1 使能外部中断，写 0 无效 读出值表示当前使能状态
0xE000E104	NVIC→ISER[1]	r/w	0	设置外部中断#32~63 的使能（异常#48~79）
⋮	⋮	⋮	⋮	⋮
0xE000E11C	NVIC→ISER[7]	r/w	0	设置外部中断#224~239 的使能（异常#240~255）
0xE000E180	NVIC→ICER[0]	r/w	0	清零外部中断#0~31 的使能（异常#16~47）。 bit0 用于外部中断#0（异常#16）； bit1 用于外部中断#1（异常#17）； ⋮ bit31 用于外部中断#31（异常#47）。 写 1 清除中断，写 0 无效。 读出值表示当前使能状态
0xE000E184	NVIC→ICER[1]	r/w	0	清零外部中断#32~63 的使能（异常#48~79）
⋮	⋮	⋮	⋮	⋮
0xE000E19C	NVIC→ICER[7]	r/w	0	清零外部中断#224~239 的使能（异常#240~255）

　　使能一个中断，需要写 1 到 NVIC→ISER 的对应位；禁止一个中断，需要写 1 到 NVIC→ICER 的对应位。如果向 NVIC→ISER 或 NVIC→ICER 中写 0，则不会有任何效果。写 0 无效是个非常关键的设计理念，通过这种方式，即使能/禁止中断时只需把相应位置 1，其他位全部为 0，可实现每个中断都可以分别设置而互不影响。用户只需要写指令，而不再需要执行"读→改→写"三步。

　　基于 Cortex-M4 内核的微控制器并非都有 240 个中断，因此，只有该微控制器实现的中断，其对应的寄存器的相应位才有意义。

2．中断挂起/清除寄存器（NVIC→ISPR/NVIC→ICPR）

　　如果中断发生时正在处理同级或高优先级的异常，或被掩蔽，则中断不能立即得到响应，此时中断被挂起。中断的挂起状态可以通过中断挂起寄存器（ISPR）和中断清除寄存器（ICPR）来读取，还可以通过写 ISPR 来手动挂起中断。GD32F30x 系列微控制器的固件库同样预留了 8 对 32 位寄存器，分别是 8 个 32 位中断挂起寄存器（NVIC→ISPR[0]~NVIC→ISPR[7]）和 8 个 32 位中断清除寄存器（NVIC→ICPR[0]~NVIC→ICPR[7]），如表 5-6 所示。

表 5-6　中断挂起/清除寄存器（NVIC→ISPR/NVIC→ICPR）

地　址	名　称	类　型	复位值	描　述
0xE000E200	NVIC→ISPR[0]	r/w	0	设置外部中断#0~31 的挂起（异常#16~47）。 bit0 用于外部中断#0（异常#16）； bit1 用于外部中断#1（异常#17）； ⋮ bit31 用于外部中断#31（异常#47）。 写 1 挂起外部中断，写 0 无效。 读出值表示当前挂起状态

续表

地　址	名　称	类　型	复位值	描　述
0xE000E204	NVIC→ISPR[1]	r/w	0	设置外部中断#32～63 的挂起（异常#48～79）
⋮	⋮	⋮	⋮	⋮
0xE000E21C	NVIC→ISPR[7]	r/w	0	设置外部中断#224～239 的挂起（异常#240～255）
0xE000E280	NVIC→ICPR[0]	r/w	0	清零外部中断#0～31 的挂起（异常#16～47）。 bit0 用于外部中断#0（异常#16）； bit1 用于外部中断#1（异常#17）； bit31 用于外部中断#31（异常#47）。 写 1 清零外部中断挂起，写 0 无效。 读出值表示当前挂起状态
0xE000E284	NVIC→ICPR[1]	r/w	0	清零外部中断#32～63 的挂起（异常#48～79）
⋮	⋮	⋮	⋮	⋮
0xE000E29C	NVIC→ICPR[7]	r/w	0	清零外部中断#224～239 的挂起（异常#240～255）

3. 中断优先级寄存器（NVIC→IPR）

每个外部中断都有一个对应的优先级寄存器，每个优先级寄存器占用 8 位，但是 Cortex-M4 仅使用 8 位中的高 4 位来配置中断的优先级。4 个相邻的优先级寄存器组成一个 32 位中断优先级寄存器。根据优先级组的设置，优先级可分为高、低两个位段，分别是抢占优先级和子优先级。优先级寄存器既可按字节访问，也可按半字/字访问。GD32F30x 系列微控制器的固件库预留了 60 个 32 位中断优先级寄存器（NVIC→IPR[0]～NVIC→IPR[59]），如表 5-7 所示。

表 5-7　中断优先级寄存器（NVIC→IPR）

地　址	名　称	类　型	复位值	描　述
0xE000E400	NVIC→IPR[0]	r/w	0（32 位）	外部中断#0～3 的优先级。 [31:28]中断#3 的优先级； [23:20]中断#2 的优先级； [15:12]中断#1 的优先级； [7:4]中断#0 的优先级
0xE000E404	NVIC→IPR[1]	r/w	0（32 位）	外部中断#4～7 的优先级。 [31:28]中断#7 的优先级； [23:20]中断#6 的优先级； [15:12]中断#5 的优先级； [7:4]中断#4 的优先级
⋮	⋮	⋮	⋮	⋮
0xE000E4EC	NVIC→IPR[59]	r/w	0（32 位）	外部中断#236～239 的优先级。 [31:28]中断#239 的优先级； [23:20]中断#238 的优先级； [15:12]中断#237 的优先级； [7:4]中断#236 的优先级

中断优先级寄存器 NVIC→IPR[0]～NVIC→IPR[59]控制着 240 个外部中断的优先级，每个中断优先级寄存器 NVIC→IPR[x]有 32 位，由 4 个 8 位优先级寄存器组成，每个 8 位优先级寄存器用于设置一个外部中断的优先级，均由高 4 位和低 4 位组成，高 4 位用于设置优先级，低 4 位未使用，如表 5-8 所示。

表 5-8　NVIC→IPR[x]高 4 位和低 4 位

用于设置优先级				未使用			
bit7	bit6	bit5	bit4	bit3	bit2	bit1	bit0

为了解释抢占优先级和子优先级，用一个简单的例子来说明。假设一个科技公司设有 1 个总经理、1 个部门经理和 1 个项目组长，同时又设有 3 个副总经理、3 个部门副经理和 3 个项目副组长，如图 5-7 所示。总经理的权力高于部门经理，部门经理的权力高于项目组长，正职之间的权重相当于抢占优先级。尽管副职对外是平等的，但实际上，1 号副职的权力略高于 2 号副职，2 号副职的权力略高于 3 号，副职之间的权重相当于子优先级。

总经理	1号副总经理
	2号副总经理
	3号副总经理
部门经理	1号部门副经理
	2号部门副经理
	3号部门副经理
项目组长	1号项目副组长
	2号项目副组长
	3号项目副组长

项目组长正在给项目组成员开会（项目组长的中断服务函数），总经理可以打断会议，向项目组长分配任务（总经理的中断服务函数）。但是，如果 2 号部门副经理正在给部门成员开会（2 号部门副经理的中断服务函数），即使 1 号部门副经理的权重

图 5-7　科技公司职位示意图

高，他也不能打断会议，必须等到会议结束（2 号部门副经理的中断服务函数执行完毕）才能向其交代任务（1 号部门副经理的中断服务函数）。

如图 5-8 所示，用于设置优先级的高 4 位可以根据优先级分组情况分为 5 类：①优先级分组为 NVIC_PRIGROUP_PRE0_SUB4 时，每个 8 位优先级寄存器的 bit7～bit4 用于设置抢占优先级，在这种情况下，只有 0～15 级抢占优先级分级；②优先级分组为 NVIC_PRIGROUP_PRE0_SUB3 时，8 位优先级寄存器的 bit7～bit5 用于设置抢占优先级，bit4 用于设置子优先级，在这种情况下，共有 0～7 级抢占优先级分级和 0～1 级子优先级分级；③优先级分组为 NVIC_PRIGROUP_PRE0_SUB2 时，8 位优先级寄存器的 bit7～bit6 用于设置抢占优先级，bit5～bit4 用于设置子优先级，在这种情况下，共有 0～3 级抢占优先级分级和 0～3 级子优先级分级；④优先级分组 NVIC_PRIGROUP_PRE0_SUB1 时，8 位优先级寄存器的 bit7 用于设置抢占优先级，bit6～bit4 用于设置子优先级，在这种情况下，共有 0～1 级抢占优先级分级和 0～7 级子优先级分级；⑤优先级分组为 NVIC_PRIGROUP_PRE0_SUB0 时，8 位优先级寄存器的 bit7～bit4 用于设置子优先级，在这种情况下，只有 0～15 级子优先级分级。

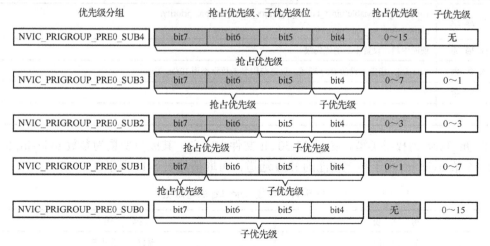

图 5-8　优先级分组

4. 中断活动状态寄存器（NVIC→IABR）

每个外部中断都有一个活动状态位。在处理器执行了其中断服务函数的第 1 条指令后，其活动位被置 1，并直到中断服务函数返回时才由硬件清零。由于支持嵌套，允许高优先级异常抢占某个中断，即使中断被抢占，其活动状态仍为 1。中断活动状态寄存器的定义与前面介绍的中断使能/禁止和中断挂起/清除寄存器类似，只是不再成对出现。中断活动状态寄存器也是按字访问的，是只读的。GD32F30x 系列微控制器的固件库预留了 8 个 32 位中断活动状态寄存器（NVIC→IABR[0]～NVIC→IABR[7]），如表 5-9 所示。

表 5-9 中断活动状态寄存器（NVIC→IABR）

地 址	名 称	类 型	复 位 值	描 述
0xE000E300	NVIC→IABR[0]	r/o	0	外部中断#0～31 的活动状态。 bit0 用于外部中断#0（异常#16）； bit1 用于外部中断#1（异常#17）； ⋮ bit31 用于外部中断#31（异常#47）
0xE000E304	NVIC→IABR[1]	r/o	0	外部中断#32～63 的活动状态（异常#48～79）
⋮	⋮	⋮	⋮	
0xE000E31C	NVIC→IABR[7]	r/o	0	外部中断#224～239 的活动状态（异常#240～255）

5.2.4 NVIC 部分固件库函数

本章涉及的 NVIC 固件库函数包括 nvic_irq_enable 和 NVIC_ClearPendingIRQ。其中，nvic_irq_enable 在 gd32f30x_misc.h 文件中声明，在 gd32f30x_misc.c 文件中实现；NVIC_ClearPendingIRQ 在 core_cm4.h 文件中以内联函数的形式声明和实现。

1. nvic_irq_enable

nvic_irq_enable 函数用于使能 NVIC 的中断并设置中断优先级，通过向 NVIC→ISER、NVIC→IP 写入参数来实现。具体描述如表 5-10 所示。

表 5-10 nvic_irq_enable 函数的描述

函 数 名	nvic_irq_enable
函 数 原 型	void nvic_irq_enable(uint8_t nvic_irq, uint8_t nvic_irq_pre_priority, uint8_t nvic_irq_sub_priority)
功 能 描 述	使能中断，设置中断的优先级
输 入 参 数	nvic_irq：指定外设的 IRQ 通道，取值范围参考枚举类型 IRQn_Type
输 出 参 数	无
返 回 值	void

IRQn_Type 为枚举类型，在 gd32f30x.h 文件中定义，其成员变量为参数 nvic_irq 的取值范围。参数 nvic_irq 用于指定使能的 IRQ 通道，可取值如表 5-11 所示。

表 5-11 参数 nvic_irq 的可取值

可 取 值	描 述
WWDGT_IRQn	窗口看门狗中断

续表

可 取 值	描 述
LVD_IRQn	连接到 EXTI 线的 LVD 中断
TAMPER_IRQn	侵入检测中断
RTC_IRQn	RTC 全局中断
FMC_IRQn	FMC 全局中断
RCU_CTC_IRQn	RCU 和 CTC 中断
EXTI0_IRQn	EXTI 线 0 中断
EXTI1_IRQn	EXTI 线 1 中断
EXTI2_IRQn	EXTI 线 2 中断
EXTI3_IRQn	EXTI 线 3 中断
EXTI4_IRQn	EXTI 线 4 中断
DMA0_Channel0_IRQn	DMA0 通道 0 全局中断
DMA0_Channel1_IRQn	DMA0 通道 1 全局中断
DMA0_Channel2_IRQn	DMA0 通道 2 全局中断
DMA0_Channel3_IRQn	DMA0 通道 3 全局中断
DMA0_Channel4_IRQn	DMA0 通道 4 全局中断
DMA0_Channel5_IRQn	DMA0 通道 5 全局中断
DMA0_Channel6_IRQn	DMA0 通道 6 全局中断
ADC0_1_IRQn	ADC0 和 ADC1 全局中断
USBD_HP_CAN0_TX_IRQn/CAN0_TX_IRQn	USB 高优先级或 CAN0 发送中断/CAN0 发送中断
USBD_LP_CAN0_RX0_IRQn/CAN0_RX0_IRQn	USB 低优先级或 CAN0 接收 0 中断/CAN0 接收 0 中断
CAN0_RX1_IRQn	CAN0 接收 1 中断
CAN0_EWMC_IRQn	CAN0 EWMC 中断
EXTI5_9_IRQn	EXTI 线[9:5]中断
TIMER0_BRK_IRQn/TIMER0_BRK_TIMER8_IRQn	TIMER0 中止中断/TIMER0 中止中断和 TIMER8 全局中断
TIMER0_UP_IRQn/TIMER0_UP_TIMER9_IRQn	TIMER0 更新中断/TIMER0 更新中断和 TIMER9 全局中断
TIMER0_TRG_CMT_IRQn/ TIMER0_TRG_CMT_TIMER10_IRQn	TIMER0 触发与通道换相中断/ TIMER0 触发与通道换相中断和 TIMER10 全局中断
TIMER0_Channel_IRQn	TIMER0 通道捕获比较中断
TIMER1_IRQn	TIMER1 全局中断
TIMER2_IRQn	TIMER2 全局中断
TIMER3_IRQn	TIMER3 全局中断
I2C0_EV_IRQn	I2C0 事件中断
I2C0_ER_IRQn	I2C0 错误中断
I2C1_EV_IRQn	I2C1 事件中断
I2C1_ER_IRQn	I2C1 错误中断
SPI0_IRQn	SPI0 全局中断
SPI1_IRQn	SPI1 全局中断

续表

可 取 值	描 述
USART0_IRQn	USART0 全局中断
USART1_IRQn	USART1 全局中断
USART2_IRQn	USART2 全局中断
EXTI10_15_IRQn	EXTI 线[15:10]中断
RTC_Alarm_IRQn	连接 EXTI 线的 RTC 闹钟中断
USBD_WKUP_IRQn	连接 EXTI 线的 USBD 唤醒中断
USBFS_WKUP_IRQn	USBFS 唤醒中断
TIMER7_BRK_IRQn/TIMER7_BRK_TIMER11_IRQn	TIMER7 中止中断/TIMER7 中止中断和 TIMER11 全局中断
TIMER7_UP_IRQn/TIMER7_UP_TIMER12_IRQn	TIMER7 更新中断/TIMER7 更新中断和 TIMER12 全局中断
TIMER7_TRG_CMT_IRQn/ TIMER7_TRG_CMT_TIMER13_IRQn	TIMER7 触发与通道换相中断/ TIMER7 触发与通道换相中断和 TIMER13 全局中断
TIMER7_Channel_IRQn	TIMER7 通道捕获比较中断
EXMC_IRQn	EXMC 全局中断
SDIO_IRQn	SDIO 全局中断
TIMER4_IRQn	TIMER4 全局中断
SPI2_IRQn	SPI2 全局中断
UART3_IRQn	UART3 全局中断
UART4_IRQn	UART4 全局中断
TIMER5_IRQn	TIMER5 全局中断
TIMER6_IRQn	TIMER6 全局中断
DMA1_Channel0_IRQn	DMA1 通道 0 全局中断
DMA1_Channel1_IRQn	DMA1 通道 1 全局中断
DMA1_Channel2_IRQn	DMA1 通道 2 全局中断
DMA1_Channel3_Channel4_IRQn/ DMA1_Channel3_IRQn	DMA1 通道 3 全局中断和 DMA1 通道 4 全局中断/ DMA1 通道 3 全局中断
DMA1_Channel4_IRQn	DMA1 通道 4 全局中断
ENET_IRQn	ENET 中断
ENET_WKUP_IRQn	ENET 唤醒中断
CAN1_TX_IRQn	CAN1 发送中断
CAN1_RX0_IRQn	CAN1 接收 0 中断
CAN1_RX1_IRQn	CAN1 接收 1 中断
CAN1_EWMC_IRQn	CAN1 EWMC 中断
USBFS_IRQn	USBFS 全局中断

例如，使能 USART0 的中断，并设置抢占优先级为 0、子优先级为 1，代码如下：

```
nvic_irq_enable(USART0_IRQn, 0, 1);
```

2. NVIC_ClearPendingIRQ

NVIC_ClearPendingIRQ 函数用于清除中断的挂起，通过向 NVIC→ICPR 写入参数来实现。具体描述如表 5-12 所示。

表 5-12 NVIC_ClearPendingIRQ 函数的描述

函 数 名	NVIC_ClearPendingIRQ
函 数 原 型	__STATIC_INLINE void __NVIC_ClearPendingIRQ(IRQn_Type IRQn)
功 能 描 述	清除指定的 IRQ 通道中断的挂起
输 入 参 数	IRQn：待清除的 IRQ 通道
输 出 参 数	无
返 回 值	void

参数 IRQn 是待清除的 IRQ 通道，可取值参见表 5-11。例如，清除 USART0 中断的挂起，代码如下：

```
NVIC_ClearPendingIRQ(USART0_IRQn);
```

5.3 串口模块驱动设计

串口模块驱动设计是本章的核心，下面按照队列与循环队列、循环队列 Queue 模块函数、串口数据接收和数据发送路径，以及 printf 实现过程的顺序对串口模块进行介绍。

5.3.1 队列与循环队列

队列是一种先入先出（FIFO）的线性表，它只允许在表的一端插入元素，在另一端取出元素，即最先进入队列的元素最先离开。在队列中，允许插入的一端称为队尾（rear），允许取出的一端称为队头（front）。

有时为了方便，将顺序队列臆造为一个环状的空间，称为循环队列。下面举一个简单的例子。假设指针变量 pQue 指向一个队列，该队列为结构体变量，队列的容量为 8，如图 5-9 所示。起初，队列为空，队头 pQue→front 和队尾 pQue→rear 均指向地址 0，队列中的元素数量为 0 [见图 5-9（a）]；插入 J0、J1、…、J5 这 6 个元素后，队头 pQue→front 依然指向地址 0，队尾 pQue→rear 指向地址 6，队列中的元素数量为 6 [见图 5-9（b）]；取出 J0、J1、J2、J3 这 4 个元素后，队头 pQue→front 指向地址 4，队尾 pQue→rear 指向地址 6，队列中的元素数量为 2 [见图 5-9（c）]；继续插入 J6、J7、…、J11 这 6 个元素后，队头 pQue→front 指向地址 4，队尾 pQue→rear 也指向地址 4，队列中的元素数量为 8，此时队列为满[见图 5-9（d）]。

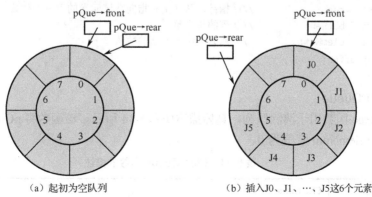

（a）起初为空队列　　　　　　　　　　　（b）插入 J0、J1、…、J5 这 6 个元素

图 5-9　循环队列操作

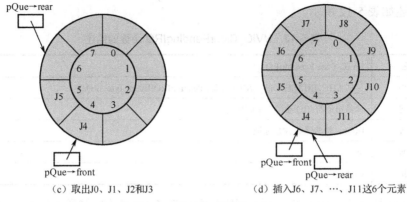

（c）取出J0、J1、J2和J3　　　　（d）插入J6、J7、…、J11这6个元素

图 5-9　循环队列操作（续）

5.3.2　循环队列 Queue 模块函数

本章用到 Queue 模块，该模块有 6 个 API 函数。

1. InitQueue

InitQueue 函数用于初始化 Queue 模块，具体描述如表 5-13 所示。该函数将 pQue→front、pQue→rear、pQue→elemNum 赋值为 0，将参数 len 赋值给 pQue→bufLen，将参数 pBuf 赋值给 pQue→pBuffer，最后，将指针变量 pQue→pBuffer 指向的元素全部赋初值 0。

表 5-13　InitQueue 函数的描述

函 数 名	InitQueue
函 数 原 型	void InitQueue(StructCirQue* pQue, DATA_TYPE* pBuf, signed short len)
功 能 描 述	初始化 Queue
输 入 参 数	pQue：结构体指针，即指向队列结构体的地址，pBuf 为队列的元素存储区地址，len 为队列的容量
输 出 参 数	pQue：结构体指针，即指向队列结构体的地址
返 回 值	void

StructCirQue 结构体定义在 Queue.h 文件中，内容如下：

```
typedef struct
{
  signed short    front;        //头指针，队非空时指向队头元素
  signed short    rear;         //尾指针，队非空时指向队尾元素的下一个位置
  signed short    bufLen;       //队列的总容量
  signed short    elemNum;      //当前队列中的元素的数量
  DATA_TYPE *pBuffer;
}StructCirQue;
```

2. ClearQueue

ClearQueue 函数用于清除队列，具体描述如表 5-14 所示。该函数将 pQue→front、pQue→rear、pQue→elemNum 赋值为 0。

表 5-14　ClearQueue 函数的描述

函 数 名	ClearQueue
函 数 原 型	void ClearQueue(StructCirQue* pQue)

续表

功 能 描 述	清除队列
输 入 参 数	pQue：结构体指针，即指向队列结构体的地址
输 出 参 数	pQue：结构体指针，即指向队列结构体的地址
返 回 值	void

3. QueueEmpty

QueueEmpty 函数用于判断队列是否为空，具体描述如表 5-15 所示。pQue→elemNum 为 0，表示队列为空；pQue→elemNum 不为 0，表示队列不为空。

表 5-15 QueueEmpty 函数的描述

函 数 名	QueueEmpty
函 数 原 型	unsigned char QueueEmpty(StructCirQue* pQue)
功 能 描 述	判断队列是否为空
输 入 参 数	pQue：结构体指针，即指向队列结构体的地址
输 出 参 数	pQue：结构体指针，即指向队列结构体的地址
返 回 值	返回队列是否为空，1 为空，0 为非空

4. QueueLength

QueueLength 函数用于返回队列的长度，具体描述如表 5-16 所示。该函数的返回值为 pQue→elemNum，即队列中元素的个数。

表 5-16 QueueLength 函数的描述

函 数 名	QueueLength
函 数 原 型	signed short QueueLength(StructCirQue* pQue)
功 能 描 述	返回队列的长度
输 入 参 数	pQue：结构体指针，即指向队列结构体的地址
输 出 参 数	pQue：结构体指针，即指向队列结构体的地址
返 回 值	队列中元素的个数

5. EnQueue

EnQueue 函数用于插入 len 个元素（存放在起始地址为 pInput 的存储区中）到队列中，具体描述如表 5-17 所示。每次插入一个元素，pQue→rear 自增，当 pQue→rear 的值大于或等于数据缓冲区的长度 pQue→bufLen 时，pQue→rear 赋值为 0。注意，当数据缓冲区中的元素数量加上新写入的元素数量超过缓冲区的长度时，缓冲区只能接收缓冲区中已有的元素数量加上新写入的元素数量，再减去缓冲区的容量，即 EnQueue 函数对于超出的元素采取不理睬的态度。

表 5-17 EnQueue 函数的描述

函 数 名	EnQueue
函 数 原 型	signed short EnQueue(StructCirQue* pQue, DATA_TYPE* pInput, signed short len)
功 能 描 述	插入 len 个元素（存放在起始地址为 pInput 的存储区中）到队列中

续表

输 入 参 数	pQue：结构体指针，即指向队列结构体的地址，pInput 为待入队数组的地址，len 为期望入队元素的数量
输 出 参 数	pQue：结构体指针，即指向队列结构体的地址
返 回 值	成功入队的元素的数量

6．DeQueue

DeQueue 函数用于从队列中取出 len 个元素，放入起始地址为 pOutput 的存储区中，具体描述如表 5-18 所示。每次取出一个元素，pQue→front 自增，当 pQue→front 的值大于或等于数据缓冲区的长度 pQue→bufLen 时，pQue→front 赋值为 0。注意，从队列中提取元素的前提是队列中需要至少有一个元素，当期望取出的元素数量 len 小于或等于队列中元素的数量时，可以按期望取出 len 个元素；否则，只能取出队列中已有的所有元素。

表 5-18　DeQueue 函数的描述

函 数 名	DeQueue
函 数 原 型	signed short DeQueue(StructCirQue* pQue, DATA_TYPE* pOutput, signed short len)
功 能 描 述	从队列中取出 len 个元素，放入起始地址为 pOutput 的存储区中
输 入 参 数	pQue：结构体指针，即指向队列结构体的地址，pOutput 为出队元素存放的数组的地址，len 为预期出队元素的数量
输 出 参 数	pQue：结构体指针，即指向队列结构体的地址，pOutput 为出队元素存放的数组的地址
返 回 值	成功出队的元素的数量

5.3.3　串口数据接收和数据发送路径

在快递柜出现以前，寄送快递的流程大致如下：①寄方打电话给快递员，并等待快递员上门取件；②快递员到寄方取快递，并将快递寄送出去。类似地，收快递的流程如下：①快递员通过快递公司拿到快递；②快递员打电话给收方，并约定派送时间；③快递员在约定时间将快递派送给收方。显然，这种传统的方式效率很低，因此，快递柜应运而生，快递柜相当于一个缓冲区，可以将寄件的快递柜称为寄件缓冲区，将取件的快递柜称为取件缓冲区，在现实生活中，寄件和取件缓冲区是公用的。因此，新的寄送快递流程就变为：①寄方将快递投放到快递柜；②快递员在一个固定的时间从快递柜中取出每个寄方的快递，并将其通过快递公司寄送出去。同样，新的收快递流程为：①快递员从快递公司拿到快递；②统一将这些快递投放到各个快递柜中；③收方随时都可以取件。本书中的串口数据接收和数据发送过程与基于快递柜的快递收发流程十分相似。

本章中的串口模块包含串口发送缓冲区和串口接收缓冲区，二者均为结构体，串口的数据接收和发送过程如图 5-10 所示。数据发送过程（写串口）分为 3 步：①调用 WriteUART0 函数将待发送的数据通过 usart_data_transmit 函数写入 USART 数据寄存器（USART_DATA）；②微控制器的硬件将 USART_DATA 中的数据写入发送移位寄存器，然后按位将发送移位寄存器中的数据通过 TX 端口发送出去。数据接收过程（读串口）与写串口相反：①当微控制器的接收移位寄存器接收到一帧数据时，由硬件将接收移位寄存器的数据发送到 USART 数据寄存器（USART_DATA），同时产生中断；②在串口模块的 USART0_IRQHandler 中断服务函数中，通过 usart_data_receive 读取 USART_DATA，并调用 EnQueue 函数将接收到的数据写入接收缓冲区；③调用 ReadUART0 函数读取接收到的数据。

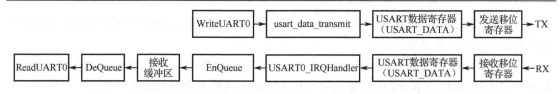

图 5-10　UART0 数据接收和数据发送路径

5.3.4　printf 实现过程

串口在微控制器领域除了用于数据传输，还可以对微控制器系统进行调试。C 语言中的标准库函数 printf 可用于在控制台输出各种调试信息。GD32 微控制器的集成开发环境，如 Keil、IAR 等也支持标准库函数。本书基于 Keil 集成开发环境，第 2 章的基准工程已经涉及 printf 函数，printf 函数输出的内容通过串口发送到计算机上的串口助手进行显示。

printf 函数如何通过串口输出信息？fputc 函数是 printf 函数的底层函数，因此，只需要对 fputc 函数进行改写即可，如程序清单 5-1 所示。

程序清单 5-1

```
int fputc(int ch, FILE *f)
{
    usart_data_transmit(USART0, (unsigned char) ch);  //将数据写入 USART 数据寄存器
    while(RESET == usart_flag_get(USART0, USART_FLAG_TBE));
    return ch;  //返回 ch
}
```

fputc 函数实现之后，还需要在 Keil 集成开发环境中勾选 Options for Target→Target→Use MicroLIB 项，即启用微库（MicroLIB）。也就是说，不仅要重写 fputc 函数，还要启用微库，才能使用 printf 输出调试信息。

5.4　实例与代码解析

基于 GD32F3 杨梅派开发板设计程序来实现串口通信，每秒通过 printf 向计算机发送一条语句（ASCII 格式），如"This is the first GD32F303 Project, by Zhangsan"，在计算机上通过串口助手显示。另外，计算机上的串口助手向开发板发送 1 字节数据（HEX 格式），开发板收到后，进行加 1 处理，再发送回计算机，通过串口助手显示出来。例如，计算机通过串口助手向开发板发送 0x15，开发板收到后进行加 1 处理，向计算机发送 0x16。

5.4.1　程序架构

本实例的程序架构如图 5-11 所示。该图简要介绍了程序开始运行后各个函数的执行和调用流程，图中仅列出了与本实例相关的部分函数。下面详细解释该程序架构。

（1）在 main 函数中调用 InitHardware 函数进行硬件相关模块初始化，包括 RCU、NVIC、LED 和 UART 等模块，这里仅介绍串口模块初始化函数 InitUART0。在 InitUART0 函数中先调用 InitUARTBuf 函数初始化串口缓冲区，再调用 ConfigUART 函数进行串口配置。

（2）调用 InitSoftware 函数进行软件相关模块初始化，本实例中 InitSoftware 函数为空。

（3）调用 Proc2msTask 函数进行 2ms 任务处理，在该函数中，调用 ReadUART0 函数读

取串口接收缓冲区中的数据，对数据进行处理（加 1 操作）后，再通过调用 WriteUART0 函数将数据写入串口发送缓冲区。

（4）调用 Proc1SecTask 函数进行 1s 任务处理，在该函数中，调用 printf 函数打印字符串，而重定向函数 fputc 为 printf 的底层函数，其功能是实现基于串口的信息输出。

（5）Proc2msTask 和 Proc1SecTask 函数均在 while 循环中调用，因此，Proc1SecTask 函数执行完后将再次执行 Proc2msTask 函数。

在图 5-11 中，编号①、⑤、⑥和⑨的函数在 Main.c 文件中声明和实现；编号②、⑦和⑧的函数在 UART0.h 文件中声明，在 UART0.c 文件中实现；编号③和④的函数在 UART0.c 文件中声明和实现。串口的数据收发还涉及 UART0.c 文件中的 WriteReceiveBuf、ReadSendBuf 和 USART0_IRQHandler 等函数，未在图 5-11 中体现，具体的调用流程参见图 5-10。USART0_IRQHandler 为 USART0 的中断服务函数，当 USART0 产生中断时会自动调用该函数，该函数的函数名可在 ARM 分组下的 startup_gd32f30x_hd.s 启动文件中查找到，启动文件中列出了 GD32F30x 系列微控制器的所有中断服务函数名，后续实例使用到的其他中断服务函数的函数名也可以在该文件中查找。

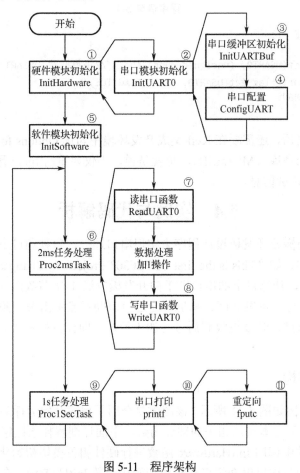

图 5-11　程序架构

要点解析：

（1）串口配置，包括时钟使能、GPIO 配置、USART0 配置和中断配置。

（2）数据收发，包括串口缓冲区和 4 个读/写串口缓冲区函数之间的数据流向与处理。

（3）USART0 中断服务函数的编写，包括中断标志的获取和清除，数据寄存器的读/写等。串口通信的核心为数据收发，掌握以上编程要点即可快速完成本实例。

5.4.2　UART0 文件对

1. UART0.h 文件
在 UART0.h 文件的"宏定义"区为缓冲区大小的宏定义代码，如程序清单 5-2 所示。

程序清单 5-2

```
#define UART0_BUF_SIZE 100          //设置缓冲区的大小
```

在"API 函数声明"区为 API 函数的声明代码，如程序清单 5-3 所示。其中，InitUART0 函数用于初始化 UART0 模块；WriteUART0 函数用于写串口，可以写若干字节；ReadUART0 函数用于读串口，可以读若干字节。

程序清单 5-3

```
void  InitUART0(unsigned int bound);                    //初始化 UART0 模块
unsigned char  WriteUART0(unsigned char *pBuf, unsigned char len);//写串口，返回已写入数据的个数
unsigned char  ReadUART0(unsigned char *pBuf, unsigned char len);//读串口，返回读到数据的个数
```

2. UART0.c 文件
在 UART0.c 文件的"内部变量"区为内部变量的声明代码，如程序清单 5-4 所示。其中，s_structUARTRecCirQue 是串口接收缓冲区，s_arrRecBuf 是接收缓冲区的数组。

程序清单 5-4

```
static StructCirQue  s_structUARTRecCirQue;        //接收串口循环队列
static unsigned char s_arrRecBuf[UART0_BUF_SIZE];  //接收串口循环队列的缓冲区
```

在"内部函数声明"区为内部函数的声明代码，如程序清单 5-5 所示。ConfigUART 函数用于配置 UART。

程序清单 5-5

```
static  void  ConfigUART(unsigned int bound);   //配置串口相关的参数，包括 GPIO、RCU、USART 和 NVIC
```

在"内部函数实现"区为 ConfigUART 函数的实现代码，如程序清单 5-6 所示。

（1）第 4 至 6 行代码：UASRT0 通过 PA9 引脚发送数据，通过 PA10 引脚接收数据。因此，需要通过 rcu_periph_clock_enable 函数使能 GPIOA、AF 和 USART0 的时钟。

（2）第 9 至 12 行代码：PA9 引脚是 USART0 的发送端，PA10 引脚是 USART0 的接收端，因此，需要通过 gpio_init 函数将 PA9 引脚配置为复用推挽输出模式，输出最大速度配置为 50MHz，再将 PA10 引脚配置为浮空输入模式。

（3）第15至21行代码：通过usart_deinit函数复位USART0外设，再通过usart_baudrate_set、usart_stop_bit_set、usart_word_length_set 和 usart_parity_config 函数配置串口参数，波特率由 ConfigUART 函数的输入参数决定，这里将停止位设置为1，数据位长度设置为8，校验方式设置为无校验。通过 usart_receive_config 和 usart_transmit_config 函数使能串口的接收和发送。

（4）第 22 行代码：通过 usart_interrupt_enable 函数使能接收缓冲区非空中断，实际上是向 USART_CTL0 的 RBNEIE 写入 1。另外，usart_interrupt_enable 函数还使能了发送缓冲区空中断，即向 USART_CTL0 的 TBEIE 写入 1。

（5）第 25 行至 28 行代码：通过 nvic_irq_enable 函数使能 USART0 的中断，同时设置抢占优先级为 0，子优先级为 0。该函数涉及中断使能寄存器（NVIC→ISER[x]）和中断优先级寄存器（NVIC→IPR[x]），由于 GD32F30x 系列微控制器的 USART0_IRQn 中断号是 37，该中断号可以在 gd32f30x.h 文件中查找到。因此，nvic_irq_enable 函数实际上通过向 NVIC→ISER[1]的 bit5 写入 1 来使能 USART0 中断，并将优先级写入 NVIC→IPR[9]的[15:12]位，可参见表 5-5 和表 5-7。最后通过 usart_enable 函数使能 USART0，该函数涉及 USART_CTL0 的 UEN，可参见表 5-5 和表 5-7。

程序清单 5-6

```
1.   static void ConfigUART(unsigned int bound)
2.   {
3.     //使能 GPIO 时钟和复用时钟
4.     rcu_periph_clock_enable(RCU_GPIOA);        //使能 GPIOA 时钟
5.     rcu_periph_clock_enable(RCU_AF);           //使能复用时钟
6.     rcu_periph_clock_enable(RCU_USART0);       //使能串口时钟
7.
8.     //配置 TX 的 GPIO
9.     gpio_init(GPIOA, GPIO_MODE_AF_PP, GPIO_OSPEED_50MHZ, GPIO_PIN_9);
10.
11.    //配置 RX 的 GPIO
12.    gpio_init(GPIOA, GPIO_MODE_IN_FLOATING, GPIO_OSPEED_50MHZ, GPIO_PIN_10);
13.
14.    //配置 USART 的参数
15.    usart_deinit(USART0);                              //RCU 配置恢复默认值
16.    usart_baudrate_set(USART0, bound);                 //设置波特率
17.    usart_stop_bit_set(USART0, USART_STB_1BIT);        //设置停止位
18.    usart_word_length_set(USART0, USART_WL_8BIT);      //设置数据位长度
19.    usart_parity_config(USART0, USART_PM_NONE);        //设置奇偶校验位
20.    usart_receive_config(USART0, USART_RECEIVE_ENABLE);   //使能接收
21.    usart_transmit_config(USART0, USART_TRANSMIT_ENABLE); //使能发送
22.    usart_interrupt_enable(USART0, USART_INT_RBNE);    //使能接收缓冲区非空中断
23.
24.    //配置 NVIC，并设置中断优先级
25.    nvic_irq_enable(USART0_IRQn, 0, 0);
26.
27.    //使能串口
28.    usart_enable(USART0);
29.  }
```

在"内部函数实现"区的 ConfigUART 函数实现区后，为 USART0_IRQHandler 中断服务函数的实现代码，如程序清单 5-7 所示。在 UART0.c 的 ConfigUART 函数中使能了接收缓冲区非空中断，因此，当 USART0 的接收缓冲区非空或串口发生溢出错误时，硬件会执行 USART0_IRQHandler 函数。

（1）第 5 行代码：通过 usart_interrupt_flag_get 函数获取 USART0 接收缓冲区非空中断标志（USART_INT_FLAG_RBNE），该函数涉及 USART_CTL0 的 RBNEIE 和 USART_STAT0 的 RBNE。

（2）第 7 行代码：当 USART0 的接收移位寄存器中的数据被转移到 USART_DATA 时，RBNE 被硬件置位，读取 USART_DATA 可以将该位清零，也可以通过向 RBNE 写入 0 来清

除。这里通过 usart_interrupt_flag_clear 函数清除 USART0 接收缓冲区非空中断标志,即向 RBNE 写入 0。

(3)第 8 至 9 行代码:通过 usart_data_receive 函数读取 USART0 的 USART_DATA 并赋给变量 uData,再通过 EnQueue 函数将读取到的数据写入接收缓冲区。

(4)第 12 至 16 行代码:若 USART_STAT0 的 RBNE 为 1,在接收移位寄存器中的数据需要传送至 USART_DATA 时,硬件会将 USART_STAT0 的 ORERR 置为 1,当 ORERR 为 1 时,USART_DATA 中的数据不会丢失,但是接收移位寄存器中的数据会被覆盖。为了避免数据被覆盖,还需要通过 usart_interrupt_flag_get 函数获取溢出错误标志(USART_FLAG_ORERR),再通过 usart_interrupt_flag_clear 函数清除 ORERR,最后,通过 usart_data_receive 函数读取 USART_DATA。

程序清单 5-7

```
1.   void USART0_IRQHandler(void)
2.   {
3.     unsigned char uData;
4.
5.     if(usart_interrupt_flag_get(USART0, USART_INT_FLAG_RBNE) != RESET) //接收缓冲区非空中断
6.     {
7.       usart_interrupt_flag_clear(USART0, USART_INT_FLAG_RBNE);        //清除 USART0 中断挂起
8.       uData = usart_data_receive(USART0);                   //将 USART0 接收到的数据保存到 uData
9.       EnQueue(&s_structUARTRecCirQue, &uData, 1);           //将读取到的数据写入接收缓冲区
10.    }
11.
12.    if(usart_interrupt_flag_get(USART0, USART_INT_FLAG_ERR_ORERR) == SET) //溢出错误标志为 1
13.    {
14.      usart_interrupt_flag_clear(USART0, USART_INT_FLAG_ERR_ORERR);    //清除溢出错误标志
15.      usart_data_receive(USART0);                              //读取 USART_DATA
16.    }
17.  }
```

在"API 函数实现"区为 InitUART0 函数的实现代码,如程序清单 5-8 所示。其中,InitQueue 函数用于初始化串口接收队列及缓冲区;ConfigUART 函数用于配置 UART 的参数,包括 GPIO、RCU、USART0 的常规参数和 NVIC。

程序清单 5-8

```
1.   void InitUART0(unsigned int bound)
2.   {
3.     //初始化串口接收队列,同时接收缓冲区内的所有数据将被清零
4.     InitQueue(&s_structUARTRecCirQue, s_arrRecBuf, UART0_BUF_SIZE);
5.
6.     //配置串口相关的参数,包括 GPIO、RCU、USART0 和 NVIC
7.     ConfigUART(bound);
8.   }
```

在 InitUART0 函数实现区后为 WriteUART0 和 ReadUART0 函数的实现代码,如程序清单 5-9 所示。

(1)第 1 至 16 行代码:WriteUART0 函数通过循环调用 usart_data_transmit 函数发送存放在 pBuf 中的待发送数据

（2）第 18 至 21 行代码：ReadUART0 函数将存放在接收缓冲区 s_structUARTRecCirQue 中的数据通过 DeQueue 函数读出，并存放于 pBuf 指向的存储空间。

程序清单 5-9

```
1.   unsigned int WriteUART0(unsigned char *pBuf, unsigned int len)
2.   {
3.     unsigned int i;
4.
5.     //依次发送所有数据
6.     for(i = 0; i < len; i++)
7.     {
8.       //等待上次传输完成
9.       while(RESET == usart_flag_get(USART0, USART_FLAG_TBE)){}
10.
11.      //发送数据
12.      usart_data_transmit(USART0, pBuf[i]);
13.    }
14.
15.    return len;
16.  }
17.
18.  unsigned int ReadUART0(unsigned char *pBuf, unsigned int len)
19.  {
20.    return DeQueue(&s_structUARTRecCirQue, pBuf, len); //从接收队列中获取数据
21.  }
```

在 ReadUART0 函数实现区后，为 fputc 函数的实现代码，如程序清单 5-10 所示。

程序清单 5-10

```
1.   int fputc(int ch, FILE *f)
2.   {
3.     //等待上次传输完成
4.     while(RESET == usart_flag_get(USART0, USART_FLAG_TBE));
5.
6.     //发送数据
7.     usart_data_transmit(USART0, (uint8_t)ch);
8.
9.     //返回写入成功的字符
10.    return ch;
11.  }
```

5.4.3　Main.c 文件

在 Main.c 文件的"内部函数实现"区的 Proc2msTask 函数中，调用了 ReadUART0 和 WriteUART0 函数处理串口数据，如程序清单 5-11 所示。GD32F3 杨梅派开发板每 2ms 通过 ReadUART0 函数读取 UART0 接收缓冲区 s_structUARTRecCirQue 中的数据，然后对接收到 的数据进行加 1 操作，最后通过 WriteUART0 函数将经过加 1 操作的数据发送出去。这样做 是为了通过计算机上的串口助手来验证 ReadUART0 和 WriteUART0 两个函数，例如，当通 过计算机上的串口助手向开发板发送 0x15 时，开发板收到 0x15 之后会向计算机回发 0x16。

程序清单 5-11

```
1.  static  void  Proc2msTask(void)
2.  {
3.    unsigned char recData;
4.
5.    if(Get2msFlag())        //判断 2ms 标志位状态
6.    {
7.      LEDFlicker(250);      //调用闪烁函数
8.
9.      while(ReadUART0(&recData, 1))
10.     {
11.       recData++;
12.
13.       WriteUART0(&recData, 1);
14.     }
15.
16.     Clr2msFlag();         //清除 2ms 标志位
17.   }
18. }
```

在 Proc1SecTask 函数中调用 printf 函数输出字符串，如程序清单 5-12 所示。开发板每秒通过 printf 输出一次 "This is the first GD32F303 Project, by Zhangsan"，这些信息会通过计算机上的串口助手显示出来，这样做是为了验证 printf 函数的功能。

程序清单 5-12

```
1.  static  void  Proc1SecTask(void)
2.  {
3.    if(Get1SecFlag())       //判断 1s 标志位状态
4.    {
5.      printf("This is the first GD32F303 Project, by Zhangsan\r\n");
6.
7.      Clr1SecFlag();        //清除 1s 标志位
8.    }
9.  }
```

5.4.4　运行结果

代码编译通过后，下载程序并进行复位。打开串口助手，选择正确的串口号并打开串口，可以看到串口助手中输出如图 5-12 所示的信息，同时开发板上的 LED_1 和 LED_2 交替闪烁，表示串口模块的 printf 函数功能验证成功。

为了验证串口模块的 WriteUART0 和 ReadUART0 函数，在 Proc1SecTask 函数中注释掉 printf 语句，然后重新编译、下载程序并进行复位。打开串口助手，选择正确的串口号并打开串口，勾选 "HEX 显示" 和 "HEX 发送" 项，在 "字符串输入框" 中输入一个数据，如 15，单击 "发送" 按钮，可以看到串口助手中输出 16，如图 5-13 所示。同时，可以看到开发板上的 LED_1 和 LED_2 交替闪烁，表示串口模块的 WriteUART0 和 ReadUART0 函数功能验证成功。

注意，验证上述收发步骤时，取消勾选串口助手中的 "加时间戳和分包显示" 项，从而避免串口助手的解码错误问题。

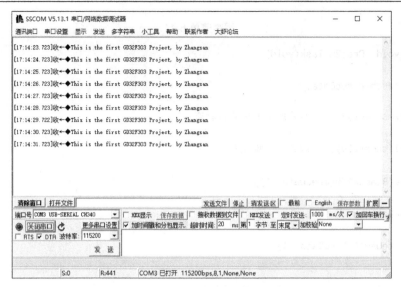

图 5-12　运行结果 1

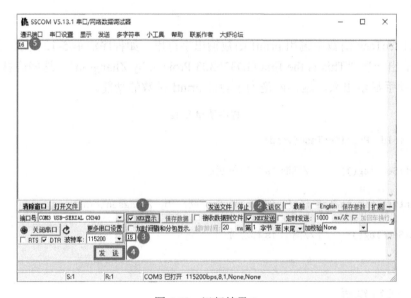

图 5-13　运行结果 2

本 章 任 务

在本章实例基础上增加以下功能：①添加 UART1 模块，UART1 模块的波特率配置为 9600bps，数据长度、停止位、奇偶校验位等均与 UART0 相同，且 API 函数分别为 InitUART1、WriteUART1 和 ReadUART1，UART1 模块中不需要实现 fputc 函数；②在 Main 模块中的 Proc2msTask 函数中，将 UART0 读取到的内容（通过 ReadUART0 函数）发送到 UART1（通过 WriteUART1 函数），将 UART1 读取到的内容（通过 ReadUART1 函数）发送到 UART0（通过 WriteUART0 函数）；③将 USART1_TX（PA2）引脚通过杜邦线连接到 USART1_RX（PA3）引脚（见图 5-14）；④将 UART0 通过 USB 转串口模块及 Type-C 型 USB 线与计算机相连；⑤通过计算机上的串口助手发送数据，查看是否能够正常接收到发送的数据。

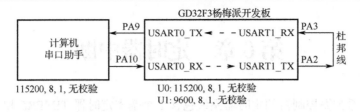

图 5-14　UART0 和 UART1 通信硬件连接图

任务提示：

1．参考 UART0 文件对编写 UART1 文件对，然后将 UART1.c 文件添加到 HW 分组并包含 UART1.h 头文件路径。

2．进行程序验证时，要使用杜邦线连接 PA2 和 PA3 引脚，否则 USART1_RX（PA3）无法收到 USART1_TX（PA2）发出的数据，导致结果异常。

本 章 习 题

1．如何通过 USART_CTL0 设置串口的奇偶校验位？如何通过 USART_CTL0 使能串口？

2．如何通过 USART_CTL1 设置串口的停止位？

3．如果某一串口的波特率为 9600bps，应该向 USART_BAUD 写入什么？

4．串口的一帧数据发送完成后，USART_STAT0 的哪个位会发生变化？

5．为什么可以通过 printf 输出调试信息？

6．能否使用 GD32F303RCT6 微控制器的 USART1 输出调试信息？若可以，怎样实现？

第6章　定时器中断

GD32F30x 系列微控制器的定时器系统包含 2 个基本定时器 TIMER5 和 TIMER6，10 个通用定时器 TIMER1～TIMER4 和 TIMER8～TIMER13，以及 2 个高级定时器 TIMER0 和 TIMER7。本章将介绍通用定时器（TIMER2 和 TIMER4）的功能框图，并以设计一个定时器为例，介绍 Timer 模块的驱动设计过程和使用方法，包括定时器的配置、中断服务函数的设计、2ms 和 1s 标志位的产生和清除，以及 2ms 和 1s 任务的创建。

6.1　通用定时器 L0 结构框图

GD32F30x 系列微控制器的基本定时器（TIMER5、TIMER6）功能最简单，其次是通用定时器（TIMER1～TIMER4、TIMER8～TIMER13），最复杂的是高级定时器（TIMER0、TIMER7）。其中，通用定时器又分为 3 种：L0（TIMER1～TIMER4）、L1（TIMER8、TIMER11）和 L2（TIMER9、TIMER10、TIMER12 和 TIMER13）。关于基本定时器、通用定时器（L0、L1 和 L2）、高级定时器之间的区别，可参见《GD32F30x 用户手册（中文版）》中的表 16-1，本节涉及的寄存器可查看该手册的第 16.2.5 节。本章只用到通用定时器 L0，其结构框图如图 6-1 所示，下面按照编号顺序依次介绍各个功能模块。

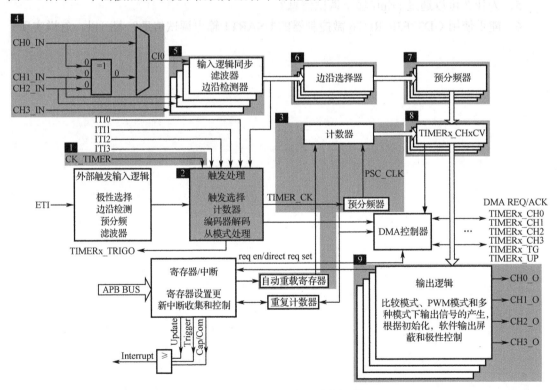

图 6-1　通用定时器 L0 功能框图

1. 定时器时钟源

通用定时器 L0 可以由内部时钟源或由 SMC（TIMERx_SMCFG 寄存器位[2:0]）控制的

复用时钟源驱动。本章使用的 TIMER2 和 TIMER4 由内部时钟源驱动，内部时钟源即连接到 RCU 模块的 CK_TIMER。CK_TIMER 时钟由 APB1 时钟分频而来，除了为通用定时器 L0（TIMER1～TIMER4）提供时钟，还为基本定时器（TIMER5 和 TIMER6）和其他通用定时器提供时钟。由于本书所有实例的 APB1 预分频器的分频系数均配置为 2，APB1 时钟频率为 60MHz，因此，TIMER1～TIMER6 的时钟频率为 120MHz。关于 GD32F30x 系列微控制器的时钟系统将在第 8 章详细介绍。

2．触发控制器

触发控制器的基本功能包括设置定时器的计数方式（递增/递减计数），以及将通用定时器设置为其他定时器或 DAC/ADC 的触发源。由触发控制器输出的 TIMER_CK 时钟等于来自 RCU 模块的 CK_TIMER 时钟。

3．时基单元

时基单元对触发控制器输出的 TIMER_CK 时钟进行预分频得到 PSC_CLK 时钟，然后计数器对经过分频后的 PSC_CLK 时钟进行计数，当计数器的计数值与计数器自动重载寄存器（TIMERx_CAR）的值相等时，产生事件。时基单元包括 3 个寄存器：计数器寄存器（TIMERx_CNT）、预分频寄存器（TIMERx_PSC）和计数器自动重载寄存器（TIMERx_CAR）。

TIMERx_PSC 带有缓冲器，可以在运行时向 TIMERx_PSC 写入新值，新的预分频数值将在下一个更新事件到来时被应用，然后分频得到的 PSC_CLK 时钟才会发生改变。

TIMERx_CAR 有一个影子寄存器，这表示在物理上该寄存器对应 2 个寄存器：一个是可以写入或读出的寄存器，称为预装载寄存器；另一个是无法对其进行读/写操作，但在使用时真正起作用的寄存器，称为影子寄存器。可以通过 TIMERx_CTL0 的 ARSE 位使能或禁止 TIMERx_CAR 的影子寄存器。如果 ARSE 为 1，则影子寄存器被使能，要等到更新事件产生时才把写入 TIMERx_CAR 预装载寄存器中的新值更新到影子寄存器；如果 ARSE 为 0，则影子寄存器被禁止，向 TIMERx_CAR 写入新值后，TIMERx_CAR 立即更新。

通过前面的分析可知，定时器事件产生时间由 TIMERx_PSC 和 TIMERx_CAR 两个寄存器决定。计算分为两步：①根据公式 $f_{PSC\_CLK} = f_{TIMER\_CK}/(TIMERx\_PSC+1)$，计算 PSC_CLK 时钟频率；②根据公式 $(1/f_{PSC\_CLK}) \times (TIMERx\_CAR+1)$，计算定时器事件产生时间。

假设 TIMER2 的时钟频率 f_{TIMER_CK} 为 120MHz，对 TIMER2 进行初始化配置，向 TIMER2_PSC 写入 119，向 TIMER2_CAR 写入 999，计算定时器事件产生时间。分两步计算：

① 计算 PSC_CLK 时钟频率

$$f_{PSC\_CLK} = f_{TIMER\_CK}/(TIMER2\_PSC+1) = 120MHz/(119+1) = 1MHz$$

因此，PSC_CLK 的时钟周期为 1μs。

② 当计数器的计数值与计数器自动重载寄存器的值相等时，产生事件，TIMER2_CAR 为 999，因此

$$定时器事件产生时间 = (1/f_{PSC\_CLK}) \times (TIMER2\_CAR+1) = 1μs \times 1000 = 1ms$$

4．输入通道

通用定时器 L0 有 4 个输入通道：CI0、CI1、CI2 和 CI3。其中，CI1、CI2 和 CI3 三个通道分别对应 CH1_IN、CH2_IN 和 CH3_IN，即对应 TIMERx_CH1、TIMERx_CH2 和 TIMERx_CH3 引脚。CI0 通道可以将 CH0_IN（TIMERx_CH0）作为信号源，也可以将 CH0_IN、CH1_IN 和 CH2_IN 的异或结果作为信号源。定时器对这 4 个输入通道对应引脚输入信号的上升沿或下降沿进行捕获。

5. 滤波器和边沿检测器

滤波器首先对输入信号 CIx 进行滤波，滤波器的参数由控制寄存器 0（TIMERx_CTL0）的 CKDIV[1:0]、通道控制寄存器 0（TIMERx_CHCTL0）和通道控制寄存器 1（TIMERx_CHCTL1）的 CHxCAPFLT[3:0]决定。其中，输入滤波器使用的采样频率 f_{DTS} 可以与 TIMER_CK 时钟频率 f_{TIMER_CK} 相等，也可以是 f_{TIMER_CK} 的 2 分频或 4 分频，这个由 CKDIV[1:0] 决定。

边沿检测器实际上是一个事件计数器，该计数器对经过滤波后的输入信号的边沿事件进行检测，当检测到 N 个事件后会产生一个输出的跳变，其中 N 由 CHxCAPFLT[3:0]决定。

6. 边沿选择器

边沿选择器用于选择对输入信号的上升沿或下降沿进行捕获，由通道控制寄存器 2（TIMERx_CHCTL2）的 CHxP 位决定。当 CHxP 为 0 时，捕获发生在输入信号的上升沿；当 CHxP 为 1 时，捕获发生在输入信号的下降沿。

7. 预分频器

如果边沿选择器输出的信号直接输入通道捕获/比较寄存器（TIMERx_CHxCV），则只能连续捕获每个边沿，而无法实现边沿的间隔捕获，比如每 4 个边沿捕获一次。GD32 在通用定时器和高级定时器中增加了一个预分频器，边沿选择器输出的信号经过预分频器后才会输入 TIMERx_CHxCV，这样不仅可以实现边沿的连续捕获，还可以实现边沿的间隔捕获。具体多少个边沿捕获一次，由通道控制寄存器 0（TIMERx_CHCTL0）的 CHxCAPPSC[1:0]决定，如果希望连续捕获每个边沿，则将 CHxCAPPSC[1:0]配置为 00；如果希望每 4 个边沿触发一次捕获，则将 CHxCAPPSC[1:0]配置为 10。

8. 通道捕获/比较寄存器

通道捕获和比较寄存器（TIMERx_CHxCV）既是捕获输入的寄存器，又是比较输出的寄存器。TIMERx_CHxCV 有影子寄存器，可以通过 TIMERx_CHCTL0 的 CHxCOMSEN 位使能或禁止影子寄存器。将 CHxCOMSEN 设置为 1，使能影子寄存器，则写该寄存器要等到更新事件产生时，才将 TIMERx_CHxCV 预装载寄存器的值传送至影子寄存器，读取该寄存器实际上是读取 TIMERx_CHxCV 预装载寄存器的值。将 CHxCOMSEN 设置为 0，禁止影子寄存器，则只有一个寄存器，不存在预装载寄存器和影子寄存器的概念，因此，读/写该寄存器实际上就是读/写 TIMERx_CHxCV。

TIMERx_CHCTL2 的 CHxEN 位决定禁止或使能捕获/比较功能。在通道配置为输入的情况下，当 CHxEN 为 0 时，禁止捕获；当 CHxEN 为 1 时，使能捕获。在通道配置为输出的情况下，当 CHxEN 为 0 时，禁止输出；当 CHxEN 为 1 时，输出信号输出到对应的引脚。下面分别对输入捕获和输出比较的工作流程进行介绍。

（1）输入捕获

预分频器的输出信号作为输入捕获的输入信号，当第 1 次捕获到边沿事件时，计数器中的值被锁存到 TIMERx_CHxCV 中，同时中断标志寄存器（TIMERx_INTF）的中断标志位 CHxIF 被置 1，如果 DMA 和中断使能寄存器（TIMERx_DMAINTEN）的 CHxIE 为 1，则产生中断。当第 2 次捕获到边沿事件（CHxIF 依然为 1）时，TIMERx_INTF 的捕获溢出标志 CHxOF 被置 1。CHxIF 和 CHxOF 标志位均由硬件置 1，软件清零。

（2）输出比较

输出比较有 8 种模式：时基、匹配时设置为高、匹配时设置为低、匹配时翻转、强制为低、强制为高、PWM 模式 0 和 PWM 模式 1，通过 TIMERx_CHCTL0 的 CHxCOMCTL[2:0] 选择输出比较模式。

第 17 章是 TIMER 与 PWM 输出，因此，这里只介绍 PWM 模式 0 和 PWM 模式 1。①将输出比较配置为 PWM 模式 0，在递增计数时，如果计数器值小于 TIMERx_CHxCV，则输出的参考信号 OxCPRE 为有效电平；在递减计数时，如果计数器的值大于 TIMERx_CHxCV，则 OxCPRE 为无效电平。②将输出比较配置为 PWM 模式 1，在递增计数时，如果计数器值小于 TIMERx_CHxCV，则输出的参考信号 OxCPRE 为无效电平；在递减计数时，如果计数器值大于 TIMERx_CHxCV，则 OxCPRE 为有效电平。当 TIMERx_CHCTL2 的 CHxP 为 0 时，OxCPRE 高电平有效；当 CHxP 为 1 时，OxCPRE 低电平有效。

9．输出控制和输出引脚

参考信号 OxCPRE 经过输出控制之后产生的最终输出信号，将通过通用定时器 L0 的外部引脚输出，外部引脚包括 TIMERx_CH0、TIMERx_CH1、TIMERx_CH2 和 TIMERx_CH3。

6.2　实例与代码解析

基于 GD32F3 杨梅派开发板设计一个定时器，其功能包括：①将 TIMER2 和 TIMER4 配置为每 1ms 进入一次的中断服务函数；②在 TIMER2 中断服务函数中，将 2ms 标志位置 1；③在 TIMER4 的中断服务函数中，将 1s 标志位置 1；④在 Main 模块中，基于 2ms 和 1s 标志，分别创建 2ms 任务和 1s 任务；⑤在 2ms 任务中，调用 LED 模块的 LEDFlicker 函数实现 LED_1 和 LED_2 交替闪烁；⑥在 1s 任务中，调用 UART0 模块的 printf 函数，每秒输出一次"This is the first GD32F303 Project, by Zhangsan"。

6.2.1　程序架构

定时器中断实例的程序架构如图 6-2 所示。该图简要介绍了程序运行后各个函数的执行和调用流程，图中仅列出了与本实例相关的部分函数。下面详细解释该程序架构图。

（1）在 main 函数中调用 InitHardware 函数进行硬件相关模块初始化，包含 RCU、NVIC、UART 和 Timer 等模块，这里仅介绍 Timer 模块初始化函数 InitTimer。在 InitTimer 函数中先调用 ConfigTimer2 函数配置 TIMER2，包括 TIMER 时钟使能、TIMER 初始化、TIMER 更新中断使能、TIMER 中断使能和 TIMER 使能，再调用 ConfigTimer4 函数配置 TIMER4。

（2）调用 InitSoftware 函数进行软件相关模块初始化，本实例中 InitSoftware 函数为空。

（3）调用 Proc2msTask 函数进行 2ms 任务处理，在该函数中，先通过 Get2msFlag 函数获取 2ms 标志位，若标志位为 1，则调用 LEDFlicker 函数实现 LED 电平翻转，再通过 Clr2msFlag 函数清除 2ms 标志位。

（4）调用 Proc1SecTask 函数进行 1s 任务处理，在该函数中，先通过 Get1SecFlag 函数获取 1s 标志位，若标志位为 1，则调用 printf 函数打印字符串，再通过 Clr1SecFlag 函数清除 1s 标志位。

（5）Proc2msTask 和 Proc1SecTask 均在 while 循环中调用，因此，Proc1SecTask 函数执行完后将再次执行 Proc2msTask 函数，从而实现 LED 交替闪烁，且串口每秒输出一次字符串。

在图 6-2 中，编号①、⑤、⑥和⑩的函数在 Main.c 文件中声明和实现；编号②、⑦、⑨、⑪和⑬的函数在 Timer.h 文件中声明，在 Timer.c 文件中实现；编号③和④的函数在 Timer.c 文件中声明和实现。此外，定时器中断功能的实现还涉及 Timer.c 文件中的定时器中断服务函数 TIMER2_IRQHandler 和 TIMER4_IRQHandler，每当定时器完成一次计时都将自动调用对应的中断服务函数。

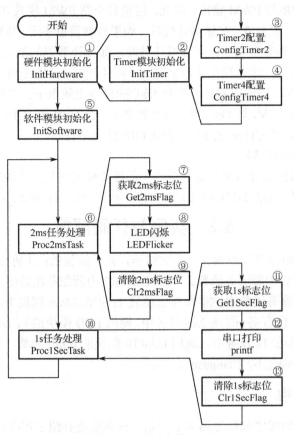

图 6-2　程序架构

要点解析：

（1）TIMER 配置，通过设置预分频系数和自动重装载值来配置定时器事件产生时间。

（2）定时器中断服务函数的编写，包括定时器更新中断标志位的获取和清除，以及通过定义一个变量作为计数器，对定时器产生事件的次数进行计数，这样即可通过设置计数器的上限值来实现计时指定的时间。

（3）计时标志位的处理，中段服务函数中的计数器达到计数上限时，将计时标志位置 1。此外，还需要声明和实现两个函数分别用于获取和清除计时标志位。

本实例中需要配置 TIMER2 和 TIMER4 两个定时器，二者的配置参数基本一致，仅在中断服务函数中对计数器上限值的设置存在差异，TIMER2 的计数器上限值为 2，用于实现 2ms 计时；TIMER4 的计数器上限值为 1000，用于实现 1s 计时。

6.2.2　Timer 文件对

1．Timer.h 文件

在 Timer.h 文件的"API 函数声明"区，为 API 函数的声明代码，如程序清单 6-1 所示。InitTimer 函数用于初始化 Timer 模块，Get2msFlag 和 Clr2msFlag 函数分别用于获取和清除 2ms 标志位，Main.c 文件中的 Proc2msTask 函数通过调用这两个函数来实现 2ms 任务功能。

Get1SecFlag 和 Clr1SecFlag 函数分别用于获取和清除 1s 标志位，Main.c 文件中的 Proc1SecTask
函数通过调用这两个函数来实现 1s 任务功能。

程序清单 6-1

```
1.   void  InitTimer(void);                 //初始化 Timer 模块
2.   unsigned char  Get2msFlag(void);       //获取 2ms 标志位的值
3.   void  Clr2msFlag(void);                //清除 2ms 标志位
4.   unsigned char  Get1SecFlag(void);      //获取 1s 标志位的值
5.   void  Clr1SecFlag(void);               //清除 1s 标志位
```

2. Timer.c 文件

在 Timer.c 文件的"内部变量"区，为内部变量的声明代码，如程序清单 6-2 所示。其中，
s_i2msFlag 是 2ms 标志位，s_i1secFlag 是 1s 标志位，定义这两个变量时，需要初始化为 FALSE。

程序清单 6-2

```
static  unsigned char  s_i2msFlag  = FALSE;    //将 2ms 标志位的值设置为 FALSE
static  unsigned char  s_i1secFlag = FALSE;    //将 1s 标志位的值设置为 FALSE
```

在"内部函数声明"区，为内部函数的声明代码，如程序清单 6-3 所示。ConfigTimer2
函数用于配置 TIMER2，ConfigTimer4 函数用于配置 TIMER4。

程序清单 6-3

```
static  void  ConfigTimer2(unsigned short arr, unsigned short psc);  //配置 TIMER2
static  void  ConfigTimer4(unsigned short arr, unsigned short psc);  //配置 TIMER4
```

在"内部函数实现"区，首先实现了 ConfigTimer2 和 ConfigTimer4 函数，这两个函数的
功能类似，下面仅对 ConfigTimer2 函数中的语句进行解释说明，如程序清单 6-4 所示。

（1）第 6 行代码：使用 TIMER2 之前，需要通过 rcu_periph_clock_enable 函数使能 TIMER2
的时钟。

（2）第 9 至 10 行代码：先通过 timer_deinit 函数复位外设 TIMER2，再通过
timer_struct_para_init 函数初始化用于设置定时器参数的结构体 timer_initpara。

（3）第 13 至 17 行代码：通过 timer_init 函数对 TIMER2 进行配置，该函数涉及
TIMER2_CTL0 的 CKDIV[1:0]，TIMER2_CAR，TIMER2_PSC，以及 TIMER2_SWVEG 的
UPG。CKDIV[1:0]用于设置时钟分频系数。本实例中，时钟分频系数为 1，即不分频。
TIMER2_CAR 和 TIMER2_PSC 用于设置计数器的自动重载值和计数器时钟预分频系数，本
实例中，这两个值分别通过 ConfigTimer2 函数的输入参数 arr 和 psc 确定。UPG 用于产生更
新事件，本实例中将该值设置为 1，用于重新初始化计数器，并产生一个更新事件。

（4）第 20 行代码：通过 timer_interrupt_enable 函数使能 TIMER2 的更新中断，该函数涉
及 TIMER2_DMAINTEN 的 UPIE。UPIE 用于禁止和使能更新中断。

（5）第 21 行代码：通过 nvic_irq _enable 函数使能 TIMER2 的中断，同时设置抢占优先
级为 1，子优先级为 0。

（6）第 22 行代码：通过 timer_enable 函数使能 TIMER2，该函数涉及 TIMER2_CTL0 的 CEN。

程序清单 6-4

```
1.   static void ConfigTimer2(unsigned short arr, unsigned short psc)
2.   {
```

```
3.      timer_parameter_struct timer_initpara;              //timer_initpara 用于存放定时器的参数
4.
5.      //使能 RCU 相关时钟
6.      rcu_periph_clock_enable(RCU_TIMER2);                 //使能 TIMER2 的时钟
7.
8.      //复位 TIMER2
9.      timer_deinit(TIMER2);                               //设置 TIMER2 参数恢复默认值
10.     timer_struct_para_init(&timer_initpara);            //初始化 timer_initpara
11.
12.     //配置 TIMER2
13.     timer_initpara.prescaler       = psc;               //设置预分频系数
14.     timer_initpara.counterdirection = TIMER_COUNTER_UP; //设置递增计数模式
15.     timer_initpara.period          = arr;               //设置自动重装载值
16.     timer_initpara.clockdivision   = TIMER_CKDIV_DIV1;  //设置时钟分割
17.     timer_init(TIMER2, &timer_initpara);                //根据参数初始化定时器
18.
19.     //使能定时器及其中断
20.     timer_interrupt_enable(TIMER2, TIMER_INT_UP);       //使能定时器的更新中断
21.     nvic_irq_enable(TIMER2_IRQn, 1, 0);                 //配置 NVIC 设置优先级
22.     timer_enable(TIMER2);                               //使能定时器
23. }
```

在 ConfigTimer4 函数实现区后，为 TIMER2_IRQHandler 和 TIMER4_IRQHandler 中断服务函数的实现代码，如程序清单 6-5 所示。Timer.c 文件中的 ConfigTimer2 函数使能 TIMER2 的更新中断，因此，当 TIMER2 递增计数产生溢出时，会执行 TIMER2_IRQHandler 函数。TIMER4 也一样。这两个中断服务函数的功能类似，下面仅对 TIMER2_IRQHandler 函数中的语句进行解释说明。

（1）第 5 至 8 行代码：通过 timer_interrupt_flag_get 函数获取 TIMER2 更新中断标志，该函数涉及 TIMER2_DMAINTEN 的 UPIE 和 TIMER2_INTF 的 UPIF。本实例中，UPIE 为 1，表示使能更新中断，当 TIMER2 递增计数产生溢出时，UPIF 由硬件置 1，并产生更新中断，执行 TIMER2_IRQHandler 函数。因此，还需要通过 timer_interrupt_flag_clear 函数将 UPIF 清零。

（2）第 10 至 16 行代码：变量 s_i2msFlag 是 2ms 标志位，而 TIMER2_IRQHandler 函数每 1ms 执行一次，因此需要一个计数器（s_iCnt2），TIMER2_IRQHandler 函数每执行一次，计数器 s_iCnt2 执行一次加 1 操作，当 s_iCnt2 大于或等于 2 时，将 s_i2msFlag 置 TRUE，并将 s_iCnt2 清零。

程序清单 6-5

```
1.  void TIMER2_IRQHandler(void)
2.  {
3.      static  unsigned short s_iCnt2 = 0;                  //定义一个静态变量 s_iCnt2 作为 2ms 计数器
4.
5.      if(timer_interrupt_flag_get(TIMER2, TIMER_INT_FLAG_UP) == SET) //判断定时器更新中断是否发生
6.      {
7.          timer_interrupt_flag_clear(TIMER2, TIMER_INT_FLAG_UP);      //清除定时器更新中断标志位
8.      }
9.
10.     s_iCnt2++;           //2ms 计数器的计数值加 1
11.
12.     if(s_iCnt2 >= 2)     //2ms 计数器的计数值大于或等于 2
13.     {
```

```
14.      s_iCnt2 = 0;         //重置 2ms 计数器的计数值为 0
15.      s_i2msFlag = TRUE;   //将 2ms 标志位的值设置为 TRUE
16.    }
17.  }
18.
19.  void TIMER4_IRQHandler(void)
20.  {
21.    static  signed short s_iCnt1000  = 0;          //定义一个静态变量 s_iCnt1000 作为 1s 计数器
22.
23.    if (timer_interrupt_flag_get(TIMER4, TIMER_INT_FLAG_UP) == SET) //判断定时器更新中断是
     否发生
24.    {
25.      timer_interrupt_flag_clear(TIMER4, TIMER_INT_FLAG_UP);      //清除定时器更新中断标志位
26.    }
27.
28.    s_iCnt1000++;            //1000ms 计数器的计数值加 1
29.
30.    if(s_iCnt1000 >= 1000)    //1000ms 计数器的计数值大于或等于 1000
31.    {
32.      s_iCnt1000 = 0;        //重置 1000ms 计数器的计数值为 0
33.      s_i1secFlag = TRUE;    //将 1s 标志位的值设置为 TRUE
34.    }
35.  }
```

在 "API 函数实现" 区,为 API 函数的实现代码,如程序清单 6-6 所示。Timer.c 文件的
API 函数有 5 个。

(1)第 1 至 5 行代码:InitTimer 函数调用 ConfigTimer2 和 ConfigTimer4 对 TIMER2 和
TIMER4 进行初始化,由于 TIMER2 和 TIMER4 的时钟源均为 APB1 时钟,APB1 时钟频率为
60MHz,而 APB1 预分频器的分频系数为 2,因此 TIMER2 和 TIMER4 的时钟频率等于 APB1
时钟频率的 2 倍,即 120MHz。ConfigTimer2 和 ConfigTimer4 函数的参数 arr 和 psc 分别是 999
和 119,因此,TIMER2 和 TIMER4 每 1ms 产生一次更新事件,计算过程可参见 6.2.1 节。

(2)第 7 至 15 行代码:Get2msFlag 函数用于获取 s_i2msFlag 的值,Clr2msFlag 函数用
于将 s_i2msFlag 清零。

(3)第 17 至 25 行代码:Get1SecFlag 函数用于获取 s_i1secFlag 的值,Clr1SecFlag 函数
用于将 s_i1SecFlag 清零。

程序清单 6-6

```
1.   void InitTimer(void)
2.   {
3.     ConfigTimer2(999, 119);    //120MHz/(119+1)=1MHz,由 0 计数到 999 为 1ms
4.     ConfigTimer4(999, 119);    //120MHz/(119+1)=1MHz,由 0 计数到 999 为 1ms
5.   }
6.
7.   unsigned char  Get2msFlag(void)
8.   {
9.     return(s_i2msFlag);        //返回 2ms 标志位的值
10.  }
11.
12.  void  Clr2msFlag(void)
```

```
13.  {
14.    s_i2msFlag = FALSE;        //将 2ms 标志位的值设置为 FALSE
15.  }
16.
17.  unsigned char  Get1SecFlag(void)
18.  {
19.    return(s_i1secFlag);        //返回 1s 标志位的值
20.  }
21.
22.  void  Clr1SecFlag(void)
23.  {
24.    s_i1secFlag = FALSE;        //将 1s 标志位的值设置为 FALSE
25.  }
```

6.2.3　Main.c 文件

在 Main.c 文件的"内部函数实现"区的 Proc2msTask 函数中,调用 Get2msFlag 和 Clr2msFlag 函数实现 2ms 任务,如程序清单 6-7 所示。Proc2msTask 函数在 main 函数的 while 语句中调用,因此当 Get2msFlag 函数返回 1,即检测到 Timer 模块的 TIMER2 计数到 2ms(此时,2ms 标志位被置 1)时,if 语句中的代码才会执行。最后要通过 Clr2msFlag 函数清除 2ms 标志位,if 语句中的代码才会每 2ms 执行一次。这里在 if 语句中调用 LEDFlicker 函数,该函数每 2ms 执行一次,参数为 250,因此,两个 LED 每 500ms 交替闪烁一次。

程序清单 6-7

```
1.   static  void  Proc2msTask(void)
2.   {
3.     if(Get2msFlag())      //判断 2ms 标志位状态
4.     {
5.       LEDflicker(250);    //调用闪烁函数
6.
7.       Clr2msFlag();       //清除 2ms 标志位
8.     }
9.   }
```

在 Proc1SecTask 函数中,调用 Get1SecFlag 和 Clr1SecFlag 函数实现 1s 任务,如程序清单 6-8 所示。Proc1SecTask 也在 main 函数的 while 语句中调用,因此当 Get1SecFlag 函数返回 1,即检测到 Timer 模块的 TIMER4 计数到 1s(此时,1s 标志位被置 1)时,if 语句中的代码才会执行。这里在 if 语句中调用 printf 函数,printf 函数每秒执行一次,即每秒通过串口输出 printf 中的字符串。

程序清单 6-8

```
1.   static  void  Proc1SecTask(void)
2.   {
3.     if(Get1SecFlag())      //判断 1s 标志位状态
4.     {
5.       printf("This is the first GD32F303 Project, by Zhangsan\r\n");
6.
7.       Clr1SecFlag();       //清除 1s 标志位
8.     }
9.   }
```

6.2.4　运行结果

代码编译通过后，下载程序并进行复位。打开串口助手，选择正确的串口号并打开串口，取消勾选"HEX 显示"项，可以看到串口助手中输出如图 6-3 所示的信息，同时，开发板上的两个 LED 交替闪烁，即表示程序运行成功。

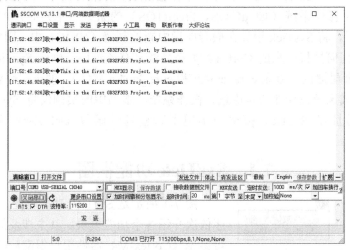

图 6-3　运行结果

本 章 任 务

基于"03.GPIOKEY"工程，将 TIMER3 配置成每 10ms 进入一次中断服务函数，并在 TIMER3 的中断服务函数中产生 10ms 标志位，在 Main 模块中基于 10ms 标志，创建 10ms 任务函数 Proc10msTask，将 ScanKeyOne 函数放在 Proc10msTask 函数中调用，验证独立按键是否能够正常工作。

任务提示：

1. TIMER3 的时钟频率为 120MHz，配置和初始化过程可参考 TIMER2 或 TIMER4 完成。

2. 10ms 任务函数 Proc10msTask 的实现代码可参考 Proc2msTask 或 Proc1SecTask 函数完成，该函数需要在 main 函数中循环调用。

本 章 习 题

1. 如何通过 TIMERx_CTL0 设置时钟分频系数？

2. 如何通过 TIMERx_CTL0 使能定时器？

3. 如何通过 TIMERx_DMAINTEN 使能或禁止更新中断？

4. 如果某通用计数器设置为递增计数，当产生溢出时，TIMERx_INTF 的哪个位会发生变化？

5. 如何通过 TIMERx_INTF 读取更新中断标志？

6. TIMERx_CNT、TIMERx_PSC 和 TIMERx_CAR 的作用分别是什么？

7. 通过设置计数器时钟预分频系数和计数器自动重载值，可以将 TIMER2 配置为每 2ms 进入一次中断，从而设置标志位。而本实例采用计数器对 1ms 进行计数，然后设置标志，思考这样设计的意义。

第7章 系统节拍时钟（SysTick）

系统节拍时钟（SysTick）是一个简单的系统时钟节拍计数器，与其他计数/定时器不同，SysTick 主要用于操作系统（如 μC/OS、FreeRTOS）的系统节拍定时。ARM 公司在设计 Cortex-M4 内核时，将 SysTick 设计在嵌套向量中断控制器（NVIC）中，因此，SysTick 是内核的一个模块，任何授权厂家的 Cortex-M4 产品都具有该模块。操作 SysTick 寄存器的 API 函数也由 ARM 公司提供（参见 core_cm4.h 和 core_cm4.c 文件），便于代码移植。一般而言，只有复杂的嵌入式系统设计才会考虑选择操作系统，本书中的实例仅将 SysTick 作为普通的定时器使用，而且在 SysTick 模块中实现了毫秒延时函数 DelayNms 和微秒延时函数 DelayNus。

7.1 SysTick 功能框图

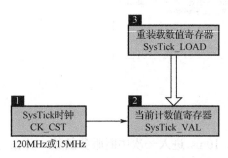

图 7-1 SysTick 功能框图

图 7-1 所示是 SysTick 功能框图，下面按照编号顺序依次介绍各个功能模块。其中涉及的 SysTick 寄存器可参见《Cortex-M4 器件用户指南》（位于资料包 "09. 参考资料" 文件夹下）的第 4.4 节。

1. SysTick 时钟

AHB 时钟或经过 8 分频的 AHB 时钟作为 Cortex 系统时钟，该时钟同时也是 SysTick 的时钟源。由于本书中所有实例的 AHB 时钟频率均配置为 120MHz，因此，SysTick 时钟频率同样也是 120MHz，或 120MHz 的 8 分频，即 15MHz。本书中所有实例的 Cortex 系统时钟频率为 120MHz，同样，SysTick 时钟频率也为 120MHz。

2. 当前计数值寄存器

SysTick 时钟（CK_CST）作为 SysTick 计数器的时钟输入，SysTick 计数器是一个 24 位的递减计数器，对 SysTick 时钟进行计数，每次计数的时间为 1/CK_CST，计数值保存在当前计数值寄存器（SysTick_VAL）中。本章中，由于 CK_CST 的频率为 120MHz，因此，SysTick 计数器每一次的计数时间为 1/120μs。当 SysTick_VAL 计数至 0 时，SysTick_CTRL 的 COUNTFLAG 被置 1，如果 SysTick_CTRL 的 TICKINT 为 1，则产生 SysTick 异常请求；相反，如果 SysTick_CTRL 的 TICKINT 为 0，则不产生 SysTick 异常请求。

3. 重装载数值寄存器

SysTick 计数器对 CK_CST 时钟进行递减计数，由重装载值 SysTick_LOAD 开始计数，当 SysTick 计数器计数到 0 时，由硬件自动将 SysTick_LOAD 中的值加载到 SysTick_VAL 中，重新启动递减计数。本章的 SysTick_LOAD 为 120000000/1000，因此，产生 SysTick 异常请求间隔为 (1/120μs)×(120000000/1000) = 1000μs，即 1ms 产生一次 SysTick 异常请求。

7.2　实例与代码解析

基于 GD32F3 杨梅派开发板设计一个系统节拍时钟（SysTick），具体如下：①新增 SysTick 模块，该模块应包括 3 个 API 函数，分别是初始化 SysTick 模块函数 InitSysTick、微秒延时函数 DelayNus 和毫秒延时函数 DelayNms；②在 InitSysTick 函数中，可以调用 SysTick_Config 函数对 SysTick 的中断间隔进行调整；③微秒延时函数 DelayNus 和毫秒延时函数 DelayNms 至少有一个需要通过 SysTick_Handler 中断服务函数实现；④在 Main 模块中，调用 InitSysTick 函数对 SysTick 模块进行初始化，调用 DelayNms 函数和 DelayNus 函数控制 LED_1 和 LED_2 交替闪烁，验证两个函数是否正确。

7.2.1　流程图分析

图 7-2 所示是 SysTick 模块初始化与中断服务函数流程图。首先，通过 InitSysTick 函数初始化 SysTick，包括更新 SysTick 重装载数值寄存器、清除 SysTick 计数器、选择 AHB 时钟作为 SysTick 时钟、使能异常请求，以及使能 SysTick，这些操作都在 SysTick_Config 函数中完成。其次，判断 SysTick 计数器是否计数到 0，如果不为 0，继续判断；如果计数到 0，则产生 SysTick 异常请求，并执行 SysTick_Handler 中断服务函数，SysTick_Handler 函数主要判断 s_iTimDelayCnt 是否为 0，如果为 0，则退出 SysTick_Handler 函数；否则，s_iTimDelayCnt 执行递减操作。

图 7-3 所示是 DelayNms 函数流程图。首先，DelayNms 函数将参数 nms 赋值给 s_iTimDelayCnt，由于 s_iTimDelayCnt 是 SysTick 模块的内部变量，该变量在 SysTick_Handler 中断服务函数中执行递减操作（s_iTimDelayCnt 每 1ms 执行一次减 1 操作）。其次，判断 s_iTimDelayCnt 是否为 0，如果为 0，则退出 DelayNms 函数；否则，继续判断。这样，s_iTimDelayCnt 就从 nms 递减到 0，比如 nms 为 5，可以实现 5ms 延时。

图 7-4 是 DelayNus 函数流程图。微秒级延时与毫秒级延时的实现不同，微秒级延时通过一个 while 循环语句内嵌一个 for 循环语句和一个 s_iTimCnt 变

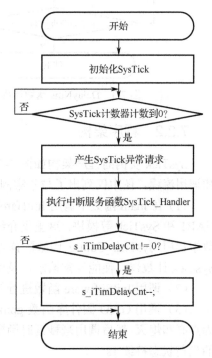

图 7-2　SysTick 模块初始化与中断服务
函数流程图

量递减语句实现，for 循环语句和 s_iTimCnt 变量递减语句执行时间约为 1μs。参数 nus 一开始就赋值给 s_iTimCnt 变量，然后在 while 表达式中判断 s_iTimCnt 变量是否为 0，如果不为 0，则执行 for 循环语句和 s_iTimCnt 变量递减语句；否则，退出 DelayNus 函数。for 循环语句执行完之后，s_iTimCnt 变量执行一次减 1 操作，接着继续判断 s_iTimCnt 是否为 0。如果 nus 为 5，则可以实现 5μs 延时。DelayNus 函数实现微秒级延时的误差较大，DelayNms 函数实现毫秒级延时的误差较小。

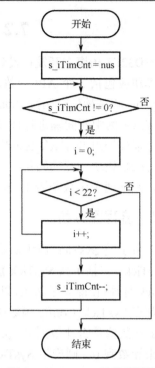

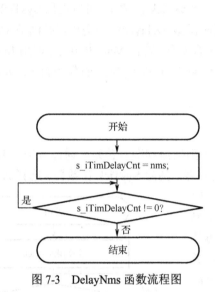

图 7-3　DelayNms 函数流程图　　　　　图 7-4　DelayNus 函数流程图

7.2.2　程序架构

SysTick 实例的程序架构如图 7-5 所示。该图简要介绍了程序开始运行后各个函数的执行和调用流程，图中仅列出了与本实例相关的部分函数。下面详细解释该程序架构图。

（1）在 main 函数中调用 InitHardware 函数进行硬件相关模块初始化，包含 RCU、NVIC、UART 和 SysTick 等模块，这里仅介绍 SysTick 模块初始化函数 InitSysTick。在 InitSysTick 函数中调用 SysTick_Config 函数配置 SysTick，包括设置 SysTick 重装载数值寄存器，初始化 SysTick 计数器、使能异常请求，及使能 SysTick。

（2）调用 InitSoftware 函数进行软件相关模块初始化，本实例中 InitSoftware 函数为空。

（3）调用 GPIO 固件库函数 gpio_bit_set 和 gpio_bit_reset 分别设置 LED_1 和 LED_2 的状态为点亮和熄灭，然后调用毫秒延时函数 DelayNms 进行延时（程序中延时 1s），使 LED_1 和 LED_2 的当前状态持续 1s。

（4）DelayNms 函数延时结束后，再次通过 gpio_bit_reset 和 gpio_bit_set 函数分别将 LED_1 和 LED_2 的状态设置为熄灭和点亮，然后调用微秒延时函数 DelayNus 进行延时（程序中延时 1s），使 LED_1 和 LED_2 的当前状态持续 1s。

（5）设置 LED 状态和延时的函数均在 while 循环中调用，因此，DelayNus 函数延时结束后，将再次设置 LED_1 和 LED_2 的亮灭状态。循环往复，以实现通过延时函数使 LED_1 和 LED_2 交替闪烁的目的。

在图 7-5 中，编号①和④的函数在 Main.c 文件中声明和实现；编号②、⑦和⑩的函数在 SysTick.h 文件中声明，在 SysTick.c 文件中实现；编号③、⑤、⑥、⑧和⑨的函数均为固件库函数。

另外，DelayNms 函数延时功能的实现还涉及 SysTick.c 文件中的 SysTick 中断服务函数

SysTick_Handler 和延时计数函数 TimDelayDec，每当 SysTick 计数器计数到 0 都将自动调用 SysTick_Handler 函数，在 SysTick_Handler 函数中调用 TimDelayDec 函数使延时计数值进行减 1 操作。

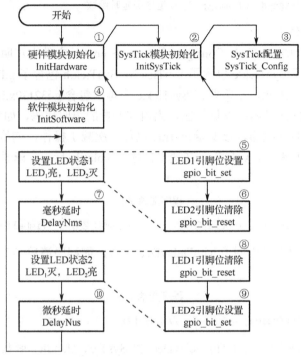

图 7-5　程序架构

要点解析：

（1）SysTick 配置，通过 SysTick_Config 函数配置 SysTick 每 1ms 进入一次中断。

（2）DelayNms 函数延时功能的实现。该函数的输入参数指定延时时间，将输入参数赋值于一个用于进行延时计数的静态变量，在 SysTick 中断服务函数中使该静态变量执行减 1 操作。当静态变量的值减至 0 时，退出 DelayNms 函数。

（3）DelayNus 函数延时功能的实现。该函数的输入参数指定延时时间，将输入参数赋值于一个用于进行延时计数的变量，在 while 循环中通过 for 语句进行延时，延时时间约为 1μs，延时结束后使计数的变量减 1。当变量的值减至 0 时，退出 DelayNus 函数。

本实例中，DelayNms 和 DelayNus 函数均用于延时，但二者实现延时的原理不同。通过包含 SysTick.c 文件，可以根据需要在其他模块中调用延时函数实现延时功能。DelayNms 较为精确，DelayNus 误差略大。

7.2.3　SysTick 文件对

1. SysTick.h 文件

在 SysTick.h 文件的"API 函数声明"区，为 API 函数的声明代码，如程序清单 7-1 所示。其中 InitSysTick 函数用于初始化 SysTick 模块；DelayNus 函数实现微秒级延时；DelayNms 函数实现毫秒级延时。DelayNus 和 DelayNms 函数均使用关键字 __IO，避免编译器优化，__IO 定义在 core_cm4.h 文件中，gd32f30x.h 文件包含了 core_cm4.h 文件，因此，SysTick.h 包含了 gd32f30x.h 文件，就相当于包含了 core_cm4.h 文件。

程序清单 7-1

```
void   InitSysTick(void);                    //初始化 SysTick 模块
void   DelayNus(__IO unsigned int nus);      //微秒级延时函数
void   DelayNms(__IO unsigned int nms);      //毫秒级延时函数
```

2. SysTick.c 文件

SysTick 模块涉及的 SysTick_Config 函数在 core_cm4.h 文件中声明，因此，原则上需要包含 core_cm4.h。由于 SysTick.c 包含了 SysTick.h，SysTick.h 包含了 gd32f30x.h，gd32f30x.h 又包含了 core_cm4.h，因此，不需要在 SysTick.c 中再次包含 gd32f30x.h 或 core_cm4.h。

在 SysTick.c 文件的"内部变量"区，为内部变量的声明代码，如程序清单 7-2 所示。s_iTimDelayCnt 是延时计数器，该变量每 1ms 执行一次减 1 操作，初值由 DelayNms 函数的参数 nms 赋予。__IO 等效于 volatile，在变量前添加 volatile 后，编译器就不会对该变量的代码进行优化。

程序清单 7-2

```
static   __IO   unsigned int s_iTimDelayCnt = 0;   //延时计数器 s_iTimDelayCnt 的初始值为 0
```

在"内部函数声明"区声明了 TimDelayDec 函数，如程序清单 7-3 所示。该函数用于进行延时计数。

程序清单 7-3

```
static  void TimDelayDec(void);              //延时计数
```

在"内部函数实现"区，为 TimDelayDec 和 SysTick_Handler 函数的实现代码，如程序清单 7-4 所示。本实例中，SysTick_Handler 函数每秒执行一次，该函数调用了 TimDelayDec 函数，当延时计数器 s_iTimDelayCnt 不为 0 时，每执行一次 TimDelayDec 函数，s_iTimDelayCnt 执行一次减 1 操作。

程序清单 7-4

```
1.    static   void TimDelayDec(void)
2.    {
3.       if(s_iTimDelayCnt != 0)           //延时计数器的数值不为 0
4.       {
5.          s_iTimDelayCnt--;             //延时计数器的数值减 1
6.       }
7.    }
8.
9.    void   SysTick_Handler(void)
10.   {
11.      TimDelayDec();                    //延时计数函数
12.   }
```

在"API 函数实现"区，为 API 函数的实现代码，如程序清单 7-5 所示。SysTick.c 文件中有 3 个函数。

（1）第 1 至 12 行代码：InitSysTick 函数调用 SysTick_Config 函数初始化 SysTick 模块，本实例中，SysTick 的时钟频率为 120MHz，即 SystemCoreClock 为 120000000，SysTick_Config 函数的参数为 120000，表示 SysTick_LOAD 为 120000，通过计算可以得出，产生 SysTick 异常请求间隔为 $(1/120\mu s) \times 120000 = 1000\mu s$，即 1ms 产生一次 SysTick 异常请求。SysTick_Config

函数的返回值表示是否出现错误，返回值为 0 表示没有错误，为 1 表示出现错误，程序进入死循环。

（2）第 14 至 22 行代码：DelayNms 函数的参数 nms 表示以毫秒为单位的延时数，nms 赋值给延时计数器 s_iTimDelayCnt，该值在 SysTick_Handler 中断服务函数中执行一次减 1 操作，当 s_iTimDelayCnt 减到 0 时跳出 DelayNms 函数的 while 循环。

（3）第 24 至 38 行代码：DelayNus 函数通过一个 while 循环语句内嵌一个 for 循环语句实现微秒级延时，for 循环语句执行时间大约为 1μs。

程序清单 7-5

```
1.   void InitSysTick( void )
2.   {
3.       //配置系统滴答定时器1ms中断一次
4.       if(SysTick_Config(SystemCoreClock / 1000U))
5.       {
6.           //错误发生的情况下，进入死循环
7.           while(1){}
8.       }
9.
10.      //设置中断优先级
11.      NVIC_SetPriority(SysTick_IRQn, 0x00U);
12.  }
13.
14.  void  DelayNms(__IO unsigned int nms)
15.  {
16.      s_iTimDelayCnt = nms;           //将延时计数器 s_iTimDelayCnt 的数值赋为nms
17.
18.      while(s_iTimDelayCnt != 0)      //延时计数器的数值为0时，表示延时了nms，跳出while语句
19.      {
20.
21.      }
22.  }
23.
24.  void  DelayNus(__IO unsigned int nus)
25.  {
26.      unsigned int s_iTimCnt = nus;   //定义一个变量 s_iTimCnt 作为延时计数器，赋值为 nus
27.      unsigned short i;               //定义一个变量作为循环计数器
28.
29.      while(s_iTimCnt != 0)           //延时计数器 s_iTimCnt 的值不为0
30.      {
31.          for(i = 0; i < 22; i++)     //空循环，产生延时功能
32.          {
33.
34.          }
35.
36.          s_iTimCnt--;                //成功延时 1μs，变量 s_iTimCnt 减1
37.      }
38.  }
```

7.2.4　Main.c 文件

在 Main.c 文件的"内部函数实现"区的 main 函数中，注释掉 Proc2msTask 和 Proc1SecTask

函数的调用代码，并调用 GPIO 固件库函数和 SysTick 模块的延时函数，实现两个 LED 交替闪烁的功能，如程序清单 7-6 所示。

程序清单 7-6

```
1.   int main(void)
2.   {
3.     InitHardware();     //初始化硬件相关函数
4.     InitSoftware();     //初始化软件相关函数
5.
6.     printf("Init System has been finished.\r\n" );   //打印系统状态
7.
8.     while(1)
9.     {
10.      //Proc2msTask();   //2ms 处理任务
11.      //Proc1SecTask(); //1s 处理任务
12.      gpio_bit_set(GPIOA, GPIO_PIN_8);        //LED₁ 点亮
13.      gpio_bit_reset(GPIOA, GPIO_PIN_2);      //LED₂ 熄灭
14.      DelayNms(1000);
15.      gpio_bit_reset(GPIOA, GPIO_PIN_8);      //LED₁ 熄灭
16.      gpio_bit_set(GPIOA, GPIO_PIN_2);        //LED₂ 点亮
17.      DelayNus(1000000);
18.    }
19.  }
```

7.2.5　运行结果

代码编译通过后，下载程序并进行复位。观察到核心板上两个 LED 间隔 1s 交替闪烁，即表示程序设计成功。

本 章 任 务

基于 GD32F3 杨梅派开发板，通过修改 SysTick 模块的 InitSysTick 函数，将系统节拍时钟 SysTick 配置为每 0.25ms 中断一次，此时，SysTick 模块中的 DelayNms 函数将不再以 1ms 为最小延时单位，而是以 0.25ms 为最小延时单位。尝试修改 DelayNms 函数，使得该函数在 SysTick 为每 0.25ms 中断一次的情况下，仍以 1ms 为最小延时单位，即 DelayNms(1)代表 1ms 延时，DelayNms(5)代表 5ms 延时，并在 Main 模块中调用 DelayNms 函数控制 LED₁ 和 LED₂ 每 500ms 交替闪烁，验证 DelayNms 函数是否修改正确。

任务提示：

1. 通过设置 SysTick_Config 函数的参数修改 SysTick_LOAD 的值。

2. 修改 DelayNms 函数的参数与延时计数器的对应关系即可，无须修改 SysTick.c 文件中的其他函数。

本 章 习 题

1. 简述 DelayNus 函数产生延时的原理。

2. DelayNus 函数的时间计算精度会受什么因素影响？

3. GD32F30x 系列微控制器中的通用定时器与 SysTick 定时器有什么区别？

4. 如何通过寄存器将 SysTick 的时钟频率由 120MHz 更改为 15MHz？

第8章 复位和时钟单元（RCU）

为了满足各种低功耗应用场景，GD32F30x 系列微控制器配备了一个功能完善且复杂的时钟系统。普通的微控制器一般只要配置好外设（如 GPIO、UART 等）的相关寄存器就可以正常工作，而 GD32F30x 系列微控制器还需要同时配置好复位和时钟单元 RCU，并开启相应的外设时钟。本章主要介绍时钟部分，尤其是时钟树，理解了时钟树，GD32F30x 系列微控制器所有时钟的来龙去脉就非常清晰了。本章首先详细介绍时钟源和时钟树，以及 RCU 的相关寄存器和固件库函数，并编写 RCU 驱动程序，然后在应用层调用 RCU 的初始化函数，验证整个系统是否能够正常工作。

8.1 RCU 功能框图

对于传统的微控制器（如 51 系列微控制器），系统时钟的频率基本都是固定的，要实现一个延时程序，可以直接使用 for 或 while 循环语句。然而，对于 GD32F30x 系列微控制器则不可行，因为 GD32F30x 系列微控制器的系统较复杂，时钟系统相对于传统的微控制器也更加多样化，系统时钟有多个时钟源，每个外设又有不同的时钟分频系数，如果不熟悉时钟系统，就无法确定当前的时钟频率，做不到精确的延时。

复位和时钟单元（RCU）是 GD32F30x 系列微控制器的核心单元，每章的实例都会涉及RCU。当然，本书所给出的所有实例都要先对 RCU 进行初始化配置，再使能具体的外设时钟。因此，如果不熟悉 RCU，就难以基于 GD32F30x 系列微控制器进行程序开发。

RCU 的功能框图如图 8-1 所示，下面按照编号顺序依次介绍各个功能模块。本节涉及的RCU 寄存器可参见《GD32F30x_用户手册（中文版）》的第 5.6 节。

1. 外部高速晶振时钟（HXTAL）

HXTAL 既可由有源晶振提供，也可由无源晶振提供，频率范围为 4～32MHz。GD32F3杨梅派开发板的板载晶振为无源 8MHz 晶振，通过 OSC_IN 和 OSC_OUT 两个引脚接入微控制器，同时还要配谐振电容。如果选择有源晶振，则时钟从 OSC_IN 接入，OSC_OUT 悬空。

2. 锁相环时钟选择器和倍频器

锁相环时钟 CK_PLL 由二级选择器和一级倍频器组成。锁相环时钟选择器通过RCU_CFG0 的 PLLSEL 选择 IRC8M 二分频（4MHz）或经过分频的 HXTAL 和 IRC48M（分频系数可取 1、2）作为锁相环 PLL 的时钟源。本书所有实例选择 1 分频的 HXTAL（8MHz）作为 PLL 的时钟源。IRC8M 和 IRC48M 分别是内部 8MHz 和 48MHz RC 振荡器时钟的缩写，均由内部 RC 振荡器产生，频率分别为 8MHz 和 48MHz，但不稳定。

锁相环时钟倍频器通过 RCU_CFG0 的 PLLMF 选择对上一级时钟进行 2、3、4、…、63倍频输出（注意，PLL 输出频率不能超过 120MHz），由于本书所有实例的 PLLMF 为 001101，即配置为 15 倍频，因此，此处输出时钟（CK_PLL）的频率为 120MHz。

3. 系统时钟 CK_SYS 选择器

通过 RCU_CFG0 的 SCS 选择系统时钟 CK_SYS 的时钟源，可以选择 CK_IRC8M、CK_HXTAL 或 CK_PLL 作为 CK_SYS 的时钟源。本书所有实例选择 CK_PLL 作为 CK_SYS的时钟源。由于 CK_PLL 的频率是 120MHz，因此，CK_SYS 的频率也是 120MHz。

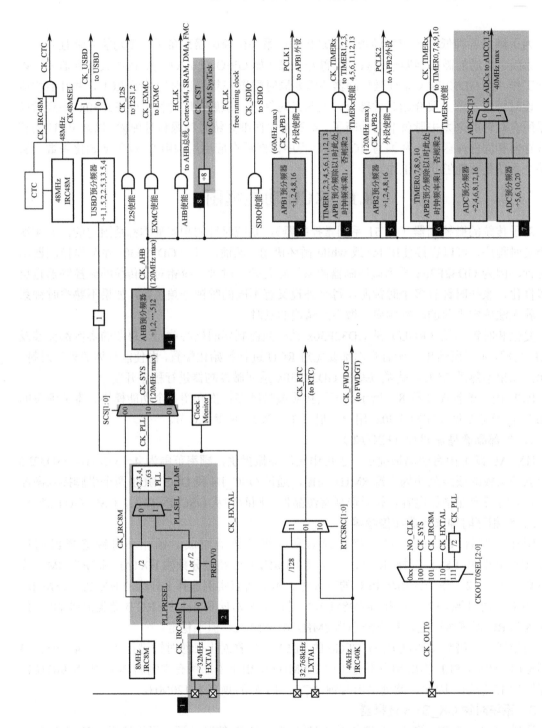

图8-1 RCU功能框图

4. AHB 预分频器

AHB 预分频器通过 RCU_CFG0 的 AHBPSC 对 CK_SYS 进行 1、2、4、8、16、64、128、256 或 512 分频，本书所有实例的 AHB 预分频器未对 CK_SYS 进行分频，即 AHB 时钟仍为 120MHz。

5. APB1 和 APB2 预分频器

AHB 时钟是 APB1 和 APB2 预分频器的时钟输入，APB1 预分频器通过 RCU_CFG0 的 APB1PSC 对 AHB 时钟进行 1、2、4、8 或 16 分频；APB2 预分频器通过 RCU_CFG0 的 APB2PSC 对 AHB 时钟进行 1、2、4、8 或 16 分频。本书所有实例的 APB1 预分频器对 AHB 时钟进行 2 分频，APB2 预分频器对 AHB 时钟未进行分频。因此，APB1 时钟频率为 60MHz，APB2 时钟频率为 120MHz。注意，APB1 时钟最大频率为 60MHz，APB2 时钟最大频率为 120MHz。

6. 定时器倍频器

GD32F30x 系列微控制器最多有 14 个定时器，其中 TIMER1~TIMER6 和 TIMER11~TIMER13 的时钟由 APB1 时钟提供，TIMER0、TIMER7~TIMER10 的时钟由 APB2 时钟提供。当 APBx 预分频器的分频系数为 1 时，定时器的时钟频率与 APBx 时钟频率相等；当 APBx 预分频器的分频系数不为 1 时，定时器的时钟频率是 APBx 时钟频率的 2 倍。本书所有实例的 APB1 预分频器的分频系数为 2，APB2 预分频器的分频系数为 1，APB1 时钟频率为 60MHz，APB2 时钟频率为 120MHz，因此，TIMER1~TIMER6 和 TIMER11~TIMER13 的时钟频率为 120MHz，TIMER0、TIMER7~TIMER10 的时钟频率同样为 120MHz。

7. ADC 时钟预分频器和选择器

GD32F30x 系列微控制器通过 RCU_CFG1 的 ADCPSC 选择经过分频的 APB2 时钟或经过分频的 AHB 时钟作为 ADC 的时钟源，分频系数取决于 RCU_CFG0 的 ADCPSC，对 APB2 时钟可以进行 2、4、6、8、12 或 16 分频，对 AHB 时钟可以进行 5、6、10 或 20 分频。本书的 DAC 和 ADC 实例均选择 6 分频的 APB2 时钟作为 ADC 的时钟源，由于 APB2 时钟频率为 120MHz，因此，ADC 时钟为 120MHz / 6 = 20MHz。

8. Cortex 系统时钟分频器

AHB 时钟或 AHB 时钟经过 8 分频，作为 Cortex 系统时钟。本书中的 SysTick 定时器采用 Cortex 系统时钟，AHB 时钟频率为 120MHz，因此，SysTick 时钟频率也为 120MHz 或 15MHz。本书所有实例的 Cortex 系统时钟频率默认为 120MHz，因此，SysTick 时钟频率也为 120MHz。

提示：关于 RCU 参数的配置，读者可参见本书配套实验例程中的 RCU.h 和 RCU.c 文件。

8.2　实例与代码解析

通过学习 GD32F30x 系列微控制器的时钟源和时钟树，编写 RCU 驱动程序，该驱动程序包括一个用于初始化 RCU 的 API 函数 InitRCU，以及一个用于配置 RCU 的内部静态函数 ConfigRCU，通过 ConfigRCU 函数，将外部高速晶振时钟（HXTAL，即 GD32F3 杨梅派开发板上的晶振 Y_{101}，频率为 8MHz）的 15 倍频作为系统时钟 CK_SYS 的时钟源；同时，将 AHB 总线时钟 HCLK 的频率配置为 120MHz，将 APB1 总线时钟 PCLK1 和 APB2 总线时钟 PCLK2 的频率分别配置为 60MHz 和 120MHz。最后，在 Main.c 文件中调用 InitRCU 函数，验证整个系统是否能够正常工作。

8.2.1　程序架构

RCU 实例的程序架构如图 8-2 所示。该图简要介绍了程序开始运行后各个函数的执行和调用流程，图中仅列出了与本实例相关的部分函数。下面详细解释该程序架构图。

（1）在 main 函数中调用 InitHardware 函数进行硬件相关模块初始化，包含 NVIC、UART、Timer 和 RCU 等模块，这里仅介绍 RCU 模块初始化函数 InitRCU。在 InitRCU 函数中调用 ConfigRCU 函数配置 RCU，包括使能外部高速晶振、配置 AHB、APB1 和 APB2 总线的时钟频率，配置 PLL 和配置系统时钟等。

（2）调用 InitSoftware 函数进行软件相关模块初始化，本实例中 InitSoftware 函数为空。

（3）调用 Proc2msTask 函数进行 2ms 任务处理，在该函数中，调用 LEDFlicker 函数实现 LED 闪烁。

（4）调用 Proc1SecTask 函数进行 1s 任务处理，在该函数中，调用 printf 函数打印输出信息。

在图 8-2 中，编号①、④、⑤和⑦的函数在 Main.c 文件中声明和实现；编号②的函数在 RCU.h 文件中声明，在 RCU.c 文件中实现；编号③的函数在 RCU.c 文件中声明和实现，该函数中所调用的一系列函数均为固件库函数，在对应的固件库中声明和实现。

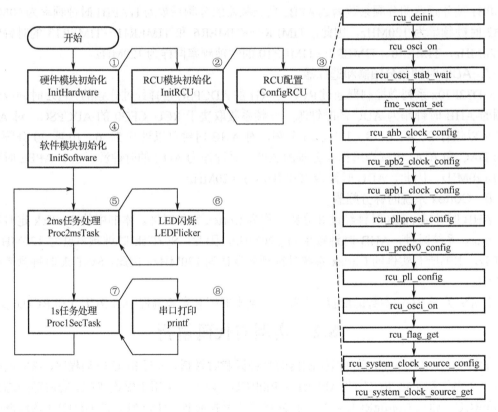

图 8-2　程序架构

要点解析：

（1）配置时钟系统，包括设置外部高速晶振为时钟源，配置锁相环 PLL，配置 AHB、APB1 和 APB2 总线时钟，以及配置系统时钟等。

（2）在 ConfigRCU 函数中通过调用 RCU 相关固件库函数来实现上述时钟配置。

在本实例中，核心内容即为 GD32F30x 系列微控制器的时钟树系统，学习本章内容时应注意理解时钟树中各个时钟的来源和配置方法，掌握配置时钟的固件库函数的定义和用法，以及固件库函数对应操作的寄存器。

8.2.2　RCU 文件对

1. RCU.h 文件

在 RCU.h 文件的"API 函数声明"区，为 API 函数的声明代码，如程序清单 8-1 所示。InitRCU 函数用于初始化 RCU 时钟控制器模块。

程序清单 8-1

```
void InitRCU(void);     //初始化 RCU 时钟控制器模块
```

2. RCU.c 文件

在 RCU.c 文件的"内部函数声明"区，为内部函数的声明代码，如程序清单 8-2 所示，ConfigRCU 函数用于配置 RCU。

程序清单 8-2

```
static  void  ConfigRCU(void);  //配置 RCU
```

在"内部函数实现"区，为 ConfigRCU 函数的实现代码，如程序清单 8-3 所示。

（1）第 5 行代码：通过 rcu_deinit 函数将 RCU 部分寄存器重设为默认值，这些寄存器包括 RCU_CTL、RCU_CFG0、RCU_CFG1 和 RCU_INT。

（2）第 7 行代码：通过 rcu_osci_on 函数使能外部高速晶振。该函数涉及 RCU_CTL 的 HXTALEN，HXTALEN 为 0 时关闭外部高速晶振，为 1 时使能外部高速晶振。

（3）第 9 行代码：通过 rcu_osci_stab_wait 函数判断外部高速时钟是否就绪，返回值被赋值给 HXTALStartUpStatus。该函数涉及 RCU_CTL 的 HXTALSTB，HXTALSTB 为 1，表示外部高速时钟准备就绪，HXTALStartUpStatus 为 SUCCESS；HXTALSTB 为 0，表示外部高速时钟没有就绪，HSEStartUpStatus 为 ERROR。

（4）第 13 行代码：通过 fmc_wscnt_set 函数将延时设置为 1 个等待状态。该函数涉及 FMC_WS 的 WSCNT[2:0]。

（5）第 15 行代码：通过 rcu_ahb_clock_config 函数将高速 AHB 时钟的预分频系数设为 1。该函数涉及 RCU_CFG0 的 AHBPSC[3:0]，AHB 时钟是系统时钟 CK_SYS 进行 1、2、4、8、16、64、128、256 或 512 分频的结果，AHBPSC[3:0]控制 AHB 时钟的预分频系数。本实例的 AHBPSC[3:0]为 0000，即 AHB 时钟与 CK_SYS 时钟频率相等，CK_SYS 时钟频率为 120MHz，因此，AHB 时钟频率也为 120MHz。

（6）第 17 行代码：通过 rcu_apb2_clock_config 函数将高速 APB2 时钟的预分频系数设置为 1。该函数涉及 RCU_CFG0 的 APB2PSC[2:0]，APB2 时钟是 AHB 时钟进行 1、2、4、8 或 16 分频的结果，APB2PSC[2:0]控制 APB2 时钟的预分频系数。本实例的 APB2PSC[2:0]为 000，即 APB2 时钟与 AHB 时钟频率相等，因此，APB2 时钟频率为 120MHz。

（7）第 19 行代码：通过 rcu_apb1_clock_config 函数将高速 APB1 时钟的预分频系数设置为 2。该函数涉及 RCU_CFG0 的 APB1PSC[2:0]，APB1 时钟是 AHB 时钟进行 1、2、4、8 或 16 分频的结果，APB1PSC[2:0]控制 APB1 时钟的预分频系数。本实例的 APB1PSC[2:0]为 100，即 APB1 时钟是 AHB 时钟的 2 分频，因此，APB1 时钟频率为 60MHz。

（8）第 22 至 24 行代码：通过 rcu_pllpresel_config 和 rcu_predv0_config 函数配置高速外部晶振 HXTAL 为 PLL 预输入时钟源，这两个函数涉及 RCU_CFG1 的 PLLPRESEL 和 RCU_CFG0 的 PREDV0。本实例中，PLLPRESEL 为 0，且 PREDV0 为 0，即将未分频的 HXTAL 作为 PLL 的预输入时钟源。

（9）第 26 行代码：rcu_pll_config 函数设置 PLL 时钟源及倍频系数。该函数涉及 RCU_CFG0 的 PLLMF[5:0]和 PLLSEL，PLLMF[5:0]用于控制 PLL 时钟倍频系数，PLLSEL 用于选择 IRC8M 时钟 2 分频或经过分频的 HXTAL 和 IRC48M 作为 PLL 时钟。本实例的 PLLSEL 为 1，PLLMF 为 001101，因此，频率为 8MHz 的 HXTAL 时钟经过 15 倍频后作为 PLL 时钟，即 PLL 时钟频率为 120MHz。

（10）第 28 行代码：通过 rcu_osci_on 函数使能 PLL 时钟。该函数涉及 RCU_CTL 的 PLLEN，PLLEN 用于关闭或使能 PLL 时钟。

（11）第 31 行代码：通过 rcu_flag_get 函数判断 PLL 时钟是否就绪。该函数涉及 RCU_CTL 的 PLLSTB，PLLSTB 用于指示 PLL 时钟是否就绪。

（12）第 36 行代码：通过 rcu_system_clock_source_config 函数将 PLL 选作 CK_SYS 的时钟源。该函数涉及 RCU_CFG0 的 SCS[1:0]，SCS[1:0]用于选择 IRC8M、HXTAL 或 PLL 作为 CK_SYS 的时钟源。

程序清单 8-3

```
1.    static void ConfigRCU(void)
2.    {
3.      ErrStatus HXTALStartUpStatus;
4.
5.      rcu_deinit();                                        //RCU 配置恢复默认值
6.
7.      rcu_osci_on(RCU_HXTAL);                              //使能外部高速晶振
8.
9.      HXTALStartUpStatus = rcu_osci_stab_wait(RCU_HXTAL);  //等待外部晶振稳定
10.
11.     if(HXTALStartUpStatus == SUCCESS)                    //外部晶振已经稳定
12.     {
13.       fmc_wscnt_set(WS_WSCNT_1);
14.
15.       rcu_ahb_clock_config(RCU_AHB_CKSYS_DIV1);          //设置高速 AHB 时钟（HCLK）=CK_SYS
16.
17.       rcu_apb2_clock_config(RCU_APB2_CKAHB_DIV1);        //设置高速 APB2 时钟（PCLK2）=AHB
18.
19.       rcu_apb1_clock_config(RCU_APB1_CKAHB_DIV2);        //设置低速 APB1 时钟（PCLK1）=AHB/2
20.
21.       //设置锁相环 PLL = HXTAL / 1 * 15 = 120 MHz
22.       rcu_pllpresel_config(RCU_PLLPRESRC_HXTAL);
23.
24.       rcu_predv0_config(RCU_PREDV0_DIV1);
25.
26.       rcu_pll_config(RCU_PLLSRC_HXTAL_IRC48M, RCU_PLL_MUL15);
27.
28.       rcu_osci_on(RCU_PLL_CK);
29.
```

```
30.      //等待锁相环稳定
31.      while(0U == rcu_flag_get(RCU_FLAG_PLLSTB))
32.      {
33.      }
34.
35.      //选择 PLL 作为系统时钟
36.      rcu_system_clock_source_config(RCU_CKSYSSRC_PLL);
37.
38.
39.      //等待 PLL 成功用于系统时钟
40.      while(0U == rcu_system_clock_source_get())
41.      {
42.      }
43.    }
44.  }
```

在 RCU.c 文件的"API 函数实现"区，为 InitRCU 函数的实现代码，如程序清单 8-4 所示，InitRCU 函数调用 ConfigRCU 函数实现对 RCU 模块的初始化。

程序清单 8-4

```
1.  void InitRCU(void)
2.  {
3.    ConfigRCU();  //配置 RCU
4.  }
```

8.2.3　Main.c 文件

在 Main.c 文件的"内部函数实现"区的 InitHardware 函数中，调用 InitRCU 函数实现对 RCU 模块的初始化，如程序清单 8-5 所示。

程序清单 8-5

```
1.  static  void  InitHardware(void)
2.  {
3.    SystemInit();          //系统初始化
4.    InitNVIC();            //初始化 NVIC 模块
5.    InitUART0(115200);     //初始化 UART 模块
6.    InitTimer();           //初始化 Timer 模块
7.    InitSysTick();         //初始化 SysTick 模块
8.    InitLED();             //初始化 LED 模块
9.    InitRCU();             //初始化 RCU 模块
10. }
```

8.2.4　运行结果

代码编译通过后，下载程序并进行复位。GD32F3 杨梅派开发板上的两个 LED 交替闪烁，串口正常输出字符串，表示程序运行成功。

本 章 任 务

基于 GD32F3 杨梅派开发板，重新配置 RCU 时钟，将 PCLK1 时钟配置为 30MHz，PCLK2 时钟配置为 60MHz，对比修改前后的 LED 闪烁间隔及串口助手输出字符串间隔，并分析产生变化的原因。

任务提示：

1. TIMER2、TIMER4 的时钟来源于 PCLK1，USART0 的时钟来源于 PCLK2。

2. 修改 PCLK2 时钟频率后，串口可能输出乱码，可将 InitHardware 函数中的 RCU 模块初始化函数 InitRCU 置于串口模块初始化函数 InitUART0 之前。

本 章 习 题

1. 什么是有源晶振，什么是无源晶振？

2. 简述 RCU 模块中的各个时钟源及其配置方法。

3. 简述 rcu_deinit 函数的功能。

4. 在 rcu_system_clock_source_get 函数中通过直接操作寄存器完成相同的功能。

第9章　外部中断

通过第 4 章 GPIO 与独立按键输入学习了将 GD32F30x 系列微控制器的 GPIO 作为输入使用。本章将基于中断/事件控制器 EXTI，通过 GPIO 检测输入脉冲，并产生中断，打断原来的代码执行流程，进入中断服务函数中进行处理，处理完成后再返回中断之前的代码继续执行，从而实现与 GPIO 与独立按键输入类似的功能。

9.1　EXTI 功能框图

EXTI 管理了 20 个中断/事件线，每个中断/事件线都对应一个边沿检测电路，可以对输入线的上升沿、下降沿或上升/下降沿进行检测，每个中断/事件线可通过寄存器单独配置，既可产生中断触发，也可产生事件触发。EXTI 功能框图如图 9-1 所示，下面按照编号顺序依次介绍各个功能模块，其中涉及的部分寄存器可参见《GD32F30x_用户手册（中文版）》的第 7.6 节。

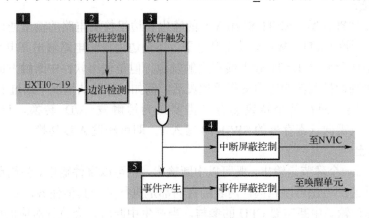

图 9-1　EXTI 功能框图

1. EXTI 输入线

GD32F30x 系列微控制器的 EXTI 输入线有 20 条，即 EXTI0～EXTI19，且都有触发源，表 9-1 列出了 EXTI 所有输入线的输入源，其中，EXTI0～EXTI15 用于 GPIO，每个 GPIO 都可以作为 EXTI 的输入源，EXTI16 与 LVD 相连接，EXTI17 与 RTC 闹钟相连接，EXTI18 与 USB 唤醒相连接，EXTI19 与以太网唤醒相连接。

表 9-1　EXTI 输入线

EXTI 线编号	输　入　源	EXTI 线编号	输　入　源
0	PA0/PB0/PC0/PD0/PE0/PF0/PG0	6	PA6/PB6/PC6/PD6/PE6/PF6/PG6
1	PA1/PB1/PC1/PD1/PE1/PF1/PG1	7	PA7/PB7/PC7/PD7/PE7/PF7/PG7
2	PA2/PB2/PC2/PD2/PE2/PF2/PG2	8	PA8/PB8/PC8/PD8/PE8/PF8/PG8
3	PA3/PB3/PC3/PD3/PE3/PF3/PG3	9	PA9/PB9/PC9/PD9/PE9/PF9/PG9
4	PA4/PB4/PC4/PD4/PE4/PF4/PG4	10	PA10/PB10/PC10/PD10/PE10/PF10/PG10
5	PA5/PB5/PC5/PD5/PE5/PF5/PG5	11	PA11/PB11/PC11/PD11/PE11/PF11/PG11

续表

EXTI 线编号	输　入　源	EXTI 线编号	输　入　源
12	PA12/PB12/PC12/PD12/PE12/PF12/PG12	16	LVD
13	PA13/PB13/PC13/PD13/PE13/PF13/PG13	17	RTC 闹钟
14	PA14/PB14/PC14/PD14/PE14/PF14/PG14	18	USB 唤醒
15	PA15/PB15/PC15/PD15/PE15/PF15/PG15	19	以太网唤醒

2．边沿检测电路

通过配置上升沿触发使能寄存器（EXTI_RTEN）和下降沿触发使能寄存器（EXTI_FTEN），可以实现输入信号的上升沿检测、下降沿检测或上升/下降沿同时检测。EXTI_RTEN 的低 20 位分别对应一条 EXTI 输入线，如 RTEN0 对应 EXTI0 输入线，当 RTEN0 配置为 1 时，EXTI0 输入线的上升沿触发有效；RTEN19 对应 EXTI19 输入线，当 RTEN19 配置为 0 时，EXTI19 输入线的上升沿触发无效。同样，EXTI_FTEN 的低 20 位分别对应一条 EXTI 输入线，如 FTEN1 对应 EXTI1 输入线，当 FTEN1 配置为 1 时，EXTI1 输入线的下降沿触发有效。

3．软件中断

软件中断事件寄存器（EXTI_SWIEV）的输出和边沿检测电路的输出通过或运算输出到下一级，因此，无论 EXTI_SWIEV 输出高电平，还是边沿检测电路输出高电平，下一级都会输出高电平。虽然可通过 EXTI 输入线产生触发源，但是使用软件中断触发的设计方法能够让 GD32F30x 系列微控制器的应用变得更加灵活，例如，在默认情况下通过 PA4 的上升沿脉冲触发 A/D 转换，而在某个特定场合又需要人为地触发 A/D 转换，这时就可以借助 EXTI_SWIEV，只需向该寄存器的 SWIEV4 写入 1，即可触发 A/D 转换。

4．中断输出

EXTI 的最后一个环节是输出，既可以中断输出，也可以事件输出。先简单介绍中断和事件，中断和事件的产生源可以相同，两者的目的都是执行某一具体任务，如启动 A/D 转换或触发 DMA 数据传输。中断需要 CPU 的参与，当产生中断时，会执行对应的中断服务函数，具体的任务在中断服务函数中执行；事件则是通过脉冲发生器产生一个脉冲，该脉冲直接通过硬件执行具体的任务，不需要 CPU 的参与。因为事件触发提供了一个完全由硬件自动完成而不需要 CPU 参与的方式，使用事件触发（如 A/D 转换或 DMA 数据传输任务）不需要软件的参与，降低了 CPU 的负荷，节省了中断资源，提高了响应速度。但是，中断正是因为有 CPU 的参与，才可对某一具体任务进行调整，例如，A/D 采样通道需要从第 1 通道切换到第 7 通道，就必须在中断服务函数中实现。

软件中断事件寄存器（EXTI_SWIEV）的输出和边沿检测电路的输出经或运算后的输出，经过中断屏蔽控制后输出至 NVIC 中断控制器。因此，如果需要屏蔽某 EXTI 输入线上的中断，可以向中断使能寄存器 EXTI_INTEN 的对应位写入 0；如果需要开放某 EXTI 输入线上的中断，则向 EXTI_INTEN 的对应位写入 1。

5．事件输出

软件中断事件寄存器（EXTI_SWIEV）的输出和边沿检测电路的输出经或运算后，产生的事件经过事件屏蔽控制后输出至唤醒单元。因此，如果需要屏蔽某 EXTI 输入线上的事件，可以向事件使能寄存器 EXTI_EVEN 的对应位写入 0；如果需要开放某 EXTI 输入线上的事件，则向 EXTI_EVEN 的对应位写入 1。

9.2　实例与代码解析

通过学习 EXTI 功能框图，基于 EXTI，通过 GD32F3 杨梅派开发板上的 KEY_1、KEY_2 和 KEY_3 按键控制 LED_1 和 LED_2 的亮灭，其中 KEY_1 控制 LED_1 的状态翻转，KEY_2 控制 LED_2 的状态翻转，KEY_3 控制 LED_1 和 LED_2 的状态同时翻转。

9.2.1　程序架构

外部中断实例的程序架构如图 9-2 所示。该图简要介绍了程序开始运行后各个函数的执行和调用流程，图中仅列出了与本实例相关的部分函数。下面详细解释该程序架构图。

（1）在 main 函数中调用 InitHardware 函数进行硬件相关模块初始化，包含 RCU、NVIC、UART、Timer 和 EXTI 等模块，这里仅介绍 EXTI 模块初始化函数 InitEXTI。在 InitEXTI 函数中先调用 ConfigEXTIGPIO 函数配置 EXTI 的 GPIO，再调用 ConfigEXTI 函数配置 EXTI，包括使能时钟、使能外部中断线、连接中断线和 GPIO 和配置中断线等。

（2）调用 InitSoftware 函数进行软件相关模块初始化，本实例中 InitSoftware 函数为空。

（3）调用 Proc2msTask 函数进行 2ms 任务处理。由于本实例通过按键来控制 LED 的状态，无须调用 LEDFlicker 函数使 LED 闪烁，因此，本实例中没有需要处理的 2ms 任务。

（4）调用 Proc1SecTask 函数进行 1s 任务处理，在该函数中调用 printf 函数打印输出信息。

在图 9-2 中，编号①、⑤、⑥和⑦的函数在 Main.c 文件中声明和实现；编号②的函数在 EXTI.h 文件中声明，在 EXTI.c 文件中实现；编号③和④的函数在 EXTI.c 文件中声明和实现。在编号④的 ConfigEXTI 函数中调用的函数均为固件库函数，在对应的固件库中声明和实现。

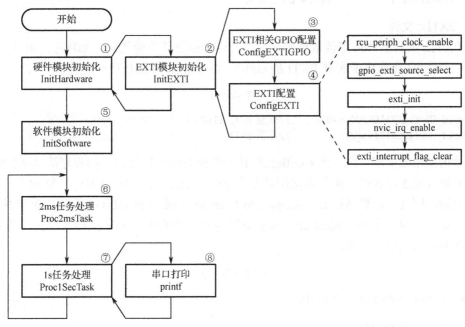

图 9-2　程序架构

要点解析：

（1）配置 EXTI 相关的 GPIO。本实例使用独立按键触发外部中断，因此，应配置独立按键对应的 3 个 GPIO。由于电路结构的差异性，应将 KEY$_1$ 对应的 PA0 引脚配置为下拉输入模式，当按下 KEY$_1$ 时，PA0 引脚的电平由低电平变为高电平；KEY$_2$ 和 KEY$_3$ 对应的 PC4 和 PC5 引脚配置为上拉、下拉或悬空输入均可，当按下 KEY$_2$ 或 KEY$_3$ 时，对应引脚的电平由高电平变为低电平。

（2）通过调用固件库函数配置 EXTI，包括配置 GPIO 作为外部中断的引脚及配置外部中断的边沿触发模式等。由 KEY$_1$ 触发的外部中断线应配置为上升沿触发，由 KEY$_2$ 和 KEY$_3$ 触发的外部中断线应配置为下降沿触发。

（3）编写 EXTI 的中断服务函数。ETXI 的中断服务函数名可在启动文件 startup_gd32f30x_hd.s 中查找到，其中，EXTI5～EXTI9 公用一个中断服务函数 EXTI5_9_IRQHandler，EXTI10～EXTI15 公用一个中断服务函数 EXTI10_15_IRQHandler。在中断服务函数中，通过 exti_interrupt_flag_get 函数获取 EXTI 线 x（x = 0, 1, 2, ···, 18, 19）的中断标志，若检测到按键对应的 EXTI 线产生中断，则翻转 LED 引脚的电平。

本实例的主要内容为将独立按键的 GPIO 配置为 EXTI 输入线，通过检测按键按下时对应 GPIO 的电平变化来触发外部中断，在中断服务函数中实现 LED 状态翻转。

9.2.2　EXTI 文件对

1. EXTI.h 文件

在 EXTI.h 文件的"API 函数声明"区，为 API 函数的声明代码，如程序清单 9-1 所示。InitEXTI 函数用于初始化 EXTI 模块。

程序清单 9-1

```
void  InitEXTI(void);         //初始化 EXTI 模块
```

2. EXTI.c 文件

在 EXTI.c 文件的"内部函数声明"区，为内部函数的声明代码，如程序清单 9-2 所示。ConfigEXTIGPIO 函数用于配置 EXTI 的 GPIO，ConfigEXTI 函数用于配置 EXTI。

程序清单 9-2

```
static void ConfigEXTIGPIO(void);      //配置 EXTI 的 GPIO
static void ConfigEXTI(void);          //配置 EXTI
```

在"内部函数实现"区，为 ConfigEXTIGPIO 函数的实现代码，如程序清单 9-3 所示。

（1）第 4 至 5 行代码：由于本实例是基于 PA0（KEY$_1$）、PC4（KEY$_2$）和 PC5（KEY$_3$）引脚实现的，因此，需要通过 rcu_periph_clock_enable 函数使能 GPIOA 和 GPIOC 时钟。

（2）第 7 至 9 行代码：通过 gpio_init 函数将 PA0 引脚配置为下拉输入模式，将 PC4 和 PC5 引脚配置为上拉输入模式。

程序清单 9-3

```
1.    static void ConfigEXTIGPIO(void)
2.    {
3.      //使能 RCU 相关时钟
4.      rcu_periph_clock_enable(RCU_GPIOA);   //使能 GPIOA 的时钟
5.      rcu_periph_clock_enable(RCU_GPIOC);   //使能 GPIOC 的时钟
6.
```

```
7.    gpio_init(GPIOA, GPIO_MODE_IPD, GPIO_OSPEED_50MHZ, GPIO_PIN_0); //配置 PA0 为下拉输入模式
8.    gpio_init(GPIOC, GPIO_MODE_IPU, GPIO_OSPEED_50MHZ, GPIO_PIN_4); //配置 PC4 为上拉输入模式
9.    gpio_init(GPIOC, GPIO_MODE_IPU, GPIO_OSPEED_50MHZ, GPIO_PIN_5); //配置 PC5 为上拉输入模式
10. }
```

在 ConfigEXTIGPIO 函数实现区后为 ConfigEXTI 函数的实现代码，如程序清单 9-4 所示。

（1）第 3 行代码：EXTI 与 AFIO 有关的寄存器有 AFIO_EXTISS0～AFIO_EXTISS3，这些寄存器用于选择 EXTIx 外部中断的输入源，因此，需要通过 rcu_periph_clock_enable 函数使能 AFIO 时钟。该函数涉及 RCU_APB2EN 的 AFEN，AFEN 为 1 时开启 AFIO 时钟，为 0 时关闭 AFIO 时钟。

（2）第 5 至 7 行代码：gpio_exti_source_select 函数用于将 PA0 引脚设置为 EXTI0 的输入源。该函数涉及 AFIO_EXTISS0 的 EXTI0_SS[3:0]，再分别将 PC4 引脚设置为 EXTI4 的输入源，将 PC5 引脚设置为 EXTI5 的输入源。

（3）第 9 至 11 行代码：exti_init 函数用于初始化中断线参数。该函数涉及 EXTI_INTEN 的 INTENx、EXTI_EVEV 的 EVENx、EXTI_RTEN 的 RTENx 和 EXTI_FTEN 的 FTENx。INTENx 为 0，禁止来自 EXTIx 的中断请求；为 1，使能来自 EXTIx 的中断请求。EVENx 为 0，禁止来自 EXTIx 的事件请求；为 1，使能来自 EXTIx 的事件请求。RTENx 为 0，EXTIx 上的上升沿触发无效；为 1，EXTIx 上的上升沿触发有效。FTENx 为 0，EXTIx 上的下降沿触发无效；为 1，EXTIx 上的下降沿触发有效。本实例中，均使能来自 EXTI0、EXTI4 和 EXTI5 的中断请求，并将 EXTI0 配置为上升沿触发，将 EXTI4 和 EXTI5 配置为下降沿触发。

（4）第 13 至 15 行代码：通过 nvic_irq_enable 函数使能 EXTI0、EXTI4 和 EXTI5 的中断，其中，EXTI0 的中断号为 EXTI0_IRQn，EXTI4 的中断号为 EXTI4_IRQn，EXTI5 的中断号为 EXTI5_9_IRQn，设置这 3 个中断的抢占优先级和子优先级均为 2。

（5）第 17 至 19 行代码：通过 exti_interrupt_flag_clear 函数清除 3 条中断线上的中断标志位，该函数涉及 EXTI_PD 的 PDx，PDx 为 0 表示 EXTIx 没有被触发，为 1 表示 EXTIx 被触发。通过向 PDx 写 1 可将 PDx 位清零，即通过向 PD0、PD4 和 PD5 写 1，将 Line0、Line4 和 Line5 上的中断标志位清除。

程序清单 9-4

```
1.   static void ConfigEXTI(void)
2.   {
3.     rcu_periph_clock_enable(RCU_AF); //使能 AFIO 时钟
4.
5.     gpio_exti_source_select(GPIO_PORT_SOURCE_GPIOA, GPIO_PIN_SOURCE_0); //连接 EXTI0 和 PA0
6.     gpio_exti_source_select(GPIO_PORT_SOURCE_GPIOC, GPIO_PIN_SOURCE_4); //连接 EXTI4 和 PC4
7.     gpio_exti_source_select(GPIO_PORT_SOURCE_GPIOC, GPIO_PIN_SOURCE_5); //连接 EXTI5 和 PC5
8.
9.     exti_init(EXTI_0, EXTI_INTERRUPT, EXTI_TRIG_RISING);   //配置中断线
10.    exti_init(EXTI_4, EXTI_INTERRUPT, EXTI_TRIG_FALLING); //配置中断线
11.    exti_init(EXTI_5, EXTI_INTERRUPT, EXTI_TRIG_FALLING); //配置中断线
12.
13.    nvic_irq_enable(EXTI0_IRQn, 2, 2);        //使能外部中断线 EXTI0 并设置优先级
14.    nvic_irq_enable(EXTI4_IRQn, 2, 2);        //使能外部中断线 EXTI4 并设置优先级
15.    nvic_irq_enable(EXTI5_9_IRQn, 2, 2);      //使能外部中断线 EXTI5_9 并设置优先级
16.
17.    exti_interrupt_flag_clear(EXTI_0); //清除 Line0 上的中断标志位
```

```
18.    exti_interrupt_flag_clear(EXTI_4); //清除 Line4 上的中断标志位
19.    exti_interrupt_flag_clear(EXTI_5); //清除 Line5 上的中断标志位
20. }
```

在 ConfigEXTI 函数实现区后，分别为 EXTI0_IRQHandler、EXTI4_IRQHandler 和 EXTI5_9_IRQHandler 中断服务函数的实现代码，如程序清单 9-5 所示。

（1）第 1 至 9 行代码：通过 exti_interrupt_flag_get 函数获取 EXTI0 中断标志，该函数涉及 EXTI_INTEN 的 INTEN0 和 EXTI_PD 的 PD0。本实例中，INTEN0 为 1，表示使能来自 EXTI0 的中断；当 EXTI0 发生了选择的边沿事件时，PD0 由硬件置为 1，并产生中断，执行 EXTI0_IRQHandler 中断服务函数。因此，在中断服务函数中，除了通过 gpio_bit_write 函数对 LED$_1$（PA8）执行取反操作，还需要通过 exti_interrupt_flag_clear 函数清除 EXTI0 中断标志位，即向 PD0 写 1 来将 PD0 位清零。

（2）第 23 行代码：EXTI5_9_IRQHandler 为 EXTI5～EXTI9 中断线公用的中断服务函数，因此，在该中断服务函数中，需要通过 exti_interrupt_flag_get 函数判断当前是否为 EXTI5 中断线产生的中断。

程序清单 9-5

```
1.  void EXTI0_IRQHandler(void)
2.  {
3.    if(RESET != exti_interrupt_flag_get(EXTI_0))
4.    {
5.      //LED1 状态取反
6.      gpio_bit_write(GPIOA, GPIO_PIN_8, (bit_status)(1 - gpio_output_bit_get(GPIOA, GPIO_PIN_8)));
7.      exti_interrupt_flag_clear(EXTI_0);   //清除 Line0 上的中断标志位
8.    }
9.  }
10.
11. void EXTI4_IRQHandler(void)
12. {
13.   if(RESET != exti_interrupt_flag_get(EXTI_4))
14.   {
15.     //LED2 状态取反
16.     gpio_bit_write(GPIOA, GPIO_PIN_2, (bit_status)(1 - gpio_output_bit_get(GPIOA, GPIO_PIN_2)));
17.     exti_interrupt_flag_clear(EXTI_4);   //清除 Line4 上的中断标志位
18.   }
19. }
20.
21. void EXTI5_9_IRQHandler(void)
22. {
23.   if(RESET != exti_interrupt_flag_get(EXTI_5))
24.   {
25.     //LED1 状态取反
26.     gpio_bit_write(GPIOA, GPIO_PIN_8, (bit_status)(1 - gpio_output_bit_get(GPIOA, GPIO_PIN_8)));
27.
28.     //LED2 状态取反
29.     gpio_bit_write(GPIOA, GPIO_PIN_2, (bit_status)(1 - gpio_output_bit_get(GPIOA, GPIO_PIN_2)));
30.     exti_interrupt_flag_clear(EXTI_5);   //清除 Line5 上的中断标志位
31.   }
32. }
```

在"API 函数实现"区，为 API 函数的实现代码，如程序清单 9-6 所示，InitEXTI 函数调用 ConfigEXTIGPIO 和 ConfigEXTI 函数初始化 EXTI 模块。

程序清单 9-6

```
1.  void  InitEXTI(void)
2.  {
3.    ConfigEXTIGPIO(); //配置 EXTI 的 GPIO
4.    ConfigEXTI();      //配置 EXTI
5.  }
```

9.2.3 Main.c 文件

在 Main.c 文件的"内部函数实现"区的 InitHardware 函数中，调用 InitEXTI 函数实现对 EXTI 模块的初始化，如程序清单 9-7 所示。

程序清单 9-7

```
1.  static  void  InitHardware(void)
2.  {
3.    SystemInit();        //系统初始化
4.    InitRCU();           //初始化 RCU 模块
5.    InitNVIC();          //初始化 NVIC 模块
6.    InitUART0(115200);   //初始化 UART 模块
7.    InitTimer();         //初始化 Timer 模块
8.    InitSysTick();       //初始化 SysTick 模块
9.    InitLED();           //初始化 LED 模块
10.   InitEXTI();          //初始化 EXTI 模块
11. }
```

本实例通过外部中断控制开发板上两个 LED 的状态，因此需要注释掉 Proc2msTask 函数中的 LEDFlicker 语句。

9.2.4 运行结果

代码编译通过后，下载程序并进行复位。按下 KEY_1 按键，LED_1 状态发生翻转；按下 KEY_2 按键，LED_2 状态发生翻转；按下 KEY_3 按键，LED_1 和 LED_2 状态同时发生翻转，表示程序运行成功。

本 章 任 务

基于 GD32F3 杨梅派开发板编写程序，通过按键中断实现 LED 编码计数功能。假设 LED 熄灭为 0，点亮为 1，初始状态为 LED_1 和 LED_2 均熄灭（00），第二状态为 LED_1 熄灭、LED_2 点亮（01），第三状态为 LED_1 点亮、LED_2 熄灭（10），第四状态为 LED_1 点亮、LED_2 点亮（11）。按下 KEY_1 按键，状态递增直至第四状态，按下 KEY_2 按键，状态复位到初始状态，按下 KEY_3 按键，状态递减直至初始状态。

任务提示：

1. 定义一个变量表示计数标志，在 EXTI0（对应 KEY_1）和 EXTI5（对应 KEY_3）中断服务函数中设置该标志为 1。然后参考 LEDFlicker 函数编写 LEDCounter 函数，在该函数中先判断计数标志，如果为 1，则开始进行递增或递减编码。

2．分别单独观察 LED_1 和 LED_2 的状态变化情况：在递增编码时，LED_1 每隔 2s 切换一次状态；在递减编码时，LED_1 第一次切换状态需要 1s，随后每隔 2s 切换一次状态。而 LED_2 无论在递增编码还是在递减编码时，均为每秒切换一次状态。因此，可分别定义两个变量对 LED_1 和 LED_2 计数，计数完成后，翻转引脚电平实现切换 LED 状态。

本 章 习 题

1．简述什么是外部输入中断。

2．简述外部中断服务函数的中断标志位的作用。应在何时清除中断标志位？如果不清除，会有什么后果？

3．在本章实例中，假设有一个全局 int 型变量 g_iCnt，该变量在 TIMER2 中断服务函数中执行乘 9 操作，而在 KEY_3 按键按下的中断服务函数中对 g_iCnt 执行加 5 操作。若某一时刻两个中断恰巧同时发生，且此时全局变量 g_iCnt 的值为 20，那么两个中断都结束后，全局变量 g_iCnt 的值应为多少？

第 10 章　OLED 显示

本章首先介绍 OLED 显示原理及 SSD1306 驱动芯片的工作原理，然后编写 SSD1306 芯片控制 OLED 模块的驱动程序，最后在应用层调用 API 函数，验证 OLED 驱动能否正常工作。

10.1　OLED 显示原理

10.1.1　OLED 显示模块

OLED，即有机发光二极管，又称为有机发光显示器。OLED 由于同时具备自发光、无须背光源、对比度高、厚度薄、视角广、反应速度快、可用于挠曲性面板、使用温度范围广、构造及制程较简单等优异特性，被广泛应用于各种产品中。OLED 自发光的特性源于其采用非常薄的有机材料涂层和玻璃基板，当有电流通过时，这些有机材料就会发光。由于 LCD 需要背光，而 OLED 不需要，因此，OLED 的显示效果要比 LCD 的好。

图 10-1　OLED 显示效果

GD32F3 杨梅派开发板使用的 OLED 显示模块是一款集 SSD1306 驱动芯片、0.96 英寸 128×64ppi 分辨率显示屏及驱动电路为一体的集成显示屏，可以通过 SPI 接口控制显示屏。OLED 显示效果如图 10-1 所示。

OLED 显示模块的引脚说明如表 10-1 所示，模块上的硬件接口为 2×4Pin 双排排针。

表 10-1　OLED 显示模块的引脚说明

序　号	名　称	说　明
1	VCC	电源（5V）
2	GND	接地
3	RES（EMA_IO1）	复位引脚，低电平有效，连接 GD32F3 杨梅派开发板的 PB10 引脚
4	NC（EMA_IO2）	未使用，该引脚悬空
5	CS（EMA_IO3）	片选信号，低电平有效，连接开发板的 PB12 引脚
6	SCK（EMA_IO4）	时钟线，连接开发板的 PB13 引脚
7	D/C（EMA_IO5）	数据/命令控制，D/C = 1，传输数据；D/C = 0，传输命令。连接开发板的 PB14 引脚
8	DIN（EMA_IO6）	数据线，连接开发板的 PB15 引脚

由于 SSD1306 的工作电压为 3.3V，而 OLED 显示模块通过接口引入的电压为 5V，因此，在 OLED 显示模块上还集成了 5V 转 3.3V 电路。通过将 OLED 显示模块插入开发板上的 OLED 显示屏接口（J$_{103}$，2×4Pin 双排排母），即可通过开发板控制 OLED 显示屏。

GD32F3 杨梅派开发板上的 OLED 显示屏接口电路原理图如图 10-2 所示。观察

EMA_IO1～EMA_IO6 网络对应的引脚，可以发现 EMA_IO1 和 EMA_IO2 网络对应的 PB10 和 PB11 引脚除了可用作 GPIO，还可复用为 USART 的引脚，EMA_IO3～EMA_IO6 网络对应的 PB12、PB13、PB14 和 PB15 引脚除了可用作 GPIO，还可复用为 SPI 的引脚。因此，通过 J₁₀₃（EMA）接口，GD32F3 杨梅派开发板可以外接使用 USART 或 SPI 通信的模块，只需将对应外设的引脚配置为备用模式，其他引脚配置为 GPIO 或悬空，即可实现开发板与外接模块的通信。例如，OLED 显示模块可以通过 SPI 通信模式来控制，同时，将复位引脚 RES（EMA_IO1）配置为 GPIO，EMA_IO2 悬空即可。

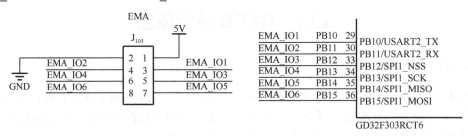

图 10-2　OLED 显示屏接口电路原理图

OLED 显示模块支持的 SPI 通信模式需要 4 条信号线和 1 条复位控制线，分别是 OLED 片选信号 CS、数据/命令控制信号 D/C、串行时钟线 SCK、串行数据线 DIN，以及复位控制线（复位引脚 RES）。因此，只能往 OLED 显示模块写数据而不能读数据。在 SPI 通信模式下，每个数据长度均为 8 位，在 SCK 的上升沿，数据从 DIN 移入 SSD1306，高位在前，写操作时序图如图 10-3 所示。

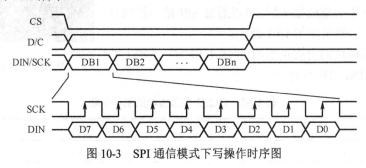

图 10-3　SPI 通信模式下写操作时序图

10.1.2　SSD1306 的显存

SSD1306 的显存大小为 128×64 = 8192bit，SSD1306 将这些显存分为 8 页，其对应关系如图 10-4（a）所示。可以看出，SSD1306 包含 8 页，每页包含 128 字节，即 128×64 点阵。将图 10-4（a）的 PAGE3 取出并放大，如图 10-4（b）所示，图 10-4（a）中的每个格子表示 1 字节，图 10-4（b）中的每个格子表示 1 位。从图 10-4（b）和（d）中可以看出，SSD1306 显存中的 SEG62、COM29 位置为 1，屏幕上的 62 列/34 行对应的点为点亮状态。为什么显存中的列编号与 OLED 显示屏的列编号是对应的，但显存中的行编号与 OLED 显示屏的行编号不对应？这是因为 OLED 显示屏上的列与 SSD1306 显存上的列是一一对应的，而 OLED 显示屏上的行与 SSD1306 显存上的行正好互补，如 OLED 显示屏的第 34 行对应 SSD1306 显存上的 COM29。

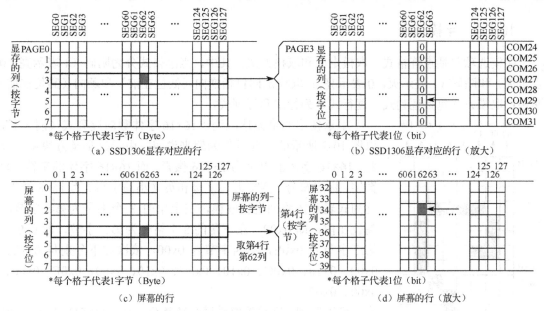

图 10-4　SSD1306 显存与显示屏对应关系图

10.1.3　SSD1306 常用命令

　　SSD1306 的命令较多，这里仅介绍几个常用的命令，如表 10-2 所示。如需了解其他命令，可参见 SSD1306 的数据手册（位于本书配套资料包"09.参考资料"文件夹下）。第 1 组命令用于设置屏幕对比度，该命令由 2 字节组成，第一字节 0x81 为操作码，第二字节为对比度，该值越大，屏幕越亮，对比度的取值范围为 0x00～0xFF。第 2 组命令用于设置显示开和关，当 X0 为 0 时关闭显示，当 X0 为 1 时开启显示。第 3 组命令用于设置电荷泵，该命令由 2 字节组成，第一字节 0x8D 为操作码，第二字节的 A2 为电荷泵开关，该位为 1 时开启电荷泵，为 0 时关闭电荷泵。在模块初始化时，电荷泵一定要开启，否则看不到屏幕显示。第 4 组命令用于设置页地址，该命令的取值范围为 0xB0～0xB7，对应第 0～7 页。第 5 组命令用于设置列地址的低 4 位，该命令的取值范围为 0x00～0x0F。第 6 组命令用于设置列地址的高 4 位，该命令的取值范围为 0x10～0x1F。

表 10-2　SSD1306 常用命令表

序号	命令	各位描述								命　　令	说　　明
	HEX	D7	D6	D5	D4	D3	D2	D1	D0		
1	81	1	0	0	0	0	0	0	1	设置对比度	A 的值越大，屏幕越亮，A 的范围为 0x00～0xFF
	A[7:0]	A7	A6	A5	A4	A3	A2	A1	A0		
2	AE/AF	1	0	1	0	1	1	1	X0	设置显示开关	X0=0，关闭显示；X0=1，开启显示
3	8D	1	0	0	0	1	1	0	1	设置电荷泵	A2=0，关闭电荷泵；A2=1，开启电荷泵
	A[7:0]	*	*	0	1	0	A2	0	0		
4	B0～B7	1	0	1	1	0	X2	X1	X0	设置页地址	X[2:0]=0～7 对应第 0～7 页
5	00～0F	0	0	0	0	X3	X2	X1	X0	设置列地址低 4 位	设置 8 位起始列地址的低 4 位
6	10～1F	0	0	0	1	X3	X2	X1	X0	设置列地址高 4 位	设置 8 位起始列地址的高 4 位

10.1.4　字模选项

字模选项包括点阵格式、取模走向和取模方式。其中，点阵格式分为阴码（1 表示亮，0 表示灭）和阳码（1 表示灭，0 表示亮）；取模走向包括逆向（低位在前）和顺向（高位在前）两种；取模方式包括逐列式、逐行式、列行式和行列式。

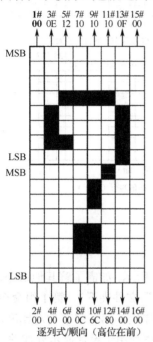

图 10-5　问号的顺向逐列式（阴码）取模示意图

本章使用的字模选项为"16×16 字体顺向逐列式（阴码）"，以图 10-5 所示的"问号"为例来说明。由于汉字是方块字，因此，16×16 字体的汉字为 16×16 像素，而 16×16 字体的字符（如数字、标点符号、英文大写字母和英文小写字母）为 16×8 像素。逐列式表示按照列进行取模，左上角的 8 个格子为第一字节，高位在前，即 0x00，左下角的 8 个格子为第二字节，即 0x00，第三字节为 0x0E，第四字节为 0x00，依次往下分别是 0x12、0x00、0x10、0x0C、0x10、0x6C、0x10、0x80、0x0F、0x00、0x00、0x00。

可以看到，字符的取模过程较复杂。而在 OLED 显示中，常用的字符非常多，有数字、标点符号、英文大写字母、英文小写字母，还有汉字，而且字体和字宽有很多选择。因此，需要借助取模软件。在本书配套资料包的"02.相关软件"目录下的"PCtoLCD2002 完美版"文件夹中，找到并双击 PCtoLCD2002.exe。该软件的运行界面如图 10-6 左图所示，单击菜单栏中的"选项"按钮，按照图 10-6 右图所示设置"点阵格式""取模走向""自定义格式""取模方式"和"输出数制"等，然后，在图 10-6 左图中间栏尝试输入 OLED12864，并单击"生成字模"按钮，就可以使用最终生成的字模（数组格式）。

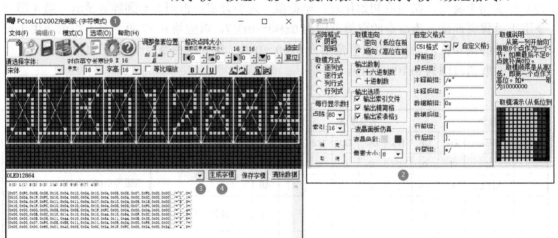

图 10-6　取模软件使用方法

10.1.5　ASCII 码表与取模工具

我们通常使用 OLED 显示数字、标点符号、英文大/小写字母。为了便于开发，可以提前通过取模软件取出常用字符的字模并保存到数组，在 OLED 应用设计中，直接调用这些数组即可将对应字符显示到 OLED 显示屏上。由于 ASCII[1]码表几乎涵盖了最常使用的字符，因此，本章以 ASCII 码表为基础，将其中 95 个字符（ASCII 值为 32～126）生成字模数组。ASCII 码表如附录 A 所示。在本书配套资料包的"04.例程资料\09.OLEDDisplay\App\OLED"文件夹中的 OLEDFont.h 文件中有 2 个数组，分别是 g_iASCII1206 和 g_iASCII1608，其中 g_iASCII1206 数组用于存放 12×6 像素字体字模，g_iASCII1608 数组用于存放 16×8 像素字体字模。

10.1.6　GD32F303RCT6 的 GRAM 与 SSD1306 的 GRAM

GD32F303RCT6通过向OLED驱动芯片SSD1306的GRAM写入数据来实现OLED显示。在 OLED 应用设计中，通常只需要更改某几个字符，比如，通过 OLED 显示时间，每秒只需要更新秒值，只有在进位时才会更新分钟值或小时值。为了确保之前写入的数据不被覆盖，可以采用"读→改→写"的方式，也就是先将 SSD1306 的 GRAM 中原有的数据读取到微控制器的 GRAM（实际上是内部 SRAM），然后对微控制器的 GRAM 进行修改，最后写入 SSD1306 的 GRAM，如图 10-7 所示。

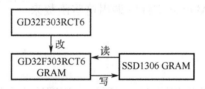

图 10-7　OLED "读→改→写" 方式示意图

"读→改→写"的方式要求微控制器既能写 SSD1306，也能读 SSD1306，但是微控制器只有写 OLED 显示模块的数据线 DIN（EMA_IO6），没有读 OLED 显示模块的数据线，因此不支持读 OLED 显示模块操作。推荐使用"改→写"的方式来实现 OLED 显示，这种方式通过在微控制器的内部建立一个 GRAM(128×8 字节，对应 128×64 像素)，与 SSD1306 的 GRAM 对应，在需要更新显示时，只需修改微控制器的 GRAM，然后一次性把微控制器的 GRAM 写入 SSD1306 的 GRAM，如图 10-8 所示。

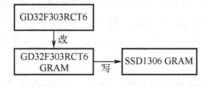

图 10-8　OLED "改→写" 方式示意图

---

① ASCII（American Standard Code for Information Interchange，美国信息交换标准代码）是基于拉丁字母的一套计算机编码系统，主要用于显示现代英语和其他西欧语言，它是现今通用的计算机编码系统。

10.2　OLED 显示模块显示流程

OLED 显示模块的显示流程如图 10-9 所示。首先，配置 OLED 相关的 GPIO；然后，将 RES 引脚电平拉低 10ms 之后再将其拉高，对 SSD1306 进行复位；接着，关闭显示，配置 SSD1306，再开启显示，并执行清屏操作；最后，写微控制器上的 GRAM，并将微控制器的 GRAM 更新到 SSD1306 上。

10.3　实例与代码解析

通过学习 OLED 显示屏接口电路原理图、OLED 显示原理及 SSD1306 芯片工作原理，基于配套资料包提供的例程编写 OLED 驱动程序。该驱动程序包括 8 个 API 函数，分别是初始化 OLED 显示模块函数 InitOLED、开启 OLED 显示函数 OLEDDisplayOn、关闭 OLED 显示函数 OLEDDisplayOff、更新 GRAM 函数 OLEDRefreshGRAM、清屏函数 OLEDClear、显示数字函数 OLEDShowNum、指定位置显示字符函数 OLEDShowChar、显示字符串函数 OLEDShowString。最后，在 Main.c 文件中调用这些函数来验证 OLED 驱动是否正确。

图 10-9　OLED 显示模块显示流程图

10.3.1　程序架构

OLED 显示实例的程序架构如图 10-10 所示。该图简要介绍了程序开始运行后各个函数的执行和调用流程，图中仅列出了与本实例相关的部分函数。下面详细解释该程序架构图。

（1）在 main 函数中调用 InitHardware 函数进行硬件相关模块初始化，包含 RCU、NVIC、UART、Timer 和 OLED 等模块，这里仅介绍 OLED 模块初始化函数 InitOLED。在 InitOLED 函数中先调用 ConfigOLEDGPIO 函数配置 OLED 的 GPIO，再通过 CLR_OLED_RES 和 DelayNms 函数将 OLED 显示模块的复位引脚 RES 的电平拉低 10ms，通过 SET_OLED_RES 函数将 RES 引脚电平拉高，延时 10ms 之后，调用 ConfigOLEDReg 函数配置 OLED 的 SSD1306 寄存器，最后调用 OLEDClear 函数清除屏幕上的所有内容。

（2）调用 InitSoftware 函数进行软件相关模块初始化，本实例中 InitSoftware 函数为空。

（3）调用 OLEDShowString 函数从 OLED 屏幕的指定位置开始显示字符串。

（4）调用 Proc2msTask 函数进行 2ms 任务处理，在该函数中，调用 LEDFlicker 函数实现 LED 闪烁。

（5）调用 Proc1SecTask 函数进行 1s 任务处理，在该函数中，调用 printf 函数打印输出信息，并调用 OLEDRefreshRAM 函数实现每秒刷新一次 OLED 显示屏的显示内容。

图 10-10 中，编号①、③、⑤和⑦的函数在 Main.c 文件中声明和实现；编号②、④和⑨的函数在 OLED.h 文件中声明，在 OLED.c 文件中实现。InitOLED 函数中的 ConfigOLEDGPIO 和 ConfigOLEDReg 函数在 OLED.c 文件中声明和实现，而 CLR_OLED_RES 和 SET_OLED_RES 函数为宏定义，在 OLED.c 文件中定义。

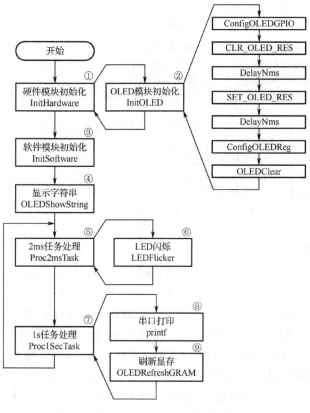

图 10-10　程序架构

要点解析：

（1）OLED 模块的初始化，在 InitOLED 函数中，进行了配置 OLED 相关 GPIO、复位 SSD1306 和配置 SSD1306 等操作。本实例中，通过控制 GPIO 输出高低电平来模拟 SPI 通信模式，因此，在配置 OLED 相关 GPIO 时，只需配置为默认的 GPIO 输出模式即可，无须配置为备用的 SPI 功能。配置 SSD1306 主要通过向 SSD1306 的寄存器写命令来实现，写命令的函数为 OLEDWriteByte，关于命令的具体定义可以参见 SSD1306 的数据手册。

（2）通过 OLEDShowString 函数设置屏幕上显示的字符串内容和显示的位置，该函数通过调用 OLEDShowChar 函数逐个显示字符串中的字符，显示的起始位置由函数的输入参数（指定 x 和 y 坐标）决定。常用 ASCII 码表中各字符的字模存储在 OLEDFont.h 文件的二维数组中，在 OLEDShowChar 函数中，通过调用 OLEDDrawPoint 函数来根据字模设置 OLED 显示屏上指定区域的像素点的亮灭。

（3）OLEDShowString 函数仅将要显示的数据写入微控制器的 GRAM，若要实现在 OLED 屏幕上显示，还需要通过 OLEDRefreshGRAM 函数将微控制器的 GRAM 更新到 SSD1306 的 GRAM 中。

10.3.2　OLED 文件对

1. OLED.h 文件

在 OLED.h 文件的"API 函数声明"区，为 API 函数声明代码，如程序清单 10-1 所示。

程序清单 10-1

```
1.    void  InitOLED(void);              //初始化 OLED 模块
2.    void  OLEDDisplayOn(void);         //开启 OLED 显示
3.    void  OLEDDisplayOff(void);        //关闭 OLED 显示
4.    void  OLEDRefreshGRAM(void);       //将微控制器的 GRAM 写入 SSD1306 的 GRAM
5.
6.    void  OLEDClear(void);             //清屏函数，清除屏幕上显示的所有内容
7.    void  OLEDShowChar(unsigned char x, unsigned char y, unsigned char chr, unsigned char size,
      unsigned char mode);    //在指定位置显示一个字符
8.    void  OLEDShowNum(unsigned char x, unsigned char y, unsigned int num, unsigned char len,
      unsigned char size);    //在指定位置显示数字
9.    void  OLEDShowString(unsigned char x, unsigned char y, const unsigned char* p);
                                         //在指定位置显示字符串
```

2．OLED.c 文件

在 OLED.c 文件的"包含头文件"区，包含 OLEDFont.h 和 SysTick.h 等头文件，OLEDFont.h 与 OLED 文件对位于同一文件夹下（D:\GD32F3KeilTest\09.OLEDDisplay\App\OLED），其中定义了存放 ASCII 码表中各字符的字模的二维数组。OLED.c 文件的代码中还需要使用 DelayNms 延时函数，该函数在 SysTick.h 文件中声明，因此还需要包含 SysTick.h 头文件。

在"宏定义"区，进行如程序清单 10-2 所示的宏定义。通过微控制器控制 OLED 时，既可以向 OLED 显示模块写数据，又可以写命令，OLED_CMD 表示写命令，OLED_DATA 表示写数据。CLR_OLED_RES 函数通过 gpio_bit_reset 函数将 RES（EMA_IO1）引脚的电平拉低（清零），SET_OLED_RES 函数通过 gpio_bit_set 函数将 RES（EMA_IO1）引脚的电平拉高（置 1），其余 8 个宏定义与之类似，这里不再赘述。

程序清单 10-2

```
1.    #define OLED_CMD    0 //命令
2.    #define OLED_DATA   1 //数据
3.
4.    //OLED 端口定义
5.    #define CLR_OLED_RES()   gpio_bit_reset(GPIOB, GPIO_PIN_10)    //RES，复位
6.    #define SET_OLED_RES()   gpio_bit_set(GPIOB, GPIO_PIN_10)
7.
8.    #define CLR_OLED_CS()    gpio_bit_reset(GPIOB, GPIO_PIN_12)    //CS，片选
9.    #define SET_OLED_CS()    gpio_bit_set(GPIOB, GPIO_PIN_12)
10.
11.   #define CLR_OLED_SCK()   gpio_bit_reset(GPIOB, GPIO_PIN_13)    //SCK，时钟
12.   #define SET_OLED_SCK()   gpio_bit_set(GPIOB, GPIO_PIN_13)
13.
14.   #define CLR_OLED_DC()    gpio_bit_reset(GPIOB, GPIO_PIN_14)
                                                    //D/C，命令数据标志（0-命令/1-数据）
15.   #define SET_OLED_DC()    gpio_bit_set(GPIOB, GPIO_PIN_14)
16.
17.   #define CLR_OLED_DIN()   gpio_bit_reset(GPIOB, GPIO_PIN_15)    //DIN，数据
18.   #define SET_OLED_DIN()   gpio_bit_set(GPIOB, GPIO_PIN_15)
```

在"内部变量"区，为内部变量的声明代码，如程序清单 10-3 所示。s_iOLEDGRAM 是 GD32F303RCT6 微控制器的 GRAM，大小为 128×8 字节，与 SSD1306 上的 GRAM 对应。本

实例先将需要显示到 OLED 显示模块上的数据写入 GD32F303RCT6 的 GRAM，再将 GD32F303RCT6 的 GRAM 写入 SSD1306 的 GRAM。

程序清单 10-3

```
static  unsigned char  s_arrOLEDGRAM[128][8];     //OLED 显存缓冲区
```

在"内部函数声明"区，为内部函数的声明代码，如程序清单 10-4 所示。

程序清单 10-4

```
1.   static  void  ConfigOLEDGPIO(void);              //配置 OLED 的 GPIO
2.   static  void  ConfigOLEDReg(void);               //配置 OLED 的 SSD1306 寄存器
3.
4.   static  void  OLEDWriteByte(unsigned char dat, unsigned char cmd);
                                                     //向 SSD1306 写入 1 字节命令或数据
5.   static  void  OLEDDrawPoint(unsigned char x, unsigned char y, unsigned char t);
                                                     //在 OLED 屏指定位置画点
6.
7.   static  unsigned int   CalcPow(unsigned char m, unsigned char n);       //计算 m 的 n 次方
```

在"内部函数实现"区，首先实现了 ConfigOLEDGPIO 函数，如程序清单 10-5 所示。

（1）第 4 行代码：本实例通过 PB10（EMA_IO1/RES）、PB12（EMA_IO3/CS）、PB13（EMA_IO4/SCK）、PB14（EMA_IO5/D/C）和 PB15（EMA_IO6/DIN）引脚实现 OLED 控制，因此，需要通过 rcu_periph_clock_enable 函数使能 GPIOB 时钟。

（2）第 7 至 24 行代码：通过 gpio_init 函数将 PB10、PB12、PB13、PB14 和 PB15 引脚配置为推挽输出模式，并通过 gpio_bit_set 函数将这 5 个引脚的初始电平设置为高电平。

程序清单 10-5

```
1.   static  void  ConfigOLEDGPIO(void)
2.   {
3.     //使能 RCU 相关时钟
4.     rcu_periph_clock_enable(RCU_GPIOB);   //使能 GPIOB 的时钟
5.
6.     //配置 RES
7.     gpio_init(GPIOB, GPIO_MODE_OUT_PP, GPIO_OSPEED_50MHZ, GPIO_PIN_10);
                                                   //设置 GPIO 输出模式及速度
8.     gpio_bit_set(GPIOB, GPIO_PIN_10);           //设置初始状态为高电平
9.
10.    //配置 CS
11.    gpio_init(GPIOB, GPIO_MODE_OUT_PP, GPIO_OSPEED_50MHZ, GPIO_PIN_12);
                                                   //设置 GPIO 输出模式及速度
12.    gpio_bit_set(GPIOB, GPIO_PIN_12);           //设置初始状态为高电平
13.
14.    //配置 SCK
15.    gpio_init(GPIOB, GPIO_MODE_OUT_PP, GPIO_OSPEED_50MHZ, GPIO_PIN_13);
                                                   //设置 GPIO 输出模式及速度
16.    gpio_bit_set(GPIOB, GPIO_PIN_13);           //设置初始状态为高电平
17.
18.    //配置 D/C
19.    gpio_init(GPIOB, GPIO_MODE_OUT_PP, GPIO_OSPEED_50MHZ, GPIO_PIN_14);
                                                   //设置 GPIO 输出模式及速度
```

```
20.     gpio_bit_set(GPIOB, GPIO_PIN_14);                                //设置初始状态为高电平
21.
22.     //配置 DIN
23.     gpio_init(GPIOB, GPIO_MODE_OUT_PP, GPIO_OSPEED_50MHZ, GPIO_PIN_15);
                                                                         //设置 GPIO 输出模式及速度
24.     gpio_bit_set(GPIOB, GPIO_PIN_15);
25.  }
```

在 ConfigOLEDGPIO 函数实现区后为 ConfigOLEDReg 函数的实现代码，如程序清单 10-6 所示。

（1）第 3 行代码：ConfigOLEDReg 函数首先通过 OLEDWriteByte 函数向 SSD1306 写入 0xAE 来关闭 OLED 显示。

（2）第 5 至 40 行代码：ConfigOLEDReg 函数主要通过写 SSD1306 的寄存器来配置 SSD1306，包括设置时钟分频系数、振荡频率、驱动路数、显示偏移、显示对比度、电荷泵 等，读者可查阅 SSD1306 数据手册深入了解这些命令。

（3）第 42 行代码：ConfigOLEDReg 函数通过向 SSD1306 写入 0xAF 来开启 OLED 显示。

程序清单 10-6

```
1.    static  void  ConfigOLEDReg( void )
2.    {
3.      OLEDWriteByte(0xAE, OLED_CMD);  //关闭显示
4.
5.      OLEDWriteByte(0xD5, OLED_CMD);  //设置时钟分频系数，振荡频率
6.      OLEDWriteByte(0x50, OLED_CMD);  //[3:0]为分频系数，[7:4]为振荡频率
7.
8.      OLEDWriteByte(0xA8, OLED_CMD);  //设置驱动路数
9.      OLEDWriteByte(0x3F, OLED_CMD);  //默认 0x3F（1/64）
10.
11.     OLEDWriteByte(0xD3, OLED_CMD);  //设置显示偏移
12.     OLEDWriteByte(0x00, OLED_CMD);  //默认为 0
13.
14.     OLEDWriteByte(0x40, OLED_CMD);  //设置显示开始行，[5:0]为行数
15.
16.     OLEDWriteByte(0x8D, OLED_CMD);  //设置电荷泵
17.     OLEDWriteByte(0x14, OLED_CMD);  //bit2 用于设置开启（1）/关闭（0）
18.
19.     OLEDWriteByte(0x20, OLED_CMD);  //设置内存地址模式
20.     OLEDWriteByte(0x02, OLED_CMD);  //[1:0]，00-列地址模式，01-行地址模式，10-页地址模式（默
    认值）
21.
22.     OLEDWriteByte(0xA1, OLED_CMD);
                        //设置段重定义，bit0 为 0，列地址 0→SEG0，bit0 为 1，列地址 0→SEG127
23.
24.     OLEDWriteByte(0xC0, OLED_CMD);
                        //设置 COM 扫描方向，bit3 为 0，普通模式，bit3 为 1，重定义模式
25.
26.     OLEDWriteByte(0xDA, OLED_CMD);  //设置 COM 硬件引脚配置
27.     OLEDWriteByte(0x12, OLED_CMD);  //[5:4]为硬件引脚配置信息
28.
29.     OLEDWriteByte(0x81, OLED_CMD);  //设置对比度
```

```
30.    OLEDWriteByte(0xEF, OLED_CMD);   //1～255，默认为 0x7F（亮度设置，越大越亮）
31.
32.    OLEDWriteByte(0xD9, OLED_CMD);   //设置预充电周期
33.    OLEDWriteByte(0xf1, OLED_CMD);   //[3:0]为 PHASE1，[7:4]为 PHASE2
34.
35.    OLEDWriteByte(0xDB, OLED_CMD);   //设置 VCOMH 电压倍率
36.    OLEDWriteByte(0x30, OLED_CMD);   //[6:4]，000-0.65×vcc，001-0.77×vcc，011-0.83×vcc
37.
38.    OLEDWriteByte(0xA4, OLED_CMD);   //全局显示开启，bit0 为 1，开启，bit0 为 0，关闭
39.
40.    OLEDWriteByte(0xA6, OLED_CMD);   //设置显示方式，bit0 为 1，反相显示，bit0 为 0，正常显示
41.
42.    OLEDWriteByte(0xAF, OLED_CMD);   //开启显示
43.  }
```

在 ConfigOLEDReg 函数实现区后，为 OLEDWriteByte 函数的实现代码，如程序清单 10-7 所示。OLEDWriteByte 函数用于向 SSD1306 写入 1 字节数据或命令，参数 dat 是要写入的数据或命令。

（1）第 6 至 13 行代码：若参数 cmd 为 0，表示写入命令（宏定义 OLED_CMD 为 0），将 D/C 引脚电平通过 CLR_OLED_DC 函数拉低；若参数 cmd 为 1，表示写入数据（宏定义 OLED_DATA 为 1），将 D/C 引脚电平通过 SET_OLED_DC 函数拉高。

（2）第 15 行代码：将 CS 引脚电平通过 CLR_OLED_CS 函数拉低，即将片选信号拉低，为写入数据或命令做准备。

（3）第 17 至 32 行代码：在 SCK 引脚的上升沿，分 8 次通过 DIN 引脚向 SSD1306 写入数据或命令，DIN 引脚电平由 CLR_OLED_DIN 函数拉低，由 SET_OLED_DIN 函数拉高。SCK 引脚电平由 CLR_OLED_SCK 函数拉低，由 SET_OLED_SCK 函数拉高。

（4）第 34 行代码：写入数据或命令之后，通过 SET_OLED_CS 函数将 CS 引脚电平拉高。

程序清单 10-7

```
1.   static   void   OLEDWriteByte(unsigned char dat, unsigned char cmd)
2.   {
3.     signed short i;
4.
5.     //判断要写入数据还是命令
6.     if(OLED_CMD == cmd)              //如果标志 cmd 为写入命令时
7.     {
8.       CLR_OLED_DC();                 //D/C 输出低电平用来读/写命令
9.     }
10.    else if(OLED_DATA == cmd)        //如果标志 cmd 为写入数据时
11.    {
12.      SET_OLED_DC();                 //D/C 输出高电平用来读/写数据
13.    }
14.
15.    CLR_OLED_CS();                   //CS 输出低电平为写入数据或命令做准备
16.
17.    for(i = 0; i < 8; i++)           //循环 8 次，从高到低取出要写入的数据或命令的 8 个 bit
18.    {
19.      CLR_OLED_SCK();                //SCK 输出低电平为写入数据做准备
20.
```

```
21.      if(dat & 0x80)                //判断要写入的数据或命令的最高位是 1 还是 0
22.      {
23.        SET_OLED_DIN();             //要写入的数据或命令的最高位是 1, DIN 输出高电平表示 1
24.      }
25.      else
26.      {
27.        CLR_OLED_DIN();             //要写入的数据或命令的最高位是 0, DIN 输出低电平表示 0
28.      }
29.      SET_OLED_SCK();              //SCK 输出高电平, DIN 的状态不再变化, 此时写入数据线的数据
30.
31.      dat <<= 1;                   //左移一位, 次高位移到最高位
32.    }
33.
34.    SET_OLED_CS();                 //OLED 的 CS 输出高电平, 不再写入数据或命令
35.    SET_OLED_DC();                 //OLED 的 D/C 输出高电平
36.  }
```

在 OLEDWriteByte 函数实现区后, 为 OLEDDrawPoint 函数的实现代码, 如程序清单 10-8 所示。OLEDDrawPoint 函数有 3 个参数, 分别是 x、y 坐标和 t (t 为 1, 表示点亮 OLED 上的某一点; t 为 0, 表示熄灭 OLED 上的某一点)。xy 坐标系的原点位于 OLED 显示屏的左上角, 这是因为显存中的列编号与 OLED 显示屏的列编号是对应的, 但显存中的行编号与 OLED 显示屏的行编号不对应 (参见 10.2.2 节)。例如, OLEDDrawPoint(127, 63, 1)表示点亮 OLED 显示屏右下角对应的点, 实际上是向 GD32F303RCT6 微控制器的 GRAM (与 SSD1306 的 GRAM 对应), 即 s_iOLEDGRAM[127][0]的最低位写入 1。OLEDDrawPoint 函数体的前半部分实现 OLED 显示屏物理坐标到 SSD1306 显存坐标的转换, 后半部分根据参数 t 向 SSD1306 显存的某一位写入 1 或 0。

程序清单 10-8

```
1.   static  void  OLEDDrawPoint(unsigned char x, unsigned char y, unsigned char t)
2.   {
3.     unsigned char pos;           //存放点所在的页数
4.     unsigned char bx;            //存放点所在的显示屏的行号
5.     unsigned char temp = 0;      //用来存放画点位置相对于字节的位
6.
7.     if(x > 127 || y > 63)        //如果指定位置超过额定范围
8.     {
9.       return;                    //返回空, 函数结束
10.    }
11.
12.    pos = 7 - y / 8;             //求指定位置所在页数
13.    bx = y % 8;                  //求指定位置在上面求出页数中的行号
14.    temp = 1 << (7 - bx);        // (7-bx)求出相应 SSD1306 的行号, 并在字节中相应的位置为 1
15.
16.    if(t)                        //判断填充标志为 1 还是 0
17.    {
18.      s_arrOLEDGRAM[x][pos] |= temp;    //如果填充标志为 1, 指定点填充
19.    }
20.    else
21.    {
22.      s_arrOLEDGRAM[x][pos] &= ~temp;   //如果填充标志为 0, 指定点清空
```

```
23.     }
24. }
```

在 OLEDDrawPoint 函数实现区后，为 CalcPow 函数的实现代码，如程序清单 10-9 所示。CalcPow 函数的参数为 m 和 n，最终返回值为 m 的 n 次幂的值。

程序清单 10-9

```
1.  static  unsigned int CalcPow(unsigned char m, unsigned char n)
2.  {
3.    unsigned int  result = 1;        //定义用来存放结果的变量
4.
5.    while(n--)                       //随着每次循环，n 递减，直至为 0
6.    {
7.      result *= m;                   //循环 n 次，相当于 n 个 m 相乘
8.    }
9.
10.   return result;                   //返回 m 的 n 次幂的值
11. }
```

在"API 函数实现"区，首先实现了 InitOLED 函数，如程序清单 10-10 所示，该函数通过 ConfigOLEDGPIO 函数配置 OLED 相关的 GPIO 后，设置 RES 引脚以对 SSD1306 进行复位，其次通过 ConfigOLEDReg 函数配置 SSD1306，最后通过 OLEDClear 函数清除 OLED 显示屏上的内容。

程序清单 10-10

```
1.  void  InitOLED(void)
2.  {
3.    ConfigOLEDGPIO();         //配置 OLED 的 GPIO
4.
5.    CLR_OLED_RES();
6.    DelayNms(10);
7.    SET_OLED_RES();          //RES 引脚务必拉高
8.    DelayNms(10);
9.
10.   ConfigOLEDReg();         //配置 OLED 的寄存器
11.
12.   OLEDClear();             //清除 OLED 屏内容
13. }
```

在 InitOLED 函数实现区后，为 OLEDDisplayOn 和 OLEDDisplayOff 函数的实现代码，如程序清单 10-11 所示。

（1）第 1 至 9 行代码：开启 OLED 显示之前应先打开电荷泵，即通过 OLEDWriteByte 函数向 SSD1306 写入 0x8D 和 0x14，再通过 OLEDWriteByte 函数向 SSD1306 写入 0xAF。

（2）第 11 至 19 行代码：关闭 OLED 显示之前应先关闭电荷泵，即通过 OLEDWriteByte 函数向 SSD1306 写入 0x8D 和 0x10，再通过 OLEDWriteByte 函数向 SSD1306 写入 0xAE。

程序清单 10-11

```
1.  void  OLEDDisplayOn( void )
2.  {
3.    //打开/关闭电荷泵，第 1 字节为命令字，0x8D，第 2 字节设置值，0x10-关闭电荷泵，0x14-打开电荷泵
```

```
4.    OLEDWriteByte(0x8D, OLED_CMD);    //第 1 字节 0x8D 为命令
5.    OLEDWriteByte(0x14, OLED_CMD);    //0x14-打开电荷泵
6.
7.    //设置显示开关，0xAE-关闭显示，0xAF-开启显示
8.    OLEDWriteByte(0xAF, OLED_CMD);    //开启显示
9.  }
10.
11. void  OLEDDisplayOff( void )
12. {
13.   //打开/关闭电荷泵，第 1 字节为命令字，0x8D，第 2 字节设置值，0x10-关闭电荷泵，0x14-打开电荷泵
14.   OLEDWriteByte(0x8D, OLED_CMD);    //第 1 字节为命令字，0x8D
15.   OLEDWriteByte(0x10, OLED_CMD);    //0x10-关闭电荷泵
16.
17.   //设置显示开关，0xAE-关闭显示，0xAF-开启显示
18.   OLEDWriteByte(0xAE, OLED_CMD);    //关闭显示
19. }
```

在 OLEDDisplayOff 函数实现区后，为 OLEDRefreshGRAM 函数的实现代码，如程序清单 10-12 所示。

（1）第 6 行代码：由于 OLED 显示屏有 128×64 = 8192 个像素点，对应于 SSD1306 显存的 8 页×128 字节/页，合计 1024 字节。这里执行 8 次大循环（按照从 PAGE0 到 PAGE7 的顺序），每次写 1 页。

（2）第 8 至 10 行代码：在进行页写入操作之前，需要通过 OLEDWriteByte 函数设置页地址和列地址，页地址按照从 PAGE0 到 PAGE7 的顺序进行设置，而每次设置的列起始地址固定为 0x00。

（3）第 11 至 15 行代码：执行 128 次小循环（按照从 SEG0 到 SEG127 的顺序），调用 OLEDWriteByte 函数以页为单位将 GD32F303RCT6 微控制器的 GRAM 写入 SSD1306 的 GRAM，每次写 1 字节，共 128 字节，通过 8 次大循环共写 1024 字节，对应 8192 个点。

程序清单 10-12

```
1.  void  OLEDRefreshGRAM(void)
2.  {
3.    unsigned char i;
4.    unsigned char n;
5.
6.    for(i = 0; i < 8; i++)                      //遍历每一页
7.    {
8.      OLEDWriteByte(0xb0 + i, OLED_CMD);       //设置页地址（0~7）
9.      OLEDWriteByte(0x00, OLED_CMD);           //设置显示位置—列低地址
10.     OLEDWriteByte(0x10, OLED_CMD);           //设置显示位置—列高地址
11.     for(n = 0; n < 128; n++)                 //遍历每一列
12.     {
13.       //通过循环将微控制器的 GRAM 写入到 SSD1306 的 GRAM 中
14.       OLEDWriteByte(s_arrOLEDGRAM[n][i], OLED_DATA);
15.     }
16.   }
17. }
```

在 OLEDRefreshGRAM 函数实现区后，为 OLEDClear 函数的实现代码，如程序清单 10-13 所示。OLEDClear 函数用于清除 OLED 显示屏，先向微控制器的 GRAM（即 s_iOLEDGRAM 的每字节）写入 0x00，然后将微控制器的 GRAM 通过 OLEDRefreshGRAM 函数写入 SSD1306 的 GRAM 中。

程序清单 10-13

```
1.   void  OLEDClear(void)
2.   {
3.     unsigned char i;
4.     unsigned char n;
5.
6.     for(i = 0; i < 8; i++)              //遍历每一页
7.     {
8.       for(n = 0; n < 128; n++)          //遍历每一列
9.       {
10.        s_arrOLEDGRAM[n][i] = 0x00;     //将指定点清零
11.      }
12.    }
13.
14.    OLEDRefreshGRAM();                  //将微控制器的 GRAM 写入 SSD1306 的 GRAM 中
15.  }
```

在 OLEDClear 函数实现区后为 OLEDShowChar 函数的实现代码，如程序清单 10-14 所示。

（1）第 1 行代码：OLEDShowChar 函数用于在指定位置显示一个字符，字符位置由参数 x、y 确定，待显示的字符以整数形式（ASCII 码）存放于参数 chr 中。参数 size 是字体选项，16 代表 16×16 字体（汉字为 16×16 像素，字符为 16×8 像素）；12 代表 12×12 字体（汉字为 12×12 像素，字符为 12×6 像素）。最后一个参数 mode 用于选择显示方式，mode 为 1 代表阴码显示（1 表示亮，0 表示灭），mode 为 0 代表阳码显示（1 表示灭，0 表示亮）。

（2）第 8 行代码：由于本实例只对 ASCII 码表中的 95 个字符（参见 10.2.5 节）进行取模，12×6 字体字模存放于数组 g_iASCII1206 中，16×8 字体字模存放于数组 g_iASCII1608 中，这 95 个字符的第一个字符是 ASCII 码表的空格（空格的 ASCII 值为 32），而且所有字符的字模都按照 ASCII 码表顺序存放于数组 g_iASCII1206 和 g_iASCII1608 中，又由于 OLEDShowChar 函数的参数 chr 是字符型数据（以 ASCII 码存放），因此，需要将 chr 减去空格的 ASCII 值（32）得到 chr 在数组中的索引。

（3）第 10 至 42 行代码：对于 16×16 字体的字符（实际为 16×8 像素），每个字符由 16 字节组成，每个字节由 8 个有效位组成，每个有效位对应 1 个点，这里采用两个循环画点，其中，大循环执行 16 次，每次取出 1 字节，执行 8 次小循环，每次画 1 个点。类似地，对于 12×12 字体的字符（实际为 12×6 像素），采用 12 个大循环和 6 个小循环画点。本实例的字模选项为"16×16 字体顺向逐列式（阴码）"（见 10.2.4 节），因此，在向 GD32F303RCT6 微控制器的 GRAM 按照字节写入数据时，是按列写入的。

程序清单 10-14

```
1.   void  OLEDShowChar(unsigned char x, unsigned char y, unsigned char chr, unsigned char size,
     unsigned char mode)
2.   {
3.     unsigned char  temp;               //用来存放字符顺向逐列式的相对位置
```

```
4.    unsigned char  t1;                    //循环计数器 1
5.    unsigned char  t2;                    //循环计数器 2
6.    unsigned char  y0 = y;                //当前操作的行数
7.
8.    chr = chr - ' ';        //得到相对于空格（ASCII 为 0x20）的偏移值，要求出 chr 在数组中的索引
9.
10.   for(t1 = 0; t1 < size; t1++)          //循环逐列显示
11.   {
12.     if(size == 12)                      //判断字号大小，选择相对的顺向逐列式
13.     {
14.       temp = g_iASCII1206[chr][t1];     //取出字符在 g_iASCII1206 数组中的第 t1 列
15.     }
16.     else
17.     {
18.       temp = g_iASCII1608[chr][t1];     //取出字符在 g_iASCII1608 数组中的第 t1 列
19.     }
20.
21.     for(t2 = 0; t2 < 8; t2++)           //在一个字符的第 t2 列的横向范围（8 个像素点）内显示点
22.     {
23.       if(temp & 0x80)                   //取出 temp 的最高位，并判断为 0 还是 1
24.       {
25.         OLEDDrawPoint(x, y, mode);      //如果 temp 的最高位为 1 则填充指定位置的点
26.       }
27.       else
28.       {
29.         OLEDDrawPoint(x, y, !mode);     //如果 temp 的最高位为 0 则清除指定位置的点
30.       }
31.
32.       temp <<= 1;                       //左移一位，次高位移到最高位
33.       y++;                              //进入下一行
34.
35.       if((y - y0) == size)              //如果显示完一列
36.       {
37.         y = y0;                         //行号回到原来的位置
38.         x++;                            //进入下一列
39.         break;                          //跳出上面带#的循环
40.       }
41.     }
42.   }
43. }
```

在 OLEDShowChar 函数实现区后，为 OLEDShowNum 和 OLEDShowString 函数的实现代码，如程序清单 10-15 所示。这两个函数调用了 OLEDShowChar 函数来实现数字和字符串的显示。

程序清单 10-15

```
1.    void  OLEDShowNum(unsigned char x, unsigned char y, unsigned int num, unsigned char len,
      unsigned char size)
2.    {
3.      unsigned char t;                    //循环计数器
4.      unsigned char temp;                 //用来存放要显示数字的各个位
5.      unsigned char enshow = 0;           //区分 0 是否为高位 0 标志位
```

```
6.
7.    for(t = 0; t < len; t++)
8.    {
9.      temp = (num / CalcPow(10, len - t - 1) ) % 10;
                                         //按从高到低取出要显示数字的各个位并存入 temp 中
10.      if(enshow == 0 && t < (len - 1))      //如果标记 enshow 为 0 并且还未取到最后一位
11.      {
12.        if(temp == 0 )                      //如果 temp 等于 0
13.        {
14.          OLEDShowChar(x + (size / 2) * t, y, ' ', size, 1);   //此时的 0 在高位，用空格替代
15.          continue;                         //提前结束本次循环，进入下一次循环
16.        }
17.        else
18.        {
19.          enshow = 1;                       //否则将标记 enshow 置为 1
20.        }
21.      }
22.      OLEDShowChar(x + (size / 2) * t, y, temp + '0', size, 1);   //在指定位置显示得到的数字
23.    }
24. }
25.
26. void  OLEDShowString(unsigned char x, unsigned char y, const unsigned char* p)
27. {
28. #define MAX_CHAR_POSX 122                   //OLED 屏横向的最大范围
29. #define MAX_CHAR_POSY 58                    //OLED 屏纵向的最大范围
30.
31.    while(*p != '\0')                        //指针不等于结束符时，循环进入
32.    {
33.      if(x > MAX_CHAR_POSX)                  //如果 x 超出指定最大范围，x 赋值为 0
34.      {
35.        x  = 0;
36.        y += 16;                             //显示到下一行左端
37.      }
38.
39.      if(y > MAX_CHAR_POSY)                  //如果 y 超出指定最大范围，x 和 y 均赋值为 0
40.      {
41.        y = x = 0;                           //清除 OLED 屏内容
42.        OLEDClear();                         //显示到 OLED 屏左上角
43.      }
44.
45.      OLEDShowChar(x, y, *p, 16, 1);         //指定位置显示一个字符
46.
47.      x += 8;                                //一个字符横向占 8 个像素点
48.      p++;                                   //指针指向下一个字符
49.    }
50. }
```

10.3.3　Main.c 文件

在 Main.c 文件的"内部函数实现"区的 main 函数中，通过 4 次调用 OLEDShowString

函数，将待显示的数据写入 GD32F303RCT6 微控制器的 GRAM（s_iOLEDGRAM）中。如程序清单 10-16 所示。

程序清单 10-16

```
1.   int main(void)
2.   {
3.     InitHardware();    //初始化硬件相关函数
4.     InitSoftware();    //初始化软件相关函数
5.
6.     printf("Init System has been finished.\r\n" );   //打印系统状态
7.
8.     OLEDShowString(8, 0, (const unsigned char*)"GD32F303 Board");
9.     OLEDShowString(24, 16, (const unsigned char*)"2021-07-01");
10.    OLEDShowString(32, 32, (const unsigned char*)"00-06-00");
11.    OLEDShowString(24, 48, (const unsigned char*)"OLED IS OK!");
12.
13.    while(1)
14.    {
15.      Proc2msTask();   //2ms 处理任务
16.      Proc1SecTask(); //1s 处理任务
17.    }
18.  }
```

仅在 main 函数中调用 OLEDShowString 函数，无法将这些字符串显示在 OLED 显示屏上，还要通过每秒调用一次 OLEDRefreshGRAM 函数，将微控制器的 GRAM 中的数据写入 SSD1306 的 GRAM，才能实现 OLED 显示屏上的数据更新。因此，在 Proc1SecTask 函数中添加了调用 OLEDRefreshGRAM 函数的代码，如程序清单 10-17 的第 7 行代码所示，即每秒将微控制器的 GRAM 中的数据写入 SSD1306 的 GRAM 一次。

程序清单 10-17

```
1.   static void Proc1SecTask(void)
2.   {
3.     if(Get1SecFlag()) //判断 1s 标志位状态
4.     {
5.       printf("This is the first GD32F303 Project, by Zhangsan\r\n");
6.
7.       OLEDRefreshGRAM();
8.
9.       Clr1SecFlag();   //清除 1s 标志位
10.    }
11.  }
```

10.3.4　运行结果

代码编译通过后，下载程序并进行复位。下载完成后，可以看到开发板上 OLED 显示屏显示如图 10-11 所示的字符，同时开发板上的两个 LED 交替闪烁，即表示程序运行成功。

图 10-11　运行结果

本 章 任 务

通过定时器实现电子钟的运行，并将动态时间显示到 OLED 显示屏。另外，将自己的姓名的拼音大写显示在 OLED 的最后一行，如图 10-12 所示。

0	8	16	24	32	40	48	56	64	72	80	88	96	104	112	120
G	D	3	2	F	3	0	3		B	o	a	r	d		
2	0	2	1	-	0	7	-	0	1						
		2	3	-	5	9	-	5	0						
		Z	H	A	N	G		S	A	N					

图 10-12　显示结果

任务提示：

1．将 RunClock 文件对添加到本章实例的工程中，无须修改。

2．参考串口电子钟的实现过程，在 main 函数中通过 SetTimeVal 函数设置初始时间值，在 Proc1SecTask 函数中获取当前小时值、分钟值和秒值，然后调用 OLEDShowNum 函数在屏幕第 3 行的对应位置分别显示小时值、分钟值和秒值。

3．当时、分、秒的数值小于 10 时，可以通过 OLEDShowNum 函数在小时值、分钟值和秒值的十位补 0。

本 章 习 题

1．简述 OLED 显示原理。

2．简述 SSD1306 芯片的工作原理。

3．简述 SSD1306 芯片控制 OLED 显示的原理。

4．基于 GD32F303 系列微控制器的 OLED 驱动的 API 函数包括 InitOLED、OLEDDisplayOn、OLEDDisplayOff、OLEDRefreshGRAM、OLEDClear、OLEDShowNum、OLEDShowChar、OLEDShowString，简述这些函数的功能。

第11章 实时时钟（RTC）

通常情况下，微控制器断电后会将寄存器中的数据全部擦除，如果要使用微控制器实现一个不断运行的时钟，仅通过定时器外设显然无法满足要求，因为使用定时器需要调用整个系统资源，不利于降低功耗，且定时器的配置将随着系统断电而清除。为了实现上述功能，可以使用 GD32F30x 系列微控制器提供的实时时钟（RTC）外设。

11.1 RTC 功能框图

RTC 的功能框图如图 11-1 所示，下面依次介绍 RTC 的时钟源、预分频器和计数器。

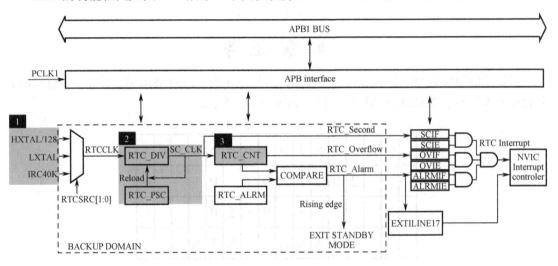

图 11-1 RTC 的功能框图

1．RTC 的时钟源

RTC 的时钟源有 3 个，分别是内部低速时钟 IRC40K、外部低速时钟 LXTAL 和经过 128 分频的外部高速时钟（HXTAL/128）。一般使用低速时钟作为 RTC 的时钟来源，如 32.768kHz 的外部低速时钟或内部低速时钟。本章给出的实例例程使用外部 32.768kHz 晶振，即 LXTAL。

2．RTC 的预分频器

RTC 的正常运行需要以时钟源为基础精确计算秒值，但时钟源频率对于秒值计算来说过高（秒值的频率为 1Hz），因此需要将时钟源频率分频为合适的频率，这就需要通过设置预分频器来实现。RTC 的预分频器有两个，即预分频寄存器高位（RTC_PSCH）和预分频寄存器低位（RTC_PSCL）。预分频器通过对 RTC 时钟源进行分频得到 SC_CLK，通常将 SC_CLK 配置为 1Hz，即周期为 1s，便于进行秒值计数。

3．RTC 的计数器

PSC_CNT 对 SC_CLK 时钟周期进行计数，通过对计数器值进行计算可得到具体时间，也可通过向该寄存器赋初值来设置时钟的起始运行时间

11.2　RTC 初始化配置流程图分析

图 11-2 为 RTC 初始化配置流程图。需要先使能 PMU
电源管理单元和备份域时钟，再使能对备份域寄存器的写操
作，通过将 PMU_CTL 电源管理单元控制寄存器的
BKPWEN 位置 1 来实现。在默认情况下 BKPWEN 被清零，
所以写 RTC 寄存器之前需要提前设置 BKPWEN 位。然后，
写入 RTC 初始化参数即可，初始化参数包括预分频系数、
初始时间值等。最后，设置中断线和中断优先级以完成 RTC
初始化配置操作。

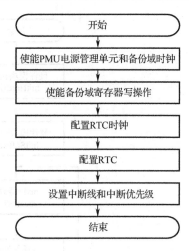

图 11-2　RTC 初始化配置流程图

11.3　实例与代码解析

前面学习了 RTC 实时时钟的功能框图，本节基于
GD32F3 杨梅派开发板，编写一个 RTC 实时时钟驱动程序，通过在 Main.c 文件调用相应函数，
将 RTC 实时时钟应用在 GD32F30x 系列微控制器系统中。本节将完成的具体内容包括：①使
能并配置微控制器的 RTC 功能；②通过 RTC 中断，在串口打印时间值。

11.3.1　程序架构

RTC 实时时钟程序架构如图 11-3 所示。该图简要介绍了程序开始运行后各个函数的执行
和调用流程，图中仅列出了与本章实例相关的部分函数。下面详细解释该程序架构图。

（1）在 main 函数中调用 InitHardware 函数进行硬件相关模块初始化，包含 RCU、NVIC、
UART、Timer 和 RTC 等模块，这里仅介绍 RTC 模块初始化函数 InitRTC。在 InitRTC 函数中
配置 PMU 时钟单元、解除备份域写保护、配置 RTC 时钟源、配置 RTC 参数及使能中断。以
上配置过程均通过调用固件库函数来实现。

（2）调用 InitSoftware 函数进行软件相关模块初始化，本实例中 InitSoftware 函数为空。

（3）调用 Proc2msTask 函数进行 2ms 任务处理，在该函数中，调用 LEDFlicker 函数实现
LED 闪烁。

（4）调用 Proc1SecTask 函数进行 1s 任务处理，本实例中没有需要处理的 1s 任务。

在图 11-3 中，编号①、⑤、⑥和⑧的函数在 Main.c 文件中声明和实现；编号②的函
数在 RTC.h 文件中声明，在 RTC.c 文件中实现；编号③和④的函数在 RTC.c 文件中声明和
实现。

要点解析：

（1）RTC 模块的初始化，在 InitRTC 函数中，进行了配置 PMU 单元、配置 RTC 时钟源、
初始化 RTC 时钟等操作。

（2）配置时钟系统，包括 PMU、RTC 等时钟，在去除备份域写保护后进行数据比较，判
断是否需要重新配置 RTC 相应参数。

（3）在 ConfigRTC 函数中进行 RTC 时钟各个参数的初始化，注意，在选择不同的时钟源
时，RTC 的预分频系数应根据时钟源进行对应调整。

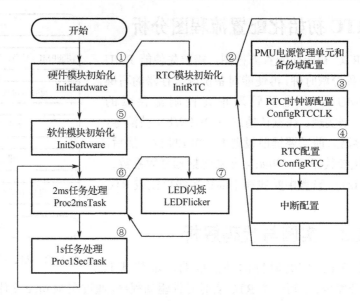

图 11-3　RTC 实时时钟程序架构

11.3.2　RTC 文件对

1．RTC.h 文件

在 RTC.h 文件的"API 函数声明"区，为 API 函数声明代码，如程序清单 11-1 所示。InitRTC 函数用于初始化 RTC 模块。

程序清单 11-1

```
void InitRTC(void); //初始化 RTC 模块
```

2．RTC.c 文件

在 RTC.c 文件的"内部变量"区为内部变量的声明代码，如程序清单 11-2 所示。hour、min、sec 分别存放用于显示的小时值、分钟值和秒值，time 用于存放计算时、分、秒的计数值。

程序清单 11-2

```
1.   static  unsigned char   hour;   //存放小时值
2.   static  unsigned char   min;    //存放分钟值
3.   static  unsigned char   sec;    //存放秒值
4.   static  unsigned int    time;   //存放计数值，用于计算小时值、分钟值和秒值
```

在"内部函数声明"区，为内部函数的声明代码，如程序清单 11-3 所示。ConfigRTCCLK 函数用于配置 RTC 时钟源，ConfigRTC 函数用于配置 RTC 相应参数，如预分频系数和计数值，ShowRTCTime 函数用于显示 RTC 时间。

程序清单 11-3

```
static void ConfigRTCCLK(void);      //配置 RTC 时钟源
static void ConfigRTC(void);         //配置 RTC，包括预分频系数和计数值
static void ShowRTCTime(void);       //显示 RTC 时间
```

在"内部函数实现"区，首先实现 ConfigRTCCLK 函数，如程序清单 11-4 所示。该函数

用于使能外部低速时钟，等待外部低速时钟稳定后将其配置为 RTC 时钟源，然后使能 RTC 外设时钟并等待 RTC 寄存器与 APB 时钟同步。

程序清单 11-4

```
1.   static void ConfigRTCCLK(void)
2.   {
3.     //配置时钟源为外部 LXTAL
4.     rcu_osci_on(RCU_LXTAL);                         //使能外部低速时钟
5.
6.     if(rcu_osci_stab_wait(RCU_LXTAL) == SUCCESS)    //外部晶振已经稳定
7.     {
8.       rcu_rtc_clock_config(RCU_RTCSRC_LXTAL);
9.     }
10.
11.    rcu_periph_clock_enable(RCU_RTC);               //使能 RTC 外设时钟
12.    rtc_register_sync_wait();                       //等待 RTC 寄存器与 APB 时钟同步
13.  }
```

在 ConfigRTCCLK 函数实现区后，为 ConfigRTC 函数的实现代码，如程序清单 11-5 所示。在该函数中，等待 RTC 寄存器与 APB 时钟同步，并在 RTC 寄存器空闲时，通过 rtc_configuration_mode_enter 函数进入 RTC 配置模式,配置 RTC 时钟预分频数及初始计数值，最后通过 rtc_configuration_mode_exit 函数退出配置模式。

程序清单 11-5

```
1.   static void ConfigRTC(void)
2.   {
3.     rtc_lwoff_wait();                    //等待最近一次对 RTC 寄存器的写操作完成
4.     rtc_register_sync_wait();            //等待 RTC 寄存器与 APB 时钟同步
5.
6.     rtc_lwoff_wait();                    //等待最近一次对 RTC 寄存器的写操作完成
7.     rtc_configuration_mode_enter();      //进入 RTC 配置模式
8.     rtc_prescaler_set(32768 - 1);        //频率为 1Hz
9.
10.    rtc_lwoff_wait();                    //等待最近一次对 RTC 寄存器的写操作完成
11.    rtc_counter_set(18*60*60);           //初始时间设置为 18:00:00
12.    rtc_configuration_mode_exit();       //退出 RTC 配置模式
13.  }
```

在 ConfigRTCCLK 函数实现区后，为 ShowRTCTime 函数的实现代码，如程序清单 11-6 所示。该函数判断全局变量 sec、min、hour 的值后，通过 printf 语句将当前时间打印在串口助手上。

程序清单 11-6

```
1.   static void ShowRTCTime(void)
2.   {
3.     if(sec > 59)    //秒值不能超过 59
4.     {
5.       sec = 0;
6.     }
7.     if(min > 59)    //分钟值不能超过 59
```

```
8.    {
9.      min = 0;
10.   }
11.   if(hour > 23)      //小时值不能超过 23
12.   {
13.     hour = 0;
14.   }
15.
16.   printf("Current time: %0.2d:%0.2d:%0.2d\r\n", hour, min, sec);   //打印当前时间
17. }
```

在 ShowRTCTime 函数实现区后，为 RTC_IRQHandler 函数的实现代码，如程序清单 11-7 所示。该函数判断秒中断是否发生，若发生，则通过 rtc_counter_get 函数获取当前计数值，并计算相应的时分秒值，最后调用 ShowRTCTime 函数显示当前时间。

程序清单 11-7

```
1.   void RTC_IRQHandler(void)
2.   {
3.     if(RESET != rtc_flag_get(RTC_FLAG_SECOND))      //秒中断
4.     {
5.       rtc_flag_clear(RTC_FLAG_SECOND);              //清除秒中断标志
6.
7.       time = rtc_counter_get();                     //获取当前计数值
8.       hour = time/60/60;                            //计算小时值
9.       min  = (time - hour*60*60)/60;                //计算分钟值
10.      sec  = (time - hour*60*60)%60;                //计算秒值
11.
12.      ShowRTCTime();                                //显示当前时间
13.    }
```

在"API 函数实现"区，为 InitRTC 函数的实现代码，如程序清单 11-8 所示。

（1）第 3 至 5 行代码：使能 PMU、BKPI 外设时钟，并通过 pmu_backup_write_enable 函数解除备份域写保护，以进行 RTC 相应配置。

（2）第 7 至 26 行代码：从指定的备份数据寄存器中读出数据，若与指定数据不符，则需要进行 RTC 重新配置，复位备份域后，通过 ConfigRTCCLK 函数和 ConfigRTC 函数分别配置 RTC 时钟与预分频系数、计数值，最后将指定数据写入指定的备份数据寄存器；若与指定寄存器相符，则等待 RTC 时钟与 APB 时钟同步且 RTC 寄存器空闲。

（3）第 28 至 29 行代码：使能 RTC 秒中断并设置中断优先级。

程序清单 11-8

```
1.   void InitRTC(void)
2.   {
3.     rcu_periph_clock_enable(RCU_PMU);        //使能 PMU 外设时钟
4.     rcu_periph_clock_enable(RCU_BKPI);       //使能 BKPI 外设时钟
5.     pmu_backup_write_enable();               //备份域写使能
6.
7.     if(bkp_read_data(BKP_DATA_1) != 0x0818)
                     //从指定的备份数据寄存器中读出数据，且读出的与写入的指定数据不相符
8.     {
```

```
9.        bkp_deinit();                           //复位备份域
10.
11.       ConfigRTCCLK();                         //配置 RTC 时钟
12.
13.       ConfigRTC();                            //配置 RTC，包括预分频系数和计数值
14.
15.       bkp_write_data(BKP_DATA_1, 0x0818);     //向备份数据寄存器 1 中写入指定数据
16.
17.       rtc_register_sync_wait();               //等待 RTC 寄存器与 APB 时钟同步
18.
19.       rtc_lwoff_wait();                       //等待最近一次对 RTC 寄存器的写操作完成
20.    }
21.    else                                       //读出的数据与写入的指定数据相符，系统继续计时
22.    {
23.       rtc_register_sync_wait();               //等待 RTC 寄存器与 APB 时钟同步
24.
25.       rtc_lwoff_wait();                       //等待最近一次对 RTC 寄存器的写操作完成
26.    }
27.
28.    rtc_interrupt_enable(RTC_INT_SECOND);      //使能 RTC 秒中断
29.    nvic_irq_enable(RTC_IRQn, 2, 0);           //设置中断优先级
30. }
```

11.3.3　Main.c 文件

在 Main.c 文件的“内部函数实现”区的 InitHardware 函数中，调用 InitRTC 函数实现对 RTC 模块的初始化，如程序清单 11-9 所示。

程序清单 11-9

```
1.   static  void  InitHardware(void)
2.   {
3.      SystemInit();           //系统初始化
4.      InitRCU();              //初始化 RCU 模块
5.      InitNVIC();             //初始化 NVIC 模块
6.      InitUART0(115200);      //初始化 UART 模块
7.      InitTimer();            //初始化 Timer 模块
8.      InitSysTick();          //初始化 SysTick 模块
9.      InitLED();              //初始化 LED 模块
10.     InitRTC();              //初始化 RTC 模块
11.  }
```

11.3.4　运行结果

代码编译通过后，下载程序并进行复位。打开串口助手，选择正确的串口号并打开串口，由于复位后时钟便已开始计时，因此打开串口前的时间值无法打印。若在时钟正常运行的过程中再次按下 RST 按键进行复位，时钟仍将延续复位前的时间继续计时，如图 11-4 所示，表示成功。若将开发板断电后重新通电，则时钟将重置计数值，重新从 18:00:00 开始计时；但若将纽扣电池装配在开发板的 CR1 电池座上，即使开发板断电重启，时钟仍继续计时。

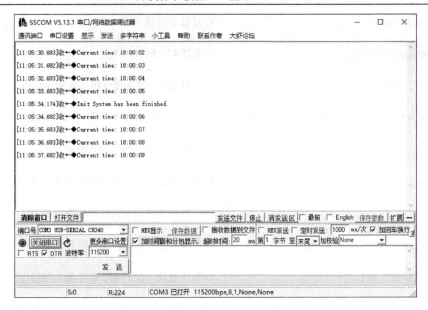

图 11-4　运行结果

本 章 任 务

利用 RTC 的闹钟功能，实现 GD32F3 杨梅派开发板每 3min 触发一次闹钟，闹钟触发时，蜂鸣器鸣叫，通过 KEY$_3$ 按键使闹钟停止（即关闭蜂鸣器），通过 KEY$_1$ 按键开启开发板的闹钟功能，通过 KEY$_2$ 按键关闭开发板的闹钟功能。

任务提示：

1. 每次触发闹钟后，为闹钟寄存器重新赋值。

2. 添加按键和蜂鸣器驱动，利用计数器和标志完成程序设计，通过调用固件库函数实现上述功能。

本 章 习 题

1. RTC 的时钟源有哪些？

2. 简述 RTC 的基本原理。

3. 为什么断电或复位后 RTC 的计数值不会被重置？

4. 简述 RTC 断电后可以继续计时的原理。

第12章　独立看门狗定时器

微控制器系统的工作常常会受到外界的干扰（如电磁场），有时会出现程序跑飞的现象，甚至让整个系统陷入死循环。当出现这种现象时，微控制器系统中的看门狗模块或微控制器系统外的看门狗芯片就会强制对整个系统进行复位，使程序恢复到正常运行状态。

看门狗实际上是一个定时器，因此也称为看门狗定时器，一般有一个输入操作（俗称"喂狗"），微控制器正常工作时，每隔一段时间输出一个信号到喂狗端，使看门狗清零，如果超过规定的时间不喂狗（一般在程序跑飞时），看门狗定时器就会超时溢出，强制对微控制器进行复位，这样就可以防止微控制器死机，看门狗的作用就是防止程序发生死循环，即在程序跑飞时能够进行复位操作。

GD32F30x 系列微控制器包含两种看门狗模块，分别是独立看门狗（FWDGT）和窗口看门狗（WWDGT），本章首先介绍独立看门狗的功能框图，然后通过一个独立看门狗应用实例介绍独立看门狗的工作原理。

12.1　独立看门狗定时器功能框图

独立看门狗定时器的功能框图如图 12-1 所示，下面按照编号顺序依次介绍各个功能模块。本节涉及部分独立看门狗定时器寄存器的相关知识可参见《GD32F30x_用户手册（中文版）》的第 14.1.4 节。

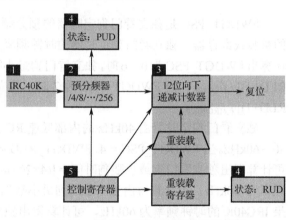

1. 独立看门狗定时器时钟

独立看门狗定时器由专用的内部低速 RC 振荡器时钟（IRC40K）驱动，即使主时钟发生故障，仍能正常工作。IRC40K 时钟的标称频率为 40kHz，但由于 IRC40K 时钟由内部 RC 电路产生，其频率约为

图 12-1　独立看门狗定时器的功能框图

30kHz～60kHz，因此 GD32F30x 系列微控制器的内部独立看门狗定时器只适用于对时间精度要求较低的场合，如果系统对时间精度要求高，建议使用外置独立看门狗芯片。

2. 独立看门狗定时器预分频器

预分频器对 IRC40K 时钟进行分频后，作为 12 位向下递减计数器的时钟输入。预分频系数由预分频寄存器（FWDGT_PSC）的 PSC[2:0]决定，预分频系数可取值为 0、1、2、3、4、5、6 和 7，对应的预分频系数分别为 4、8、16、32、64、128、256 和 256。

3. 12 位向下递减计数器

12 位向下递减计数器对预分频器的输出时钟进行计数，从复位值递减计算，计数到 0 时会产生一个复位信号。下面以一个具体的例子来介绍计数器的工作过程，假如 FWDGT_RLD 的值为 624，启动独立看门狗定时器计数器，即向控制寄存器（FWDGT_CTL）写入 0xCCCC，计数器从复位值 624 开始递减计数，计数到 0 时会产生一个复位信号。因此，为了避免产生看门狗复位，即避免计数器递减计数到 0，需要向 FWDGT_CTL 的 CMD[15:0]写入 0xAAAA

（进行喂狗），那么 FWDGT_RLD 的值就会被加载到 12 位向下递减计数器，计数器就又从复位值 624 开始递减计数。

4. 状态寄存器

独立看门狗定时器的状态寄存器（FWDGT_STAT）有 2 个状态位：独立看门狗定时器计数器重装载值更新状态位 RUD、独立看门狗定时器预分频系数更新状态位 PUD。RUD 由硬件置 1，用来指示重装载值的更新正在进行中，当重装载更新结束后，此位由硬件清零，重装载值只有在 RUD 被清零后才可以更新。PUD 由硬件置 1，用来指示预分频系数的更新正在进行中，当重装载更新结束后，此位由硬件清零，预分频系数只有在 PUD 被清零后才可以更新。

5. 控制寄存器

FWDGT_PSC 和 FWDGT_RLD 都具有写保护功能，要修改这两个寄存器的值，必须先向 FWDGT_CTL 的 CMD[15:0]写入 0x5555，将其他值写入 CMD[15:0]将使寄存器重新被保护。

除了可以向 CMD[15:0]写入 0x5555 允许访问 FWDGT_PSC 和 FWDGT_RLD，还可以写入 0xAAAA 让计数器从复位值开始重新递减计数，以及写入 0xCCCC 启动独立看门狗定时器计数器。

12.2　独立看门狗最小喂狗时间

FWDGT_PSC 是独立看门狗定时器的预分频寄存器，FWDGT_RLD 是独立看门狗定时器的重装载寄存器，独立看门狗定时器的时钟频率为 f_{IRC40K}。基于以上 3 个参数，可根据公式计算出 FWDGT_PSC 为 0～6 时，独立看门狗最小喂狗时间 = $[(4×2^{FWDGT\_PSC})×(FWDGT\_RLD+1)]/f_{IRC40K}$，当 FWDGT_PSC 为 7 时，独立看门狗最小喂狗时间 = $[(4×2^6)×(FWDGT\_RLD+1)]/f_{IRC40K}$。

独立看门狗定时器由 40kHz 的内部低速 RC 振荡器时钟（IRC40K）驱动，时钟频率约为 30～60kHz。当 FWDGT_PSC = 4，FWDGT_RLD = 624 时，如果 IRC40K 的时钟频率为 40kHz，可计算得出独立看门狗最小喂狗时间 = $[(4×2^4)×(624+1)]/40=1000ms$；如果 IRC40K 的时钟频率为 30kHz，可计算得出独立看门狗最小喂狗时间 = $[(4×2^4)×(624+1)]/30≈1333ms$；如果 IRC40K 的时钟频率为 60kHz，可计算得出独立看门狗最小喂狗时间 = $[(4×2^4)×(624+1)]/60≈667ms$。因此，当 FWDGT_PSC = 4，FWDGT_RLD = 624 时，独立看门狗最小喂狗时间范围为 667～1333ms，为了确保 GD32F30x 系列微控制器不被复位，独立看门狗的喂狗时间应小于 667ms。

12.3　实例与代码解析

前面学习了独立看门狗相关的原理及功能框图，本节基于 GD32F3 杨梅派开发板编写独立看门狗定时器驱动程序，该驱动程序包括两个 API 函数（初始化看门狗函数 InitFWDGT 和喂狗函数 FeedFWDGT），在 Main.c 文件中调用这些函数，将独立看门狗应用在 GD32F303RCT6 微控制器系统中。本节将完成的具体内容包括：①将独立看门狗定时器的溢出时间配置为 1s，可通过按下 KEY$_1$ 按键来喂狗；②未通过 KEY$_1$ 按键喂狗时，开发板每秒复位一次，LED$_1$ 闪烁（500ms 点亮，500ms 熄灭）；③连续不间断地按下 KEY$_1$ 按键喂狗时（两次按下按键间隔必须小于 1s），LED$_1$ 和 LED$_2$ 将按照 00、01、10、11（0 表示熄灭，1 表示点亮）这 4 种状态进行循环。

12.3.1 流程图分析

图 12-2 是独立看门狗定时器流程图。首先，初始化独立看门狗定时器。其次，判断 KEY₁ 按键是否按下，如果检测到 KEY₁ 按键按下，则向 FWDGT_CTL 写入 0xAAAA，将 12 位重装载值写入 12 位向下递减计数器，判断 12 位向下递减计数器是否计数到 0；如果未检测到 KEY₁ 按键按下，同样判断 12 位向下递减计数器是否计数到 0，如果 12 位向下递减计数器计数到 0，则产生独立看门狗复位，否则继续判断 KEY₁ 按键是否按下。

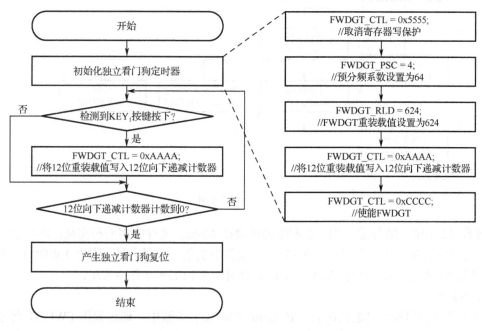

图 12-2 独立看门狗定时器流程图

12.3.2 程序架构

独立看门狗定时器实例的程序架构如图 12-3 所示。该图简要介绍了程序开始运行后各函数的执行和调用流程，图中仅列出了与本章实例相关的部分函数。下面详细解释该程序架构图。

（1）在 main 函数中调用 InitHardware 函数进行硬件相关模块初始化，包含 RCU、NVIC、UART、Timer 和 FWDGT 等模块，这里仅介绍 FWDGT 模块初始化函数 InitFWDGT。在 InitFWDGT 函数中调用 ConfigFWDGT 函数配置独立看门狗定时器，包括解除寄存器写保护、设置预分频系数和重装载值、按照 FWDGT_RLD 的值重装载 FWDGT 计数器及使能 FWDGT，以上配置过程均通过调用固件库函数来实现。

（2）调用 InitSoftware 函数进行软件相关模块初始化，本实例中 InitSoftware 函数为空。

（3）调用 Proc2msTask 函数进行 2ms 任务处理，在 Proc2msTask 函数中调用 ScanKeyOne 函数进行按键扫描，若检测到 KEY₁ 按键按下，则在 KEY₁ 按键按下响应函数中调用 FeedFWDGT 函数进行喂狗，并通过计数器每 500ms 调用一次 SetLEDSts 函数设置 LED 状态。

（4）调用 Proc1SecTask 函数进行 1s 任务处理，本实例中没有需要处理的任务。

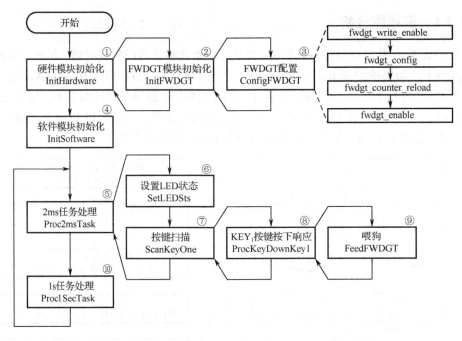

图 12-3　程序架构

在图 12-3 中，编号①、④、⑤和⑩的函数在 Main.c 文件中声明和实现；编号②和⑨的函数在 FWDGT.h 文件中声明，在 FWDGT.c 文件中实现；编号③的函数在 FWDGT.c 文件中声明和实现；编号⑥的函数在 LED.h 文件中声明，在 LED.c 文件中实现。

要点解析：

（1）独立看门狗定时器的配置。在 ConfigFWDGT 函数中，通过调用 FWDGT 部分固件库函数配置独立看门狗定时器，且溢出时间为 1s，其中涉及 FWDGT 部分寄存器，需要掌握独立看门狗定时器的工作原理才能完成配置。

（2）通过按下 KEY$_1$ 按键进行喂狗。在 KEY$_1$ 按键按下的响应函数中调用 FeedFWDGT 函数即可。若要使程序持续运行，需要连续不间断地按下 KEY$_1$ 按键，且两次按下的时间间隔不得小于 1s，否则独立看门狗定时器将产生 1s 溢出，使微控制器复位。

（3）通过 SetLEDSts 函数设置 LED 状态。SetLEDSts 函数每 500ms 调用一次，实现以下两个功能：①未喂狗时，LED$_1$ 闪烁（500ms 点亮，500ms 熄灭）；②持续喂狗时，使 LED$_1$ 和 LED$_2$ 按照以下 4 种状态进行循环：00、01、10、11（0 表示熄灭，1 表示点亮）。

本实例需要重点掌握独立看门狗定时器的功能和配置方法，理解喂狗操作的实质含义，再结合流水灯和独立按键输入的相关知识完成设计。

12.3.3　FWDGT 文件对

1. FWDGT.h 文件

在 FWDGT.h 文件的"API 函数声明"区，为 API 函数的声明代码，如程序清单 12-1 所示。InitFWDGT 函数主要用于初始化独立看门狗定时器模块，FeedFWDGT 函数用于喂狗，即根据 FWDGT 重装载寄存器的值重装载 FWDGT 计数器。

程序清单 12-1

```
void InitFWDGT(void);               //初始化 FWDGT 模块
void FeedFWDGT(void);               //喂狗
```

2. FWDGT.c 文件

在 FWDGT.c 文件的"内部函数声明"区，为内部函数的声明代码，如程序清单 12-2 所示，ConfigFWDGT 函数用于配置独立看门狗定时器。

程序清单 12-2

```
static  void ConfigFWDGT(unsigned char prer, unsigned short rlr);        //配置 FWDGT
```

在"内部函数实现"区，为 ConfigFWDGT 函数的实现代码，如程序清单 12-3 所示。

（1）第 4 行代码：FWDGT_PSC 和 FWDGT_RLD 都具有写保护，要修改这两个寄存器的值，必须先通过 fwdgt_write_enable 函数向 FWDGT_CTL 的 CMD[15:0]写入 0x5555，以解除这两个寄存器的写保护。

（2）第 6 行代码：通过 fwdgt_config 函数设置独立看门狗定时器的重装载值和预分频系数，通过写 FWDGT_RLD 和 FWDGT_PSC 寄存器的相应位域实现。

（3）第 8 行代码：通过 fwdgt_counter_reload 函数向 FWDGT_CTL 的 CMD[15:0]写入 0xAAAA 进行喂狗。

（4）第 10 行代码：通过 fwdgt_enable 函数使能独立看门狗定时器，该函数涉及 FWDGT_CTL 的 CMD[15:0]，向 CMD[15:0]写入 0xCCCC 即可启动独立看门狗定时器。启动后，程序必须在一定时间内进行喂狗，否则微控制器被复位。

程序清单 12-3

```
1.   static void ConfigFWDGT(unsigned char prer, unsigned short rlr)
2.   {
3.     //配置独立看门狗定时器
4.     fwdgt_write_enable();              //解除寄存器写保护
5.
6.     fwdgt_config(rlr, prer);           //设置重装载值和预分频系数
7.
8.     fwdgt_counter_reload();            //将 FWDGT_RLD 寄存器的值重装载 FWDGT 计数器
9.
10.    fwdgt_enable();                    //使能独立看门狗定时器
11.  }
```

在"API 函数实现"区，为 InitFWDGT 和 FeedFWDGT 函数的实现代码，如程序清单 12-4 所示。

（1）第 1 至 4 行代码：InitFWDGT 函数调用 ConfigFWDGT 函数初始化独立看门狗定时器，ConfigFWDGT 函数的两个参数分别为 FWDGT_PSC_DIV64 和 624，即预分频器对 IRC40K 时钟进行 64 分频后，作为 12 位向下递减计数器的时钟输入，从复位值 624 递减计数到 0 时产生一个复位信号，此时定时器溢出时间为 $(40kHz/64)/(624+1) = 1s$。

（2）第 6 至 9 行代码：FeedFWDGT 函数调用 fwdgt_counter_reload 函数向 FWDGT_CTL 的 CMD[15:0]写入 0xAAAA，实现喂狗操作。若不及时喂狗，当计数器为 0 时，独立看门狗将产生复位。

程序清单 12-4

```
1.    void InitFWDGT(void)
2.    {
3.      ConfigFWDGT(FWDGT_PSC_DIV64, 624);        //配置独立看门狗定时器，溢出时间为 1s
4.    }
5.
6.    void FeedFWDGT(void)
7.    {
8.      fwdgt_counter_reload();                   //按照 FWDGT 重装载寄存器的值重装载 FWDGT 计数器
9.    }
```

12.3.4　LED 文件对

本实例使用的 LED 文件对在 GPIO 与流水灯的基础上增加了 SetLEDSts 函数，用于设置两个 LED 状态。该函数在 LED.h 文件中声明，在 LED.c 文件的"API 函数实现"区实现，如程序清单 12-5 所示，该函数的功能是根据输入参数 sts 来控制两个 LED 点亮或熄灭。

程序清单 12-5

```
1.    void SetLEDSts(unsigned char sts)
2.    {
3.      if(sts & 0x01)
4.      {
5.        gpio_bit_set(GPIOA, GPIO_PIN_8);          //LED₁ 点亮
6.      }
7.      else
8.      {
9.        gpio_bit_reset(GPIOA, GPIO_PIN_8);        //LED₁ 熄灭
10.     }
11.
12.     if(sts & 0x02)
13.     {
14.       gpio_bit_set(GPIOB, GPIO_PIN_9);          //LED₂ 点亮
15.     }
16.     else
17.     {
18.       gpio_bit_reset(GPIOB, GPIO_PIN_9);        //LED₂ 熄灭
19.     }
20.   }
```

12.3.5　ProcKeyOne.c 文件

在 ProcKeyOne.c 文件的"API 函数实现"区的 ProcKeyDownKey1 函数中，调用了 FeedFWDGT 函数，代码如程序清单 12-6 所示，当 KEY₁ 按键按下时将执行喂狗操作。由于 FeedFWDGT 函数在 FWDGT.h 文件中声明，因此还需要在 ProcKeyOne.c 文件中包含 FWDGT.h 头文件。

程序清单 12-6

```
1.    void  ProcKeyDownKey1(void)
2.    {
3.      FeedFWDGT();                        //喂独立看门狗
```

```
4.      printf("KEY1 PUSH DOWN\r\n");          //打印按键状态
5.    }
```

12.3.6　Main.c 文件

在 Main.c 文件的"内部函数实现"区的 Proc2msTask 函数中，注释掉 LEDFlicker 函数，并调用 ScanKeyOne 函数，且每 500ms 调用 SetLEDSts 函数实现两个 LED 的计数，如程序清单 12-7 所示。

程序清单 12-7

```
1.   static void Proc2msTask(void)
2.   {
3.     static  signed short s_iCnt5   = 0;
4.     static  signed short s_iCnt250 = 0;
5.     static  signed short s_iCnt4   = 0;
6.
7.     if(Get2msFlag())                      //判断 2ms 标志位状态
8.     {
9.       //LEDFlicker(250);                  //调用闪烁函数
10.
11.      if(s_iCnt5 >= 4)
12.      {
13.        ScanKeyOne(KEY_NAME_KEY1, ProcKeyUpKey1, ProcKeyDownKey1);
14.
15.        s_iCnt5 = 0;
16.      }
17.      else
18.      {
19.        s_iCnt5++;
20.      }
21.
22.      if(s_iCnt250 >= 249)
23.      {
24.        SetLEDSts(s_iCnt4);
25.
26.        if(s_iCnt4 >= 3)
27.        {
28.          s_iCnt4 = 0;
29.        }
30.        else
31.        {
32.          s_iCnt4++;
33.        }
34.
35.        s_iCnt250 = 0;
36.      }
37.      else
38.      {
39.        s_iCnt250++;
40.      }
41.
```

```
42.      Clr2msFlag();            //清除 2ms 标志位
43.    }
44.  }
```

12.3.7　运行结果

代码编译通过后，下载程序并进行复位。下载完成后，若不按下 KEY$_1$ 按键，GD32F303RCT6 微控制器大约 1s 就会产生一次复位，LED$_1$ 闪烁；如果持续按下 KEY$_1$ 按键（两次间隔必须小于 1s）进行喂狗，微控制器则不产生复位，LED$_1$ 和 LED$_2$ 将按照 00、01、10、11（0 表示熄灭，1 表示点亮）的顺序循环计数。注意，若未及时喂狗，微控制器会不断复位，因此，计算机上的串口助手最好处于关闭状态。

本 章 任 务

基于 GD32F3 杨梅派开发板，参照本章实例编写程序实现以下功能：既可以通过定时器（TIMER3，需要额外配置）自动喂狗，也可以通过 KEY$_1$ 按键手动喂狗，默认情况下为手动喂狗。KEY$_2$ 按键用于定时器喂狗与手动喂狗两种模式之间的切换，当切换到自动喂狗模式时，不需要按下 KEY$_1$ 按键也能实现两个 LED 正常计数（LED$_1$ 和 LED$_2$ 按照 00、01、10、11 的顺序计数）；当切换到手动喂狗模式时，必须通过 KEY$_1$ 按键进行喂狗，否则，GD32F303RCT6 微控制器会不断复位，复位后 LED$_1$ 闪烁一次。

任务提示：

1. TIMER3 的配置和初始化过程可参考 TIMER2 或 TIMER4 来完成，唯一的区别是在配置 TIMER3 时需要禁止 TIMER3。参考 Proc2msTask 编写 Proc500msTask 函数，500ms 标志位由 TIMER3 产生，在 Proc500msTask 中调用 FeedFWDGT 函数进行喂狗。

2. 定义一个变量作为喂狗模式标志，在 KEY$_2$ 按键的按下响应函数中，根据喂狗模式标志使能或禁止 TIMER3，即可实现手动喂狗和自动喂狗模式的切换。使能 TIMER3 时为自动喂狗模式，禁止 TIMER3 时为手动喂狗模式。

本 章 习 题

1. 简述独立看门狗定时器的作用。
2. 简述延时函数会如何影响独立看门狗的喂狗操作。
3. 尝试通过寄存器实现独立看门狗定时器的配置。

第13章 窗口看门狗定时器

GD32F30x 系列微控制器系统包含两种看门狗模块,即独立看门狗(FWDGT)和窗口看门狗(WWDGT)。第 12 章已经介绍了独立看门狗,本章介绍窗口看门狗。窗口看门狗通常用于监测由外部干扰或不可预见的逻辑条件造成的应用程序背离正常的运行序列而产生的软件故障。

本章先介绍窗口看门狗的功能框图,然后通过一个窗口看门狗应用实例介绍窗口看门狗的工作原理。

13.1 窗口看门狗定时器功能框图

对于独立看门狗定时器,在整个计数过程中都可以进行喂狗,而窗口看门狗定时器限定了喂狗时间段,仅当计数值在喂狗上限值和下限值限定的区间内才可以喂狗,因此称为窗口看门狗。

在独立看门狗定时器的一个计数周期内,如果出现程序跑飞后又恢复正常或正好刷新了看门狗,那么独立看门狗将无法检查到异常并进行复位。而窗口看门狗定时器限制了喂狗时间,程序跑飞后将很难在限制时间段内出现以上异常情况,可以在很大程度上保证程序的正常运行。

窗口看门狗定时器的功能框图如图 13-1 所示,下面按照编号顺序依次介绍各个功能模块。本节涉及部分窗口看门狗定时器寄存器的相关知识,可参见《GD32F30x_用户手册(中文版)》的第 14.2.4 节。

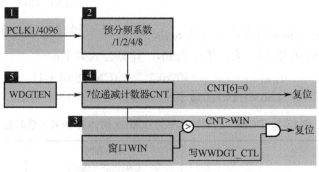

图 13-1 窗口看门狗定时器的功能框图

1. 窗口看门狗定时器时钟

窗口看门狗定时器的时钟为经过 4096 分频后的 PCLK1 时钟,相较于由内部低速时钟 IRC40K 驱动的独立看门狗定时器,窗口看门狗定时器的计数时间更为精确,适用于需要精确计时的场合。

2. 窗口看门狗定时器预分频系数

经过 4096 分频的 PCLK1 时钟,还需要经过窗口看门狗定时器预分频系数分频后才可作为 7 位递减计数器 CNT 的时钟输入,预分频系数的可取值为 1、2、4 和 8,由配置寄存器(WWDGT_CFG)的 PSC[1:0]决定。

3. 窗口上限复位

通过写配置寄存器(WWDGT_CFG)的 WIN[6:0]为窗口看门狗定时器设置一个窗口值

WIN, 当计数器的计数值 CNT 大于窗口值 WIN 时, 如果写控制寄存器 (WWDGT_CTL) 的 CNT[6:0]（进行喂狗操作）, 则会使窗口看门狗定时器复位。

4．窗口下限复位

7 位递减计数器的计数值递减到 0x3F (0x0011 1111, 即 CNT[6]位由 1 变为 0) 时, 将使窗口看门狗定时器复位。

5．窗口看门狗定时器使能位

系统通电复位后, 窗口看门狗定时器为关闭状态, 可通过向控制寄存器 (WWDGT_CTL) 的 WDGTEN 写 1 来开启窗口看门狗定时器, 随后 7 位递减计数器开始递减计数。

13.2　窗口看门狗定时器超时值

窗口看门狗定时器的时序图如图 13-2 所示, CNT[6:0]的复位值为 0x7F, 通过写 WWDGT_CTL 的 CNT[6:0]来设置计数器的计数值（应满足 0x3F < CNT ≤ 0x7F, 此时 CNT[6] = 1）, 然后将 WDGTEN 置 1 后, 计数器开始递减计数。当计数值介于 0x3F 和 WIN 之间时, 如果进行计数值更新（喂狗操作）, 则程序正常运行, 计数器重新开始递减计数。若在计数值递减到 0x3F（CNT[6] = 0）的过程中未进行喂狗操作, 则在 0x3F 处执行窗口看门狗定时器复位, 程序重新开始运行。若在计数值 CNT 大于设置的窗口值 WIN 时进行计数值更新, 也将产生复位。

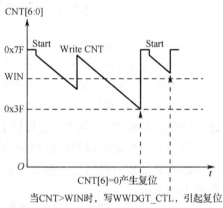

图 13-2　窗口看门狗定时器时序图

下面计算窗口看门狗定时器的超时值 t_{WWDGT}, 即 CNT 从初始值计数到 0x3F 的时间, 单位为 ms, 计算公式如下:

$$t_{\text{WWDGT}} = t_{\text{PCLK1}} \times 4096 \times 2^{\text{PSC}} \times (\text{CNT[5:0]} + 1)$$

PCLK1 的时钟频率为 60MHz 时的最小/最大超时值如表 13-1 所示。

表 13-1　PCLK1 的时钟频率为 60MHz 时的最小/最大超时值

预分频系数	PSC[1:0]	最小超时 CNT[6:0] = 0x40	最大超时 CNT[6:0] = 0x7F
1/1	00	68.2μs	4.3ms
1/2	01	136.4μs	8.6ms
1/4	10	272.8μs	17.2ms
1/8	11	545.6μs	34.4ms

窗口看门狗定时器的有效喂狗时间范围的计算方法如下 (0x3F = 63):

$$t_{\text{FeedMin}} = (\text{CNT} - \text{WIN}) / [(f_{\text{PCLK1}} / 4096) / 2^{\text{PSC}}](s)$$

$$t_{\text{FeedMax}} = (\text{CNT} - 63) / [f_{\text{PCLK1}} / 4096) / 2^{\text{PSC}}](s)$$

因此, 有效喂狗时间范围为 $t_{\text{FeedMin}} \sim t_{\text{FeedMax}}$。例如, 当 PCLK1 的时钟频率为 60MHz, 分频系数为 8, CNT = 127(0x7F), WIN = 80 时, $t_{\text{FeedMin}} = 25.7\text{ms}$, $t_{\text{FeedMax}} = 35.0\text{ms}$, 有效喂狗时间范围为 25.7~35.0ms。

13.3　实例与代码解析

通过学习窗口看门狗定时器的工作原理及其与独立看门狗定时器之间的异同，掌握相关寄存器及固件库函数的用法，基于 GD32F3 杨梅派开发板编写窗口看门狗定时器驱动程序，该驱动程序包括两个 API 函数（初始化看门狗函数 InitWWDGT 和喂狗函数 FeedWWDGT），在 Main.c 文件中调用这些函数，将窗口看门狗定时器应用在 GD32F303RCT6 微控制器中。本实例将完成的具体内容包括：①通过固件库函数配置窗口看门狗定时器，限制喂狗时间段；②在处理 2ms 任务的函数中，通过变量计数，实现在限制的时间段内进行喂狗，使程序持续运行。

13.3.1　流程图分析

窗口看门狗定时器流程图如图 13-3 所示。首先，初始化窗口看门狗定时器。其次，在有效喂狗时间段内选择一个时间点进行喂狗，通过在 2ms 任务处理函数中使用变量计数，当达到指定时间时再调用喂狗函数 FeedWWDGT 即可。

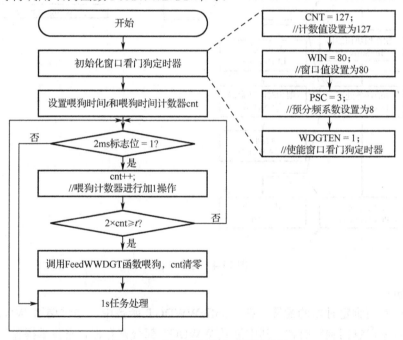

图 13-3　窗口看门狗定时器流程图

13.3.2　程序架构

窗口看门狗定时器实例的程序架构如图 13-4 所示。该图简要介绍了程序开始运行后各个函数的执行和调用流程，图中仅列出了与本章实例相关的部分函数。下面详细解释该程序架构图。

（1）在 main 函数中调用 InitHardware 函数进行硬件相关模块初始化，包含 RCU、NVIC、UART、Timer 和 WWDGT 等模块，这里仅介绍 WWDGT 模块初始化函数 InitWWDGT。在 InitWWDGT 函数中调用 ConfigWWDGT 函数配置窗口看门狗定时器，包括使能 WWDGT 时钟，设置计数器初始值、窗口值和预分频系数，以及使能窗口看门狗定时器。以上配置过程均通过调用固件库函数来实现。

（2）调用 InitSoftware 函数进行软件相关模块初始化，本实例中 InitSoftware 函数为空。

（3）调用 Proc2msTask 函数进行 2ms 任务处理，在 Proc2msTask 函数中调用 LEDFlicker 函数实现 LED 闪烁，并使用一个计数器 cnt 进行递增计数，2ms 执行一次加 1 操作，当计数器的计数时间达到预设的喂狗时间时，调用 FeedWWDGT 函数进行喂狗操作。本实例中，预设 30ms 进行喂狗，当 cnt 计数到 15 时即进行喂狗。

（4）调用 Proc1SecTask 函数进行 1s 任务处理，在该函数中调用 printf 函数打印输出信息。

在图 12-3 中，编号①、④、⑤和⑨的函数在 Main.c 文件中声明和实现；编号②和⑧的函数在 WWDGT.h 文件中声明，在 WWDGT.c 文件中实现；编号③的函数在 WWDGT.c 文件中声明和实现。

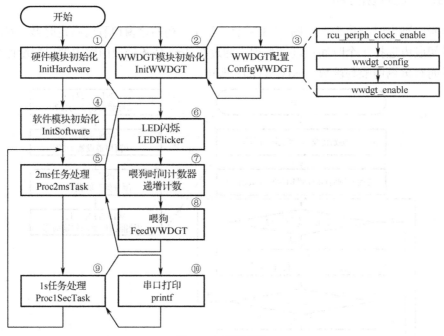

图 13-4　程序架构

要点解析：

（1）窗口看门狗定时器的配置。在 ConfigWWDGT 函数中，通过调用 WWDGT 部分固件库函数配置窗口看门狗定时器，其中涉及 WWDGT 部分寄存器，需要掌握窗口看门狗定时器的工作原理才能完成配置。

（2）设置窗口值后，便限制了窗口看门狗定时器的喂狗时间，在有效喂狗时间段内选取一个时间点进行喂狗，该时间点可以通过在 Proc2msTask 函数中使用一个变量计数器对 2ms 进行计数来实现。

应当重点掌握窗口看门狗定时器的功能和配置方法，并注意窗口看门狗定时器与独立看门狗定时器的异同之处。

13.3.3　WWDGT 文件对

1. WWDGT.h 文件

在 WWDGT.h 文件的"API 函数声明"区，为 API 函数的声明代码，如程序清单 13-1 所示。InitWWDGT 函数主要用于初始化窗口看门狗定时器模块，FeedWWDGT 函数用于喂狗，即按照 CNT 的初始值重装载 WWDGT 计数器。

程序清单 13-1

```
void InitWWDGT(void);              //初始化 WWDGT 模块
void FeedWWDGT(void);              //喂狗
```

2．WWDGT.c 文件

在 WWDGT.c 文件的"内部函数声明"区，为内部函数的声明代码，如程序清单 13-2 所示，ConfigWWDGT 函数用于配置窗口看门狗定时器。

程序清单 13-2

```
static  void ConfigWWDGT();         //配置 WWDGT
```

在"内部函数实现"区，为 ConfigWWDGT 函数的实现代码，如程序清单 13-3 所示，该函数使能窗口看门狗时钟后，通过 wwdgt_config 函数配置窗口看门狗定时器计数值、窗口值及时钟分频系数，最后使能窗口看门狗定时器。

程序清单 13-3

```
1.    static void ConfigWWDGT()
2.    {
3.      rcu_periph_clock_enable(RCU_WWDGT);         //使能 WWDGT 时钟
4.
5.      wwdgt_config(127, 80, WWDGT_CFG_PSC_DIV8); //设置计数值为 127，窗口值为 80，分频系数为 8
6.
7.      wwdgt_enable();                            //使能窗口看门狗定时器
8.    }
```

在"API 函数实现"区为 InitWWDGT 和 FeedWWDGT 函数的实现代码，如程序清单 13-4 所示。InitWWDGT 函数通过调用 ConfigWWDGT 函数初始化窗口看门狗定时器。FeedWWDGT 函数调用 wwdgt_counter_update 函数，向 WWDGT_CTL 的 CNT[6:0]写入 127（0x7F），实现喂狗操作。若不及时喂狗，当计数值达到 0x3F 时，微控制器会产生复位。

程序清单 13-4

```
1.    void InitWWDGT(void)
2.    {
3.      ConfigWWDGT();                             //配置 WWDGT
4.    }
5.
6.    void FeedWWDGT(void)
7.    {
8.      wwdgt_counter_update(127);                 //喂狗
9.    }
```

13.3.4　Main.c 文件

在 Main.c 文件的"内部函数实现"区的 Proc2msTask 函数中，定义了一个变量 cnt 进行时间计数，当判断 2ms 标志位为 1 时，cnt 执行一次加 1 操作。由于本实例中设置喂狗时间为 30ms，因此，当 cnt 计数到 15 时，cnt 清零，并执行一次喂狗操作，使 LED 正常闪烁，如程序清单 13-5 所示。

程序清单 13-5

```
1.   static void Proc2msTask(void)
2.   {
3.     static int cnt = 0;
4.
5.     if(Get2msFlag())        //判断 2ms 标志位状态
6.     {
7.       LEDFlicker(250);      //调用闪烁函数
8.
9.       cnt++;
10.
11.      if(cnt == 15)
12.      {
13.        cnt = 0;
14.
15.        FeedWWDGT();
           //喂狗理论时间段为 25.6～35.0ms，但看门狗初始化和定时器初始化时间不同步，因此建议取中间值
16.      }
17.
18.      Clr2msFlag();         //清除 2ms 标志位
19.    }
20.  }
```

13.3.5 运行结果

代码编译通过后，下载程序并进行复位。下载完成后，开发板上的两个 LED 交替闪烁，串口正常输出字符串，表明未触发窗口看门狗定时器复位，即表示程序运行成功。

本 章 任 务

通过 KEY$_2$ 按键设置默认喂狗时间间隔为 30ms，KEY$_1$ 和 KEY$_3$ 按键用于调整喂狗时间，例如，按下 1 次 KEY$_1$ 按键，使喂狗时间间隔缩短 2ms；按下 1 次 KEY$_3$ 按键，使喂狗时间间隔增加 2ms；再按下 1 次 KEY$_2$ 按键，使喂狗时间间隔恢复为 30ms。通过 printf 函数每秒打印 1 次喂狗时间间隔的值，将喂狗时间调整至有效喂狗时间范围之外，通过串口助手观察结果的变化。

任务提示：

1. 在本章实例的基础上添加按键驱动，并在 ProcKeyOne 模块中定义一个静态变量用于表示喂狗时间间隔，定义一个函数用于返回时间间隔。

2. 初始的喂狗时间间隔设置在有效喂狗时间范围内，以确保程序正常运行。

3. 使用串口助手查看结果，根据打印的信息判断是否产生了复位。

本 章 习 题

1. 简述窗口看门狗定时器的作用。

2. 简述窗口看门狗定时器和独立看门狗定时器的异同。

3. 尝试通过寄存器实现窗口看门狗定时器的配置。

第14章 读/写内部Flash

存储器用于存储程序代码和数据，是微控制器的重要组成部分，有了存储器，微控制器才具有记忆功能。本章将对微控制器中一类重要的存储器 Flash 进行介绍，并通过一个实例检测微控制器的内部 Flash 是否能够正常工作。

14.1 存储器分类

存储器按照存储介质特性可分为易失性存储器（RAM）和非易失性存储器（ROM 和 Flash）。

ROM（Read-Only Memory）：只读存储器，断电时可以保存数据。

RAM（Random Access Memory）：随机存取存储器，可读可写，但是断电会丢失数据。

Flash 又称闪存，结合了 ROM 和 RAM 的长处，不仅具备电子可擦除可编程（EEPROM）的性能，还具有断电后不会丢失数据、可快速读取数据的优点。

根据存储单元的工作原理，RAM 可以分为两类，一类称为静态 RAM（Static RAM/SRAM），SRAM 的读/写速度非常快，是目前读/写最快的存储设备之一，但价格也非常昂贵，常应用于 CPU 的一级缓冲和二级缓冲。另一类称为动态 RAM（Dynamic RAM/ DRAM），其特点是每隔一段时间要刷新充电一次，否则内部数据会消失。SRAM 相比 DRAM 具有更高的性能，且无须周期性地刷新数据，操作简单，速度更快，缺点是价格昂贵，且集成度低，功耗大。

GD32F303RCT6 微控制器属于高密度产品，内部 Flash 的容量为 256KB，内部 SRAM 的容量为 48KB。

14.2 内部 Flash 介绍

GD32F30x 系列微控制器的系统架构如图 3-2 所示，微控制器通过 IBUS 总线（指令总线）和 DBUS 总线（数据总线）与 FMC（Flash 存储器控制器）相连，进而读/写 Flash 存储器。

GD32F30x 系列微控制器的内部 Flash 主要由主存储闪存块、信息块和可选字节块 3 部分组成，各个区域的大小如表 14-1 所示，下面依次介绍 3 个区域的作用。

表 14-1 Flash 的构成

闪 存 块	名 称	地 址 范 围	大 小
主存储闪存块	第 0 页	0x0800 0000～0x0800 07FF	2KB
	第 1 页	0x0800 0800～0x0800 0FFF	2KB
	第 2 页	0x0800 1000～0x0800 17FF	2KB
	…	…	…
	第 127 页	0x0803 F800～0x0803 FFFF	2KB
	第 128 页	0x0804 0000～0x0804 0FFF	2KB
	第 129 页	0x0804 0800～0x0804 17FF	2KB
	…	…	…
	第 895 页	0x082F F000～0x082F FFFF	4KB

续表

闪 存 块		名　称	地 址 范 围	大小
信息块	GD32F30x_HD	Boot loader 区	0x1FFF F000～0x1FFF F7FF	2KB
	GD32F30x_XD		0x1FFF E000～0x1FFF F7FF	6KB
	GD32F30x_CL		0x1FFF B000～0x1FFF F7FF	18KB
可选字节块		可选字节	0x1FFFF F800～0x1FFF F80F	16B

1. 主存储区

GD32F3 杨梅派开发板板载的微控制器型号为 GD32F303RCT6，属于 GD32F30x_HD（高密度）系列微控制器，内部 Flash 容量为 256KB，这里的 256KB 为主存储区的容量，在微控制器中主存储区被划分为 0～127 页，每页大小为 2KB。表 14-1 所示的主存储区的阴影部分为 GD32F303RCT6 微控制器的无效部分。主存储区是用户进行读/写 Flash 时使用到的主要区域，而不同的页即为不同的扇区，与所有 Flash 存储器一样，在写入数据前，要先按页（扇区）擦除内部数据。

2. 信息块

信息块是用户可访问的区域，在芯片出厂时固化了 GD32 的启动代码，用于实现串口、USB 及 CAN 等 ISP 烧录功能。不同系列的微控制器信息块大小不同，GD32F30x_HD、GD32F30x_XD 和 GD32F30x_CL 分别为高密度、超高密度和互联型产品，其信息块大小也从 2KB 到 18KB 不等，GD32F303RCT6 微控制器属于 GD32F30x_HD 系列，即高密度产品，信息块大小为 2KB。

3. 可选字节块

可选字节块大小为 16B，通常用于配置 Flash 写保护、读保护和看门狗等功能，可以通过修改 Flash 的选项字节寄存器进行修改。

14.3　Flash 读/写过程

14.3.1　Flash 读操作

NOR Flash 可以随机寻址，即通过具体地址获取地址上的数据，取指令和取数据操作分别使用 CPU 的 IBUS 和 DBUS 总线。例如，从地址 addr 中读取 1 字（32 位）的数据，代码如下：

```
data=*(u32*)addr;
```

将 addr 强制转换为 u32 类型的指针，然后取该指针所指向的地址的值，即可得到地址 addr 上 1 字的数据。类似的，将 u32 类型改为 u16 类型，即可读取指定地址上半字的数据。

14.3.2　Flash 写操作

Flash 的写操作主要分为 3 步：解锁、页擦除和数据写入。其中涉及的寄存器可参见《GD32F30x_用户手册（中文版）》的第 2.4 节。

（1）解锁

由于内部 Flash 用于存储程序，为了防止误操作修改这些关键内容，微控制器复位后默认通过控制寄存器 FMC_CTLx 进行上锁，禁止修改 Flash 的内容，以达到保护的作用。因此向 Flash 写入数据前需要先解锁。过程如下：复位后，FMC_CTL0 寄存器进入锁定状态，LK 位被置 1。此时先向 FMC_KEY0 寄存器写入 0x45670123，再写入 0xCDEF89AB，两次写操作后，FMC_CTL0 寄存器的 LK 位被置 0，FMC_CTL0 寄存器解锁，此时，即可向 Flash 写入数据。

（2）页擦除

由于 Flash 的写入操作仅能将内部的 1 写为 0，而不能将 0 写为 1，因此在写入数据前还需要进行页擦除。FMC 的页擦除功能可以将 Flash 主存储区相应的页初始化为 1，而不影响其他页的内容。FMC 页擦除步骤如下：

① 确保 FMC_CTLx 寄存器不处于锁定状态；

② 检查 FMC_STATx 寄存器的 BUSY 位，判断闪存是否正处于擦写访问状态，若 BUSY 位为 1，则需等待该操作结束，BUSY 位变为 0；

③ 置位 FMC_CTLx 寄存器的 PER 位；

④ 将待擦除页的绝对地址（0x08XX XXXX）写入 FMC_ADDRx 寄存器；

⑤ 将 FMC_CTLx 寄存器的 START 位置 1，以发送页擦除命令到 FMC；

⑥ 等待擦除指令执行完毕，即 FMC_STATx 寄存器的 BUSY 位清零；

⑦ 此时页擦除完成，可通过 DBUS 读并验证该页是否擦除成功。

Flash 页擦除流程图如图 14-1 所示。

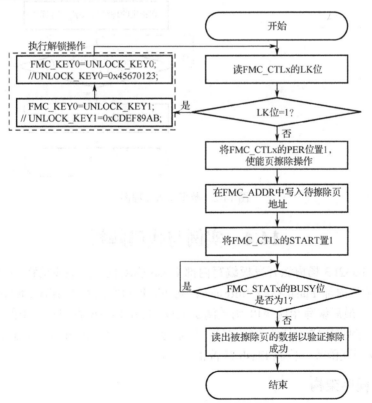

图 14-1 Flash 页擦除流程图

（3）数据写入

FMC 提供了一个 32 位整字/16 位半字/位编程功能，用来修改主存储闪存块内容。写入时不仅通过指针向对应的地址赋值，还需要配置一系列寄存器，步骤如下：

① 确保 FMC_CTLx 寄存器不处于锁定状态；

② 等待 FMC_STATx 寄存器的 BUSY 位变为 0；

③ 置位 FMC_CTLx 寄存器的 PG 位；

④ DBUS 写一个 32 位整字/16 位半字到目的绝对地址（0x08XX XXXX）；

⑤ 等待编程指令执行完毕，即 FMC_STATx 寄存器的 BUSY 位清零。

此时数据写入完成，可通过 DBUS 读并验证是否编程成功。数据写入流程图如图 14-2 所示。

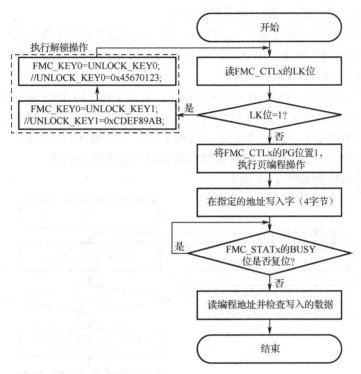

图 14-2　数据写入流程图

14.4　实例与代码解析

本节基于 GD32F3 杨梅派开发板编写内部 Flash 驱动程序，该驱动程序包括 3 个 API 函数，分别为初始化内部 Flash 函数 InitFlash、向 Flash 写字函数 FlashWriteWord 和读字函数 FlashReadWord，最后编写相应 API 函数测试 GD32F303RCT6 微控制器中的内部 Flash 工作是否正常。本实例将完成的具体内容包括：①通过固件库函数配置内部 Flash；②在 main 函数中调用 Flash 测试函数，检测 Flash 是否正常运行。

14.4.1　程序架构

读/写内部 Flash 的程序架构如图 14-3 所示。该图简要介绍了程序开始运行后各个函数的执行和调用流程，图中仅列出了与本章实例相关的部分函数。下面详细解释该程序架构图。

（1）在 main 函数中调用 InitHardware 函数进行硬件相关模块初始化，包含 RCU、NVIC、UART、Timer 和 Flash 等模块，其中 Flash 模块初始化函数 InitFlash 为空函数。

（2）调用 InitSoftware 函数进行软件相关模块初始化，本实例中 InitSoftware 函数为空。

（3）调用 FlashTest 函数进行内部 Flash 模块测试。

（4）调用 Proc2msTask 函数进行 2ms 任务处理，在该函数中，调用 LEDFlicker 函数实现 LED 闪烁。

（5）调用 Proc1SecTask 函数进行 1s 任务处理，本实例中没有需要处理的 1s 任务。

在图 14-3 中，编号①、③、⑦和⑨的函数在 Main.c 文件中声明和实现；编号②和④的函数在 Flash.h 文件中声明，在 Flash.c 文件中实现；编号⑤和⑥的函数在 Flash.c 文件中声明并实现。

要点解析：

（1）Flash 作为一种存储器，其读/写方法需要重点掌握。由于内部 Flash 在微控制器内部，通过数据总线和指令总线直接相连，因此可以直接寻址访问。

（2）由于 Flash 的编程特性为只能将 1 写为 0，而不能

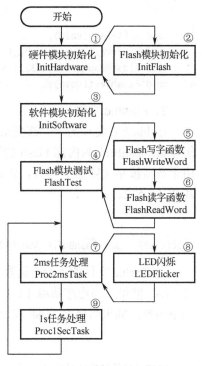

图 14-3 程序架构

将 0 写为 1，因此向 Flash 写入数据前需要将对应区域进行擦除，并且由于 Flash 存在最小擦除区域限制，因此对 Flash 的数据写入都需要进行"读→改→擦→写"操作，即将某一页数据完全读出，并修改对应地址上的数据，再将该页擦除，最后将数据写入。

通过本实例需要重点掌握内部 Flash 各个固件库函数及其操作的寄存器，掌握 Flash 读/写的过程。

14.4.2 Flash 文件对

1. Flash.h 文件

在 Flash.h 文件的"宏定义"区，定义了 Flash 每页的空间大小为 2KB，以及 Flash 的读/写起始地址和结束地址，如程序清单 14-1 所示。

程序清单 14-1

```
#define FLASH_PAGE_SIZE        ((uint32_t)0x0800)                        //页大小
#define USER_FLASH_START_ADDR ((uint32_t)0x08000000 + FLASH_PAGE_SIZE * 126)
                              //用户 Flash 起始地址，为第 126 页地址
#define USER_FLASH_ENDADDR USER_FLASH_START_ADDR + 2 * FLASH_PAGE_SIZE
                              //用户 Flash 结束地址，大小为 2 页
```

在"API 函数声明"区，为 API 函数的声明代码，如程序清单 14-2 所示。InitFlash 函数用于初始化内部 Flash 模块，FlashWriteWord 函数用于向 Flash 相应地址写入相应长度的数据，FlashReadWord 函数用于从 Flash 相应地址读取相应长度的数据，FlashTest 函数用于测试 Flash 读/写是否正常。

程序清单 14-2

```
1.   void InitFlash(void);                                               //初始化内部 Flash 模块
2.   void FlashWriteWord(uint32_t startAddr, uint32_t* pBuf, uint32_t len); //向 Flash 中写入字
3.   void FlashReadWord(uint32_t startAddr, uint32_t* pBuf, uint32_t len);  //从 Flash 读取字
4.   void FlashTest(void);                                               //测试 Flash 读/写是否正常
```

2. Flash.c 文件

在 Flash.c 文件的"内部变量"区，为内部变量的声明代码，如程序清单 14-3 所示。数组 s_arrFlashBuff 为内部 Flash 的写入缓冲区，FLASH_PAGE_SIZE 为 Flash 的页空间大小。由于数据按字（32 位）写入，因此设置数组的大小为宏定义 FLASH_PAGE_SIZE 除以 4，即 $2048/4 = 512$。

程序清单 14-3

```
static u32 s_arrFlashBuf[FLASH_PAGE_SIZE / 4];   //Flash 写入缓冲区，大小为 2KB
```

在 Flash.c 文件的"API 函数实现"区，首先实现 InitFlash 函数，InitFlash 函数用于初始化 Flash 模块，如程序清单 14-4 所示。本实例不需要对 Flash 模块进行初始化，因此该函数为空函数。如果需要对 Flash 模块进行初始化，可向该函数添加相应的函数体。

程序清单 14-4

```
1.   void InitFlash(void)
2.   {
3.
4.   }
```

在 InitFlash 函数实现区后，为 FlashWriteWord 函数的实现代码，如程序清单 14-5 所示。其中，参数 startAddr 为数据写入地址，由于数据按字（32 位）写入，因此该地址必须为 4 的倍数；pBuf 为待写入数据存放的数组地址；len 为需要写入的以字为单位的数据个数。

（1）第 10 至 19 行代码：根据输入参数计算相应的页地址和页内偏移量，并通过 fmc_unlock 函数解锁 Flash。

（2）第 25 至 76 行代码：将一整页的数据读取至缓冲区并将该页擦除，修改缓冲区相应位置的数据后，通过 for 循环将缓冲区中的数据写入原地址。

（3）第 79 行代码：通过 fmc_lock 函数对 Flash 上锁。

程序清单 14-5

```
1.   void FlashWriteWord(uint32_t startAddr, uint32_t* pBuf, uint32_t len)
2.   {
3.     u32 i;          //循环变量
4.     u32 pageAddr;   //页地址，即起始地址 startAddr 所在的页地址
5.     u32 pageOff;    //页内偏移地址（32 位计算），即起始地址 startAddr 所在的页的偏移地址
6.     u32 rwAddr;     //读/写地址
7.     u32 dataCnt;    //已写入数据量
8.
9.     //计算页地址和页内偏移量
10.    pageAddr = startAddr;
11.    pageOff  = 0;
12.    while(0 != (pageAddr % FLASH_PAGE_SIZE))
13.    {
```

```
14.        pageAddr = pageAddr - 4;
15.        pageOff++;
16.      }
17.
18.      //解锁 Flash，准备写入
19.      fmc_unlock();
20.
21.      //已写入数据量清零
22.      dataCnt = 0;
23.
24.      //写入 Flash 时需要先读取整页的内容到缓冲区，然后擦除一整页，将缓冲区修改后再写回 Flash
25.      while(1)
26.      {
27.        //读取一整页的数据到缓冲区
28.        rwAddr = pageAddr;
29.        for(i = 0; i < FLASH_PAGE_SIZE / 4; i++)
30.        {
31.          s_arrFlashBuf[i] = *(u32*)rwAddr;
32.          rwAddr = rwAddr + 4;
33.        }
34.
35.        //擦除一整页
36.        fmc_page_erase(pageAddr);
37.
38.        //修改缓冲区内的内容
39.        while(pageOff < (FLASH_PAGE_SIZE / 4))
40.        {
41.          //将数据保存到缓冲区
42.          s_arrFlashBuf[pageOff] = pBuf[dataCnt];
43.
44.          //已写入数据加 1
45.          dataCnt++;
46.
47.          //页内偏移量加 1
48.          pageOff++;
49.
50.          //写入完成
51.          if(dataCnt >= len)
52.          {
53.            break;
54.          }
55.        }
56.
57.        //页内偏移量清零
58.        pageOff = 0;
59.
60.        //将修改后的缓冲区内容写回 Flash
61.        rwAddr = pageAddr;
62.        for(i = 0; i < FLASH_PAGE_SIZE / 4; i++)
63.        {
64.          fmc_word_program(rwAddr, s_arrFlashBuf[i]);
65.          rwAddr = rwAddr + 4;
```

```
66.        }
67.
68.        //更新到下一页首地址
69.        pageAddr = pageAddr + FLASH_PAGE_SIZE;
70.
71.        //写入完成
72.        if(dataCnt >= len)
73.        {
74.          break;
75.        }
76.      }
77.
78.      //Flash 上锁
79.      fmc_lock();
80. }
```

在 FlashWriteWord 函数实现区后，为 FlashReadWord 函数的实现代码，如程序清单 14-6
所示。参数 startAddr 为数据读取地址，该地址必须为 4 的倍数，pBuf 为待读取数据读取后的
存放地址，len 为需要读取的以字为单位的数据个数。由于内部 Flash 通过数据总线和指令总
线与微控制器相连，因此可以直接通过地址读取数据。

程序清单 14-6

```
1.  void FlashReadWord(uint32_t startAddr, uint32_t* pBuf, uint32_t len)
2.  {
3.    u32 addr;
4.    u32 i;
5.
6.    addr = startAddr;
7.    for(i = 0; i < len; i++)
8.    {
9.      pBuf[i] = *(u32*)addr;
10.     addr = addr + 4;
11.   }
12. }
```

在 FlashReadWord 函数实现区后，为 FlashTest 函数的实现代码，如程序清单 14-7 所示。
该函数首先通过 FlashWriteWord 函数向 Flash 写入 1KB 数据；然后通过 FlashReadWord 函数
从 Flash 的同一位置中读取 1KB 数据；最后比较是否相同，若相同，则通过串口助手输出"写
入成功"，否则输出"写入失败"。

程序清单 14-7

```
1.  void FlashTest(void)
2.  {
3.    static unsigned int s_arrWriteBuf[256] = {0}; //写入缓冲区
4.    static unsigned int s_arrReadBuf[256] = {0};  //读取缓冲区
5.    unsigned int i, error;                        //循环变量和错误标志位
6.
7.    //为写入缓冲区赋初值
8.    for(i = 0; i < 256; i++)
9.    {
10.     s_arrWriteBuf[i] = i;
```

```
11.    }
12.
13.    //将缓冲区内的 1KB 数据写入 Flash
14.    FlashWriteWord(USER_FLASH_START_ADDR, s_arrWriteBuf, 256);
15.
16.    //从 Flash 中读取 1KB 数据到读取缓冲区
17.    FlashReadWord(USER_FLASH_START_ADDR, s_arrReadBuf, 256);
18.
19.    //对比数据,如果出错 error 将为 1
20.    error = 0;
21.    for(i = 0; i < 256; i++)
22.    {
23.      if(s_arrWriteBuf[i] != s_arrReadBuf[i])
24.      {
25.        error = 1;
26.        break;
27.      }
28.    }
29.
30.    //输出结果
31.    if(0 == error)
32.    {
33.      printf("写入成功\r\n");
34.    }
35.    else
36.    {
37.      printf("写入失败\r\n");
38.    }
39. }
```

14.4.3　Main.c 文件

在 Main.c 文件的"内部函数实现"区的 main 函数中,调用 FlashTest 函数测试内部 Flash 读/写是否正常,如程序清单 14-8 所示。

程序清单 14-8

```
1.   int main(void)
2.   {
3.     InitHardware();    //初始化硬件相关函数
4.     InitSoftware();    //初始化软件相关函数
5.
6.     printf("Init System has been finished.\r\n");    //打印系统状态
7.
8.     FlashTest();
9.
10.    while(1)
11.    {
12.      Proc2msTask();   //2ms 处理任务
13.      Proc1SecTask();  //1s 处理任务
14.    }
```

14.4.4　运行结果

代码编译通过后，下载程序。打开串口助手，选择正确的串口号并打开串口，按下 RST 按键进行复位，串口助手打印如图 14-4 所示的信息，表示 Flash 工作正常。

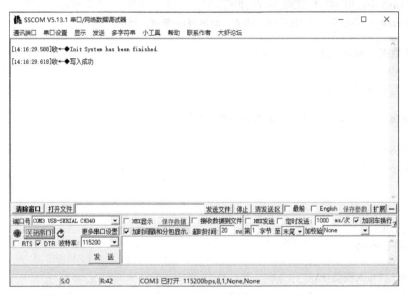

图 14-4　运行结果

本 章 任 务

基于 GD32F3 杨梅派开发板编写程序实现密码解锁功能。例如，设置微控制器初始密码为 0x12345678，并将其写入内部 Flash（切勿写入代码区），通过按下 KEY$_1$ 按键模拟输入密码 0x12345678，通过按下 KEY$_2$ 按键模拟输入密码 0x87654321，通过按下 KEY$_3$ 按键进行密码匹配。如果密码正确，则在串口助手上显示"Success！"；如果密码不正确，则显示"Failure！"。

任务提示：

1．在本章实例的基础上，在 Flash.c 文件的 InitFlash 函数中将初始密码写入内部 Flash，并在 main 函数的 InitHardware 函数中调用 InitFlash 函数完成初始化。

2．添加按键驱动，并在 ProcKeyOne 模块中实现按键按下的响应函数，即添加密码写入和密码匹配功能。

3．写入密码的地址要与保存初始密码的地址不同，进行密码匹配时，分别读出两个地址内的数据进行对比。

本 章 习 题

1．RAM、ROM 和内部 Flash 的特性分别是什么？

2．简述内部 Flash 的各个区域的功能。

3．简述微控制器完成内部 Flash 写操作的流程。

第 15 章　软件模拟 I²C 与读/写 EEPROM

微控制器与其他芯片之间进行数据交换，除了通过串口，还可使用 I²C、SPI 等通信接口。高速 I²C 总线的通信速率能达到 400kbps 以上。EEPROM 是一种可擦除反复编程的存储器，断电后数据不会丢失，可多次循环编程利用。与 Flash 不同的是，EEPROM 可以按字节进行数据改写，而 Flash 只能先擦除一个区间，再改写其内容。EEPROM 芯片通常使用 I²C 协议进行通信，本章将详细介绍 I²C 协议及 I²C 器件之间的通信过程，并使用软件模拟的 I²C 时序来实现 EEPROM 存储器的读/写功能。

15.1　EEPROM 电路原理图

GD32F3 杨梅派开发板上的 EEPROM 存储芯片 AT24C02 的连接电路如图 15-1 所示。微控制器的 PC10 引脚连接到 AT24C02 芯片的 SCL 引脚，为时钟引脚，PC11 引脚连接到 AT24C02 芯片的 SDA 引脚，为数据引脚。SDA 和 SCL 都有 4.7kΩ 的上拉电阻，空闲状态为高电平。A0、A1 和 A2 引脚接地（GND），表示 I²C 器件的片选地址为 000；WP 为写保护引脚，当 WP 连接 VCC 时，存储器为写保护（只读）状态，所以开发板上的 WP 引脚连接 GND，这样存储器为可读可写状态。

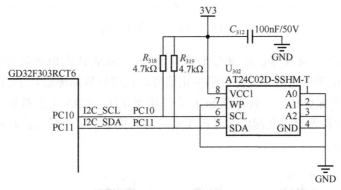

图 15-1　EEPROM 电路原理图

15.2　I²C 原理

15.2.1　I²C 协议

I²C 总线（IIC bus，Inter-IC bus）是 PHLIPS 公司推出的一种串行总线，是具备多主机系统所需的包括总线裁决和高低速器件同步功能的高性能串行总线。I²C 总线只有两条双向信号线：数据线 SDA 和时钟线 SCL。

每个连接到 I²C 总线上的器件都有唯一的地址。主机与其他器件间的数据传输关系为主机发送数据到其他器件，这时主机为发送器，从总线上接收数据的器件为接收器。如图 15-2 所示，在多主机系统中，可能同时有多个主机企图启动总线传输数据。为了避免混乱，I²C 总线要通过总线仲裁决定由哪一个主机控制总线。

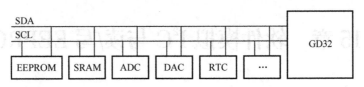

图 15-2　I²C 总线物理拓扑结构图

如图 15-3 所示为 I²C 总线内部结构，I²C 总线通过上拉电阻连接正电源。当总线空闲时，两条信号线均为高电平。连接到总线上的任一器件输出低电平，都将使总线信号变为低电平，即各器件的 SDA 及 SCL 都是线"与"关系。

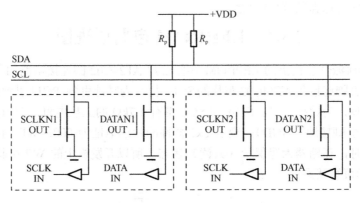

图 15-3　I²C 总线内部结构

I²C 时序图如图 15-4 所示，在 SCL 为高电平期间，SDA 由高电平向低电平变化表示起始信号，SDA 由低电平向高电平变化表示停止信号。在进行数据传输且 SCL 为高电平期间，SDA 上的数据必须保持稳定。只有在 SCL 为低电平期间，SDA 上的数据才允许变化。起始和停止信号都由主机发出，在起始信号产生后，总线处于被占用状态；在停止信号产生后，总线处于空闲状态。

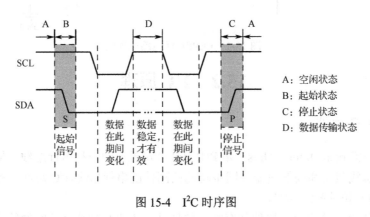

图 15-4　I²C 时序图

在 SCL 为高电平期间，若 SDA 保持低电平，表示发送 0 或应答；若 SDA 保持高电平，则表示发送 1 或非应答，如图 15-5 所示。

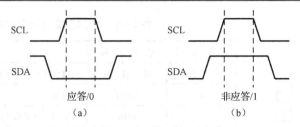

图 15-5　SDA 信号

15.2.2　I²C 器件地址

每个 I²C 器件都有一个器件地址，很多器件都是由硬件来确定地址的。例如，I²C 器件 AT24C02 有 7 位地址码，前 4 位固定为 1010，后 3 位为片选地址，分别为 A2、A1、A0，片选地址由硬件连接决定。如图 15-6（a）所示，当片选地址引脚 A2、A1、A0 都连接到 GND 时，片选地址为 000，器件地址为 1010000；如图 15-6（b）所示，当片选地址引脚 A2、A1、A0 都连接到 VCC 时，片选地址为 111，器件地址为 1010111。

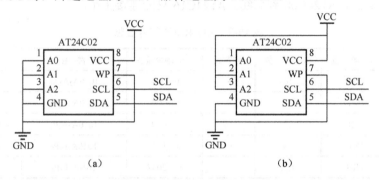

图 15-6　I²C 器件地址

严格来讲，主机并不直接向从机发送地址，而是向总线发送地址，所有从机都能接收到主机发送的地址，然后每个从机都将主机发送的地址与自己的地址进行比较，如果能匹配，则从机就会向总线发出一个响应信号。主机收到响应信号后，开始向总线发送数据，这时与从机的通信就建立起来了。如果主机没有收到响应信号，则表示寻址失败。

如图 15-7 所示为 I²C 控制命令传输的数据格式示意图。S 为起始位，I²C 协议在进行数据传输时，主机首先向总线发出控制命令（1010A2A1A0R/W），传输时按照从高位到低位的顺序传输，控制字节的最低位为 R/W（读/写）控制位。当 R/W 位为 0 时，表示主机对从机进行写操作；当 R/W 位为 1 时，表示主机对从机进行读操作。传输完控制命令后等待从机响应。

| S | 1 | 0 | 1 | 0 | A2 | A1 | A0 | R/W | ACK |

图 15-7　I²C 控制命令传输的数据格式示意图

15.2.3　AT24C02 芯片

AT24C02 芯片是一个 256B 串行 CMOS EEPROM，内部含有 32 页，每页 8 字节，该器件通过 I²C 总线接口进行读/写操作，有专门的写保护功能，该芯片的引脚图如图 15-8 所示，引脚功能描述如表 15-1 所示。

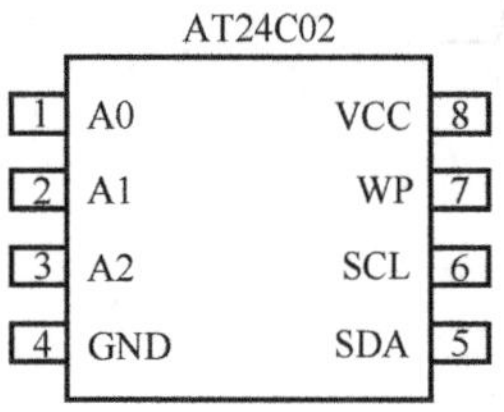

表 15-1　AT24C02 芯片引脚功能描述

图 15-8　AT24C02 芯片引脚图

引脚编号	引脚名称	描　　述
1～3	A0、A1、A2	器件地址输入引脚
4	GND	接地
5	SDA	串行地址或数据输入/输出引脚
6	SCL	串行时钟输入引脚
7	WP	写保护引脚，接地时允许对器件进行读/写操作；接高电平时，写保护，只能进行读操作
8	VCC	接电源

　　相同器件型号的从机可以连接到 I^2C 总线上的数量由器件地址引脚决定。如表 15-2 所示，AT24C01 和 AT24C02 的器件地址有 3 位（A2A1A0），即器件地址有 2^3 种组合，可以连接 8 个 AT24C01 或 AT24C02 到总线；AT24C04 的器件地址有 2 位（A2A1），即器件地址有 2^2 种组合，可以连接 4 个 AT24C04 到总线；AT24C08 的器件地址只有 1 位（A2），即 0 和 1 两种状态，可以连接 2 个 AT24C08 到总线；AT24C16 只能连接 1 个。

表 15-2　AT24CXX 芯片信息

器件型号	总容量	总页数	字节/页	字节地址范围	器件地址	数据地址
AT24C01	128B	16	8	0～127	$1010A_2A_1A_0$	$xa_6a_5a_4a_3a_2a_1a_0$
AT24C02	256B	32	8	0～255	$1010A_2A_1A_0$	$a_7a_6a_5a_4a_3a_2a_1a_0$
AT24C04	512B	32	16	0～511	$1010A_2A_1P_0$	$a_7a_6a_5a_4a_3a_2a_1a_0$
AT24C08	1KB	64	16	0～1023	$1010A_2P_1P_0$	$a_7a_6a_5a_4a_3a_2a_1a_0$
AT24C16	2KB	128	16	0～2047	$1010P_2P_1P_0$	$a_7a_6a_5a_4a_3a_2a_1a_0$

　　操作一个 I^2C 器件，除了要访问器件地址，还需要能够指定器件数据地址。器件数据地址的长度与容量有关，如图 15-9 所示，假设 AT24C02 的容量为 256B，那么 AT24C02 的数据地址为 8 位（$2^8 = 256$），即 1 字节可满足。对于 AT24C04，容量为 512B，数据地址需要 9 位，所以 AT24C04 的器件地址位只有 A2A1，P0 为空间存储块选择位，每个存储块大小为 256 字节。当 P0 为 0 时，操作的是 0～255 字节；当 P0

图 15-9　数据地址

为 1 时，操作的是 256～511 字节。同理，对于容量为 1KB 的 AT24C08，数据地址可分为 4 个 256 字节的存储块，要操作哪个存储块取决于 P1、P0 的组合：P1P0 = 00 时，操作的是 0～255 字节；P1P0 = 01 时，操作的是 256～511 字节；P1P0 = 10 时，操作的是 512～767 字节；P1P0 = 11 时，操作的是 768～1023 字节。

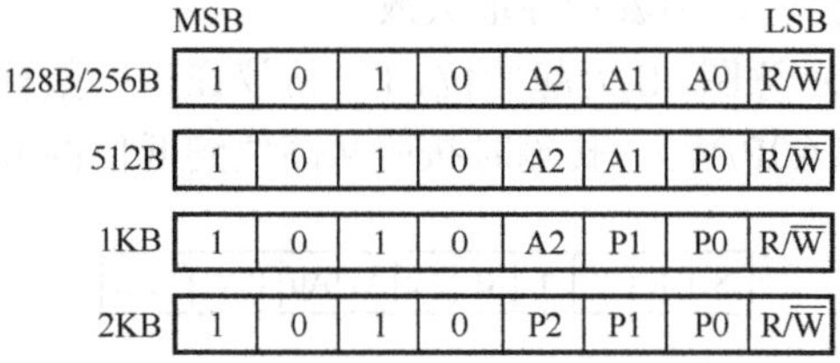

　　以 AT24C08 为例说明如何使用，当两个 AT24C08 连接到总线上时，它们的 A2 引脚分别接地和接高电平，器件地址分别为 1010000x 和 1010100x。当要读第 1 个 AT24C08（A2 引脚接地）的第 1 个存储块的数据时，需先发送地址字节 10100001；当要把数据写进第 2 个 AT24C08（A2 引脚接高电平）的第 2 个存储块时，应发送地址字节 10101010。

15.2.4　I²C 写时序

不同的 I²C 器件其器件地址不同，所以写时序也不同。下面介绍单字节写时序和页写时序。

单字节写时序如图 15-10 所示，在单字节写模式下，主机发送起始命令和控制字节信息，在从机响应应答信号后，主机发送要写入数据的地址，主机在收到从机的应答信号后，再发送待写入的数据，从机响应应答后信号后，主机产生停止位，终止传输。

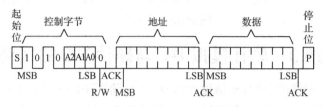

图 15-10　单字节写时序

页写时序如图 15-11 所示，主机发送起始命令和控制字节信息，在从机响应应答信号后，主机发送要写入数据的地址，主机在收到从机的应答信号后，再发送待写入的数据，从机响应应答信号后，主机发送下一个数据，从机响应应答信号，直到 N 个数据被写完，在从机响应应答信号后，主机产生停止位，终止传输。

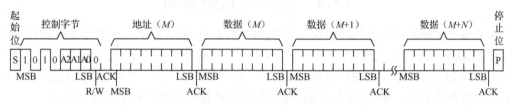

图 15-11　页写时序

15.2.5　I²C 读时序

I²C 读操作也与器件地址有关，下面介绍单字节读时序和页读时序。

单字节读时序如图 15-12 所示，主机发送起始命令和控制字节信息，在从机响应应答信号后，主机发送要读取数据的地址，主机在收到从机的应答信号后，发送起始命令和控制字节信息，并将 R/W 位置 1，表示为读操作。收到从机的应答信号后，主机读取数据完成后，产生无应答信号，最后主机产生停止位，终止传输。

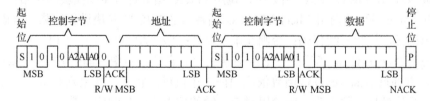

图 15-12　单字节读时序

页读时序如图 15-13 所示，主机发送起始命令和控制字节信息，在从机响应应答信号后，主机发送要读取数据的地址，主机在收到从机的应答信号后，发送起始命令和从机地址信息，并将 R/W 位置 1，表示为读操作。收到从机的应答信号后，主机读取数据，然后主机发送应答信号，读取下一字节数据，每读完一字节数据，主机都要发送应答信号，直到读完 N 字节数据，主机产生无应答信号，再产生停止位，终止传输。

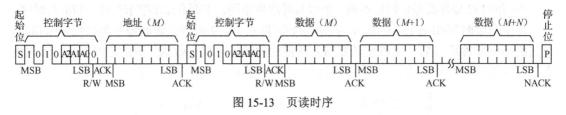

图 15-13 页读时序

15.3 软件模拟 I²C 与硬件 I²C 的区别

通过前面对 I²C 时序的介绍，相信读者已经对 I²C 读/写 EEPROM 的方式有了一定的了解。本章使用软件模拟 I²C 时序对 EEPROM 进行读/写操作，但实际上 GD32F303RCT6 微控制器内部已经集成了硬件 I²C 外设，通过固件库函数即可快速对 EEPROM 进行读/写。另外，硬件 I²C 还具有易于配置的优点，使用硬件 I²C 可降低系统资源占用，提高读取速率。但由于 I²C 固件库函数集成度较高，初学者往往难以理解其函数实现原理。因此，本章主要针对使用 GPIO 口模拟的软件 I²C 时序进行介绍，帮助初学者快速掌握 I²C 的基本原理。

15.4 实例与代码解析

本节基于配套资料包提供的例程，利用软件模拟 I²C 时序设计一个读/写 EEPROM 程序，通过按下 KEY$_1$ 按键，可使微控制器向 EEPROM 写入数据"hello world!"；按下 KEY$_2$ 按键，微控制器向 EEPROM 写入数据"hello MCU!"；按下 KEY$_3$ 按键，微控制器从 EEPROM 中读取上一次写入的数据。读/写的数据通过串口发送到计算机的串口助手上进行显示。

15.4.1 程序架构

软件模拟 I²C 与读/写 EEPROM 的程序架构如图 15-14 所示。该图简要介绍了程序开始运行后各个函数的执行和调用流程，图中仅列出了与本实例相关的部分函数。下面详细解释该程序架构图。

（1）在 main 函数中调用 InitHardware 函数进行硬件相关模块初始化，包括 RCU、NVIC、UART、Timer、KeyOne 和 ProcKeyOne 等模块的初始化。

（2）调用 InitSoftware 函数进行软件相关模块初始化，主要包括 AT24C02 模块初始化函数 InitAT24Cxx。在 InitAT24Cxx 函数中，调用 InitI2C 函数进行 I²C 模块的初始化。

（3）在 while 循环中调用 CheckAT24Cxx 函数对 AT24C02 模块进行检测，若模块检测正常，则跳出循环，执行后续代码；否则在串口循环打印"AT24Cxx init fail!"。

（4）调用 Proc2msTask 函数进行 2ms 任务处理，在该函数中，调用 LEDFlicker 函数实现 LED 闪烁，并通过 ScanKeyOne 函数依次扫描 3 个按键的状态，如果判断出某一按键有效按下或弹起，且按键标志位正确，则调用对应按键的按下或弹起响应函数。

（5）调用 Proc1SecTask 函数进行 1s 任务处理，本实例中没有需要处理的 1s 任务。

在图 15-14 中，编号①、②、⑥和⑩的函数在 Main.c 文件中声明和实现；编号③和⑤的函数在 AT24Cxx.h 文件中声明，在 AT24Cxx.c 文件中实现；编号④的函数在 I2C.h 文件中声明，在 I2C.c 文件中实现。

要点解析：

（1）I²C 协议的实现，首先在 ConfigI2CGPIO 函数中配置产生 I²C 时序的 GPIO 端口，本实例使用软件 I²C，因此不需要调用硬件 I²C 相关库函数。只要配置 GPIO 端口为常规的输入/输出模式即可。注意，本实例使用 PC11 来模拟 SDA 信号，I²C 协议中提到，SDA 信号线可写可读，因此需要在 SetI2CSDAAsInput 和 SetI2CSDAAsOutput 函数中分别配置 PC11 为输入和输出模式。另外，在编写 I²C 时序产生函数时需要掌握 I²C 协议的原理，并注意 SCL 和 SDA 信号之间的延时。

（2）读/写 EEPROM 功能的实现，需要区别 AT24C02 的器件地址和数据地址。在实现读/写字节函数时，需要注意将写入数据的目标地址左移一位再传入 I²C 发送函数中。

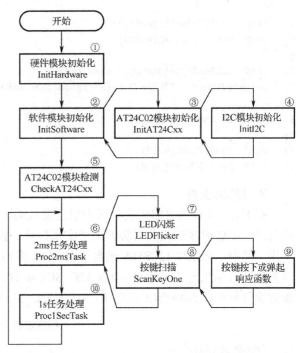

图 15-14　程序架构

（3）本实例使用按键来触发读/写操作，因此，实现 AT24C02 读/写功能的函数应分别在 ProKeyOne.c 文件的 ProcKeyDownKey1、ProcKeyDownKey2 和 ProcKeyDownKey3 函数中调用。

通过本实例需要重点掌握 I²C 协议的原理，理解 I²C 读/写时序实现的方法，同时也需要了解 AT24C02 的工作原理。

15.4.2　I2C 文件对

1．I2C.h 文件

在 I2C.h 文件的"宏定义"区为宏定义代码，如程序清单 15-1 所示，1 表示 ACK，0 表示 NACK，分别代表发送应答指令和发送非应答指令。这两个参数在 I2CReadByte 函数中调用，用于读取操作。

程序清单 15-1

```
#define ACK     1       //读取 1 字节数据后，发送 ACK
#define NACK    0       //读取 1 字节数据后，发送 NACK
```

在"API 函数声明"区，为 API 函数的声明代码，如程序清单 15-2 所示，其中 InitI2C 函数用于初始化 I²C，主要是 GPIO 的初始化；GenI2CStartSig 函数用于产生 I²C 起始时序；GenI2CStopSig 函数用于产生 I²C 停止时序；I2CSendByte 函数用于写入 1 字节数据；I2CReadByte 函数用于读取 1 字节数据；I2CWaitAck 用于等待 ACK 信号；SendI2Cack 函数用于发送 ACK 信号；SendI2CNAck 函数用于发送 NACK 信号。

程序清单 15-2

```
1.  void  InitI2C(void);                        //初始化 I²C，主要是 GPIO 的初始化
```

```
2.
3.  void  GenI2CStartSig(void);                    //产生 I²C 起始时序
4.  void  GenI2CStopSig(void);                     //产生 I²C 停止时序
5.
6.  void  I2CSendByte(unsigned char txd);          //I²C 发送 1 字节数据
7.  unsigned char   I2CReadByte(unsigned char ack); //I²C 读取 1 字节数据
8.
9.  unsigned char   I2CWaitAck(void);              //I²C 等待 ACK 信号
10.
11. void  SendI2CAck(void);                        //I²C 发送 ACK 信号
12. void  SendI2CNAck(void);                       //I²C 不发送 ACK 信号
```

2. I2C.c 文件

在 I2C.c 文件的"宏定义"区为宏定义代码，如程序清单 15-3 所示。这些宏定义本质上是对产生 I²C 时序的相关引脚的电平实现拉高、拉低或电位检测，在实现 I²C 时序的函数中调用。其中，READ_I2CSDA 函数读取 SDA 端口，用于检测应答信号；SET_I2C_SCL 函数设置时钟线 SCL 输出高电平；CLR_I2C_SCL 函数设置时钟线 SCL 输出低电平；SET_I2C_SDA 函数设置数据线 SDA 输出高电平；CLR_I2C_SDA 函数设置数据线 SDA 输出低电平。

程序清单 15-3

```
1.  //读取 SDA 端口
2.  #define READ_I2CSDA()  gpio_input_bit_get(GPIOC, GPIO_PIN_11)
3.
4.  //时钟线 SCL 输出高电平
5.  #define SET_I2C_SCL()  gpio_bit_set(GPIOC, GPIO_PIN_10)
6.  //时钟线 SCL 输出低电平
7.  #define CLR_I2C_SCL()  gpio_bit_reset(GPIOC, GPIO_PIN_10)
8.
9.  //数据线 SDA 输出高电平
10. #define SET_I2C_SDA()  gpio_bit_set(GPIOC, GPIO_PIN_11)
11. //数据线 SDA 输出低电平
12. #define CLR_I2C_SDA()  gpio_bit_reset(GPIOC, GPIO_PIN_11)
```

在"内部函数声明"区，为内部函数的声明代码，如程序清单 15-4 所示。其中 ConfigI2CGPIO 函数配置 I²C 的 GPIO；SetI2CSDAAsInput 函数将 SDA 端设置为输入；SetI2CSDAAsOutput 函数将 SDA 端设置为输出。

程序清单 15-4

```
static  void  ConfigI2CGPIO(void);         //配置 I²C 的 GPIO
static  void  SetI2CSDAAsInput(void);      //将 SDA 端设置为输入
static  void  SetI2CSDAAsOutput(void);     //将 SDA 端设置为输出
```

在"内部函数实现"区，首先实现了 ConfigI2CGPIO 函数，该函数通过 gpio_init 初始化 I²C 通信的两个引脚，并通过 gpio_bit_set 函数将初始电平拉高。

在 ConfigI2CGPIO 函数实现区后，为 SetI2CSDAAsInput 函数的实现代码，该函数通过 gpio_init 函数将 PC11 设置为浮空输入模式。

在 SetI2CSDAAsInput 函数实现区后，为 SetI2CSDAAsOutput 函数的实现代码，该函数通过 gpio_init 函数将 PC11 设置为输出模式，并通过 gpio_bit_set 函数将其电平拉高。

这里将 PC11（SDA）配置为输入或输出模式，本质上是模拟 SDA 数据线的功能。当设置 PC11 为输入模式时，可以读取从机的数据或应答信号；当设置 PC11 为输出模式时，可以将数据写入从机或发送应答和非应答信号。

在"API 函数实现"区，首先实现了 InitI2C 函数，如程序清单 15-5 所示。该函数通过调用 ConfigI2CGPIO 函数配置 I²C 的 GPIO。

程序清单 15-5

```
1.   void InitI2C(void)
2.   {
3.     ConfigI2CGPIO();        //配置 I²C 的 GPIO
4.   }
```

在 InitI2C 函数实现区后，为 GenI2CStartSig 函数的实现代码，如程序清单 15-6 所示。该函数用于产生 I²C 起始时序。根据 I²C 的基本原理，通过调整 SDA 和 SCL 的电平高低即可模拟 I²C 时序。

程序清单 15-6

```
1.   void GenI2CStartSig(void)
2.   {
3.     SetI2CSDAAsOutput(); //将数据线 SDA 设置为输出
4.     SET_I2C_SDA();       //1#数据线 SDA 输出高电平
5.     SET_I2C_SCL();       //2#时钟线 SCL 输出高电平，2～3 的间隔须>4.7μs
6.     DelayNus(4);         //延时 4μs
7.     CLR_I2C_SDA();       //3#数据线 SDA 输出低电平，3～4 的间隔须>4.0μs
8.     DelayNus(4);         //延时 4μs
9.     CLR_I2C_SCL();//4#时钟线 SCL 输出低电平，保持 I²C 的时钟线 SCL 为低电平，准备发送或接收数据
10.  }
```

在 GenI2CStartSig 函数实现区后，为 GenI2CStopSig 函数的实现代码，如程序清单 15-7 所示，该函数通过设置 SCL 和 SDA 的电平，产生 I²C 的停止时序。

程序清单 15-7

```
1.   void GenI2CStopSig(void)
2.   {
3.     SetI2CSDAAsOutput(); //将数据线 SDA 设置为输出
4.     CLR_I2C_SCL();       //1#时钟线 SCL 输出低电平
5.     CLR_I2C_SDA();       //2#数据线 SDA 输出低电平
6.     DelayNus(4);         //延时 4μs
7.     SET_I2C_SCL();       //3#时钟线 SCL 输出高电平，3～4 的间隔须>4.7μs
8.     SET_I2C_SDA();
         //4#数据线 SDA 输出高电平，发送 I²C 总线结束信号，4 之后 SDA 须保持不小于 4μs 的高电平
9.     DelayNus(4);         //延时 4μs
10.  }
```

在 GenI2CStopSig 函数实现区后为 I2CSendByte 函数的实现代码，如程序清单 15-8 所示。

（1）第 5 至 6 行代码：设置 SDA 为输出，并使 SCL 输出低电平，开始数据传输。

（2）第 8 至 26 行代码：通过 for 循环，将 1 字节数据逐位发送。其中，(txd&0x80)>>7 用于确定本次循环的最高位并将其移至最低位，以通过 if 语句调用相应的函数。发送最高位后，再将数据次高位移到最高位，并根据 I²C 时序设置时钟线 SCL 以进行下一次发送。

```
1.    void I2CSendByte(unsigned char txd)
2.    {
3.      unsigned char t;                    //循环计数器
4.
5.      SetI2CSDAAsOutput();                //将数据线 SDA 设置为输出
6.      CLR_I2C_SCL();                      //1#时钟线 SCL 输出低电平,开始数据传输
7.
8.      for(t = 0; t < 8; t++)              //循环 8 次,从高到低取出字节的 8 个位
9.      {
10.       if((txd&0x80) >> 7)              //2#取出字节最高位,并判断为 0 还是 1,从而做出相应的操作
11.       {
12.         SET_I2C_SDA();                 //数据线 SDA 输出高电平,数据位为 1
13.       }
14.       else
15.       {
16.         CLR_I2C_SDA();                 //数据线 SDA 输出低电平,数据位为 0
17.       }
18.
19.       txd <<= 1;                       //左移一位,次高位移到最高位
20.
21.       DelayNus(2);                     //延时 2μs
22.       SET_I2C_SCL();                   //3#时钟线 SCL 输出高电平
23.       DelayNus(2);                     //延时 2μs
24.       CLR_I2C_SCL();                   //4#时钟线 SCL 输出低电平
25.       DelayNus(2);                     //延时 2μs
26.     }
27.   }
```

在 I2CSendByte 函数实现区后,为 I2CReadByte 函数的实现代码,如程序清单 15-9 所示。该函数用于读取 1 字节数据,输入参数为 ack,当 ack 为 1 时,发送 ACK(应答信号);当 ack 为 0 时,发送 NACK(非应答信号)。

(1)第 6 行代码:通过 SetI2CSDAAsInput 函数设置 SDA 为输入模式。

(2)第 8 至 22 行代码:根据 I²C 时序设置时钟线以进行下一位数据的读取,通过 READ_I2CSDA 判断 SDA 线的电平高低,并存放于 receive 变量的最低位,在下一次获取循环前左移一位以空出最低位。其中,当 SDA 为高电平时,receive 变量加 1,表示此次接收数据为 1;当 SDA 为低电平时,receive 不变,但由于在下一循环中 receive 左移一位,自动补 0,即此次接收的数据为 0。

(3)第 24 至 31 行代码:根据传入参数发送 NACK 非应答信号或 ACK 应答信号。

```
1.    unsigned char I2CReadByte(unsigned char ack)
2.    {
3.      unsigned char i = 0;                //i 为循环计数器
4.      unsigned char receive = 0;          //receive 用来存放接收的数据
5.
6.      SetI2CSDAAsInput();                 //1#将数据线 SDA 设置为输入
7.
8.      for(i = 0; i < 8; i++ )             //循环 8 次,从高到低读取字节的 8 个位
9.      {
```

```
10.        CLR_I2C_SCL();                    //2#时钟线 SCL 输出低电平
11.        DelayNus(2);                      //延时 2μs
12.        SET_I2C_SCL();                    //3#时钟线 SCL 输出高电平
13.
14.        receive <<= 1;                    //左移一位，空出新的最低位
15.
16.        if(READ_I2CSDA())                 //4#读取数据线 SDA 的数据位
17.        {
18.          receive++;                      //在 SCL 的上升沿后，数据已经稳定，因此可以取该数据，存入最低位
19.        }
20.
21.        DelayNus(1);                      //延时 1μs
22.    }
23.
24.    if (NACK == ack)                      //如果 ack 为 NACK
25.    {
26.      SendI2CNAck();                      //发送 NACK，非应答
27.    }
28.    else                                  //如果 ack 为 ACK
29.    {
30.      SendI2CAck();                       //发送 ACK，应答
31.    }
32.
33.    return receive;                       //返回读取到的数据
34. }
```

在 I2CReadByte 函数实现区后，为 I2CWaitAck 函数的实现代码，如程序清单 15-10 所示。该函数将 SDA 设置为输入模式，时钟线电平拉高后，等待 SDA 电平被拉低（即应答信号）后将时钟线电平拉低以钳住 I²C 总线。若长时间未接收到应答信号，则产生一个停止信号并返回 1，表示接收应答失败。

程序清单 15-10

```
1.   unsigned char I2CWaitAck(void)
2.   {
3.     unsigned char ucErrTime = 0;
4.
5.     SetI2CSDAAsInput();                   //将数据线 SDA 设置为输入
6.     SET_I2C_SCL();                        //时钟线 SCL 输出高电平
7.     DelayNus(1);                          //延时 1μs
8.
9.     while(READ_I2CSDA())                  //读取的数据如果是高电平，即接收端没有应答
10.    {
11.      ucErrTime++;                        //计数器加 1
12.
13.      if(ucErrTime > 250)                 //如果超过 250 次，则判断为接收端出现故障，发送结束信号
14.      {
15.        GenI2CStopSig();                  //产生一个停止信号
16.
17.        return 1;                         //返回值为 1，表示没有收到应答信号
18.      }
19.    }
```

```
20.
21.    CLR_I2C_SCL();              //表示已收到应答信号，时钟线 SCL 输出低电平，钳住 I²C 总线
22.
23.    return 0;                   //返回值为 0，表示接收应答成功
24. }
```

在 I2CWaitAck 函数实现区后，为 SendI2Cack 和 SendI2CNAck 函数的实现代码，在这两个函数中，将数据线设置为输出模式后，设置相应电平以发送应答信号或非应答信号。

15.4.3　AT24Cxx 文件对

1. AT24Cxx.h 文件

在 AT24Cxx.h 文件的"宏定义"区为宏定义代码，如程序清单 15-11 所示，这些宏定义分别代表该文件可支持的 9 种不同容量的 EEPROM，同时定义 USER_DEFINE_EEPROM_TYPE 来设置默认型号。

程序清单 15-11

```
1.  //对应的内存字节大小
2.  #define AT24C01    127
3.  #define AT24C02    255
4.  #define AT24C04    511
5.  #define AT24C08    1023
6.  #define AT24C16    2047
7.  #define AT24C32    4095
8.  #define AT24C64    8191
9.  #define AT24C128   16383
10. #define AT24C256   32767
11.
12. #define USER_DEFINE_EEPROM_TYPE    AT24C02        //用户定义 EEPROM 的内存字节大小
```

在"API 函数声明"区，为 API 函数的声明代码，如程序清单 15-12 所示，InitAT24Cxx 函数用于初始化 AT24Cxx 模块，CheckAT24Cxx 函数用于检查器件是否存在，AT24CxxWrite 函数用于从指定地址开始写入指定长度的数据，AT24CxxRead 函数用于从指定地址开始读出指定长度的数据。

程序清单 15-12

```
1.  void          InitAT24Cxx(void);  //初始化 AT24Cxx
2.  unsigned char CheckAT24Cxx(void); //检查器件是否存在
3.
4.  void  AT24CxxWrite(unsigned short writeAddr, unsigned char* pBuffer, unsigned short
    numToWrite);   //从指定地址开始写入指定长度的数据
5.  void  AT24CxxRead(unsigned short readAddr, unsigned char* pBuffer, unsigned short numToRead);
               //从指定地址开始读出指定长度的数据
```

2. AT24Cxx.c 文件

在 AT24Cxx.c 文件的"内部函数声明"区，为内部函数的声明代码，如程序清单 15-13 所示。AT24CxxReadOneByte 函数用于从指定地址读取 1 字节数据，AT24CxxWriteOneByte 函数用于从指定地址写入 1 字节数据。

程序清单 15-13

```
static  unsigned char   AT24CxxReadOneByte(unsigned short readAddr);//从指定地址读取 1 字节数据
static  void  AT24CxxWriteOneByte(unsigned short writeAddr, unsigned char dataToWrite);
                                                                //从指定地址写入 1 字节数据
```

在"内部函数实现"区，首先实现 AT24CxxReadOneByte 函数，如程序清单 15-14 所示。

（1）第 5 至 16 行代码：发送起始信号后，根据 EEPROM 存储器芯片的内存大小进行相应的操作，AT24C02 的字节地址为 0~255，因此最终通过 I2CSendByte 函数发送器件地址 0xA0 准备进行写操作。

（2）第 18 至 24 行代码：等待应答并发送字节地址后，发送 0xA1 以进行读操作。

（3）第 26 至 30 行代码：通过 I2CReadByte 函数获取 1 字节数据，并发送非应答信号，表示停止接收下一字节数据，最后发送停止信号并返回读取到的数据。

程序清单 15-14

```
1.   static  unsigned char AT24CxxReadOneByte(unsigned short readAddr)
2.   {
3.     unsigned char temp = 0;
4.
5.     GenI2CStartSig();                             //发送起始信号
6.
7.     if(USER_DEFINE_EEPROM_TYPE > AT24C16)         //如果内存字节大于 AT24C16(2047)
8.     {
9.       I2CSendByte(0XA0);                          //发送写命令
10.      I2CWaitAck();                               //等待应答
11.      I2CSendByte(readAddr >> 8);                 //发送高地址
12.    }
13.    else                                          //内存字节不大于 2047
14.    {
15.      I2CSendByte(0XA0 + ((readAddr / 256) << 1));  //发送器件地址 0XA0，写数据
16.    }
17.
18.    I2CWaitAck();                      //等待应答
19.    I2CSendByte(readAddr % 256);       //发送 BYTE ADDRESS（字节的地址）
20.    I2CWaitAck();                      //等待应答
21.
22.    GenI2CStartSig();                  //发送起始信号
23.    I2CSendByte(0XA1);                 //发送 SLAVE ADDRESS，为了进入接收模式，需要将 R/W 位置 1
24.    I2CWaitAck();                      //等待应答
25.
26.    temp = I2CReadByte(0);             //传入参数 0 表示发送非应答信号
27.
28.    GenI2CStopSig();                   //发送停止信号
29.
30.    return temp;                       //返回读取到的值
31.  }
```

在 AT24CxxReadOneByte 函数实现区后，为 AT24CxxWriteOneByte 函数的实现代码，如程序清单 15-15 所示。该函数与 AT24CxxReadOneByte 函数类似，发送器件地址及写命令后，发送字节地址并通过 I2CSendByte 函数发送数据，收到应答信号后发送停止信号。

程序清单 15-15

```
1.   static void AT24CxxWriteOneByte(unsigned short writeAddr, unsigned char dataToWrite)
2.   {
3.     GenI2CStartSig();                                //发送起始信号
4.
5.     if(USER_DEFINE_EEPROM_TYPE > AT24C16)
6.     {
7.       I2CSendByte(0XA0);                             //发送写命令
8.       I2CWaitAck();
9.       I2CSendByte(writeAddr >> 8);                   //发送高地址
10.    }
11.    else
12.    {
13.      //左移 1 位因为 LSB 是 R/~W，发送 SLAVE ADDRESS（字节地址也包含在其中）
14.      I2CSendByte(0XA0 + ((writeAddr / 256) << 1));
15.    }
16.
17.    I2CWaitAck();                                    //等待应答
18.
19.    I2CSendByte(writeAddr % 256);                    //发送 BYTE ADDRESS（字节的地址）
20.    I2CWaitAck();                                    //等待应答
21.
22.    I2CSendByte(dataToWrite);                        //发送待写入的字节
23.    I2CWaitAck();                                    //等待应答
24.
25.    GenI2CStopSig();          //发送停止信号
26.    DelayNms(10);             //在主机产生停止信号后从机开始内部数据的擦写，
27.                             //在擦写过程中不再应答主机的任何请求，数据手册上的 tWR 是 5ms
28.  }
```

在"API 函数实现"区，首先实现 InitAT24Cxx 函数，该函数用于初始化 AT24C02 模块，如程序清单 15-16 所示。InitAT24Cxx 函数调用 InitI2C 函数初始化相应的 I^{2}C 模块。

程序清单 15-16

```
1.   void InitAT24Cxx(void)
2.   {
3.     InitI2C();          //初始化 I²C 模块
4.   }
```

在 InitAT24Cxx 函数实现区后，为 CheckAT24Cxx 函数的实现代码，如程序清单 15-17 所示。该函数通过读取 EEPROM 芯片的最后 1 字节数据进行判断，若为 0x55，表示正常；若不为 0x55，可能由于第一次初始化导致，重新写入再读取，若写入后读/写正常，则检测完成。

程序清单 15-17

```
1.   unsigned char CheckAT24Cxx(void)
2.   {
3.     unsigned char temp = 0;
4.
5.     temp = AT24CxxReadOneByte(255);          //避免每次开机都写 AT24Cxx
6.
7.     if(temp == 0X55)                         //检验是否 AT24Cxx 已写入
```

```
8.    {
9.      return 0;                              //检测成功
10.   }
11.   else                                     //排除第一次初始化的情况
12.   {
13.     AT24CxxWriteOneByte(255, 0X55);        //在地址 255 处写入字节 0X55
14.
15.     temp = AT24CxxReadOneByte(255);        //读取地址 255 的字节赋值给 temp
16.
17.     if(temp == 0X55)                       //检测是否已经更改完成
18.     {
19.       return 0;                            //检测成功
20.     }
21.   }
22.
23.   return 1;                                //以上条件不符合，检测失败
24. }
```

在 CheckAT24Cxx 函数实现区后，为 AT24CxxRead 函数的实现代码，如程序清单 15-18 所示。该函数通过 while 循环读出 numToRead 字节数据，并存放在 pBuffer 中。

程序清单 15-18

```
1.  void AT24CxxRead(unsigned short readAddr, unsigned char* pBuffer, unsigned short numToRead)
2.  {
3.    while(numToRead)                         //数据未读完
4.    {
5.      *pBuffer = AT24CxxReadOneByte(readAddr); //逐字节读出并存放到数据数组
6.
7.      readAddr++;                            //读取字节地址加 1
8.      pBuffer++;                             //数据数组地址加 1
9.      numToRead--;                           //要读出的数据个数减 1
10.   }
11. }
```

在 AT24CxxRead 函数实现区后为 AT24CxxWrite 函数的实现代码，与 AT24CxxRead 函数的函数体类似，AT24CxxWrite 函数通过 while 循环和字节写入函数 AT24CxxWriteOneByte，将数据逐字节写入 EEPROM 中。

15.4.4　ProcKeyOne.c 文件

在 ProcKeyOne.c 文件的"内部变量"区，定义用于存放读/写 EEPROM 的 3 个数组，如程序清单 15-19 所示，前两个数组分别在按下 KEY₁ 和 KEY₂ 按键时写入相应区域，数组 pBuffer3 用于在按下 KEY₃ 按键时从相应区域读出数据，以验证 EEPROM 是否可以正常读/写。

程序清单 15-19

```
static unsigned char pBuffer1[] = "hello world!";
static unsigned char pBuffer2[] = "hello MCU!";
static unsigned char pBuffer3[sizeof(pBuffer1)];
```

在"API 函数实现"区的 ProcKeyDownKey1、ProcKeyDownKey2 和 ProcKeyDownKey3 函数中添加读/写 EEPROM 的代码，并通过 printf 语句在串口助手上打印读/写信息，如程序清单 15-20 所示。

程序清单 15-20

```
1.   void  ProcKeyDownKey1(void)
2.   {
3.     AT24CxxWrite(0x55, pBuffer1, sizeof(pBuffer1));
4.     printf("write:%s to address 0x55\r\n", pBuffer1);
5.   }
6.
7.   void  ProcKeyDownKey2(void)
8.   {
9.     AT24CxxWrite(0x55, pBuffer2, sizeof(pBuffer2));
10.    printf("write:%s to address 0x55\r\n", pBuffer2);
11.  }
12.
13.  void  ProcKeyDownKey3(void)
14.  {
15.    AT24CxxRead(0x55, pBuffer3, sizeof(pBuffer3));
16.    printf("read:%s to from 0x55\r\n", pBuffer3);
17.  }
```

15.4.5　Main.c 文件

在 Main.c 文件的"内部函数实现"区的 InitSoftware 函数中，调用 InitAT24Cxx 函数实现对 AT24C02 模块的初始化，如程序清单 15-21 所示。

程序清单 15-21

```
1.   static  void  InitSoftware(void)
2.   {
3.     InitAT24Cxx();
4.   }
```

在 Proc2msTask 函数中，调用 ScanKeyOne 函数进行按键扫描。

在 main 函数中，将 CheckAT24Cxx 函数置于 while 循环语句内执行，以检测 AT24C02，若检测失败，打印"AT24CXX init fail!"并重新检测，直到检测成功，如程序清单 15-22 所示。

程序清单 15-22

```
1.   int main(void)
2.   {
3.     InitHardware();      //初始化硬件相关函数
4.     InitSoftware();      //初始化软件相关函数
5.
6.     while(CheckAT24Cxx())
7.     {
8.       printf("AT24CXX init fail! \r\n");
9.     }
10.
11.    printf("Init System has been finished.\r\n" );
12.
13.    while(1)
14.    {
15.      Proc2msTask();      //2ms 处理任务
16.      Proc1SecTask();     //1s 处理任务
```

```
17.    }
18. }
```

15.4.6　运行结果

代码编译通过后，下载程序并进行复位。打开串口助手，依次按下开发板上的 KEY₁、KEY₂、KEY₃、KEY₁ 和 KEY₃ 按键，可以看到串口助手中输出如图 15-15 所示的 EEPROM 读/写提示信息，同时，开发板上的 LED₁ 和 LED₂ 交替闪烁，表示程序运行成功。

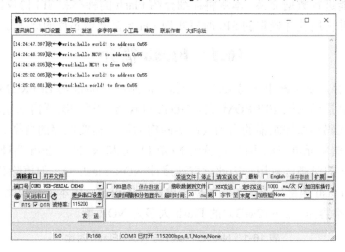

图 15-15　运行结果

本 章 任 务

基于 GD32F3 杨梅派开发板编写程序实现密码解锁功能。例如，设置微控制器初始密码为 0xF3，通过 AT24CxxWrite 函数将该密码写入 EEPROM 中，按下 KEY₁ 按键模拟输入密码 0xF3，按下 KEY₂ 按键模拟输入密码 0x3F，按下 KEY₃ 按键进行密码匹配。如果密码正确，则在串口助手上显示"Success!"；如果密码错误，则显示"Failure!"。

任务提示：

1．在本章实例的基础上，在 AT24Cxx.c 文件的 InitAT24Cxx 函数中将初始密码写入 EEPROM，并在 main 函数的 InitHardware 函数中调用 InitAT24Cxx 函数完成初始化。

2．修改 ProcKeyOne 模块中实现按键按下的响应函数，添加密码写入和密码匹配功能。

3．写入密码的地址应与保存初始密码的地址不同，进行密码匹配时，分别读出两个地址内的数据进行对比。

本 章 习 题

1．简述 I²C 通信协议的过程。

2．AT24C0x 系列芯片常见的型号有哪些？其容量和器件地址有何区别？

3．简述使用 I²C 读/写 AT24C02 芯片的原理。

4．基于 GD32F303RCT6 微控制器的 I²C 协议驱动的 API 函数有 InitI2C、GenI2CStartSig、GenI2CStopSig、I2CSendByte、I2CReadByte、I2CWaitAck、SendI2CAck、SendI2CNAck，简述这些函数的功能。

第16章 软件模拟 SPI 与读/写 Flash

第 15 章介绍了通过 I²C 访问 EEPROM 存储器芯片，本章将介绍如何通过 SPI 访问外部 Flash 存储器芯片。与第 14 章介绍的微控制器内部 Flash 不同，Flash 存储器芯片需要通过相应的通信接口才能进行数据交换。本章将详细介绍 Flash 的种类和 SPI 协议，以及 SPI 器件之间的通信过程，并使用软件模拟的 SPI 时序实现 Flash 存储器芯片的读/写。

16.1 Flash 简介

Flash 又称闪存，属于断电不易失的存储器（ROM）。Flash 与 EEPROM 都是可重复擦写的存储器，但其容量通常比 EEPROM 大。GD32F30x 系列微控制器内部集成了 Flash，用来存储用户烧录的代码和微控制器的启动代码等断电后依然需要保存的数据。

Flash 根据存储单元电路的不同，可分为 NOR Flash 和 NAND Flash 两种，如表 16-1 所示，由于 NAND Flash 的引脚可复用，因此读取速度比 NOR Flash 慢，但擦除和写入速度更快，并且由于 NAND Flash 内部电路简单、数据密度大、体积小、成本低，因此大容量的 Flash 都为 NAND 型，而小容量（2~12MB）的 Flash 大多为 NOR 型。

表 16-1 NAND Flash 与 NOR Flash 对比

特 性	NAND Flash	NOR Flash	特 性	NAND Flash	NOR Flash
地址线和数据线	复用	分开	读速	较低	较高
单位容量成本	便宜	比较贵	写速	较高	较低
介质	连续存储	随机存储	坏块	较多	较少
擦除方式	按扇区擦除	按扇区擦除	集成度	较高	较低
读操作	以块为单位读	以字节为单位读			

GD32F3 杨梅派开发板上集成了 NOR Flash 芯片 GD25Q16ESIG，可通过 SPI 进行访问。

16.2 SPI Flash 简介

16.2.1 GD25Q16ESIG 芯片

GD25Q16ESIG 芯片是一款带有先进写保护机制和高速 SPI 总线访问功能的 2MB 串行 Flash 存储器，该存储器的主要特点是：2MB 的存储空间分为 32 个块，每个块分为 16 个扇区，每个扇区 16 页，每页 256 字节。GD25Q16ESIG 芯片的引脚图如图 16-1 所示，引脚功能描述如表 16-2 所示。

根据数据手册得到 GD25Q16ESIG 芯片的部分操作指令代码，如表 16-3 所示。GD25Q16ESIG 芯片的 SPI Flash 指令较多，所有指令都是 8 位，操作时先将片选信号电平拉低选中器件，然后输入 8 位操作指令字节，串行数据在片选信号电平拉低后的第一个时钟的上升沿被采样，SPI Flash 启动内部控制逻辑，自动完成相应操作。有些操作在输入指令后需要输入地址或数据等字节，操作完成后再将片选信号电平拉高。

表 16-2　GD25Q16ESIG 芯片引脚功能描述

引脚编号	引脚名称	描述
1	CS#	片选引脚，低电平有效
2	SO(IO1)	串行数据输出引脚
3	WP#(IO2)	写保护引脚，低电平有效
4	VSS	接地
5	SI(IO0)	串行数据输入引脚
6	SCLK	串行时钟输入引脚
7	HOLD#(IO3)	暂停引脚，用于暂停主机与设备的所有串行通信，无须取消选择设备
8	VCC	接电源

```
        GD25Q16ESIG
   ┌─────────────────────┐
 1 │ CS#            VCC │ 8
 2 │ SO(IO1)  HOLD#(IO3) │ 7
 3 │ WP#(IO2)      SCLK │ 6
 4 │ VSS        SI(IO0) │ 5
   └─────────────────────┘
```

图 16-1　GD25Q16ESIG 芯片的引脚图

表 16-3　GD25Q16ESIG 部分操作指令代码

命令名称	指令码(Byte1)	(Byte2)	(Byte3)	(Byte4)	(Byte5)	⋯
写使能	06h	0	0	0	0	⋯
禁止写	04h	0	0	0	0	⋯
读芯片 ID	9Fh	(MID7～MID0)	(ID15～ID8)	(ID7～ID0)	0	⋯
读状态寄存器(1/2)	05h/35h	(S7～S0)/ (S15～S8)	0	0	0	⋯
读取数据	03h	A23～A16	A15～A8	A7～A0	(D7～D0)	⋯
页面编程	02h	A23～A16	A15～A8	A7～A0	D7～D0	⋯
扇区擦除	20h	A23～A16	A15～A8	A7～A0	0	⋯

16.2.2　SPI Flash 电路原理图

GD25Q16ESIG 芯片的硬件电路如图 16-2 所示，CS#、SCLK、SO 和 SI 引脚分别连接到 GD32F303RCT6 芯片的 PC9、PA5、PA6 和 PA7 引脚，4 个引脚分别作为 SPI 通信的片选引脚、时钟引脚、数据输入引脚和数据输出引脚。片选引脚 CS#低电平有效，连接 $10k\Omega$ 的上拉电阻，空闲状态为高电平，即工作在待机状态，此时串行数据输出（DQ1）为高阻抗状态。写保护引脚 WP#能够限制写指令和擦除指令的操作区域，该引脚低电平有效，因此这里设置为高电平。控制端引脚 HOLD#低电平有效，用于暂停串行通信。写保护引脚 WP#和挂起引脚 HOLD#用于数据保护和空闲模式的低功耗运行，若不使用可将其置为高电平。

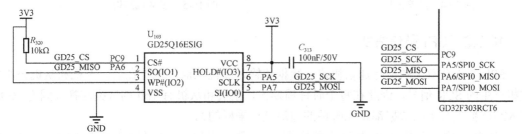

图 16-2　SPI Flash 电路原理图

16.3　SPI 原理

16.3.1　SPI 协议

SPI（Serial Peripheral Interface）即串行外设接口，是 Motorola 公司推出的一种高速全双工同步串行接口技术。SPI 接口主要应用在 EEPROM、Flash、实时时钟、A/D 转换器、数字信号处理器和数字信号解码器中。

SPI 总线只需 3 条公共线：时钟线 SCLK、数据线 MOSI 和 MISO。SPI 总线物理拓扑结构如图 16-3 所示。

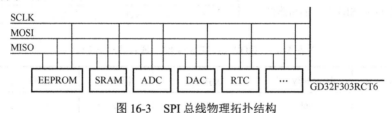

图 16-3　SPI 总线物理拓扑结构

SPI 接口通常使用 4 条线进行通信。

（1）MISO：从机到主机的数据信号，用于主机获取从机所发送的数据信号。

（2）MOSI：主机到从机的数据信号，用于主机向从机发送执行代码和数据等。

（3）SCLK：时钟信号，由主机产生。

（4）CS：从机片选信号，由主机控制。

SPI 通信的经典结构和多从机结构分别如图 16-4 和图 16-5 所示，当存在多个从机时，每个从机将其片选引脚连接到主机，主机与某个从机通信时将该从机对应的片选引脚电平拉高或拉低即可。

图 16-4　经典结构

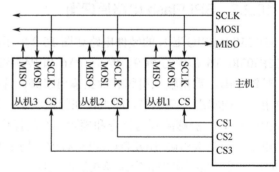

图 16-5　多从机结构

16.3.2　SPI 通信方式

SPI 作为全双工的串行通信协议，数据传输时高位在前，低位在后。主机和从机公用由主机产生的 SCK 信号，因此在每个时钟周期内，主机和从机有 1bit 的数据交换（因为 MOSI 和 MISO 数据线上的数据都是在时钟的边沿处被采样的）。

SPI 协议规定在 SCK 的上升沿或下降沿进行数据采样，主机在 MISO 数据线上采样（接收来自从机的数据），从机在 MOSI 数据线上采样（接收来自主机的数据），因此每个时钟周期中有 1bit 的数据交换，具体采样时间由 SPI 通信模式决定。

16.3.3　SPI 通信模式

SPI 通信模式有 4 种，从机在出厂时可能已经被配置为某种模式且不能改变，而主机和从机作为通信双方，必须工作在同一模式下，因此可以对主机的 SPI 模式进行配置，通过 CPOL（时钟极性）和 CPHA（时钟相位）来控制主机的通信模式，具体如下。

Mode0：CPOL=0，CPHA=0；

Mode1：CPOL=0，CPHA=1；

Mode2：CPOL=1，CPHA=0；

Mode3：CPOL=1，CPHA=1。

时钟极性 CPOL 用于配置 SCLK 在空闲状态和有效状态下的电平。

① CPOL=0，表示当 SCLK 为低电平时，串行同步时钟处于空闲状态；当 SCLK 为高电平时，串行同步时钟处于有效状态。

② CPOL=1，表示当 SCLK 为高电平时，串行同步时钟处于空闲状态；当 SCLK 为低电平时，串行同步时钟处于有效状态。

时钟相位 CPHA 用于配置数据采样和发送的时间。

① CPHA=0，表示数据采样在串行同步时钟的第 1 个跳变沿（上升或下降），数据发送在第 2 个跳变沿（上升或下降）。

② CPHA=1，表示数据采样在串行同步时钟的第 2 个跳变沿（上升或下降），数据发送在第 1 个跳变沿（上升或下降）。

下面对 4 种模式进行时序分析。

（1）CPOL=0，CPHA=0：SCLK 为低电平时处于空闲状态，数据采样在第 1 个跳变沿（SCLK 由低电平跳变到高电平），因此数据采样在上升沿，数据发送在下降沿，如图 16-6 所示。

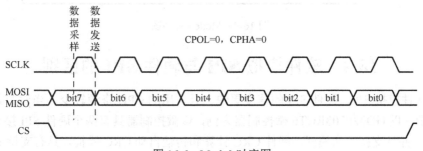

图 16-6　Mode0 时序图

（2）CPOL=0，CPHA=1：SCLK 为低电平时处于空闲状态，数据发送在第 1 个跳变沿（SCLK 由低电平跳变到高电平），因此数据采样在下降沿，数据发送在上升沿，如图 16-7 所示。

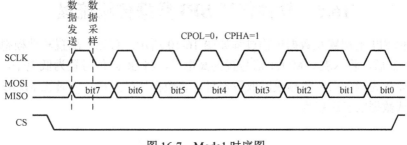

图 16-7　Mode1 时序图

（3）CPOL=1，CPHA=0：SCLK 为高电平时处于空闲状态，数据采样在第 1 个跳变沿（SCLK 由高电平跳变到低电平），因此数据采样在下降沿，数据发送在上升沿，如图 16-8 所示。

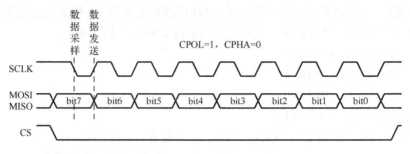

图 16-8　Mode2 时序图

（4）CPOL=1，CPHA=1：SCLK 为高电平时处于空闲状态，数据发送在第 1 个跳变沿（SCLK 由高电平跳变到低电平），因此数据采样在上升沿，数据发送在下降沿，如图 16-9 所示。

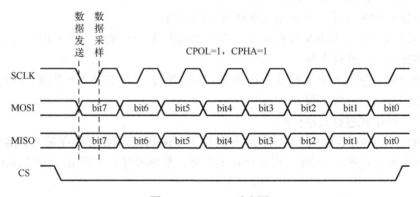

图 16-9　Mode3 时序图

16.4　软件模拟 SPI 与硬件 SPI 的区别

相比软件模拟 SPI，硬件 SPI 的速度更快，且占用的 CPU 资源较少，当然，其配置过程也相对复杂。以 GD32F303RCT6 微控制器为例，该微控制器具有两个硬件 SPI 接口，频率高达 18MHz，并且支持主从模式、硬件 CRC 计算和传输自动 CRC 错检，具有支持 DMA 的 32 位 FIFO 及可编程的时钟极性和相位。但软件模拟 SPI 的移植更为便捷，仅需要修改对应引脚即可移植到基于其他微控制器的程序；对于 SPI 资源较少的微控制器，使用软件模拟 SPI 可以有效提高引脚分配的灵活性。

16.5　软件模拟 SPI 数据传输流程

软件模拟 SPI 的配置及数据传输过程如图 16-10 所示。首先，配置软件模拟 SPI 所用的相关 GPIO，然后，将 NSS、MOSI 信号置为高电平，将 SCK 信号置为低电平，至此，软件模拟 SPI 初始化完成。需要传输或读取数据时，将数据逐位发送，同时在 MISO 逐位读取数据，即可完成数据的发送接收。

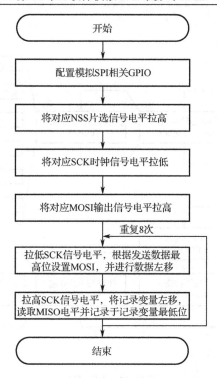

图 16-10　软件模拟 SPI 的配置及数据传输过程

16.6　实例与代码解析

本节通过 GD32F3 杨梅派开发板设计一个软件模拟 SPI 与读/写 Flash 程序。初始化后，首先读取 Flash 的 ID，并通过 printf 语句将其打印在计算机的串口助手上。然后实现按键控制读/写 Flash 功能，通过 KEY$_1$、KEY$_2$ 按键向 Flash 的相应地址写入不同的数据，通过 KEY$_3$ 按键将 Flash 相应地址的数据读取出并发送给计算机，通过串口助手显示。

16.6.1　程序架构

软件模拟 SPI 与读/写 Flash 的程序架构如图 16-11 所示，该图简要介绍了程序开始运行后各个函数的执行和调用流程，图中仅列出了与本实例相关的部分函数。下面详细解释该程序架构图。

（1）在 main 函数中调用 InitHardware 函数进行硬件相关模块初始化，包括 RCU、NVIC、UART、Timer 和 LED 等模块。

（2）调用 InitSoftware 函数进行软件相关模块初始化，包括 GD25Q16ESIG 芯片的初始化函数 InitGD25QXX，在该函数中调用 InitSPI 函数，初始化模拟 SPI 相关的 GPIO。

（3）调用 GD25Q16ReadDeviceID 函数读取 Flash 芯片 GD25Q16ESIG 的 ID，并通过 printf 语句在计算机的串口助手上进行打印。

（4）调用 Proc2msTask 函数进行 2ms 任务处理，在 Proc2msTask 函数中调用 LEDFlicker 函数实现 LED 闪烁，并通过 ScanKeyOne 函数进行按键扫描。本实例中，当检测到 KEY$_1$ 或 KEY$_2$ 按键按下时，向 Flash 写入数据；当检测到 KEY$_3$ 按键按下时，读出 Flash 相应地址的数据并将其发送到计算机，通过串口助手进行显示。

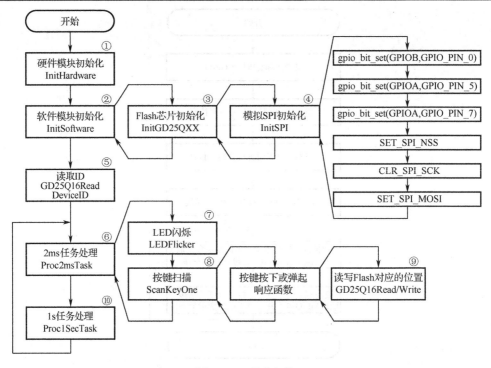

图 16-11 程序架构

（5）调用 Proc1SecTask 函数进行 1s 任务处理，本实例中没有需要处理的 1s 任务。

在图 16-11 中，编号①、②、⑥和⑩的函数在 Main.c 文件中声明和实现；编号③、⑤和⑨的函数在 GD25QXX.h 文件中声明，在 GD25QXX.c 文件实现；编号④的函数在 SPI.h 文件中声明，在 SPI.c 文件实现。

要点解析：

（1）SPI 对应的 GPIO 配置，通过调用固件库函数使能软件模拟 SPI 对应的 GPIO 端口时钟和配置 GPIO 引脚的功能模式等。

（2）通过调用 GPIO 相关固件库函数来控制引脚电平，实现软件模拟 SPI 协议的时序。

（3）Flash 读/写的实现，需要发送相应的命令来控制 Flash 芯片，因此需要掌握该芯片的操作方法，具体可参见数据手册。

16.6.2 SPI 文件对

1. SPI.h 文件

SPI.h 文件的"包含头文件"区包含了 gd32f30x_conf.h 头文件。由于在"宏定义"区会使用到 GPIO 固件库函数 gpio_bit_set 和 gpio_bit_reset，因此需要包含该头文件。

在"宏定义"区为宏定义代码，如程序清单 16-1 所示。其中 6 个宏定义分别用于设置 3 个引脚的电平，READ_SPI_MISO 用于获取 MISO 引脚的电平，以实现模拟 SPI 时序，完成外部 Flash 访问。

程序清单 16-1

```
1.   #define SET_SPI_NSS()        gpio_bit_set(GPIOC, GPIO_PIN_9)
2.   #define CLR_SPI_NSS()        gpio_bit_reset(GPIOC, GPIO_PIN_9)
```

```
3.
4.  #define SET_SPI_SCK()          gpio_bit_set(GPIOA, GPIO_PIN_5)
5.  #define CLR_SPI_SCK()          gpio_bit_reset(GPIOA, GPIO_PIN_5)
6.
7.  #define READ_SPI_MISO()        gpio_input_bit_get(GPIOA, GPIO_PIN_6)
8.
9.  #define SET_SPI_MOSI()         gpio_bit_set(GPIOA, GPIO_PIN_7)
10. #define CLR_SPI_MOSI()         gpio_bit_reset(GPIOA, GPIO_PIN_7)
```

在 "API 函数声明" 区为 API 函数的声明代码，如程序清单 16-2 所示。InitSPI 函数用于初始化 SPI 模块，Delayus 函数用于进行延时，SPIReadWriteByte 函数用于通过 SPI 读/写 1 字节数据，GD25Q16ReadWriteDate 函数用于对 GD25Q16 进行读/写操作。

程序清单 16-2

```
1.  void InitSPI(void);                                  //初始化 SPI
2.  void Delayus(uint32_t nCount);                       //延时
3.  unsigned char SPIReadWriteByte(unsigned char val); //通过 SPI 发送 1 字节数据并接收 1 字节数据
4.  unsigned char GD25Q16ReadWriteDate(unsigned char val);   //GD25Q16 读/写 1 字节数据
```

2. SPI.c 文件

在 SPI.c 文件的 "内部函数声明" 区，为内部函数的声明代码，如程序清单 16-3 所示。ConfigSPIGPIO 函数用于配置 SPI 相关引脚，SPISetMOSI 函数用于设置 MOSI 引脚电平。

程序清单 16-3

```
static void ConfigSPIGPIO(void);
static void SPISetMOSI(unsigned char val);
```

在 "内部函数实现" 区首先实现 ConfigSPIGPIO 函数，如程序清单 16-4 所示。该函数使能 SPI 相关引脚的时钟后通过 gpio_init 函数配置引脚，并通过 gpio_bit_set 函数将作为输出的引脚设置为高电平。

程序清单 16-4

```
1.  static void ConfigSPIGPIO(void)
2.  {
3.    //使能 RCU 时钟
4.    rcu_periph_clock_enable(RCU_GPIOA); //使能 GPIOA 的时钟
5.    rcu_periph_clock_enable(RCU_GPIOC); //使能 GPIOC 的时钟
6.
7.    //配置 PA5
8.    gpio_init(GPIOA, GPIO_MODE_OUT_PP, GPIO_OSPEED_50MHZ, GPIO_PIN_5);//设置 GPIO 输出模式及速度
9.    gpio_bit_set(GPIOA, GPIO_PIN_5);                    //将 PA5 默认状态设置为高电平
10.
11.   //配置 PA6
12.   gpio_init(GPIOA, GPIO_MODE_IN_FLOATING, GPIO_OSPEED_50MHZ, GPIO_PIN_6);//设置 PA6 为输入模式
13.
14.   //配置 PA7
15.   gpio_init(GPIOA, GPIO_MODE_OUT_PP, GPIO_OSPEED_50MHZ, GPIO_PIN_7);//设置 GPIO 输出模式及速度
16.   gpio_bit_set(GPIOA, GPIO_PIN_7);                    //将 PA7 默认状态设置为高电平
17.
18.   //配置 PC9
```

```
19.    gpio_init(GPIOC, GPIO_MODE_OUT_PP, GPIO_OSPEED_50MHZ, GPIO_PIN_9);
                                                    //设置 GPIO 输出模式及速度
20.    gpio_bit_set(GPIOC, GPIO_PIN_9);             //将 PC9 默认状态设置为高电平
21.  }
```

在 ConfigSPIGPIO 函数实现区后，为 SPISetMOSI 函数的实现代码，该函数根据输入参数，通过 SPI.h 文件中的宏定义设置 MOSI 引脚的电平。

在"API 函数实现"区，首先实现 InitSPI 函数，该函数调用 ConfigSPIGPIO 函数配置 SPI 相关引脚后，通过 SPI.h 文件中的宏定义设置引脚电平。

在 InitSPI 函数实现区后，为 Delayus、SPIReadWriteByte 和 GD25Q16ReadWriteDate 函数的实现代码，如程序清单 16-5 所示。Delayus 函数通过 for 循环实现微秒级延时；SPIReadWriteByte 函数通过 for 循环将 8 位数据逐位发送，并逐位接收 8 位数据；GD25Q16ReadWriteDate 函数通过调用 SPIReadWriteByte 函数读/写 GD25Q16 芯片。

（1）第 14 至 17 行代码：由于本实例使用的 SPI 通信模式为 Mode3（CPOL=1，CPHA=1），即 SCLK 为高电平时处于空闲状态，数据发送发生在第 1 个边沿，即 SCLK 由高电平到低电平的跳变沿，数据采样在上升沿，数据发送在下降沿，因此将时钟线 SCK 电平拉低后再根据发送数据最高位设置 MOSI 引脚电平，等待 1μs 发送完成后，将发送数据左移 1 位使次高位变为最高位。

（2）第 18 至 20 行代码：将时钟线 SCK 电平拉高，并使接收的数据左移 1 位以空出最低位，然后通过宏定义 READ_SPI_MISO 获取数据。

程序清单 16-5

```
1.   void Delayus(uint32_t nCount)
2.   {
3.     nCount = nCount * 4;
4.     for(; nCount != 0; nCount--);
5.   }
6.
7.   unsigned char SPIReadWriteByte(unsigned char val)
8.   {
9.     unsigned char i;
10.    unsigned char  RevData = 0;
11.
12.    for(i = 0; i < 8; i++)
13.    {
14.      CLR_SPI_SCK();
15.      SPISetMOSI(val & 0x80);
16.      Delayus(1);
17.      val <<= 1;
18.      SET_SPI_SCK();
19.      RevData <<= 1;
20.      RevData |= READ_SPI_MISO();
21.      Delayus(1);
22.    }
23.
24.    return RevData;
25.  }
26.
```

```
27.  unsigned char GD25Q16ReadWriteDate(unsigned char val)
28.  {
29.    return SPIReadWriteByte(val);
30.  }
```

16.6.3　GD25QXX 文件对

1. GD25QXX.h 文件

在 GD25QXX.h 文件的"API 函数声明"区为 API 函数的声明代码，如程序清单 16-6 所示。InitGD25QXX 函数用于初始化 GD25Q16 芯片；GD25Q16Write 函数用于写数据；GD25Q16Read 函数用于读数据；GD25Q16X4KErase、GD25Q16X32KErase、GD25Q16X64KErase、GD25Q16EraseChip 函数分别用于擦除不同大小的区域；GD25Q16ReadStatus 函数用于读状态寄存器；GD25Q16ReadJEDEID 函数用于读取芯片 ID（存储类型 ID 及容量 ID）；GD25Q16ReadDeviceID 函数用于读取芯片 ID（设备 ID）。

程序清单 16-6

```
1.   void InitGD25QXX(void);                                           //GD25QXX 模块初始化
2.   void GD25Q16Write(unsigned char *buf, unsigned int len, unsigned int addr); //写数据
3.   void GD25Q16Read(unsigned char *buf, unsigned int len, unsigned int addr);  //读数据
4.   void GD25Q16X4KErase(unsigned int addr);       //4KB 片擦除
5.   void GD25Q16X32KErase(unsigned int addr);      //32KB 片擦除
6.   void GD25Q16X64KErase(unsigned int addr);      //64KB 片擦除
7.   void GD25Q16EraseChip(void);                   //全片擦除
8.   unsigned short GD25Q16ReadStatus(void);        //读状态寄存器
9.   unsigned short GD25Q16ReadJEDEID(void);        //读芯片 ID（存储类型 ID 及容量 ID）
10.  unsigned short GD25Q16ReadDeviceID(void);      //读芯片 ID（设备 ID）
```

2. GD25QXX.c 文件

GD25QXX.c 文件的"包含头文件"区包含了 GD25QXX.h 和 SPI.h 头文件。在 GD25QXX.c 文件的代码中需要使用 SET_SPI_NSS、GD25Q16ReadWriteDate 等宏定义和函数，这些宏定义和函数在 SPI.h 文件中声明，因此，还需要包含 SPI.h 头文件。

在 GD25QXX.c 文件的"宏定义"区为宏定义代码，如程序清单 16-7 所示。定义 GD25Q16 中页、扇区、块和整个芯片的大小。

程序清单 16-7

```
1.   #define W25Q16_PAGE_SIZE     256                       //一页的大小，256 字节
2.   #define W25Q16_SECTOR_SIZE  (4 * 1024)                 //扇区大小/字节
3.   #define W25Q16_BLOCK_SIZE   (16 * W25Q16_SECTOR_SIZE)
4.   #define W25Q16_SIZE         (32 * W25Q16_BLOCK_SIZE)
```

在 GD25QXX.c 文件的"内部变量"区，为内部变量的声明代码，如程序清单 16-8 所示。变量 byDUMMY 用于在仅读数据时写入，由于 SPI 协议中的读/写会同时进行，因此通过该变量实现不改变存储内容又可以读取对应数据。数组 s_arrWriteBuf 作为数据缓冲区，用于读取数据过程中暂时存放数据。

程序清单 16-8

```
1.   const unsigned char byDUMMY = 0xff;
2.
```

```
3.    //SPI Flash 数据缓冲区
4.    static unsigned char s_arrWriteBuf[W25Q16_SECTOR_SIZE];
```

在 GD25QXX.c 文件的"内部函数声明"区为内部函数的声明代码，如程序清单 16-9 所示。GD25Q16WriteEnable 函数用于使能芯片的写功能；GD25Q16WaitForWriteEnd 函数用于等待 Flash 内部时序操作完成；GD25Q16PageProgram 函数用于将数据写入当前页对应的地址。

程序清单 16-9

```
static void GD25Q16WriteEnable(void);              //写使能
static void GD25Q16WaitForWriteEnd(void);          //等待 Flash 内部时序操作完成
static void GD25Q16PageProgram(unsigned char *buf, unsigned short len, unsigned int addr);
                                                   //页写
```

在 GD25QXX.c 文件的"内部函数实现"区，首先实现 GD25Q16WriteEnable 函数，该函数通过 CLR_SPI_NSS 选中 Flash 芯片，然后通过 GD25Q16ReadWriteDate 函数将 0x06 发送给芯片以使能芯片的写功能，最后通过 SET_SPI_NSS 取消选中芯片，如程序清单 16-10 所示。

程序清单 16-10

```
1.    static void GD25Q16WriteEnable(void)
2.    {
3.      CLR_SPI_NSS();
4.      GD25Q16ReadWriteDate(0x06);
5.      SET_SPI_NSS();
6.    }
```

在 GD25Q16WriteEnable 函数实现区后，为 GD25Q16WaitForWriteEnd 函数的实现代码，如程序清单 16-11 所示。该函数首先选中 Flash 芯片，然后通过 GD25Q16ReadWriteDate 函数向芯片发送 0x05，打开读取寄存器的功能，并通过 while 循环读取 Flash 内部时序操作完成对应的标志位，直至该标志位正常置位，表示操作完成，跳出循环，最后通过 SET_SPI_NSS 函数取消选中芯片。

程序清单 16-11

```
1.    static void GD25Q16WaitForWriteEnd(void)
2.    {
3.      unsigned char status = 0;
4.      CLR_SPI_NSS();
5.      GD25Q16ReadWriteDate(0x05);
6.
7.      do
8.      {
9.        status = GD25Q16ReadWriteDate(byDUMMY);
10.     }
11.     while((status & 0x01) == 1);
12.
13.     SET_SPI_NSS();
14.   }
```

在 GD25Q16WaitForWriteEnd 函数实现区后，为 GD25Q16PageProgram 函数的实现代码，如程序清单 16-12 所示。

（1）第 3 至 4 行代码：通过 GD25Q16WriteEnable 函数使能芯片的写功能，并调用 CLR_SPI_NSS 函数选中芯片。

（2）第 5 至 8 行代码：通过 GD25Q16ReadWriteDate 函数向芯片发送 0x02，表示接下来的数据为待写入数据对应的地址，并通过 GD25Q16ReadWriteDate 函数将地址发送给 Flash 芯片。

（3）第 10 至 17 行代码：通过 while 循环调用 GD25Q16ReadWriteDate 函数发送数据给 Flash 芯片，最后取消选中芯片，并等待芯片操作完成。

程序清单 16-12

```
1.    static void GD25Q16PageProgram(unsigned char *buf, unsigned short len, unsigned int addr)
2.    {
3.      GD25Q16WriteEnable();
4.      CLR_SPI_NSS();
5.      GD25Q16ReadWriteDate(0x02);
6.      GD25Q16ReadWriteDate((addr & 0xFF0000) >> 16);
7.      GD25Q16ReadWriteDate((addr & 0x00FF00) >> 8);
8.      GD25Q16ReadWriteDate(addr & 0xFF);
9.
10.     while (len--)
11.     {
12.       GD25Q16ReadWriteDate(*buf);
13.       buf++;
14.     }
15.
16.     SET_SPI_NSS();
17.     GD25Q16WaitForWriteEnd();
18.   }
```

在 GD25QXX.c 文件的"API 函数实现"区，首先实现 InitGD25QXX 函数，该函数通过调用 InitSPI 函数完成对 Flash 芯片 GD25Q16 的初始化。

在 InitGD25QXX 函数实现区后，为 GD25Q16Write 函数的实现代码，如程序清单 16-13 所示。

（1）第 6 至 8 行代码：根据参数设置写入地址、数据量等。

（2）第 11 至 66 行代码：通过 while 循环将所有数据写入，每次循环完成 Flash 一页的数据操作，当数据量为 0 时跳出循环。

（3）第 14 至 31 行代码：根据写入地址计算扇区首地址，若写入地址不为扇区首地址，或为扇区首地址但数据不足以写满整个扇区，则先将该扇区中的数据全部读出再将该扇区擦除，以避免部分数据被覆盖。

（4）第 34 至 59 行代码：通过 for 循环，修改缓冲区中对应地址的数据，当数据全部写完或修改至缓冲区末尾时，退出 for 循环。

（5）第 62 至 65 行代码：将修改后的缓冲区重新写回 Flash 中。

程序清单 16-13

```
1.    void GD25Q16Write(unsigned char *buf, unsigned int len, unsigned int addr)
2.    {
3.      …
```

```
4.
5.      //设初值
6.      writeAddr  = addr; //设置写入地址
7.      dataRemain = len;   //设置剩余数据量
8.      dataBuf    = buf;  //保存数据缓冲区首地址
9.
10.     //循环写入，每次擦写按扇区进行
11.     while(0 != dataRemain)
12.     {
13.         //计算当前扇区首地址
14.         sectorAddr = writeAddr - (writeAddr % W25Q16_SECTOR_SIZE);
15.
16.         //写入地址不是扇区首地址，需要将当前扇区的数据读出，修改后再写入
17.         if(0 != writeAddr % W25Q16_SECTOR_SIZE)
18.         {
19.             //读入一整个扇区数据
20.             GD25Q16Read(s_arrWriteBuf, W25Q16_SECTOR_SIZE, sectorAddr);
21.         }
22.
23.         //写入地址为扇区首地址但写入量不足一个扇区，也要将当前扇区的数据读出，修改后再写入
24.         else if((0 == writeAddr % W25Q16_SECTOR_SIZE) && (dataRemain < W25Q16_SECTOR_SIZE))
25.         {
26.             //读入一整个扇区数据
27.             GD25Q16Read(s_arrWriteBuf, W25Q16_SECTOR_SIZE, sectorAddr);
28.         }
29.
30.         //擦除一整个扇区
31.         GD25Q16X4KErase(sectorAddr);
32.
33.         //按页修改一整个扇区数据
34.         for(i = (writeAddr % W25Q16_SECTOR_SIZE) / W25Q16_PAGE_SIZE; i < (W25Q16_SECTOR_SIZE /
        W25Q16_PAGE_SIZE); i++)
35.         {
36.             //若数据已全部写入，则跳出循环
37.             if(0 == dataRemain)
38.             {
39.                 break;
40.             }
41.
42.             //修改缓冲区中某一页的数据
43.             for(j = writeAddr % W25Q16_PAGE_SIZE; j < W25Q16_PAGE_SIZE; j++)
44.             {
45.                 //若数据已全部写入，则跳出循环
46.                 if(0 == dataRemain)
47.                 {
48.                     break;
49.                 }
50.
51.                 //修改缓冲区中的数据
52.                 s_arrWriteBuf[i * W25Q16_PAGE_SIZE + j] = *dataBuf;
53.
```

```
54.          //更新写入地址、剩余数据量及数据缓冲区首地址
55.          writeAddr = writeAddr + 1;
56.          dataRemain = dataRemain - 1;
57.          dataBuf = dataBuf + 1;
58.        }
59.      }
60.
61.      //修改后写入 SPI Flash，按页写
62.      for(i = 0; i < (W25Q16_SECTOR_SIZE / W25Q16_PAGE_SIZE); i++)
63.      {
64.        GD25Q16PageProgram(s_arrWriteBuf + i * W25Q16_PAGE_SIZE, W25Q16_PAGE_SIZE, sectorAddr
    + i * W25Q16_PAGE_SIZE);
65.      }
66.    }
67.  }
```

在 GD25Q16Write 函数实现区后为 GD25Q16Read 函数的实现代码，如程序清单 16-14 所示。该函数选中芯片后，通过 GD25Q16ReadWriteDate 函数发送 0x03 表示接下来读取对应地址的数据，发送地址后，在 for 循环中通过 GD25Q16ReadWriteDate 函数读取对应长度的数据，最后取消选中芯片。

程序清单 16-14

```
1.   void GD25Q16Read(unsigned char *buf, unsigned int len, unsigned int addr)
2.   {
3.     unsigned int i;
4.
5.     CLR_SPI_NSS();
6.     GD25Q16ReadWriteDate(0x03);
7.     GD25Q16ReadWriteDate((addr & 0xFF0000) >> 16);
8.     GD25Q16ReadWriteDate((addr & 0x00FF00) >> 8);
9.     GD25Q16ReadWriteDate(addr & 0xFF);
10.
11.    for (i = 0; i < len; i++)
12.    {
13.      buf[i] = GD25Q16ReadWriteDate(byDUMMY);
14.    }
15.
16.    SET_SPI_NSS();
17.  }
```

在 GD25Q16Read 函数实现区后，为 GD25Q16X4KErase、GD25Q16X32KErase 和 GD25Q16X64KErase 函数的实现代码，3 个函数的作用和实现代码类似，下面以 GD25Q16X4KErase 为例介绍。如程序清单 16-15 所示，该函数使能芯片写功能并选中芯片，通过 GD25Q16ReadWriteDate 函数发送命令 0x20 表示擦除所选扇区的所有数据，然后发送该扇区的地址进行擦除，最后取消选中芯片并等待芯片操作完成。

程序清单 16-15

```
1.   void  GD25Q16X4KErase(unsigned int addr)
2.   {
```

```
3.      GD25Q16WriteEnable();
4.      CLR_SPI_NSS();
5.      GD25Q16ReadWriteDate(0x20);
6.      GD25Q16ReadWriteDate((addr & 0xFF0000) >> 16);
7.      GD25Q16ReadWriteDate((addr & 0x00FF00) >> 8);
8.      GD25Q16ReadWriteDate(addr & 0xFF);
9.      SET_SPI_NSS();
10.     GD25Q16WaitForWriteEnd();
11.   }
```

在 GD25Q16X64KErase 函数实现区后，为 GD25Q16EraseChip 函数的实现代码，该函数与上述擦除函数类似，但不需要通过 GD25Q16ReadWriteDate 函数发送地址，通过 GD25Q16ReadWriteDate 函数发送命令 0x60 即可。

在 GD25Q16EraseChip 函数实现区后，为 GD25Q16ReadStatus 函数的实现代码，如程序清单 16-16 所示。该函数选中芯片并发送命令 0x05 后，发送 0xFF 以获取状态寄存器低 8 位，然后重新选中芯片并发送 0x35 后，再次发送 0xFF 以获取状态寄存器的高 8 位，最后取消选中芯片并返回获取的状态寄存器值。

程序清单 16-16

```
1.    unsigned short GD25Q16ReadStatus(void)
2.    {
3.      unsigned short status=0;
4.
5.      CLR_SPI_NSS();
6.      GD25Q16ReadWriteDate(0x05);
7.      status = GD25Q16ReadWriteDate(byDUMMY);
8.      SET_SPI_NSS();
9.      CLR_SPI_NSS();
10.     GD25Q16ReadWriteDate(0x35);
11.     status |= GD25Q16ReadWriteDate(byDUMMY) << 8;
12.     SET_SPI_NSS();
13.
14.     return status;
15.   }
```

在 GD25Q16ReadStatus 函数实现区后，为 GD25Q16ReadJEDEID 和 GD25Q16ReadDeviceID 函数的实现代码，两个函数的作用和实现代码类似，下面以 GD25Q16ReadDeviceID 为例介绍。如程序清单 16-17 所示，该函数选中芯片后发送命令 0xAB，表示读取设备 ID，发送 3 次 byDUMMY 以跳过无意义的数据，最后发送 0x00 以获取设备 ID，最后取消选中芯片并将设备 ID 作为返回值返回。

程序清单 16-17

```
1.    unsigned short GD25Q16ReadDeviceID(void)
2.    {
3.      unsigned char DeviceID = 0;
4.
5.      CLR_SPI_NSS();
6.      GD25Q16ReadWriteDate(0xAB);
```

```
7.      GD25Q16ReadWriteDate(byDUMMY);
8.      GD25Q16ReadWriteDate(byDUMMY);
9.      GD25Q16ReadWriteDate(byDUMMY);
10.     DeviceID = GD25Q16ReadWriteDate(0x00);
11.     SET_SPI_NSS();
12.
13.     return DeviceID;
14.   }
```

16.6.4　ProcKeyOne.c 文件

在"内部变量"区，添加用于存放读/写 EEPROM 的 3 个数组，如程序清单 16-18 所示。前两个数组分别在 KEY$_1$ 和 KEY$_2$ 按键被按下时写入相应区域，数组 s_arrReadBuf 用于 KEY$_3$ 按键被按下时从相应区域读出数据并打印。

程序清单 16-18

```
static unsigned char s_arrWriteBuf1[256] = {0};
static unsigned char s_arrWriteBuf2[256] = {0};
static unsigned char s_arrReadBuf[256] = {0};
```

在"API 函数实现"区的 ProcKeyDownKey1 和 ProcKeyDownKey2 函数中进行数组赋值及调用 GD25Q16Write 函数，向 Flash 中写入 256 字节数据，在 ProcKeyDownKey3 函数中调用 GD25Q16Read 函数，从 Flash 芯片中读出 256 字节数据，如程序清单 16-19 所示。这样就实现了通过按键来控制对 Flash 的读/写操作，同时通过 printf 函数在串口助手上打印读/写信息。

程序清单 16-19

```
1.    void   ProcKeyDownKey1(void)
2.    {
3.      int i;
4.
5.      //打印提示信息
6.      printf("write buf1 \r\n");
7.
8.      //给写入缓冲区赋初值
9.      for(i = 0; i < 256; i++)
10.     {
11.       s_arrWriteBuf1[i] = i;
12.     }
13.
14.     //写入 SPI Flash
15.     GD25Q16Write(s_arrWriteBuf1, 256, 0);
16.   }
17.
18.   void   ProcKeyDownKey2(void)
19.   {
20.     int i;
21.
22.     //打印提示信息
23.     printf("write buf2 \r\n");
```

```
24.
25.    //给写入缓冲区赋初值
26.    for(i = 0; i < 256; i++)
27.    {
28.      if(i < (256 / 2))
29.      {
30.        s_arrWriteBuf2[i] = i;
31.      }
32.      else
33.      {
34.        s_arrWriteBuf2[i] = 255;
35.      }
36.    }
37.
38.    //写入 SPI Flash
39.    GD25Q16Write(s_arrWriteBuf2, 256, 0);
40.  }
41.
42.  void  ProcKeyDownKey3(void)
43.  {
44.    int i;
45.
46.    //打印提示信息
47.    printf("reading \r\n");
48.
49.    //从 SPI Flash 中读取数据
50.    GD25Q16Read(s_arrReadBuf, 256, 0);
51.
52.    //将读取的数据通过串口助手打印出来
53.    for(i = 0; i < 256; i++)
54.    {
55.      printf("%x ", s_arrReadBuf[i]);
56.      if((i != 0) && (i % 16 == 0))
57.      {
58.        printf("\r\n");
59.      }
60.    }
61.    printf("\r\n");
62.  }
```

16.6.5　Main.c 文件

在 Main.c 文件的"内部函数实现"区的 Proc2msTask 函数中，调用 ScanKeyOne 函数进行按键扫描，如程序清单 16-20 所示。

程序清单 16-20

```
1.    static  void  Proc2msTask(void)
2.    {
```

```
3.    static signed short s_iCnt5 = 0;
4.
5.    if(Get2msFlag())   //判断 2ms 标志位状态
6.    {
7.      LEDFlicker(250);//调用闪烁函数
8.
9.      if(s_iCnt5 >= 4)
10.     {
11.       ScanKeyOne(KEY_NAME_KEY1, ProcKeyUpKey1, ProcKeyDownKey1);
12.       ScanKeyOne(KEY_NAME_KEY2, ProcKeyUpKey2, ProcKeyDownKey2);
13.       ScanKeyOne(KEY_NAME_KEY3, ProcKeyUpKey3, ProcKeyDownKey3);
14.
15.       s_iCnt5 = 0;
16.     }
17.     else
18.     {
19.       s_iCnt5++;
20.     }
21.
22.     Clr2msFlag();     //清除 2ms 标志位
23.   }
24. }
```

在 main 函数中，调用 GD25Q16ReadDeviceID 函数将 Flash 芯片的设备 ID 读出并通过串口助手打印，如程序清单 16-21 所示。

程序清单 16-21

```
1.  int main(void)
2.  {
3.    InitHardware();    //初始化硬件相关函数
4.    InitSoftware();    //初始化软件相关函数
5.
6.    //printf("Init System has been finished.\r\n" );
7.
8.    printf("Device id:%x\r\n", GD25Q16ReadDeviceID()); //打印 Flash 的设备 ID
9.
10.   while(1)
11.   {
12.     Proc2msTask();  //2ms 处理任务
13.     Proc1SecTask(); //1s 处理任务
14.   }
15. }
```

16.6.6　运行结果

代码编译通过后，下载程序。打开串口助手，选择正确的串口号并打开串口，按下 RST 按键进行复位，可以看到在串口助手中打印的如图 16-12 所示的设备 ID 信息。

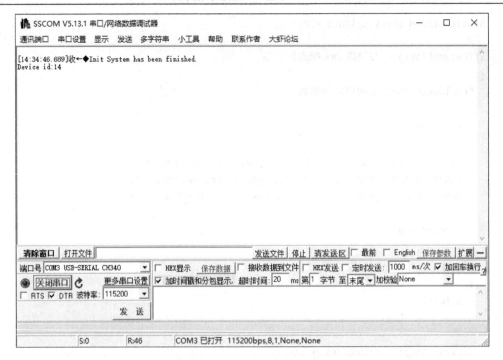

图 16-12 串口助手显示 ID

依次按下 KEY₁、KEY₃ 按键后，可以看到串口助手显示如图 16-13 所示的结果。

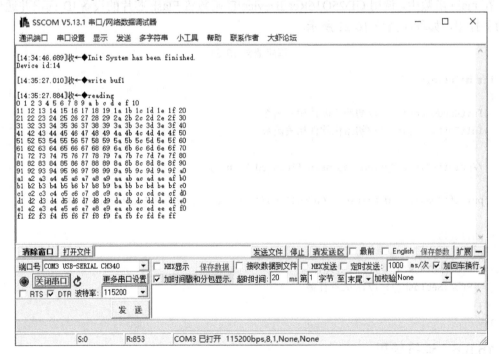

图 16-13 写入 buf1 后读出

依次按下 KEY₂、KEY₃ 按键，可以看到串口助手显示如图 16-14 所示的结果。

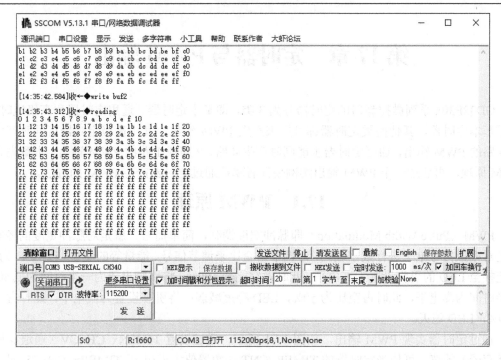

图 16-14　写入 buf2 后读出

本 章 任 务

本章实例基于软件模拟的 SPI 协议，试根据 SPI 的基本原理，通过查阅固件库使用指南，使用固件库函数来实现基于硬件 SPI 的读/写 Flash 功能，并与本章例程进行对比。

任务提示：查阅 GD32F30x 系列微控制器的固件库手册，找到对应的库函数，实现基于硬件 SPI 的读/写 Flash 功能。

本 章 习 题

1. 简述 GD25Q16ESIG 与微控制器内部 Flash 的使用区别。
2. 简述软件模拟 SPI 读/写数据时对应引脚的控制方法。
3. 简述软件模拟 SPI 与硬件 SPI 各自的优劣之处。
4. SPI 通信模式有哪几种？它们的主要区别是什么？

第17章 定时器与PWM输出

GD32F30x 系列微控制器的定时器分为 3 类，即基本定时器、通用定时器和高级定时器，除了基本定时器，其他两类定时器都可用来产生 PWM 输出，其中高级定时器可同时产生多达 4 路的 PWM 输出，通用定时器也能同时产生 4 路、2 路或 1 路的 PWM 输出。本章先介绍 PWM 原理，再通过一个 PWM 输出实例使读者掌握通过定时器产生 PWM 的方法。

17.1 PWM 原理

PWM（Pulse Width Modulation）即脉冲宽度调制，简单而言，就是对脉冲宽度的控制。通过对模拟信号电平进行数字编码，即调节占空比来调节信号、能量等的变化。以 LED 为例，将连接至 LED 的引脚设置为高电平，此时占空比为 100%；将引脚设置为一半时间为低电平，一半时间为高电平，此时占空比为 50%，LED 亮度减弱；将引脚设置为低电平，此时占空比为 0%，LED 熄灭。

通过定时器实现 PWM 输出，如图 17-1 所示，通过设置 TIMERx_CHxCV（通道 x 比较值寄存器）的值，可使当定时器的 TIMER_CNT 计数器值大于/小于 TIMERx_CHxCV 时，引脚输出高/低电平。再通过调节 TIMERx_CHxCV 与 TIMER_CAR 的比值，即可控制输出相应占空比的 PWM。

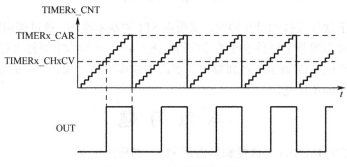

图 17-1　PWM 原理示意图

GD32F303RCT6 微控制器的定时器具有两种 PWM 模式，用于决定比较值与计数值的比较结果产生的电平输出。PWM 模式 0 表示当定时器的计数器递增计数时，若计数器值（TIMER_CNT 的值）小于比较值（TIMERx_CHxCV 的值），则引脚输出有效电平，反之引脚输出无效电平；递减计数与之相反。PWM 模式 1 表示当定时器的计数器递增计数时，若计数器值小于比较值，则引脚输出无效电平，反之引脚输出有效电平；递减计数与之相反。有效/无效电平与高/低电平的对应关系由 TIMERx_CHCTL2 的 CHxP 位控制：CHxP 位为 0，有效电平为高电平；为 1；有效电平为低电平。因此图 17-1 所示的 PWM 模式既可能是有效电平为低电平的 PWM 模式 0，也可能是有效电平为高电平的 PWM 模式 1。PWM 模式可由对应的通道控制寄存器设置。

17.2　实例与代码解析

将 GD32F30x 系列微控制器的 PB10（TIMER1 的 CH2）配置为 PWM 模式 0，输出一个频率为 200Hz 的方波，默认占空比为 50%，按下 KEY$_1$ 按键可对占空比进行递增调节，每次递增方波周期的 1/12，当占空比递增到 100% 时，PB10 引脚输出高电平；按下 KEY$_3$ 按键可对占空比进行递减调节，每次递减方波周期的 1/12，当占空比递减到 0% 时，PB10 引脚输出低电平。

17.2.1　流程图分析

定时器与 PWM 输出流程图如图 17-2 所示。首先，将 TIMER1 的 CH2 配置为 PWM 模式 0，将 TIMER1 配置为递增计数模式，然后向 TIMER1_CAR 写入 599，向 TIMER1_PSC 写入 999。由于本实例中的 TIMER1 时钟频率为 120MHz，因此，PSC_CLK 时钟频率 $f_{PSC\_CLK} = f_{TIMER\_CK}/(TIMER1\_PSC+1) = 120MHz/(999+1) = 120kHz$，由于 TIMER1 的 CNT 计数器对 PSC_CLK 时钟进行计数，而 TIMER1_CAR = 599，因此，TIMER1 的 CNT 计数器从 0 到 599 递增计数，计数器的周期 $= (1/f_{PSC\_CLK})\times(TIMER1\_CAR+1) = (1/120)\times(599+1)ms = 5ms$，转换为频率即为 200Hz。

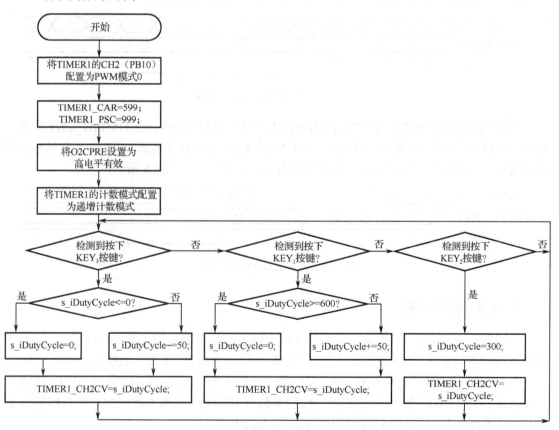

图 17-2　定时器与 PWM 输出流程图

本实例将 TIMER1 的 CH2 配置为 PWM 模式 0，将比较输出设置为高电平有效，由于 TIMER1 具有递增计数模式（可参见《GD32F30x 用户手册（中文版）》中的表 16-1），若

TIMER1_CNT < TIMER1_CH2CV，则比较输出引脚为有效电平（高电平）；否则为无效电平（低电平）。按下 KEY₃ 按键可对占空比进行递减调节，每次使 TIMERx_CHxCV 的值递减 50，由于 TIMER1 的 CNT 计数器从 0 到 599 递增计数，因此，占空比每次递减方波周期的 1/12，直至 0%。按下 KEY₁ 按键可对占空比进行递增调节，每次递增方波周期的 1/12，直至 100%。按下 KEY₂ 按键可将占空比设置为 50%。

假设 TIMER1_CH2CV 为 300，TIMER1_CNT 从 0 计数到 599，当 TIMER1_CNT 从 0 计数到 299 时，比较输出引脚为高电平；当 TIMER1_CNT 从 300 计数到 599 时，比较输出引脚为低电平，周而复始，即可输出一个占空比为 1/2 的方波，如图 17-3 所示。

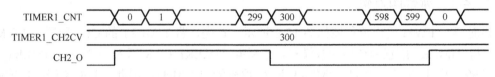

图 17-3　占空比为 1/2 的波形图

假设 TIMER1_CH2CV 为 100，TIMER1_CNT 从 0 计数到 599，当 TIMER1_CNT 从 0 计数到 99 时，比较输出引脚为高电平；当 TIMER1_CNT 从 100 计数到 599 时，比较输出引脚为低电平，周而复始，即可输出一个占空比为 1/6 的方波，如图 17-4 所示。

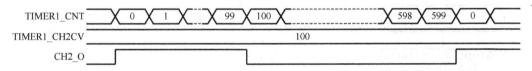

图 17-4　占空比为 1/6 的波形图

假设 TIMER1_CH2CV 为 500，TIMER1_CNT 从 0 计数到 599，当 TIMER1_CNT 从 0 计数到 499 时，比较输出引脚为高电平；当 TIMER1_CNT 从 500 计数到 599 时，比较输出引脚为低电平，周而复始，即可输出一个占空比为 5/6 的方波，如图 17-5 所示。

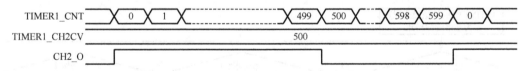

图 17-5　占空比为 5/6 的波形图

17.2.2　程序架构

定时器与 PWM 输出的程序架构如图 17-6 所示。该图简要介绍了程序开始运行后各个函数的执行和调用流程，图中仅列出了与本实例相关的部分函数。下面详细解释该程序架构图。

（1）在 main 函数中调用 InitHardware 函数进行硬件相关模块初始化，包括 NVIC、UART、Timer、RCU 和 PWM 等模块，这里仅介绍 PWM 模块初始化函数 InitPWM。在 InitPWM 函数中调用 ConfigTIMER1ForPWMPB10 函数来配置 PWM。

（2）调用 InitSoftware 函数进行软件相关模块初始化，本实例中 InitSoftware 函数为空。

（3）调用 Proc2msTask 函数进行 2ms 任务处理，在该函数中，调用 LEDFlicker 函数实现 LED 闪烁，并通过 ScanKeyOne 函数依次扫描 3 个按键的状态，如果判断到某一按键有效按下，则调用对应按键的按下响应函数来调节占空比。

（4）调用 Proc1SecTask 函数进行 1s 任务处理，本实例中没有需要处理的 1s 任务。

在图 17-6 中，编号①、④、⑤和⑨的函数在 Main.c 文件中声明和实现；编号②、⑥、⑦和⑧的函数在 PWM.h 文件中声明，在 PWM.c 文件中实现；编号③的函数在 PWM.c 文件中声明和实现。

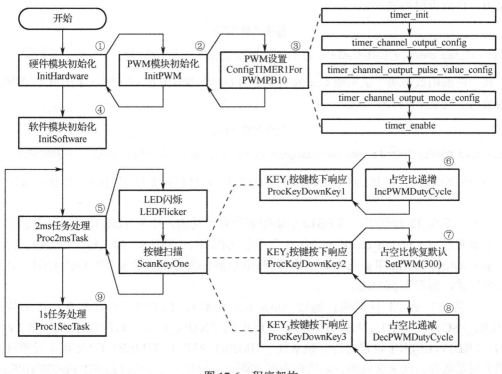

图 17-6　程序架构

要点解析：

（1）配置 PWM，包括设置预分频系数、自动重装载值、计数模式和通道输出极性等。

（2）在 ConfigTIMER1ForPWMPB10 函数中通过调用 TIMER 相关固件库函数来实现上述 PWM 输出配置。

（3）掌握 PWM 模式、通道输出极性、计数器和通道输出比较值的大小关系对 PWM 通道输出高低电平的影响。

本实例的核心内容为 GD32F30x 系列微控制器的定时器系统，在学习过程中应注意理解定时器中各个功能的来源和配置方法，掌握配置定时器的固件库函数的定义和用法，以及固件库函数对应操作的寄存器。

17.2.3　PWM 文件对

1. PWM.h 文件

在 PWM.h 文件的"API 函数声明"区为 API 函数的声明代码，如程序清单 17-1 所示。

程序清单 17-1

```
1.   void  InitPWM(void);                //初始化 PWM 模块
2.   void  SetPWM(signed short val);     //设置占空比
```

```
3.
4.    void   IncPWMDutyCycle(void);          //递增占空比，每次递增方波周期的 1/12，直至高电平输出
5.    void   DecPWMDutyCycle(void);          //递减占空比，每次递减方波周期的 1/12，直至低电平输出
```

2. PWM.c 文件

在 PWM.c 文件的"内部变量"区，为内部变量的声明代码，如程序清单 17-2 所示，该变量用于存放占空比值。

程序清单 17-2

```
static   signed short s_iDutyCycle = 0;   //用于存放占空比
```

在"内部函数声明"区声明 ConfigTIMER1ForPWMPB10 函数，如程序清单 17-3 所示，该函数用于配置 PWM。

程序清单 17-3

```
static void ConfigTIMER1ForPWMPB10(unsigned short arr, unsigned short psc);   //配置 PWM
```

在"内部函数实现"区为 ConfigTIMER1ForPWMPB10 函数的实现代码，如程序清单 17-4 所示。

（1）第 7 至 12 行代码：将 PB10 引脚配置为复用功能，作为 TIMER1 的 CH2 输出，因此，需要通过 rcu_periph_clock_enable 函数使能 GPIOB、TIMER1 和 AFIO 的时钟，并通过 gpio_pin_remap_config 和 gpio_init 函数将 PB10 引脚配置为复用功能 TIMER1_CH2，且为推挽输出模式，频率为 50MHz。

（2）第 17 至 23 行代码：通过 timer_init 函数对 TIMER1 进行配置，该函数涉及 TIMER1_PSC、TIMER1_CAR、TIMER1_CTL0 的 CKDIV[1:0]，以及 TIMER1_SWEVG 的 UPG。CKDIV[1:0]用于设置时钟分频系数。TIMER1_PSC 和 TIMER1_CAR 用于设置计数器的预分频系数和自动重装载值。本实例中的这两个值分别由 ConfigTIMER1ForPWMPB10 函数的参数 psc 和 arr 决定。UPG 用于产生更新事件，本实例中将该值设置为 1，用于重新初始化计数器，并产生一个更新事件。

（3）第 28 至 34 行代码：通过 timer_channel_output_config 函数初始化 TIMER1 的 CH2，该函数涉及 TIMER1_CHCTL2 的 CH2P 和 CH2EN，CH2P 用于设置通道输出极性，CH2EN 用于使能或禁止通道 2 捕获/比较。

（4）第 36 行代码：通过 timer_channel_output_pulse_value_config 函数初始化占空比。

（5）第 37 行代码：通过 timer_channel_output_mode_config 函数设置 TIMER1 通道 2 的输出比较模式为 PWM 模式 0。

（6）第 41 行代码：通过 timer_enable 函数使能 TIMER1。

程序清单 17-4

```
1.    static void ConfigTIMER1ForPWMPB10(unsigned short arr, unsigned short psc)
2.    {
3.      //定义初始化结构体变量
4.      timer_oc_parameter_struct timer_ocinitpara;
5.      timer_parameter_struct timer_initpara;
6.
7.      rcu_periph_clock_enable(RCU_GPIOB);      //使能 GPIOB 时钟
8.      rcu_periph_clock_enable(RCU_TIMER1);     //使能 TIMER1 时钟
```

```
9.       rcu_periph_clock_enable(RCU_AF);              //使能 AFIO 时钟
10.
11.      gpio_pin_remap_config(GPIO_TIMER1_PARTIAL_REMAP1, ENABLE);
                                              //TIMER1 部分重映射 TIMER1_ CH2→PB10
12.      gpio_init(GPIOB, GPIO_MODE_AF_PP, GPIO_OSPEED_50MHZ, GPIO_PIN_10);
                                              //设置 GPIO 输出模式及速度
13.
14.      timer_deinit(TIMER1);                         //将 TIMER1 配置为默认值
15.      timer_struct_para_init(&timer_initpara);      //timer_initpara 配置为默认值
16.
17.      timer_initpara.prescaler         = psc;               //设置预分频系数
18.      timer_initpara.alignedmode       = TIMER_COUNTER_EDGE;  //设置对齐模式
19.      timer_initpara.counterdirection  = TIMER_COUNTER_UP;   //设置向上计数
20.      timer_initpara.period            = arr;               //设置重装载值
21.      timer_initpara.clockdivision     = TIMER_CKDIV_DIV1;  //设置时钟分频系数
22.      timer_initpara.repetitioncounter = 0;                 //设置重复计数值
23.      timer_init(TIMER1, &timer_initpara);                  //初始化定时器
24.
25.      //将结构体参数初始化为默认值
26.      timer_channel_output_struct_para_init(&timer_ocinitpara);
27.
28.      timer_ocinitpara.outputstate  = TIMER_CCX_ENABLE;     //设置通道输出状态
29.      timer_ocinitpara.outputnstate = TIMER_CCXN_DISABLE;   //设置互补通道输出状态
30.      timer_ocinitpara.ocpolarity   = TIMER_OC_POLARITY_HIGH; //设置通道输出极性
31.      timer_ocinitpara.ocnpolarity  = TIMER_OCN_POLARITY_HIGH; //设置互补通道输出极性
32.      timer_ocinitpara.ocidlestate  = TIMER_OC_IDLE_STATE_LOW; //设置空闲状态下通道输出极性
33.      timer_ocinitpara.ocnidlestate = TIMER_OCN_IDLE_STATE_LOW;
                                              //设置空闲状态下互补通道输出极性
34.      timer_channel_output_config(TIMER1, TIMER_CH_2, &timer_ocinitpara);   //初始化结构体
35.
36.      timer_channel_output_pulse_value_config(TIMER1, TIMER_CH_2, 0);       //设置占空比
37.      timer_channel_output_mode_config(TIMER1, TIMER_CH_2, TIMER_OC_MODE_PWM0);
                                              //设置通道比较模式
38.      timer_channel_output_shadow_config(TIMER1, TIMER_CH_2, TIMER_OC_SHADOW_DISABLE);
                                              //禁止比较影子寄存器
39.      timer_auto_reload_shadow_enable(TIMER1);              //自动重载影子寄存器使能
40.
41.      timer_enable(TIMER1);   //使能定时器
42.  }
```

在"API 函数实现"区为 InitPWM、SetPWM、IncPWMDutyCycle 和 DecPWMDutyCycle 函数的实现代码，如程序清单 17-5 所示。

（1）第 1 至 4 行代码：InitPWM 函数通过 ConfigTIMER1ForPWMPB10 函数对 PWM 模块进行初始化，ConfigTIMER1ForPWMPB10 函数的两个参数分别为 599 和 999。

（2）第 6 至 11 行代码：SetPWM 函数通过 timer_channel_output_pulse_value_config 函数，根据参数 val 的值设定 PWM 输出方波的占空比。

（3）13 至 25 行代码：IncPWMDutyCycle 函数用于执行 PWM 输出方波的占空比递增操作，每次递增方波周期的 1/12，直至 100%，最后通过 timer_channel_output_pulse_ value_config 函数设置占空比。

（4）第 27 至 39 行代码：DecPWMDutyCycle 函数用于执行 PWM 输出方波的占空比递减操作，每次递减方波周期的 1/12，直至 0%，最后通过 timer_channel_output_pulse_ value_config 函数设置占空比。

程序清单 17-5

```
1.   void  InitPWM(void)
2.   {
3.     ConfigTIMER1ForPWMPB10(599, 999);        //配置 TIMER1, 120000000/(999+1)/(599+1)=200Hz
4.   }
5.
6.   void SetPWM(signed short val)
7.   {
8.     s_iDutyCycle = val;                       //获取占空比的值
9.
10.    timer_channel_output_pulse_value_config(TIMER1, TIMER_CH_2, s_iDutyCycle); //设置占空比
11.  }
12.
13.  void IncPWMDutyCycle(void)
14.  {
15.    if(s_iDutyCycle >= 600)                   //如果占空比不小于 600
16.    {
17.      s_iDutyCycle = 600;                     //保持占空比值为 600
18.    }
19.    else
20.    {
21.      s_iDutyCycle += 50;                     //占空比递增方波周期的 1/12
22.    }
23.
24.    timer_channel_output_pulse_value_config(TIMER1, TIMER_CH_2, s_iDutyCycle); //设置占空比
25.  }
26.
27.  void DecPWMDutyCycle(void)
28.  {
29.    if(s_iDutyCycle <= 0)                     //如果占空比不大于 0
30.    {
31.      s_iDutyCycle = 0;                       //保持占空比值为 0
32.    }
33.    else
34.    {
35.      s_iDutyCycle -= 50;                     //占空比递减方波周期的 1/12
36.    }
37.
38.    timer_channel_output_pulse_value_config(TIMER1, TIMER_CH_2, s_iDutyCycle); //设置占空比
39.  }
```

17.2.4   ProcKeyOne.c 文件

在"API 函数实现"区的 3 个按键按下响应函数中，分别调用 IncPWMDutyCycle、SetPWM 和 DecPWMDutyCycle 函数实现对占空比的调节，如程序清单 17-6 所示。

程序清单 17-6

```
1.   void  ProcKeyDownKey1(void)
2.   {
3.     IncPWMDutyCycle();                 //递增占空比
4.     printf("KEY1 PUSH DOWN\r\n");      //打印按键状态
5.   }
6.
7.   void  ProcKeyDownKey2(void)
8.   {
9.     SetPWM(300);                       //复位占空比
10.    printf("KEY2 PUSH DOWN\r\n");      //打印按键状态
11.  }
12.
13.  void  ProcKeyDownKey3(void)
14.  {
15.    DecPWMDutyCycle();                 //递减占空比
16.    printf("KEY3 PUSH DOWN\r\n");      //打印按键状态
17.  }
```

17.2.5　Main.c 文件

在 Main.c 文件的 "内部函数实现" 区的 main 函数中，调用 SetPWM 函数设置 PWM 的占空比，如程序清单 17-7 的第 8 行代码所示。注意，SetPWM 的参数控制在 0~600，且必须是 50 的整数倍，300 表示将 PWM 的占空比设置为 50%。

程序清单 17-7

```
1.   int main(void)
2.   {
3.     InitHardware();        //初始化硬件相关函数
4.     InitSoftware();        //初始化软件相关函数
5.
6.     printf("Init System has been finished.\r\n" );   //打印系统状态
7.
8.     SetPWM(300);
9.
10.    while(1)
11.    {
12.      Proc2msTask();       //2ms 处理任务
13.      Proc1SecTask();      //1s 处理任务
14.    }
15.  }
```

17.2.6　运行结果

代码编译通过后，下载程序并进行复位。下载完成后，开发板上的 PB10 引脚连接到示波器探头，可见如图 17-7 所示的方波信号。可以通过按键调节方波的占空比，按下 KEY_1 按键，方波的占空比递增；按下 KEY_3 按键，方波的占空比递减；按下 KEY_2 按键，方波的占空比复位至 50%。

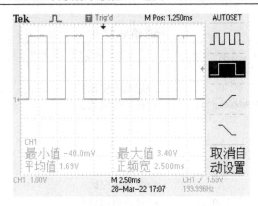

图 17-7　占空比为 6/12 的方波信号

本 章 任 务

呼吸灯是指灯光在被动控制下完成亮、暗之间的逐渐变化，类似于人的呼吸。利用 PWM 输出高/低电平持续时长的变化，设计一个程序，实现呼吸灯功能。为了充分利用 GD32F3 杨梅派开发板，可以通过固件库函数将 PA8 引脚配置为浮空状态，然后通过杜邦线连接 PA8 和 PB10 引脚。在主函数中通过持续改变输出波形的占空比来实现呼吸灯功能。要求占空比变化能在最小值到某个合适值的范围内循环往复，以达到 LED_1 亮度由亮到暗、由暗到亮的渐变效果。

任务提示：

1．配置 PA8 引脚浮空，使用杜邦线连接 PA8 和 PB10 引脚。

2．编写函数实现占空比在一个较小值和较大值之间往复递增或递减循环，

3．在 1s 处理任务中调用占空比循环函数，实现呼吸灯功能。

本 章 习 题

1．在 SetPWM 函数中通过直接操作寄存器完成相同的功能。

2．通用定时器有哪些计数模式？可以通过哪些寄存器配置这些计数模式？

3．根据本章实例中的配置参数，计算 PWM 输出方波的周期，并与示波器中测量的周期进行对比。

4．GD32F30x 系列微控制器还有哪些引脚可以用作 PWM 输出？

第18章　定时器与输入捕获

GD32F30x 系列微控制器的定时器包括基本定时器、通用定时器和高级定时器 3 类，除了基本定时器，其他两类定时器都有输入捕获功能。本章首先介绍输入捕获的工作原理，然后通过一个输入捕获实例详细介绍捕获脉冲的上升沿和下降沿的流程。

18.1　输入捕获原理

GD32F30x 系列微控制器的输入捕获是通过检测 TIMERx_CHx 上的边沿信号实现的，当边沿信号发生跳变（上升沿或下降沿）时，将当前定时器的值（TIMERx_CNT）存放到对应通道的捕获/比较寄存器（TIMERx_CHxCV）中，完成一次捕获；同时，还可以配置捕获时是否触发中断或 DMA 等。

输入捕获的逻辑框图如图 18-1 所示，信号输入后首先经过同步器与时钟信号同步，然后进行滤波采样及边沿检测，通过 TIMERx_CHCTL2 寄存器可设置检测边沿为上升沿或下降沿。边沿检测通过后根据预分频器设置，在检测到若干输入事件后产生 1 次有效的捕获事件，并由 TIMERx_CHxCV 存储当前计数器中的值，根据设置可在捕获时进行中断或 DMA 传输。

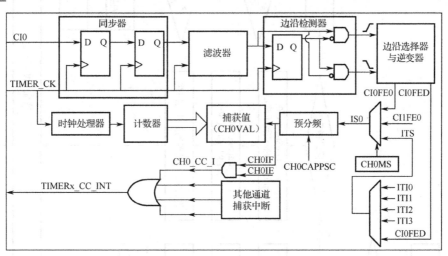

图 18-1　输入捕获的逻辑框图

输入捕获一般用于两种场合，即脉冲跳变沿时间（脉宽）测量和 PWM 输入测量。

18.2　实例与代码解析

将 GD32F3 杨梅派开发板的 PA0（TIMER1 的 CH0）引脚配置为输入捕获模式，编写程序实现以下功能：①当按下 KEY₁ 按键时，捕获高电平持续的时间；②将 KEY₁ 按键高电平持续的时间转换为以毫秒为单位的数值；③将高电平的持续时间通过 UART0 发送到计算机；④通过串口助手查看 KEY₁ 按键的高电平持续时间。

18.2.1　流程图分析

定时器与输入捕获中断服务函数流程图如图 18-2 所示。首先，使能 TIMER1 的溢出和上

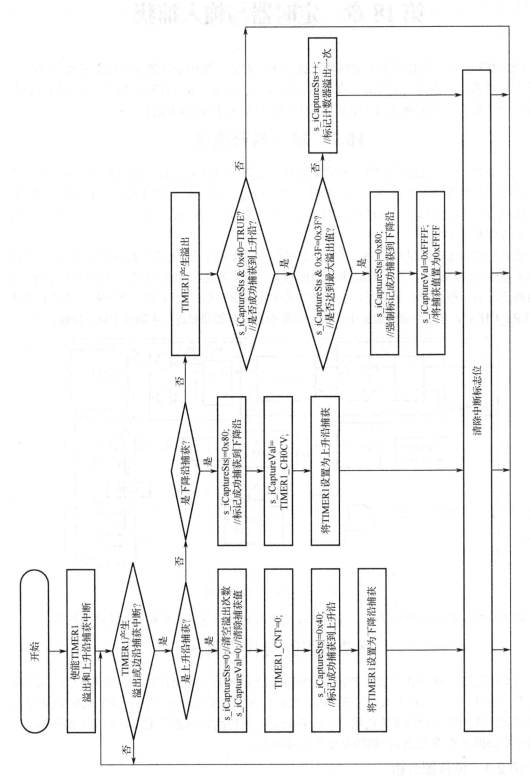

图18-2　定时器与输入捕获中断服务函数流程图

升沿（按键未按下时为低电平，按下时为高电平）捕获中断。其次，当 TIMER1 产生中断时，判断 TIMER1 产生溢出中断还是边沿捕获中断。

① 如果是上升沿捕获中断，即检测到按键按下，则将 s_iCaptureSts（用于存储溢出次数）、s_iCaptureVal（用于存储捕获值）和 TIMER1_CNT 均清零，同时将 s_iCaptureSts[6]置 1，标记成功捕获到上升沿。然后，将 TIMER1 设置为下降沿捕获，再清除中断标志位。

② 如果是下降沿捕获中断，即检测到按键弹起，则将 s_iCaptureSts[7]置为 1，标记成功捕获到下降沿，将 TIMER1_CH0CV 的值读取到 s_iCaptureVal。然后，将 TIMER1 设置为上升沿捕获，再清除中断标志位。

③ 如果是 TIMER1 溢出中断，则判断 s_iCaptureSts[6]是否为 1，即判断是否成功捕获到上升沿，若捕获到上升沿，进一步判断是否达到最大溢出值（TIMER1 从 0 计数到 0xFFFF 溢出一次，即计数 65536 次溢出一次，计数单位为 1μs，由于本实例的最大溢出次数为 0x3F+1，即 64（十进制），因此，最大溢出值为 64×65536×1μs = 4194304μs = 4.194s。如果达到最大溢出值，则强制标记成功捕获到下降沿，并将捕获值设置为 0xFFFF，也就是按键按下时间小于 4.194s，按照实际时间通过串口助手打印输出，如果按键按下时间大于或等于 4.194s，则强制通过串口助手打印 4.194s；如果未达到最大溢出值（0x3F，即十六进制的 63），则 s_iCaptureSts 执行加 1 操作，并清除中断标志位。此后，当产生中断时，继续判断 TIMER1 产生溢出中断还是边沿捕获中断。

定时器与输入捕获应用层流程图如图 18-3 所示。首先，判断是否产生 10ms 溢出，如果产生 10ms 溢出，则判断 s_iCaptureSts[7]是否为 1，即判断是否成功捕获到下降沿；否则继续判断是否产生 10ms 溢出。若 s_iCaptureSts[7]为 1，即成功捕获到下降沿，则取出 s_iCaptureSts 的低 6 位计数器的值，得到溢出次数，令溢出次数乘以 65536，当然，还需要加上最后一次读取到的 TIMER1_CH0CV 的值，得到以 μs 为单位的按键按下时间值后，再将其转换为以 ms 为单位的值，最后通过串口助手打印出以 ms 为单位的按键按下时间。若 s_iCaptureSts[7]为 0，即未成功捕获到下降沿，则继续判断是否产生 10ms 溢出。注意，captureVal=*pCapVal。

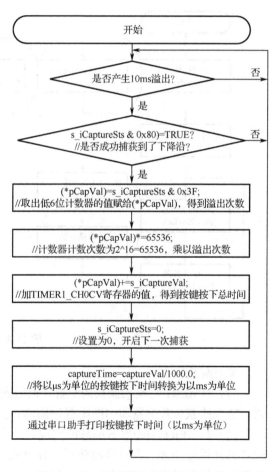

图 18-3　定时器与输入捕获应用层流程图

18.2.2　程序架构

定时器与输入捕获的程序架构如图 18-4 所示。该图简要介绍了程序开始运行后各个函数的执行和调用流程，图中仅列出了与本实例相关的部分函数。下面详细解释该程序架构图。

（1）在 main 函数中调用 InitHardware 函数进行硬件相关模块初始化，包括 NVIC、UART、Timer 和 Capture 等模块，这里仅介绍 Capture 模块初始化函数 InitCapture。在 InitCapture 函数中调用 ConfigTIMER1ForCapture 函数配置输入捕获。

（2）调用 InitSoftware 函数进行软件相关模块初始化，本实例中 InitSoftware 函数为空。

（3）调用 Proc2msTask 函数进行 2ms 任务处理，在该函数中，调用 LEDFlicker 函数实现 LED 闪烁，每 10ms 调用 GetCaptureVal 函数获取一次捕获值，若获取成功，打印出捕获值。

（4）调用 Proc1SecTask 函数进行 1s 任务处理，本实例中没有需要处理的 1s 任务。

在图 18-4 中，编号①、④、⑤和⑧的函数在 Main.c 文件中声明和实现；编号②和⑦的函数在 Capture.h 文件中声明，在 Capture.c 文件中实现；编号③的函数在 Capture.c 文件中声明和实现。

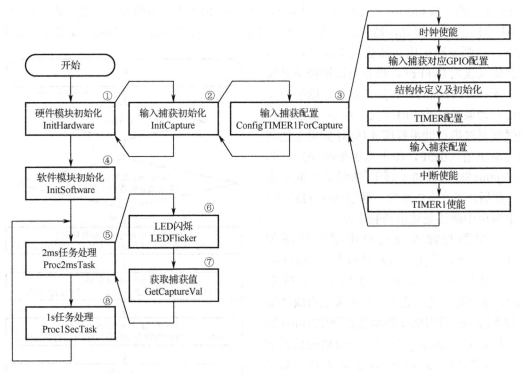

图 18-4　程序架构

要点解析：

（1）TIMER1 与输入捕获的配置，调用固件库函数实现时钟使能、GPIO 配置、定时器配置、输入捕获参数配置和中断配置等操作。

（2）TIMER1 中断服务函数的实现。在中断服务函数中，分别对 TIMER1 的溢出事件和捕获事件进行处理。在已经捕获到上升沿的前提下出现溢出时，需要判断是否达到最大溢出次数，若达到最大溢出次数，则强制标记成功捕获一次；若未达到，则使溢出次数计数器执行加 1 操作。在 TIMER_CH0 第一次捕获到上升沿时，将捕获极性设置为下降沿捕获；在已经捕获到上升沿的前提下再次发生捕获事件时，标记成功捕获一次，并重新设置为上升沿捕获，为下次捕获做准备。

本实例的核心内容为 GD32F30x 系列微控制器的定时器系统，在学习过程中应注意理解定时器中输入捕获功能的来源和配置方法，掌握配置定时器的固件库函数的定义和用法，以及固件库函数对应操作的寄存器。

18.2.3　Capture 文件对

1．Capture.h 文件

在 Capture.h 文件的"API 函数声明"区为 API 函数的声明代码，如程序清单 18-1 所示。InitCapture 用于初始化输入捕获模块；GetCaptureVal 函数用于获取捕获时间，返回 1 表示捕获成功。

程序清单 18-1

```
void  InitCapture(void);                          //初始化 Capture 模块
unsigned char  GetCaptureVal(signed int* pCapVal); //获取捕获时间，返回值为 1 表示捕获成功，此
时*pCapVal 才有意义
```

2．Capture.c 文件

在 Capture.c 文件的"内部变量"区为内部变量的声明和定义代码，如程序清单 18-2 所示。s_iCaptureSts 用于存放捕获状态，s_iCaptureVal 用于存放捕获值。

程序清单 18-2

```
//s_iCaptureSts 中的 bit7 为捕获完成的标志，bit6 为捕获到上升沿标志，bit5～bit0 为捕获到上升沿后
定时器溢出的次数
static  unsigned char  s_iCaptureSts = 0;      //捕获状态
static  unsigned short s_iCaptureVal;          //捕获值
```

在"内部函数声明"区声明 ConfigTIMER1ForCapture 函数，如程序清单 18-3 所示，该函数用于配置定时器 TIMER1 通道 0 的输入捕获功能。

程序清单 18-3

```
static  void ConfigTIMER1ForCapture(unsigned short arr, unsigned short psc);    //配置 TIMER1
```

在"内部函数实现"区为 ConfigTIMER1ForCapture 函数的实现代码，如程序清单 18-4 所示。

（1）第 7 至 10 行代码：通过 rcu_periph_clock_enable 函数使能 GPIOA 和 TIMER1 的时钟，并通过 gpio_init 函数将捕获引脚 PA0 配置为下拉输入模式，最大速度为 50MHz。

（2）第 17 至 22 行代码：通过 timer_init 函数将 TIMER1 配置为边沿对齐模式，且计数器递增计数。并根据参数 arr 和 psc 配置计数器的自动重装载值和预分频系数。

（3）第 24 至 28 行代码：通过 timer_input_capture_config 函数初始化 TIMER1 的 CH0，该函数涉及 TIMER1_CHCTL2 的 CH0EN 和 CH0P，以及 TIMER1_CHCTL0 的 CH0MS[1:0]、CH0CAPPSC[1:0]和 CH0CAPFLT[3:0]。CH0EN 用于使能或禁止通道 0 的输入捕获功能，CH0P 用于设置通道的捕获极性，CH0MS[1:0]用于设置通道的工作模式和输入信号的选择，CH0CAPFLT[3:0]用于设置通道 0 输入的采样频率及数字滤波器的长度。本实例中，TIMER1 的 CH0 配置为输入捕获，且捕获发生在通道 0 的上升沿，输入的采样频率为 f_{DTS}，数字滤波器长度 N 为 1，捕获输入口每检测到一个边沿（这里为上升沿）都触发一次捕获。

（4）第 30 行代码：通过 timer_auto_reload_shadow_enable 函数使能自动重载影子寄存器。

（5）第 35 至 39 行代码：通过 timer_interrupt_enable 函数使能 TIMER1 的 UPIE 更新中断

及 CH0IE 捕获中断，该函数涉及 TIMER1_DMAINTEN 的 UPIE 和 CH0IE。UPIE 用于禁止和使能更新中断，CH0IE 用于禁止和使能捕获中断。然后通过 nvic_irq_enable 函数使能 TIMER1 中断，并设置抢占优先级为 2，子优先级为 0。最后通过 timer_enable 函数使能 TIMER1。

程序清单 18-4

```
1.    static  void ConfigTIMER1ForCapture(unsigned short arr, unsigned short psc)
2.    {
3.       //定义 TIMER 初始化结构体变量
4.       timer_ic_parameter_struct timer_icinitpara;
5.       timer_parameter_struct timer_initpara;
6.
7.       rcu_periph_clock_enable(RCU_GPIOA);     //使能 GPIOA 时钟
8.       rcu_periph_clock_enable(RCU_TIMER1);    //使能 TIMER1 时钟
9.
10.      gpio_init(GPIOA, GPIO_MODE_IPD, GPIO_OSPEED_50MHZ, GPIO_PIN_0);
                                                    //设置 PA0 输入模式及速度模式
11.
12.      timer_deinit(TIMER1);                          //TIMER1 设置为默认值
13.      timer_struct_para_init(&timer_initpara);       //TIMER1 结构体设置为默认值
14.      timer_channel_input_struct_para_init(&timer_icinitpara);
                                              //将输入结构体中的参数初始化为默认值
15.
16.      //TIMER1 配置
17.      timer_initpara.prescaler         = psc;               //设置预分频系数
18.      timer_initpara.alignedmode       = TIMER_COUNTER_EDGE; //设置对齐模式
19.      timer_initpara.counterdirection  = TIMER_COUNTER_UP;  //设置向上计数模式
20.      timer_initpara.period            = arr;               //设置自动重装载值
21.      timer_initpara.clockdivision     = TIMER_CKDIV_DIV1;  //设置时钟分割
22.      timer_init(TIMER1, &timer_initpara);                  //初始化时钟
23.
24.      timer_icinitpara.icpolarity  = TIMER_IC_POLARITY_RISING;     //设置输入极性
25.      timer_icinitpara.icselection = TIMER_IC_SELECTION_DIRECTTI;  //设置通道输入模式
26.      timer_icinitpara.icprescaler = TIMER_IC_PSC_DIV1;            //设置预分频系数
27.      timer_icinitpara.icfilter    = 0x0;                         //设置输入捕获滤波
28.      timer_input_capture_config(TIMER1, TIMER_CH_0, &timer_icinitpara);  //初始化通道
29.
30.      timer_auto_reload_shadow_enable(TIMER1);              //使能自动重载影子寄存器
31.
32.      timer_interrupt_flag_clear(TIMER1, TIMER_INT_FLAG_CH0); //清除 CH0 中断标志位
33.      timer_interrupt_flag_clear(TIMER1, TIMER_INT_FLAG_UP);  //清除更新中断标志位
34.
35.      timer_interrupt_enable(TIMER1, TIMER_INT_UP);         //使能定时器的更新中断
36.      timer_interrupt_enable(TIMER1, TIMER_INT_CH0);        //使能定时器的 CH0 输入通道中断
37.      nvic_irq_enable(TIMER1_IRQn, 2, 0);                   //使能 TIMER1 中断，并设置优先级
38.
39.      timer_enable(TIMER1);  //使能 TIMER1
40.    }
```

在 ConfigTIMER1ForCapture 函数实现区后，为 TIMER1_IRQHandler 中断服务函数的实现代码，如程序清单 18-5 所示。当 TIMER1 产生更新中断或通道 0 捕获中断时，执行该中断服务函数。

（1）第 3 行代码：变量 s_iCaptureSts 用于存放捕获状态，s_iCaptureSts 的 bit7 为捕获完成标志（bit7 为 0，表示捕获未完成），bit6 为捕获到上升沿标志，bit5～bit0 为捕获到上升沿后定时器溢出次数。

（2）第 6 行代码：通过 timer_interrupt_flag_get 函数获取更新中断标志，该函数涉及 TIMER1_DMAINTEN 的 UPIE 和 TIMER1_INTF 的 UPIF。本实例中，UPIE 为 1，表示使能更新中断，当 TIMER1 递增计数产生溢出时，UPIF 由硬件置 1，并产生更新中断，执行 TIMER1_IRQHandler 函数。

（3）第 8 至 21 行代码：若 s_iCaptureSts 的 bit6 为 1，表示已经捕获到上升沿，然后，判断 s_iCaptureSts 的 bit5～bit0 是否为 0x3F，该值为 0x3F 表示计数器已经达到最大溢出次数，说明按键按下时间太久，此时将 s_iCaptureSts 的 bit7 强制置 1，即强制标记为成功捕获一次，同时，将捕获值设为 0xFFFF。否则，若 s_iCaptureSts 的 bit5～bit0 不为 0x3F，表示计数器尚未达到最大溢出次数，s_iCaptureSts 执行加 1 操作，标记计数器溢出一次。

（4）第 24 行代码：通过 timer_interrupt_flag_get 函数获取通道 0 捕获中断标志，该函数涉及 TIMER1_DMAINTEN 的 CH0IE 和 TIMER1_INTF 的 CH0IF。本实例中，CH0IE 为 1，表示使能通道 0 捕获中断，当产生通道 0 捕获事件时，CH0IF 由硬件置 1，并产生通道 0 捕获中断，执行 TIMER1_IRQHandler 函数。

（5）第 26 至 32 行代码：发生捕获事件后，若 s_iCaptureSts 的 bit6 为 1，表示前一次已经捕获到上升沿，那么这次就表示捕获到下降沿，因此，将 s_iCaptureSts 的 bit7 置 1 表示完成一次捕获。然后，通过 timer_channel_capture_value_register_read 函数读取 TIMER1_CH0CV 的值，并将该值赋值给 s_iCaptureVal。最后，通过操作寄存器 TIMER1_CH0CTL2 的 CH0P 将 TIMER1 的 CH0 设置为上升沿触发，为下一次捕获 KEY$_1$ 按键按下做准备

（6）第 33 至 44 行代码：发生捕获事件后，若 s_iCaptureSts 的 bit6 为 0，表示前一次未捕获到上升沿，那么这次就是第一次捕获到上升沿，因此，将 s_iCaptureSts 和 s_iCaptureVal 均清零，通过 timer_counter_value_config 函数将 TIMER1 的计数器清零，并将 s_iCaptureSts 的 bit6 置 1，标记已经捕获到了上升沿。最后，通过操作寄存器 TIMER1_CH0CTL2 的 CH0P 将 TIMER1 的 CH0 设置为下降沿触发，为下一次捕获 KEY$_1$ 按键弹起做准备。

（7）第 48 至 49 行代码：通过 timer_interrupt_flag_clear 函数清除更新和通道 0 捕获中断标志位，该函数同样涉及 TIMER1_INTF 的 UPIF 和 CH0IF。

程序清单 18-5

```
1.   void TIMER1_IRQHandler(void)
2.   {
3.     if((s_iCaptureSts & 0x80) == 0)      //最高位为 0，表示捕获还未完成
4.     {
5.       //高电平，定时器 TIMER1 发生了溢出事件
6.       if(timer_interrupt_flag_get(TIMER1, TIMER_INT_FLAG_UP) != RESET)
7.       {
8.         if(s_iCaptureSts & 0x40)          //发生溢出，并且前一次已经捕获到高电平
9.         {
10.          //TIMER_CAR 16 位预装载值，即 CNT > 65536-1(2^16 - 1)时溢出
11.          //若不处理，(s_iCaptureSts & 0x3F)++等于 0x40 ，溢出数等于清零
12.          if((s_iCaptureSts & 0x3F) == 0x3F)  //达到多次溢出，高电平持续时间太长
13.          {
```

```
14.            s_iCaptureSts |= 0x80;        //强制标记成功捕获了一次
15.            s_iCaptureVal = 0xFFFF;       //捕获值为 0xFFFF
16.        }
17.        else
18.        {
19.            s_iCaptureSts++;              //标记计数器溢出一次
20.        }
21.    }
22.  }
23.
24.    if (timer_interrupt_flag_get(TIMER1, TIMER_INT_FLAG_CH0) != RESET) //发生捕获事件
25.    {
26.      if(s_iCaptureSts & 0x40)    //bit6 为 1，即上次捕获到上升沿，那么这次捕获到下降沿
27.      {
28.        s_iCaptureSts |= 0x80;    //完成捕获，标记成功捕获到一次下降沿
29.        s_iCaptureVal = timer_channel_capture_value_register_read(TIMER1,TIMER_CH_0);
                            //s_iCaptureVa 记录捕获比较寄存器的值
30.      //设置为上升沿捕获，为下次捕获做准备
31.        timer_channel_output_polarity_config(TIMER1, TIMER_CH_0, TIMER_IC_POLARITY_RISING);
32.      }
33.      else   //bit6 为 0，表示上次没捕获到上升沿，这次为第一次捕获上升沿
34.      {
35.        s_iCaptureSts = 0;        //清空溢出次数
36.        s_iCaptureVal = 0;        //捕获值为 0
37.
38.        timer_counter_value_config(TIMER1, 0);   //设置寄存器的值为 0
39.
40.        s_iCaptureSts |= 0x40;    //bit6 置 1，标记捕获到上升沿
41.
42.        //设置为下降沿捕获
43.        timer_channel_output_polarity_config(TIMER1, TIMER_CH_0, TIMER_IC_POLARITY_FALLING);
44.      }
45.    }
46.  }
47.
48.  timer_interrupt_flag_clear(TIMER1, TIMER_INT_FLAG_CH0);  //清除更新 CH0 捕获中断标志位
49.  timer_interrupt_flag_clear(TIMER1, TIMER_INT_FLAG_UP);   //清除更新中断标志位
50. }
```

在"API 函数实现"区为 InitCapture 和 GetCaptureVal 函数的实现代码，如程序清单 18-6 所示。

（1）第 1 至 5 行代码：InitCapture 函数调用 ConfigTIMER1ForCapture 函数初始化 Capture 模块，ConfigTIMER1ForCapture 函数的两个参数分别是 0xFFFF 和 119，说明 TIMER1 以 1MHz 的频率计数，同时 TIMER1 从 0 递增计数到 0xFFFF 产生溢出。

（2）第 7 至 23 行代码：GetCaptureVal 函数用于获取捕获时间，如果 s_iCaptureSts 的 bit7 为 1，表示成功捕获到下降沿，即按键已经弹起。此时，将 GetCaptureVal 函数的返回值 ok 置为 1，然后取出 s_iCaptureVal 的 bit5～bit0 得到溢出次数，再将溢出次数乘以 65536（从 0x0000 计数到 0xFFFF），接着，将乘积结果加上最后一次比较捕获寄存器的值，得到总的高电平持续时间，并将该值保存到 pCapVal 指针指向的存储空间。最后，将 s_iCaptureSts 清零。

程序清单 18-6

```
1.   void  InitCapture(void)
2.   {
3.     //计数器达到最大装载值 0xFFFF，会产生溢出；以 120MHz/(120-1+1)=1MHz 的频率计数
4.     ConfigTIMER1ForCapture(0xFFFF, 120 - 1);
5.   }
6.
7.   unsigned char  GetCaptureVal(signed int* pCapVal)
8.   {
9.     unsigned char ok = 0;
10.
11.    if(s_iCaptureSts & 0x80)         //最高位为 1，表示成功捕获到下降沿（获取到按键弹起标志）
12.    {
13.      ok = 1;                        //捕获成功
14.      (*pCapVal) = s_iCaptureSts & 0x3F; //取出低 6 位计数器的值赋给(*pCapVal)，得到溢出次数
15.      //printf("溢出次数:%d\r\n",*pCapVal);
16.      (*pCapVal) *= 65536;
       //计数器计数次数为 2^16=65536，乘以溢出次数，得到溢出时间总和（以 1/1MHz=1s 为单位）
17.      (*pCapVal) += s_iCaptureVal;    //加上最后一次比较捕获寄存器的值，得到总的高电平时间
18.
19.      s_iCaptureSts = 0;            //设置为 0，开启下一次捕获
20.    }
21.
22.    return(ok);                     //返回是否捕获成功的标志
23.  }
```

18.2.4　Main.c 文件

在 Main.c 文件的"内部函数实现"区的 Proc2msTask 函数中，设置 10ms 标志位，每 10ms 调用 GetCaptureVal 函数获取捕获值，若捕获成功，打印出捕获值，如程序清单 18-7 所示。

程序清单 18-7

```
1.   static  void  Proc2msTask(void)
2.   {
3.     static signed short s_iCnt5 = 0;              //10ms 计数器
4.     signed int captureVal;                        //捕获到的值
5.     float captureTime;                            //将捕获值转换成时间
6.
7.     if(Get2msFlag())                              //判断 2ms 标志位状态
8.     {
9.       LEDFlicker(250);                            //调用闪烁函数
10.
11.      if(s_iCnt5 >= 4)                            //计数值大于或等于 4
12.      {
13.        if(GetCaptureVal(&captureVal))            //成功捕获
14.        {
15.          captureTime = captureVal / 1000.0;
16.          printf("H-%0.2fms\r\n", captureTime);   //打印出捕获值
17.        }
18.
19.        s_iCnt5 = 0;                              //重置计数器的计数值为 0
```

```
20.     }
21.     else
22.     {
23.       s_iCnt5++;                              //计数器的计数值加 1
24.     }
25.
26.     Clr2msFlag();                            //清除 2ms 标志位
27.   }
28. }
```

18.2.5　运行结果

代码编译通过后，下载程序并进行复位。下载完成后，打开计算机上的串口助手，按下 KEY_1 按键并等待一段时间后松开，串口助手打印 KEY_1 按键按下的时间，即捕获到高电平持续的时间。若按键按下时间超过 4194.30ms 导致溢出，则打印 4194.30ms，如图 18-5 所示。

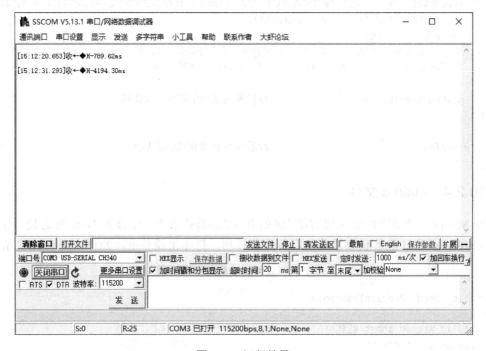

图 18-5　运行结果

本 章 任 务

利用输入捕获的功能检测第 17 章定时器与 PWM 输出实例中低电平持续的时间，并通过 OLED 显示低电平持续的时间。具体操作如下：利用杜邦线连接 PA0 与 PB10 引脚，每捕获 10 次低电平，计算平均值并显示在 OLED 上，并观察在按下相应的调节 PWM 输出占空比的按键后，得到的数据变化是否与理论计算值相符。

任务提示：

1. 将 OLED 和按键驱动文件添加到本章实例的工程中。

2. 将初始捕获极性配置为下降沿捕获，并对应修改 TIMER1 的中断服务函数中改变捕获极性的代码。

3．定义一个变量作为捕获成功次数计数器，每次捕获成功后执行加 1 操作，并记录本次捕获时间，达到 10 次时计算平均值，并通过调用 OLED 模块的 API 函数显示该平均值。最后，将捕获成功次数计数器清零，为下一次捕获做准备。

本 章 习 题

1．如何通过设置下降沿和上升沿捕获来计算按键按下时长？

2．计算本章实例的高电平最大捕获时长。

3．在 timer_channel_capture_value_register_read 函数中，通过直接操作寄存器完成相同的功能。

4．如何通过 timer_interrupt_enable 函数使能 TIMER1 的更新中断和通道 0 捕获中断？这两个中断与 TIMER1_IRQHandler 函数之间有什么关系？

第19章 DAC

DAC（Digital to Analog Converter）即数模转换器。GD32F303RCT6微控制器属于高密度产品，内嵌两个12位数字输入、电压输出型DAC，可配置为8位或12位模式，也可与DMA（Direct Memory Access）控制器配合使用。DAC工作在12位模式时，数据可设置为左对齐或右对齐。DAC有两个输出通道，每个通道都有单独的转换器。在双DAC模式下，两个通道既可以独立转换，也可以同时转换并同步更新两个通道的输出。DAC可以通过引脚输入参考电压V_{REF+}以获得更精确的转换结果。本章首先介绍DAC及其相关寄存器和固件库函数，然后通过一个DAC实例演示如何进行数模转换。

19.1 DAC功能框图

DAC功能框图如图19-1所示，下面按照编号顺序依次介绍各个功能模块。

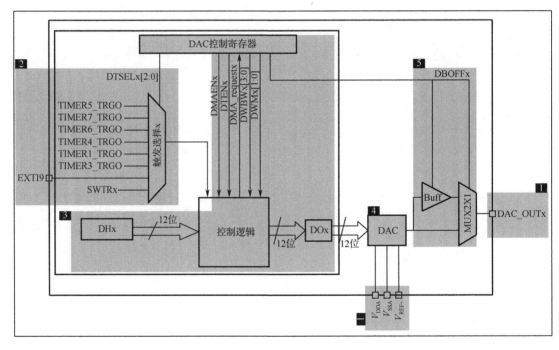

图19-1 DAC功能框图

1. DAC引脚

DAC的引脚说明如表19-1所示。其中，V_{REF+}是正模拟参考电压，由于GD32F303RCT6微控制器的V_{REF+}引脚在微控制器内部与V_{DDA}引脚相连接，V_{DDA}引脚电压为3.3V，因此V_{REF+}引脚电压也为3.3V。DAC引脚上的输出电压满足以下关系：

$$DAC_{output} = V_{REF+} \times (DAC\_DO/4096) = 3.3 \times (DAC\_DO/4096)$$

其中，DAC_DO为数据输出寄存器的值，即图19-1中的DOx。

表 19-1　DAC 的引脚说明

引脚名称	描　　述	信号类型
V_{DDA}	模拟电源	输入，模拟电源
V_{SSA}	模拟电源地	输入，模拟电源地
V_{REF+}	DAC 正参考电压，$2.6V \leqslant V_{REF+} \leqslant V_{DDA}$	输入，模拟正参考电压
DAC_OUTx	DACx 模拟输出	模拟输出信号

GD32F303RCT6 微控制器内部有两个 DAC，每个 DAC 对应 1 个输出通道，其中 DAC0 通过 DAC_OUT0 通道（与 PA4 引脚相连接）输出，DAC1 通过 DAC_OUT1 通道（与 PA5 引脚相连接）输出。一旦使能 DACx 通道，相应的 GPIO 引脚（PA4 或 PA5 引脚）就会自动与 DAC 的模拟输出（DAC_OUTx）相连。为了避免寄生的干扰和额外的功耗，使用前应将 PA4 或 PA5 引脚配置为模拟输入（AIN）。

2．DAC 触发源

DAC 有 8 个外部触发源，如表 19-2 所示。如果 DAC_CTL 寄存器中的 DTENx 被置 1，则 DAC 转换可以由外部事件触发（定时器、外部中断线）。触发源可以通过 DAC_CTL 寄存器中的 DTSELx[2:0] 来进行选择。注意，DTSELx[2:0] 为 001 时，对于互联型产品是 TIMER2_TRGO 事件，对于非互联型产品是 TIMER7_TRGO 事件。其中，对于 GD32F30x 系列微控制器，内部 Flash 容量在 256KB 到 512KB 之间的 GD32F303xx 系列产品称作高密度产品（GD32F30X_HD），内部 Flash 容量大于 512KB 的 GD32F303xx 系列产品称作超高密度产品（GD32F30X_XD），这两者都属于非互联型产品，而 GD32F305xx 和 GD32F307xx 系列才称为互联型产品。

表 19-2　DAC 外部触发源

DTSELx[2:0]	触发源	触发类型
000	TIMER5_TRGO	
001	互联型产品：TIMER2_TRGO 非互联型产品：TIMER7_TRGO	
010	TIMER6_TRGO	内部片上信号
011	TIMER4_TRGO	
100	TIMER1_TRGO	
101	TIMER3_TRGO	
110	EXTI9	外部信号
111	SWTRIG	软件触发

TIMERx_TRGO 信号由定时器生成，而软件触发通过设置 DAC_SWT 寄存器的 SWTRx 位生成。

若不使能外部触发（DAC_CTL 的 DTENx 为 0），存入 DAC 数据保持寄存器（DACx_DH）中的数据会被自动转移到 DAC 数据输出寄存器（DACx_DO）；若使能外部触发（DAC_CTL 的 DTENx 为 1），则当已经选择的触发事件发生时才会进行上述数据转移。

3．DHx 寄存器至 DOx 寄存器数据传输

从图 19-1 中可以看出，DAC 输出受 DOx 直接控制，但是不能直接往 DOx 中写入数据，而是通过 DHx 间接传送给 DOx，从而实现对 DAC 输出的控制。GD32F3x 系列微控制器的 DAC 支持 8 位和 12 位模式，8 位模式采用右对齐方式；12 位模式既可以采用左对齐模式，也可以采用右对齐模式。

单 DAC 通道模式有 3 种数据格式：8 位数据右对齐、12 位数据左对齐、12 位数据右对齐，如图 19-2 和表 19-3 所示。注意，表 19-3 中的 DHx 是微控制器内部的数据保持寄存器，DH0 对应 DAC0_DH，DH1 对应 DAC1_DH。

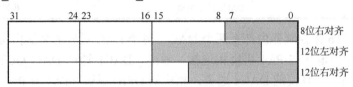

图 19-2　单 DAC 通道模式的数据寄存器

表 19-3　单 DAC 通道模式的 3 种数据格式

对 齐 方 式	寄 存 器	注　释
8 位数据右对齐	DACx_R8DH[7:0]	实际存入 DHx[11:4]位
12 位数据左对齐	DACx_L12DH[15:4]	实际存入 DHx[11:0]位
12 位数据右对齐	DACx_R12DH[11:0]	实际存入 DHx[11:0]位

双 DAC 通道模式也有 3 种数据格式：8 位数据右对齐、12 位数据左对齐、12 位数据右对齐，如图 19-3 和表 19-4 所示。

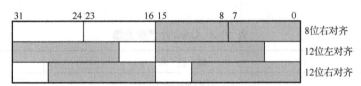

图 19-3　双 DAC 通道模式的数据寄存器

表 19-4　双 DAC 通道模式的 3 种数据格式

对 齐 方 式	寄 存 器	注　释
8 位数据右对齐	DACC_R8DH[7:0]	实际存入 DH0[11:4]位
	DACC_R8DH[15:8]	实际存入 DH1[11:4]位
12 位数据左对齐	DACC_R12DH[15:4]	实际存入 DH0[11:0]位
	DACC_R12DH[31:20]	实际存入 DH1[11:0]位
12 位数据右对齐	DACC_R12DH[11:0]	实际存入 DH0[11:0]位
	DACC_R12DH[27:16]	实际存入 DH1[11:0]位

任意一个 DAC 通道都有 DMA 功能。如果将 DAC_CTL 的 DDMAENx 位置 1，一旦发生外部触发（不是软件触发），便产生一个 DMA 请求，然后 DACx_DH 的数据被传送到 DACx_DO。

4．数模转换器（DAC）

将 DAC 保持数据寄存器（DACx_DH）中的数据加载到 DAC 数据输出寄存器（DACx_DO），经过时间 $t_{SETTLING}$ 后，数模转换器完成由数字量到模拟量的转换，模拟输出变得有效，$t_{SETTLING}$ 的值与电源电压和模拟输出负载有关。

5．DAC 输出缓冲区

为了降低输出阻抗，并在没有外部运算放大器的情况下驱动外部负载，每个 DAC 模块内部都集成了一个输出缓冲区。在默认情况下，输出缓冲区是开启的，可以通过设置 DAC_CTL 寄存器的 DBOFFx 位来开启或关闭 DAC 输出缓冲区。

19.2 DMA 功能框图

DMA（Direct Memory Access）即直接存储器访问，用于提供外设与存储器之间或存储器与存储器之间的高速数据传输，且整个数据传输过程无须 CPU 参与。本章通过 DMA 将存储器中的数据传输至 DAC 相应寄存器中，实现模拟电压输出。DMA 的功能框图如图 19-4 所示，下面按照编号顺序依次介绍各个功能模块。

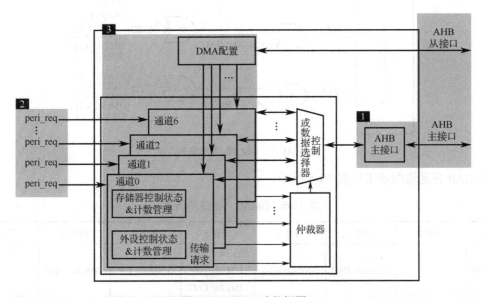

图 19-4 DMA 功能框图

1．DMA 外设和存储器

DMA 数据传输支持从外设到存储器、存储器到外设、存储器到存储器。DMA 支持的外设包括 AHB 和 APB 总线上的部分外设，支持的存储器包括片上 SRAM 和内部 Flash。

2．DMA 请求

DMA 数据传输需要通过 DMA 请求触发，其中，从外设 TIMER0、TIMER1、TIMER2、TIMER3、ADC0、SPI0、I²C0、I²C1、SPI1/I²S1、USART0、USART1、USART2 产生的请求，通过逻辑或输入 DMA0 控制器，如图 19-5 所示，这意味着同时只能有一个 DMA0 请求有效。

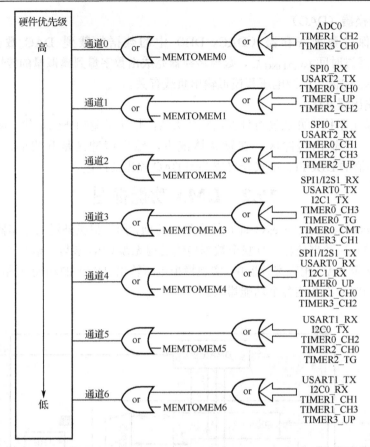

图 19-5　DMA0 请求映射

DMA0 各通道的请求如表 19-5 所示。

表 19-5　DMA0 各通道的请求

外设	通道 0	通道 1	通道 2	通道 3	通道 4	通道 5	通道 6
TIMER0	—	TIMER0_CH0	TIMER0_CH1	TIMER0_CH3 TIMER0_TG TIMER0_CMT	TIMER0_UP	TIMER0_CH2	—
TIMER1	TIMER1_CH2	- TIMER1_UP	—	—	TIMER1_CH0	—	TIMER1_CH1 TIMER1_CH3
TIMER2	—	TIMER2_CH2	TIMER2_CH3 TIMER2_UP-	—	—	TIMER2_CH0 TIMER2_TG	—
TIMER3	TIMER3_CH0	—	TIMER3_CH1	TIMER3_CH2	—	—	TIMER3_UP
ADC0	ADC0	—	—	—	—	—	—
SPI/I²S	—	SPI0_RX	SPI0_TX	SPI1/I2S1_RX	SPI1/I2S1_TX	—	—
USART	—	USART2_TX	USART2_RX	USART0_TX	USART0_RX	USART1_RX	USART1_TX
I²C	—	—	—	I2C1_TX	I2C1_RX	I2C01_TX	I2C0_RX

从外设 TIMER4、TIMER5、TIMER6、TIMER7、ADC2、SPI2/I²S2、DAC0、DAC1、UART3、SDIO 产生的请求，通过逻辑或输入 DMA1 控制器，如图 19-6 所示，这意味着同时只能有一个 DMA1 请求有效。

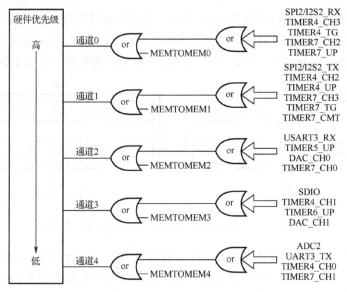

图 19-6　DMA1 请求映射

DMA1 各通道的请求如表 19-6 所示。

表 19-6　DMA1 各通道的请求

外设	通道 0	通道 1	通道 2	通道 3	通道 4
TIMER4	TIMER4_CH3 TIMER4_TG	TIMER4_CH2 TIMER4_UP	—	TIMER4_CH1	TIMER4_CH0
TIMER5	—	—	TIMER5_UP	—	—
TIMER6	—	—	—	TIMER6_UP	—
TIMER7	TIMER7_CH2 TIMER7_UP	TIMER7_CH3 TIMER7_TG TIMER7_CMT	TIMER7_CH0	—	TIMER7_CH1
ADC2	—	—	—	—	ADC2
DAC	—	—	DAC_CH0	DAC_CH1	—
SPI/I²S	SPI2/I2S2_RX	SPI2/I2S2_TX	—	—	—

3．DMA 控制器

DMA 控制器有 12 个通道，每个通道专门用来管理来自一个或多个外设的存储器访问请求。如果同时有多个 DMA 请求，最终的请求响应顺序由仲裁器决定，通过 DMA 寄存器可以将各个通道的优先级设置为低、中、高或极高，如果几个通道的优先级相同，最终的请求响应顺序取决于通道编号，通道编号越小，优先级越高。

19.3　PCT 通信协议

从机常作为执行单元用于处理一些具体的事务；主机（如 Windows、Linux、Android 和 emWin 平台等）则与从机进行交互，向从机发送命令，或处理来自从机的数据，如图 19-7 所示。

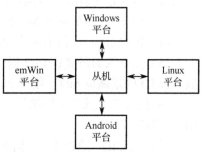

图 19-7　主机与从机的交互

主机与从机之间的通信过程如图 19-8 所示。主机向从机发送命令的具体过程是：①主机对待发命令进行打包；②主机通过通信设备（串口、蓝牙、Wi-Fi 等）将打包好的命令发送出去；③从机在接收到命令之后，对命令进行解包；④从机按照相应的命令执行任务。

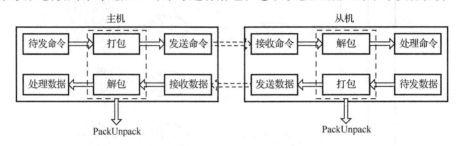

图 19-8　主机与从机之间的通信过程（打包/解包框架图）

从机向主机发送数据的具体过程是：①从机对待发数据进行打包；②从机通过通信设备（串口、蓝牙、Wi-Fi 等）将打包好的数据发送出去；③主机在接收到数据之后，对数据进行解包；④主机对接收到的数据进行处理，如进行计算、显示等。

1．PCT 通信协议格式

在主机与从机的通信过程中，主机和从机有一个共同的模块，即打包/解包模块（PackUnpack），该模块遵循某种通信协议。通信协议有很多种，本章采用的 PCT 通信协议由本书作者设计。打包后的 PCT 通信协议的数据包格式如图 19-9 所示。

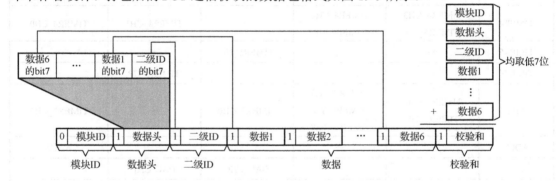

图 19-9　打包后的 PCT 通信协议的数据包格式

PCT 通信协议规定：

（1）数据包由 1 字节模块 ID＋1 字节数据头＋1 字节二级 ID＋6 字节数据＋1 字节校验和构成，共计 10 字节。

（2）数据包中有 6 个数据，每个数据为 1 字节。

（3）模块 ID 的最高位 bit7 固定为 0。

（4）模块 ID 的取值范围为 0x00～0x7F，最多有 128 种类型。

（5）数据头的最高位 bit7 固定为 1，数据头的低 7 位按照从低位到高位的顺序，依次存放二级 ID 的最高位 bit7、数据 1、数据 2、…、数据 6 的最高位 bit7。

（6）校验和的低 7 位为模块 ID＋数据头＋二级 ID＋数据 1＋数据 2＋…＋数据 6 求和的结果（取低 7 位）。

（7）二级 ID、数据 1～数据 6 和校验和的最高位 bit7 固定为 1。注意，并不是说二级 ID、数据 1～数据 6 和校验和只有 7 位，而是在打包后，它们的低 7 位位置不变，最高位均位于数据头中，因此仍为 8 位。

2．PCT 通信协议打包过程

PCT 通信协议的打包过程分为 4 步。

第 1 步，准备原始数据，原始数据由模块 ID（0x00～0x7F）、二级 ID、数据 1～数据 6 组成，如图 19-10 所示。其中，模块 ID 的取值范围为 0x00～0x7F，二级 ID 和数据的取值范围为 0x00～0xFF。

图 19-10　PCT 通信协议打包第 1 步

第 2 步，依次取出二级 ID、数据 1～数据 6 的最高位 bit7，将其存放于数据头的低 7 位，按照从低位到高位的顺序依次存放二级 ID、数据 1～数据 6 的最高位 bit7，如图 19-11 所示。

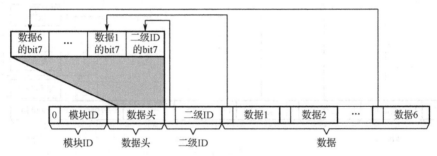

图 19-11　PCT 通信协议打包第 2 步

第 3 步，对模块 ID、数据头、二级 ID、数据 1～数据 6 的低 7 位求和，取求和结果的低 7 位，将其存放于校验和的低 7 位，如图 19-12 所示。

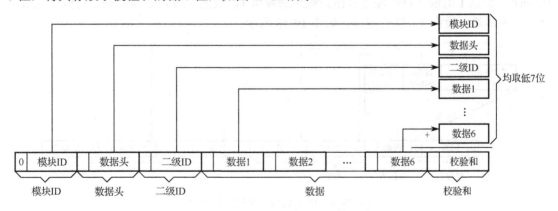

图 19-12　PCT 通信协议打包第 3 步

第 4 步，将数据头、二级 ID、数据 1～数据 6 和校验和的最高位置 1，如图 19-13 所示。

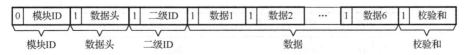

图 19-13　PCT 通信协议打包第 4 步

3．PCT 通信协议解包过程

PCT 通信协议的解包过程也分为 4 步。

第 1 步，准备解包前的数据包，原始数据包由模块 ID、数据头、二级 ID、数据 1～数据 6、校验和组成，如图 19-14 所示。其中，模块 ID 的最高位为 0，其余字节的最高位均为 1。

图 19-14　PCT 通信协议解包第 1 步

第 2 步，对模块 ID、数据头、二级 ID、数据 1～数据 6 的低 7 位求和，如图 19-15 所示，取求和结果的低 7 位校验和低 7 位对比，如果两个值相等，说明校验正确。

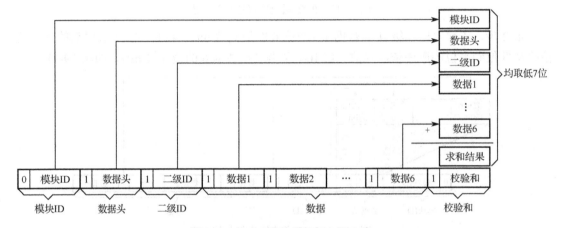

图 19-15　PCT 通信协议解包第 2 步

第 3 步，数据头的最低位 bit0 与二级 ID 的低 7 位拼接之后作为最终的二级 ID，数据头的 bit1 与数据 1 的低 7 位拼接之后作为最终的数据 1，数据头的 bit2 与数据 2 的低 7 位拼接之后作为最终的数据 2，以此类推，如图 19-16 所示。

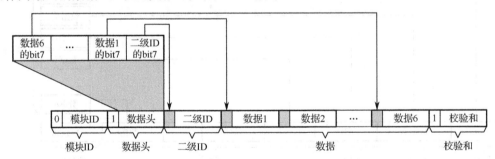

图 19-16　PCT 通信协议解包第 3 步

第 4 步，图 19-17 所示即为解包后的结果，由模块 ID、二级 ID、数据 1～数据 6 组成。其中，模块 ID 的取值范围为 0x00～0x7F，二级 ID 和数据的取值范围为 0x00～0xFF。

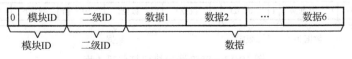

图 19-17　PCT 通信协议解包第 4 步

4．PCT 通信协议的实现

PCT 通信协议既可以用面向过程语言（如 C 语言）实现，也可以用面向对象语言（如 C++或 C#语言）实现，还可以用硬件描述语言（Verilog HDL 或 VHDL）实现。

下面以 C 语言为实现载体，介绍 PackUnpack 模块的 PackUnpack.h 文件。该文件的全部代码如程序清单 19-1 所示。

（1）在"枚举结构体"区，结构体 StructPackType 有 5 个成员，分别是 packModuleId、packHead、packSecondId、arrData、checkSum，与图 19-9 中的模块 ID、数据头、二级 ID、数据、校验和一一对应。

（2）枚举 EnumPackID 中的元素是对模块 ID 的定义，模块 ID 的范围为 0x00～0x7F，且不可重复。初始状态下，EnumPackID 中只有一个模块 ID 的定义，即系统模块 MODULE_SYS（0x01）的定义，任何通信协议都必须包含该系统模块 ID 的定义。

（3）在枚举 EnumPackID 的定义之后紧跟着一系列二级 ID 的定义，二级 ID 的范围为 0x00～0xFF，不同模块的二级 ID 可以重复。初始状态下，模块 ID 只有 MODULE_SYS，因此，二级 ID 也只有与之对应的二级 ID 枚举 EnumSysSecondID 的定义。EnumSysSecondID 在初始状态下有 6 个元素，即 DAT_RST、DAT_SYS_STS、DAT_SELF_CHECK、DAT_CMD_ACK、CMD_RST_ACK 和 CMD_GET_POST_RSLT，这些二级 ID 分别对应系统复位信息数据包、系统状态数据包、系统自检结果数据包、命令应答数据包、模块复位信息应答命令包和读取自检结果命令包。

（4）PackUnpack 模块有 4 个 API 函数，分别是初始化打包/解包模块函数 InitPackUnpack、对数据进行打包函数 PackData、对数据进行解包函数 UnPackData，以及读取解包后数据包函数 GetUnPackRslt。

程序清单 19-1

```
/*********************************************************************************
* 模块名称：PackUnpack.h
* 摘    要：PackUnpack 模块
* 当前版本：1.0.0
* 作    者：Leyutek(COPYRIGHT 2018 - 2021 Leyutek. All rights reserved.)
* 完成日期：2020 年 01 月 01 日
* 内    容：
* 注    意：
*********************************************************************************
* 取代版本：
* 作    者：
* 完成日期：
* 修改内容：
* 修改文件：
*********************************************************************************/
#ifndef _PACK_UNPACK_H_
#define _PACK_UNPACK_H_


/*********************************************************************************
*                               包含头文件
*********************************************************************************/
#include "UART1.h"
```

```
/*******************************************************************************
*                              宏定义
*******************************************************************************/


/*******************************************************************************
*                              枚举结构体
*******************************************************************************/
//包类型结构体
typedef struct
{
  unsigned char packModuleId;        //模块包 ID
  unsigned char packHead;            //数据头
  unsigned char packSecondId;        //二级 ID
  unsigned char arrData[6];          //数据包
  unsigned char checkSum;            //校验和
}StructPackType;

//枚举定义，定义模块 ID，0x00～0x7F，不可以重复
typedef enum
{
  MODULE_SYS      = 0x01,   //系统信息

  MODULE_WAVE     = 0x71,   //wave 模块信息

  MAX_MODULE_ID   = 0x80
}EnumPackID;

//定义二级 ID，0x00～0xFF，因为是分属于不同模块的 ID，所以二级 ID 可以重复
//系统模块的二级 ID
typedef enum
{
  DAT_RST          = 0x01,         //系统复位信息
  DAT_SYS_STS      = 0x02,         //系统状态
  DAT_SELF_CHECK   = 0x03,         //系统自检结果
  DAT_CMD_ACK      = 0x04,         //命令应答

  CMD_RST_ACK      = 0x80,         //模块复位信息应答
  CMD_GET_POST_RSLT = 0x81,        //读取自检结果
}EnumSysSecondID;



/*******************************************************************************
*                              API 函数声明
*******************************************************************************/
void    InitPackUnpack(void);             //初始化 PackUnpack 模块
unsigned char    PackData(StructPackType* pPT);      //对数据进行打包，1-打包成功，0-打包失败
unsigned char    UnPackData(unsigned char data);     //对数据进行解包，1-解包成功，0-解包失败

StructPackType  GetUnPackRslt(void);       //读取解包后数据包


#endif
```

19.4　PCT 通信协议应用

本章和第 20 章均涉及 PCT 通信协议。DAC 和 ADC 的流程图如图 19-18 所示。在 DAC 模块中，从机（GD32F3 杨梅派开发板）接收来自主机（计算机上的信号采集工具）的生成波形命令包，对接收到的命令包进行解包，根据解包后的命令（生成正弦波命令、三角波命令或方波命令），调用 OnGenWave 函数控制 DAC 输出对应的波形。在 ADC 模块中，从机通过 ADC 接收波形信号，并进行模数转换，再将转换后的波形数据进行打包处理，最后将打包后的波形数据包发送至主机。

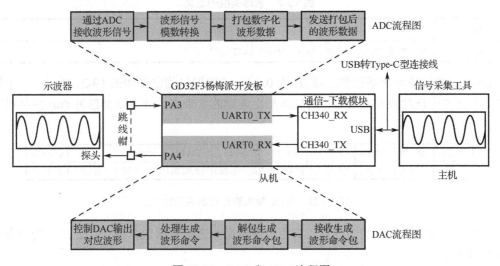

图 19-18　DAC 和 ADC 流程图

信号采集工具界面如图 19-19 所示，该工具用于控制 GD32F3 杨梅派开发板输出不同波形，并接收和显示其发送到计算机的波形数据。通过左下方的"波形选择"下拉菜单控制开发板输出不同的波形，右侧黑色区显示从开发板接收到的波形数据，串口参数可以通过左侧栏进行设置，串口状态可以在状态栏中查看（图中显示"串口已关闭"）。

图 19-19　信号采集工具界面

信号采集工具在 DAC 和 ADC 模块中扮演主机角色，开发板扮演从机角色，主机和从机之间的通信采用 PCT 通信协议。下面介绍这两个模块采用的 PCT 通信协议。

主机到从机有一个生成波形的命令包，从机到主机有一个波形数据包，两个数据包属于同一个模块，将其定义为 Wave 模块，Wave 模块的模块 ID 取值为 0x71。

Wave 模块的生成波形命令包的二级 ID 取值为 0x80，该命令包的定义如图 19-20 所示。

模块ID	HEAD	二级ID	DAT1	DAT2	DAT3	DAT4	DAT5	DAT6	CHECK
71H	数据头	80H	波形类型	保留	保留	保留	保留	保留	校验和

图 19-20 Wave 模块生成波形命令包的定义

波形类型的定义如表 19-7 所示。注意，复位后，波形类型取值为 0x00。

表 19-7 波形类型的定义

位	定　义
7:0	波形类型：0x00-正弦波，0x01-三角波，0x02-方波

Wave 模块的波形数据包的二级 ID 为 0x01，该数据包的定义如图 19-21 所示，一个波形数据包包含 5 个连续的波形数据，对应波形上连续的 5 个点。波形数据包每 8ms 由从机发送给主机一次。

模块ID	HEAD	二级ID	DAT1	DAT2	DAT3	DAT4	DAT5	DAT6	CHECK
71H	数据头	01H	波形数据1	波形数据2	波形数据3	波形数据4	波形数据5	保留	校验和

图 19-21 Wave 模块波形数据包的定义

从机接收到主机发送的命令后，向主机发送命令应答数据包，图 19-22 所示为命令应答数据包的定义。

模块ID	HEAD	二级ID	DAT1	DAT2	DAT3	DAT4	DAT5	DAT6	CHECK
01H	数据头	04H	模块ID	二级ID	应答消息	保留	保留	保留	校验和

图 19-22 命令应答数据包的定义

应答消息的定义如表 19-8 所示。

表 19-8 应答消息的定义

位	定　义
7:0	应答消息：0-命令成功，1-校验和错误，2-命令包长度错误，3-无效命令，4-命令参数数据错误，5-命令不接受

主机和从机的 PCT 通信协议明确之后，接下来介绍该协议在 DAC 和 ADC 模块中的应用。按照模块 ID 和二级 ID 的定义，分两步更新 PackUnpack.h 文件。

（1）在枚举 EnumPackID 的定义中，将 Wave 模块对应的元素定义为 MODULE_WAVE，该元素取值为 0x71，将新增的 MODULE_WAVE 元素添加至 EnumPackID 中，如程序清单 19-2 所示。

程序清单 19-2

```
/**************************************************************************
//枚举定义，定义模块 ID，0x00～0x7F，不可以重复
typedef enum
{
```

```
MODULE_SYS      = 0x01,              //系统信息
MODULE_WAVE     = 0x71,              //Wave 模块信息

MAX_MODULE_ID   = 0x80
}EnumPackID;
```

（2）添加完模块 ID 的枚举定义，需进一步添加二级 ID 的枚举定义。Wave 模块包含一个波形数据包和一个生成波形命令包，这里将数据包元素定义为 DAT_WAVE_WDATA，该元素取值为 0x01；将命令包元素定义为 CMD_GEN_WAVE，该元素取值为 0x80。最后，将 DAT_WAVE_WDATA 和 CMD_GEN_WAVE 元素添加至 EnumWaveSecondID 中，如程序清单 19-3 所示。

程序清单 19-3

```
/*************************************************************************************
//Wave 模块的二级 ID
typedef enum
{
  DAT_WAVE_WDATA = 0x01,            //波形数据

  CMD_GEN_WAVE  = 0x80,            //生成波形命令
}EnumWaveSecondID;
```

PackUnpack 模块的 PackUnpack.c 和 PackUnpack.h 文件位于本书配套资料包的"04.例程资料"文件夹中的"18.DAC"和"19.ADC"中，建议读者深入分析该模块的实现和应用。

19.5 实例与代码解析

将 GD32F303RCT6 微控制器的 PA4 引脚配置为 DAC 输出端口,编写程序实现以下功能:①通过 UART0 接收和处理信号采集工具（位于本书配套资料包的"08.软件资料\信号采集工具.V1.0"文件夹中）发送的波形类型切换指令；②根据波形类型切换指令，控制 DAC0 对应的 PA4 引脚输出对应的正弦波、三角波或方波；③将 PA4 引脚连接到示波器探头，通过示波器查看输出的波形是否正确。

如果没有示波器，也可以将 PA4 引脚连接到 PA3 引脚，通过信号采集工具查看输出的波形是否正确。本书配套资料包"04.例程资料"文件夹中的"18.DAC"工程已经实现了以下功能：①通过 ADC0 对 PA3 引脚的模拟信号进行采样和模数转换；②将转换后的数字量按照 PCT 通信协议进行打包；③通过 UART0 将打包后的数据包实时发送至计算机，通过信号采集工具动态显示接收到的波形。

19.5.1 DAC 逻辑框图分析

DAC 逻辑框图如图 19-23 所示。本实例中，正弦波、方波和三角波存放在 Wave.c 文件的 s_arrSineWave100Point、s_arrRectWave100Point、s_arrTriWave100Point 数组中，每个数组有 100 个元素，即每个波形的一个周期由 100 个离散点组成，可以分别通过 GetSineWave100PointAddr、GetRectWave100PointAddr、GetTriWave100PointAddr 函数获取 3 个存放波形数组的首地址。波形变量存放在 SRAM 中，DAC 先读取存放在 SRAM 中的数字量，再将其转换为模拟量，因此，为了提高 DAC 的工作效率，可以通过 DMA1 的通道 2（DMA1_CH2）将 SRAM 中的数据传输到 DAC 的 DAC0_R12DH。TIMER6 设置为触发输出，

每 8ms 产生一个触发输出,一旦有触发产生,DAC0_R12DH 的数据将会被传输到 DAC0_DO,同时产生一个 DMA 请求,DMA1 控制器把 SRAM 中的下一个波形数据传输到 DAC0_R12DH。一旦数据从 DAC0_R12DH 传入 DAC0_DO,经时间 $t_{SETTING}$ 后,数模转换器就会将 DAC0_DO 中的数据转换为模拟量输出到 PA4 引脚,$t_{SETTING}$ 因电源电压和模拟输出负载的不同而不同。将 PA4 引脚与 PA3 引脚连接,即可将 DAC 与 ADC 连接,通过 ADC 将模拟量转化为数字量,再通过 UART0 将其传输至计算机上并通过信号采集工具显示。图 19-7 中灰色部分的代码已由本书配套资料包提供,本实例只需要完成 DAC 输出部分即可。

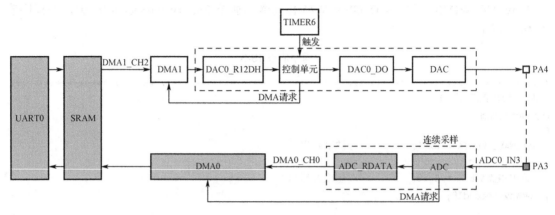

图 19-23　DAC 逻辑框图

19.5.2　程序架构

DAC 实例的程序架构如图 19-24 所示。该图简要介绍了程序开始运行后各个函数的执行和调用流程,图中仅列出了与本实例相关的部分函数。下面详细解释该程序架构图。

(1)在 main 函数中调用 InitHardware 函数进行硬件相关模块初始化,包含 RCU、NVIC、UART、Timer、ADC 和 DAC 等模块,这里仅介绍 DAC 模块初始化函数 InitDAC。InitDAC 函数首先对结构体 s_strDAC0WaveBuf 中的成员变量 waveBufAddr 和 waveBufSize 赋值,使初始输出模拟电压为正弦波的电压值,再分别通过 ConfigTimer6、ConfigDAC0 函数配置 TIMER6 和 DAC0,最后通过 ConfigDMA1CH2ForDAC0 函数配置 DMA1_CH2。

(2)调用 InitSoftware 函数进行软件相关模块初始化,包含 PackUnpack、ProcHostCmd 和 SendDataToHost 等模块。

(3)调用 Proc2msTask 函数进行 2ms 任务处理,在该函数中,接收来自计算机的命令并进行处理,然后通过 SendWaveToHost 函数将波形数据包发送至计算机,通过信号采集工具显示,并调用 LEDFlicker 函数实现 LED 闪烁。

(4)调用 Proc1SecTask 函数进行 1s 任务处理,本实例中没有需要处理的 1s 任务。

在图 19-24 中,编号①、⑥、⑦和⑩的函数在 Main.c 文件中声明和实现;编号②的函数在 DAC.h 文件中声明,在 DAC.c 文件中实现;编号③、④和⑤的函数在 DAC.c 文件中声明和实现;编号⑧的函数在 SendDataToHost.h 文件中声明,在 SendDataToHost.c 文件中实现。

要点解析:

(1)DAC 模块的初始化,在 InitDAC 函数中,首先对模拟量输出的波形地址和对应的波形点数赋值。其次,通过 ConfigTimer6 函数配置定时器 TIMER6 作为 DAC0 的触发源,通过

ConfigDAC0 函数配置 DAC0 模块,通过 ConfigDMA1CH2ForDAC0 函数配置 DMA1 的通道 2。

（2）当程序烧录后,通过计算机的信号采集工具向微控制器发送数据以切换波形,这些数据在 2ms 任务处理函数 Proc2msTask 中被处理,至此,实现 DAC0 的输出仅完成一半,还需要进行模数转换,并将波形数据发送给信号采集工具进行显示。在 Proc2msTask 函数中还实现了发送波形数据包,将采集到的电压数据发送至信号采集工具进行显示。

本实例通过 DAC 和 ADC 实现了数据的循环处理,验证方法是观察信号采集工具能否正常显示波形,以及能否下发波形切换命令并成功实现波形切换。本章的重点是介绍 DAC 和 DMA,ADC 仅作为应用,具体使用方法将在第 20 章介绍。

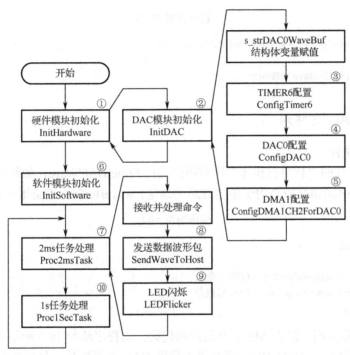

图 19-24　程序架构

19.5.3　Wave 文件对

1. Wave.h 文件

在 Wave.h 文件的"API 函数声明"区,为 API 函数的声明代码,如程序清单 19-4 所示,InitWave 函数用于初始化 Wave 模块,其余 3 个函数分别用于获取存储正弦波、方波和三角波数据的数组首地址。

程序清单 19-4

```
1.  void  InitWave(void);                          //初始化 Wave 模块
2.  unsigned short* GetSineWave100PointAddr(void); //获取 100 点正弦波数组的地址
3.  unsigned short* GetRectWave100PointAddr(void); //获取 100 点方波数组的地址
4.  unsigned short* GetTriWave100PointAddr(void);  //获取 100 点三角波数组的地址
```

2. Wave.c 文件

在 Wave.c 文件的"内部变量"区,定义了 s_arrSineWave100Point、s_arrTriWave100Point

和 s_arrRectWave100Point 数组，这 3 个数组分别用于存储正弦波、三角波和方波的波形数据，通过将这 3 个数组传输至 DAC 通道，即可使其输出对应的模拟电压值。

在"API 函数实现"区，首先实现了 InitWave 函数，由于波形数据已存放至对应的内部数组变量中，不再需要进行初始化，因此该函数为空函数。

在 InitWave 函数实现区后，为 GetSineWave100PointAddr、GetRectWave100PointAddr 和 GetTriWave100PointAddr 函数的实现代码，这 3 个函数的作用都是将对应的数组地址返回，这里仅介绍 GetSineWave100PointAddr 函数中的语句。如程序清单 19-5 所示，该函数将存放正弦波的数组 s_arrSineWave100Point 作为指针返回，根据该指针可获取正弦波对应的数值。

程序清单 19-5

```
1.  unsigned short* GetSineWave100PointAddr(void)
2.  {
3.    return(s_arrSineWave100Point);
4.  }
```

19.5.4　DAC 文件对

1. DAC.h 文件

在 DAC.h 文件的"枚举结构体"区声明结构体 StructDACWave，如程序清单 19-6 所示。该结构体的 waveBufAddr 成员用于指定波形的地址，waveBufSize 成员用于指定波形的点数。

程序清单 19-6

```
1.  typedef struct
2.  {
3.    unsigned int waveBufAddr;  //波形地址
4.    unsigned int waveBufSize;  //波形点数
5.  }StructDACWave;
```

在"API 函数声明"区为 API 函数的声明代码，如程序清单 19-7 所示。InitDAC 函数用于初始化 DAC 模块，SetDACWave 函数用于设置 DAC 波形属性，包括波形地址和点数。

程序清单 19-7

```
void  InitDAC(void);                        //初始化 DAC 模块
void  SetDACWave(StructDACWave wave);       //设置 DAC 波形属性，包括波形地址和点数
```

2. DAC.c 文件

在 DAC.c 文件的"宏定义"区为宏定义代码，如程序清单 19-8 所示，该宏定义表示 DAC0 的地址，其中，宏定义 DAC0_R12DH_ADDR 为 DAC0 的 12 位右对齐数据保持寄存器的地址。

程序清单 19-8

```
#define DAC0_R12DH_ADDR ((unsigned int)0x40007408)    //DAC0 的地址（12 位右对齐）
```

在"内部变量"区，为内部变量的声明代码，如程序清单 19-9 所示。其中，结构体变量 s_strDAC0WaveBuf 用于存储需要发送的波形属性，包括波形地址和点数。

程序清单 19-9

```
static StructDACWave s_strDAC0WaveBuf;  //存储 DAC0 波形属性，包括波形地址和点数
```

在"内部函数声明"区为内部函数的声明代码，如程序清单 19-10 所示。

程序清单 19-10

```
static void ConfigTimer6(unsigned short arr, unsigned short psc);      //配置 TIMER6
static void ConfigDAC0(void);                                          //配置 DAC0
static void ConfigDMA1CH2ForDAC0(StructDACWave wave);                  //配置 DMA1 的通道 2
```

在"内部函数实现"区，首先实现 ConfigTimer6 函数，如程序清单 19-11 所示。

（1）第 6 行代码：将 TIMER6 设置为 DAC0 的触发源，因此，需要通过 rcu_periph_clock_enable 函数使能 TIMER6 时钟。

（2）第 12 至 16 行代码：通过 timer_init 函数对 TIMER6 进行配置，该函数涉及 TIMER6_CTL0 的 CKDIV[1:0]、TIMER6_CAR、TIMER6_PSC 及 TIMER6_SWVEG 的 UPG。CKDIV[1:0]用于设置时钟分频系数。本实例中，时钟分频系数为 1，即不分频。TIMER6_CAR 和 TIMER6_PSC 用于设置计数器的自动重载值和计数器时钟预分频系数，本实例中，这两个值分别由 ConfigTimer6 函数的输入参数 arr 和 psc 确定。UPG 用于产生更新事件，本实例中将该值设置为 1，用于重新初始化计数器，并产生一个更新事件。

（3）第 19 行代码：通过 timer_master_output_trigger_source_select 函数将 TIMER6 的更新事件作为 DAC0 的触发输入，该函数涉及 TIMER6_CTL1 的 MMC[2:0]。

（4）第 22 行代码：通过 timer_enable 函数使能 TIMER6，该函数涉及 TIMER6_CTL0 的 CEN。

程序清单 19-11

```
1.   static  void ConfigTimer6(unsigned short arr, unsigned short psc)
2.   {
3.       timer_parameter_struct timer_initpara;              //timer_initpara 用于存放定时器的参数
4.
5.       //使能 RCU 相关时钟
6.       rcu_periph_clock_enable(RCU_TIMER6);                //使能 TIMER6 时钟
7.
8.       timer_deinit(TIMER6);                               //设置 TIMER6 参数恢复默认值
9.       timer_struct_para_init(&timer_initpara);            //初始化 timer_initpara
10.
11.      //配置 TIMER6
12.      timer_initpara.prescaler        = psc;              //设置预分频系数
13.      timer_initpara.counterdirection = TIMER_COUNTER_UP; //设置向上计数模式
14.      timer_initpara.period           = arr;              //设置自动重装载值
15.      timer_initpara.clockdivision    = TIMER_CKDIV_DIV1; //设置时钟分割
16.      timer_init(TIMER6, &timer_initpara);                //根据参数初始化定时器
17.
18.      //TIMER6 触发源配置
19.      timer_master_output_trigger_source_select(TIMER6, TIMER_TRI_OUT_SRC_UPDATE);
20.
21.      //使能定时器
22.      timer_enable(TIMER6);
23.  }
```

在 ConfigTimer6 函数实现区后为 ConfigDAC0 函数的实现代码，如程序清单 19-12 所示。

（1）第 4 至 5 行代码：DAC 通道 0 由 PA4 引脚输出，因此需要通过 rcu_periph_clock_enable 函数使能 GPIOA 时钟和 DAC 时钟。

（2）第 8 行代码：一旦使能 DAC 通道 0，PA4 引脚就会自动与 DAC 通道 0 的模拟输出相连，为了避免寄生的干扰和额外的功耗，应先通过 gpio_init 函数将 PA4 引脚设置成模拟输入。

（3）第 11 至 16 行代码：先通过 dac_deinit 函数复位 DAC 外设，再通过 dac_concurrent_disable 函数禁用并发 DAC 模式，其涉及 DAC_CTL 的 DEN0 和 DEN1。通过 dac_output_buffer_enable 函数使能 DAC0 输出缓冲区，其涉及 DAC_CTL 的 DBOFF0。通过 dac_trigger_enable 使能 DAC0 触发，其涉及 DAC_CTL 的 DTEN0。通过 dac_trigger_source_config 函数选择 TIMER6 作为 DAC0 的触发源，其涉及 DAC_CTL 的 DTSEL0[2:0]。通过 dac_wave_mode_config 函数禁用噪声波模式，其涉及 DAC_CTL 的 DWM[1:0]。

（4）第 19 行代码：通过 dac_enable 函数使能 DAC0，该函数涉及 DAC_CTL 的 DEN0。

（5）第 22 行代码：通过 dac_dma_enable 函数使能 DAC0 的 DMA 传输，该函数涉及 DAC_CTL 的 DDMAED0。

程序清单 19-12

```
1.   static void ConfigDAC0(void)
2.   {
3.       //使能 RCU 相关时钟
4.       rcu_periph_clock_enable(RCU_GPIOA);     //使能 GPIOA 的时钟
5.       rcu_periph_clock_enable(RCU_DAC);       //使能 DAC 的时钟
6.
7.       //设置 GPIO 输出模式及速度
8.       gpio_init(GPIOA, GPIO_MODE_AIN, GPIO_OSPEED_50MHZ, GPIO_PIN_4);
9.
10.      //DAC0 配置
11.      dac_deinit();                                   //复位 DAC 模块
12.      dac_concurrent_disable();                       //禁用 concurrent mode
13.      dac_output_buffer_enable(DAC0);                 //使能输出缓冲区
14.      dac_trigger_enable(DAC0);                       //使能外部触发源
15.      dac_trigger_source_config(DAC0, DAC_TRIGGER_T6_TRGO); //使用 TIMER6 作为触发源
16.      dac_wave_mode_config(DAC0, DAC_WAVE_DISABLE);   //禁用 Wave mode
17.
18.      //使能 DAC0
19.      dac_enable(DAC0);
20.
21.      //使能 DAC0 的 DMA
22.      dac_dma_enable(DAC0);
23.   }
```

在 ConfigDAC0 函数实现区后，为 ConfigDMA1CH2ForDAC0 函数的实现代码，如程序清单 19-13 所示。

（1）第 7 行代码：通过 DMA1 通道 2 将 SRAM 中的波形数据传送到 DAC0_R12DH，因此，还需要通过 rcu_periph_clock_enable 函数使能 DMA1 的时钟。

（2）第 10 至 11 行代码：通过 dma_deinit 函数复位 DMA1 通道 2 的所有寄存器，再通过 dma_struct_para_init 函数将 DMA 结构体中的所有参数初始化为默认值。

（3）第 12 至 21 行代码：通过 dma_init 函数对 DMA1 的通道 2 进行配置，该函数涉及 DMA_CH2CTL 的 DIR、PNAGA、MNAGA、PWIDTH[1:0]、MWIDTH[1:0]、PRIO[1:0]，以及 DMA_CH2CNT，还涉及 DMA_CH2PADDR 和 DMA_CH2MADDR。DIR 用于设置数据传输方向，PNAGA 用于设置外设的地址生成算法，MNAGA 用于设置存储器的地址生成算法，

PWIDTH[1:0]用于设置外设的传输数据宽度，MWIDTH[1:0]用于设置存储器的传输数据宽度，PRIO[1:0]用于设置软件优先级。本实例中，DMA1 的通道 2 将 SRAM 中的数据传送到 DAC 通道 0 的 DAC0_R12DH，因此，传输方向是从存储器读，存储器执行地址增量操作，外设不执行地址增量操作，存储器和外设数据宽度均为半字，软件优先级为高。DMA_CH2PADDR 是 DMA1 通道 2 外设基地址寄存器，DMA_CH2MADDR 是 DMA1 通道 2 存储器基地址寄存器，DMA_CH2CNT 是 DMA1 通道 2 计数寄存器。本实例中，对 DMA_CH2PADDR 写入 DAC0_R12DH_ADDR，即 DAC 通道 0 的 12 位右对齐数据保持寄存器 DAC0_R12DH 的地址；对 DMA_CH2MADDR 写入 wave.waveBufAddr，即 ConfigDMA1CH2ForDAC0 函数的参数 wave 的成员变量，wave 是一个结构体变量，用于指定某一类型的波形，而 waveBufAddr 用于指定波形的地址；对 DMA_CH2CNT 写入 wave.waveBufSize，waveBufSize 也是 wave 结构体变量的成员，用于指定波形的点数。

（4）第 22 行代码：通过 dma_circulation_enable 函数使能 DMA1 循环模式，该函数涉及 DMA_CH2CTL 的 CMEN。本实例中，数据传输采用循环模式，即数据传输的数目变为 0 时，将自动被恢复成配置通道时设置的初值，DMA 操作将会继续进行。

（5）第 25 行代码：通过 dma_channel_enable 函数使能 DMA1 通道 2，该函数涉及 DMA_CH2CTL 的 CHEN。

程序清单 19-13

```
1.   static void ConfigDMA1CH2ForDAC0(StructDACWave* wave)
2.   {
3.       //DMA 配置结构体
4.       dma_parameter_struct dma_struct;
5.
6.       //使能 DMA1 时钟
7.       rcu_periph_clock_enable(RCU_DMA1);
8.
9.       //配置 DMA1_CH2
10.      dma_deinit(DMA1, DMA_CH2);                              //复位 DMA
11.      dma_struct_para_init(&dma_struct);                     //复位配置结构体
12.      dma_struct.periph_addr   = DAC0_R12DH_ADDR;            //外设地址
13.      dma_struct.periph_width  = DMA_PERIPHERAL_WIDTH_16BIT; //外设数据位宽为 16 位
14.      dma_struct.memory_addr   = wave->waveBufAddr;          //内存地址
15.      dma_struct.memory_width  = DMA_MEMORY_WIDTH_16BIT;     //内存数据位宽为 16 位
16.      dma_struct.number        = wave->waveBufSize;          //传输数据量
17.      dma_struct.priority      = DMA_PRIORITY_HIGH;          //高优先级
18.      dma_struct.periph_inc    = DMA_PERIPH_INCREASE_DISABLE; //外设地址增长关闭
19.      dma_struct.memory_inc    = DMA_MEMORY_INCREASE_ENABLE; //内存地址正常开启
20.      dma_struct.direction     = DMA_MEMORY_TO_PERIPHERAL;   //传输方向为内存到地址
21.      dma_init(DMA1, DMA_CH2, &dma_struct);                  //根据参数配置 DMA1_CH2
22.      dma_circulation_enable(DMA1, DMA_CH2);                 //开启循环模式
23.
24.      //使能 DMA1_CH2
25.      dma_channel_enable(DMA1, DMA_CH2);
26.  }
```

在"API 函数实现"区，首先实现了 InitDAC 函数，如程序清单 19-14 所示。

（1）第 3 至 4 行代码：通过 GetSineWave100PointAddr 函数获取正弦波数组

s_arrSineWave100Point 的地址，并将该地址赋值给 s_strDAC0WaveBuf 的成员变量 waveBufAddr，将 s_strDAC0WaveBuf 的另一个成员变量 waveBufSize 赋值为 100。

（2）第 6 至 8 行代码：ConfigTimer6 函数用于配置 TIMER6，通过参数使 DAC 通道 0 的转换每 8ms 触发一次，ConfigDAC0 和 ConfigDMA1CH2ForDAC0 函数分别用于配置 DAC0 和对应的 DMA1 通道 2。

程序清单 19-14

```
1.   void InitDAC(void)
2.   {
3.     s_strDAC0WaveBuf.waveBufAddr = (unsigned int)GetSineWave100PointAddr();  //波形地址
4.     s_strDAC0WaveBuf.waveBufSize = 100;                                        //波形点数
5.
6.     ConfigTimer6(7999, 119);                    //配置定时器为 DAC0 触发源
7.     ConfigDAC0();                               //配置 DAC0
8.     ConfigDMA1CH2ForDAC0(s_strDAC0WaveBuf);     //配置 DMA1 的通道 2
9.   }
```

在 InitDAC 函数实现区后为 SetDACWave 函数的实现代码，如程序清单 19-15 所示。SetDACWave 函数用于设置波形属性，包括波形的地址和点数。本实例中，调用该函数来切换不同的波形通过 DAC 通道 0 输出。

程序清单 19-15

```
1.   void SetDACWave(StructDACWave wave)
2.   {
3.     s_strDAC0WaveBuf.waveBufAddr = wave->waveBufAddr;   //获取波形地址
4.     s_strDAC0WaveBuf.waveBufSize = wave->waveBufSize;   //获取波形数据量
5.     ConfigDMA1CH2ForDAC0(&s_strDAC0WaveBuf);            //配置 DMA
6.   }
```

19.5.5 ProcHostCmd 文件对

1．ProcHostCmd.h 文件

在 ProcHostCmd.h 文件的"枚举结构体"区，声明如程序清单 19-16 所示的结构体。从机在接收到主机发送的命令后，向主机发送应答消息，该枚举的元素即为应答消息，其定义如表 19-8 所示。

程序清单 19-16

```
1.   //应答消息定义
2.   typedef enum{
3.     CMD_ACK_OK,            //0 命令成功
4.     CMD_ACK_CHECKSUM,      //1 校验和错误
5.     CMD_ACK_LEN,           //2 命令包长度错误
6.     CMD_ACK_BAD_CMD,       //3 无效命令
7.     CMD_ACK_PARAM_ERR,     //4 命令参数数据错误
8.     CMD_ACK_NOT_ACC        //5 命令不接受
9.   }EnumCmdAckType;
```

在"API 函数声明"区为 API 函数的声明代码，如程序清单 19-17 所示。InitProcHostCmd 函数用于初始化 ProcHostCmd 模块，ProcHostCmd 函数用于处理来自主机的命令。

程序清单 19-17

```
void  InitProcHostCmd(void);                    //初始化 ProcHostCmd 模块
void  ProcHostCmd(unsigned char recData);       //处理主机命令
```

2．ProcHostCmd.c 文件

在 ProcHostCmd.c 文件"包含头文件"区的最后，包含 Wave.h 和 DAC.h 头文件。这样就可以在 ProcHostCmd.c 文件中调用相应模块的 API 函数等，实现对 DAC 输出的控制。

在"内部函数声明"区声明 OnGenWave 函数，如程序清单 19-18 所示。该函数为生成波形命令的响应函数。

程序清单 19-18

```
static unsigned char  OnGenWave(unsigned char* pMsg);   //生成波形的响应函数
```

在"内部函数实现"区为 OnGenWave 函数的实现代码，如程序清单 19-19 所示。

（1）第 5 至 16 行代码：OnGenWave 函数的参数 pMsg 包含了待生成波形的类型信息。其中，pMsg[0]表示波形类型，通过 if 语句判断波形类型后调用相应函数，获取存放对应波形数据的数组地址。

（2）第 18 至 20 行代码：将待生成波形的周期设置为 100，即数组中的数据量，最后通过 SetDACWave 函数设置 DAC 待输出的波形参数。

程序清单 19-19

```
1.   static unsigned char OnGenWave(unsigned char* pMsg)
2.   {
3.       StructDACWave wave;    //DAC 波形属性
4.
5.       if(pMsg[0] == 0x00)
6.       {
7.         wave.waveBufAddr  = (unsigned int)GetSineWave100PointAddr();   //获取正弦波数组的地址
8.       }
9.       else if(pMsg[0] == 0x01)
10.      {
11.        wave.waveBufAddr  = (unsigned int)GetTriWave100PointAddr();    //获取三角波数组的地址
12.      }
13.      else if(pMsg[0] == 0x02)
14.      {
15.        wave.waveBufAddr  = (unsigned int)GetRectWave100PointAddr();   //获取方波数组的地址
16.      }
17.
18.      wave.waveBufSize  = 100;   //波形一个周期点数为100
19.
20.      SetDACWave(wave);          //设置 DAC 波形属性
21.
22.      return(CMD_ACK_OK);        //返回命令成功
23.  }
```

在"API 函数实现"区，首先实现 InitProcHostCmd 函数，该函数用于初始化 ProcHostCmd 模块，因为没有需要初始化的内容，故该函数为空。

在 InitProcHostCmd 函数实现区后，为 ProcHostCmd 函数的实现代码，如程序清单 19-20 所示。该函数获取解包数据后，根据模块 ID 及波形信息，通过调用 OnGenWave 函数即可根据计算机中的信号采集工具的命令切换波形，最后发送命令应答消息包。

程序清单 19-20

```
1.   void ProcHostCmd(unsigned char recData)
2.   {
3.     unsigned char ack;              //存储应答消息
4.     StructPackType pack;            //包结构体变量
5.
6.     while(UnPackData(recData))      //解包成功
7.     {
8.       pack = GetUnPackRslt();       //获取解包结果
9.
10.      switch(pack.packModuleId)     //模块 ID
11.      {
12.        case MODULE_WAVE:           //波形信息
13.          ack = OnGenWave(pack.arrData);                     //生成波形
14.          SendAckPack(MODULE_WAVE, CMD_GEN_WAVE, ack);       //发送命令应答消息包
15.          break;
16.        default:
17.          break;
18.      }
19.    }
20.  }
```

19.5.6　Main.c 文件

在 Main.c 文件的"内部函数实现"区的 Proc2msTask 函数中，实现数据的获取及发送，如程序清单 19-21 所示。ReadUART0 函数用于读取主机发送给从机的命令，ProcHostCmd 函数数用于处理接收到的主机命令。

程序清单 19-21

```
1.   static void Proc2msTask(void)
2.   {
3.     unsigned char  UART0RecData; //串口数据
4.     unsigned short adcData;       //队列数据
5.     unsigned char  waveData;      //波形数据
6.
7.     static unsigned char s_iCnt4 = 0;          //计数器
8.     static unsigned char s_iPointCnt = 0;       //波形数据包的点计数器
9.     static unsigned char s_arrWaveData[5] = {0}; //初始化数组
10.
11.    if(Get2msFlag())  //判断 2ms 标志位状态
12.    {
13.      if(ReadUART0(&UART0RecData, 1)) //读串口接收数据
14.      {
15.        ProcHostCmd(UART0RecData);    //处理命令
16.      }
17.
18.      s_iCnt4++;                      //计数增加
19.
20.      if(s_iCnt4 >= 4)                //达到 8ms
21.      {
22.        //接收 ADC 数据
23.        adcData  = ReadADC();                   //从缓存队列中取出 1 个数据
24.        waveData = (adcData * 127) / 4095;      //计算获取点的位置
```

```
25.        s_arrWaveData[s_iPointCnt] = waveData;   //存放到数组
26.        s_iPointCnt++;                            //波形数据包的点计数器加 1 操作
27.
28.        //接收到 5 个点
29.        if(s_iPointCnt >= 5)
30.        {
31.          s_iPointCnt = 0;                 //计数器清零
32.          SendWaveToHost(s_arrWaveData);  //发送波形数据包
33.        }
34.
35.        s_iCnt4 = 0;      //准备下一次的循环
36.      }
37.
38.      LEDFlicker(250);    //调用闪烁函数
39.
40.      Clr2msFlag();       //清除 2ms 标志位
41.    }
42.  }
```

19.5.7　运行结果

代码编译通过后，下载程序并进行复位。下载完成后，将开发板的 PA4 引脚分别连接到 PA3 引脚和示波器探头，并通过 USB 转 Type-C 型连接线将开发板连接到计算机，在计算机上打开信号采集工具，DAC 硬件连接图如图 19-25 所示。

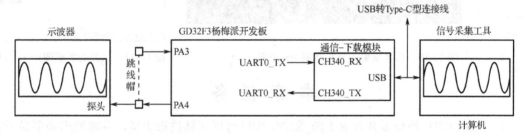

图 19-25　DAC 硬件连接图

在信号采集工具窗口中，单击"扫描"按钮，选择通信-下载模块对应的串口号（提示：每台机器的 COM 编号可能不同）。将"波特率"设置为 115200，"数据位"设置为 8，"停止位"设置为 1，"校验位"设置为 NONE，然后单击"打开"按钮（单击之后，按钮名称将切换为"关闭"）。信号采集工具的状态栏显示"COM3 已打开,115200,8,One,None"；同时，在波形显示区可以实时观察到正弦波，如图 19-26 所示。

在示波器上也可以观察到正弦波，如图 19-27 所示。

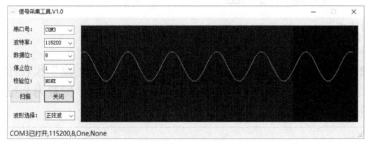

图 19-26　信号采集工具实测图——正弦波

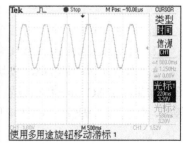

图 19-27　示波器实测图——正弦波

在信号采集工具窗口左下方的"波形选择"下拉框中选择三角波，可以在波形显示区实时观察到三角波，如图 19-28 所示。

在示波器上观察到的三角波如图 19-29 所示。

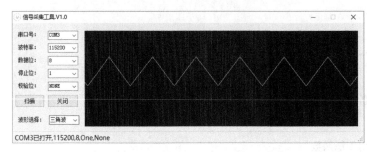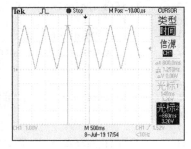

图 19-28　信号采集工具实测图——三角波　　　图 19-29　示波器实测图——三角波

选择方波，可以在波形显示区实时观察到方波，如图 19-30 所示。

在示波器上观察到的方波如图 19-31 所示。

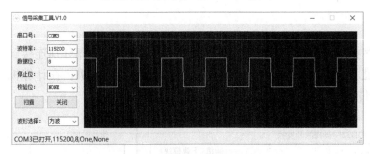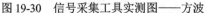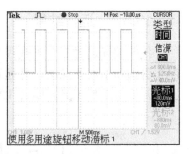

图 19-30　信号采集工具实测图——方波　　　图 19-31　示波器实测图——方波

本 章 任 务

通过 GD32F3 杨梅派开发板上的 KEY$_1$ 按键可以切换波形类型，并将波形类型显示在 OLED 上；通过 KEY$_2$ 按键可以对波形的幅值进行递增调节；通过 KEY$_3$ 按键可以对波形的幅值进行递减调节。

任务提示：

1．添加按键驱动，在 KEY$_1$ 按键的按下响应函数中，修改传到 DMA1 的波形地址；在 KEY$_2$ 和 KEY$_3$ 按键的按下响应函数中，对应修改波形点的数值。

2．添加 OLED 驱动，将当前正在发送的波形类型显示在 OLED 上。

本 章 习 题

1．简述本章中 DAC 的工作原理。

2．计算本章实例中 DAC 输出的正弦波的周期。

3．本章实例中的 DAC 模块配置为 12 位电压输出数模转换器，这里的"12 位"代表什么？如果将 DAC 输出数据设置为 4095，则引脚输出的电压是多少？如果将 DAC 配置为 8 位模式，如何让引脚输出 3.3V 电压？两种模式有什么区别？

第20章 ADC

ADC（Analog to Digital Converter）即模数转换器。GD32F303RCT6 微控制器内嵌 3 个 12 位逐次逼近型 ADC，每个 ADC 公用多达 18 个外部通道，可实现单次或多次扫描转换。各通道的 A/D 转换可以单次、连续、扫描或间断模式执行，ADC 的结果以左对齐或右对齐方式存储在 16 位数据寄存器中。本章首先介绍 ADC 原理，然后通过实例介绍如何使用 ADC 进行模数转换。

20.1 ADC 功能框图

ADC 功能框图如图 20-1 所示，该框图涵盖了 ADC 的全部功能，绝大多数应用只涉及其中的一部分。下面按照编号顺序依次介绍各个功能模块。

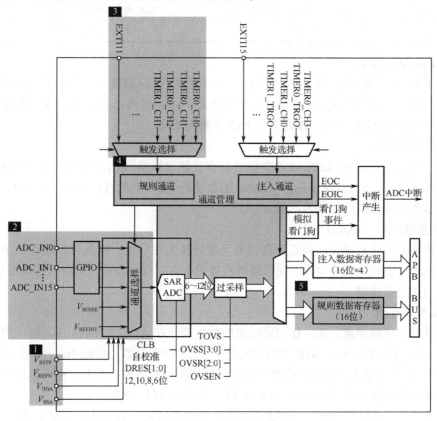

图 20-1 ADC 功能框图

1. ADC 的电源与参考电压

ADC 的输入电压范围为 $V_{REFN} \sim V_{REFP}$，V_{DDA} 和 V_{SSA} 引脚分别连接电源和地。ADC 的参考电压也称为基准电压，如果没有基准电压，就无法确定被测信号的准确幅值。例如，基准电压为 5V、分辨率为 8 位的 ADC，当被测信号电压达到 5V 时，ADC 输出满量程读数，即 255，就代表被测信号的电压为 5V；如果 ADC 输出 127，则代表被测信号的电压为 2.5V。ADC 的参考电压可以是外接基准电压、内置基准电压或外接基准电压和内置基准电压并用，但外接基准电压优先于内置基准电压。

GD32 的 ADC 引脚定义如表 20-1 所示，V_{DDA}、V_{SSA} 引脚建议分别与 V_{DD}、V_{SS} 引脚连接。GD32 的参考电压负极接地，即 $V_{REFN} = 0V$。参考电压正极的电压范围为 $2.6V \leq V_{REFP} \leq 3.6V$，所以 GD32 系列微控制器的 ADC 不能直接测量负电压。当需要测量负电压或被测电压信号超出测量范围时，需要先经过运算电路进行抬高，或利用电阻进行分压。注意，开发板上的 GD32F303RCT6 微控制器的 V_{REFP} 和 V_{REFN} 通过内部分别连接到 V_{DDA} 和 V_{SSA} 引脚。由于开发板上的 $V_{DDA} = 3.3V$，$V_{SSA} = 0V$，因此，$V_{REFP} = 3.3V$，$V_{REFN} = 0V$。

表 20-1　ADC 引脚

引脚名称	信号类型	注释
V_{DDA}	输入，模拟电源	等效于 V_{DD} 的模拟电源，且 $2.6V \leq V_{DDA} \leq 3.6V$
V_{SSA}	输入，模拟地	等效于 V_{SS} 的模拟地
V_{REFP}	输入，模拟参考电压正	ADC 正参考电压，$2.6V \leq V_{REFP} \leq V_{DDA}$
V_{REFN}	输入，模拟参考电压负	ADC 负参考电压，$V_{REFN} = V_{SSA}$
ADCx_IN[15:0]	输入，模拟信号	多达 16 路外部通道

2. ADC 输入通道

GD32F30x 系列微控制器的 ADC 有多达 18 个通道，可以测量 16 个外部通道（ADC_IN0～ADC_IN15）和 2 个内部通道（内部温度传感器通道 V_{SENSE} 和内部参考电压输入通道 V_{REFINT}）。本章使用外部通道 ADC_IN3，该通道与 PA3 引脚相连接。

3. ADC 触发源

GD32F30x 系列微控制器的 ADC 支持外部事件触发转换，包括内部定时器触发和外部 I/O 触发。本章通过 adc_software_trigger_enable 函数使能 ADC 的软件触发，并将 ADC 设置为连续采样，因此启动转换后无须再次触发。

4. 模数转换器（ADC）

模数转换器是核心单元，模拟量在该单元被转换为数字量。模数转换器有 2 个通道组，分别是规则通道组和注入通道组。规则通道相当于正常运行的程序，而注入通道相当于中断。本章仅使用规则通道组。

5. 数据寄存器

模拟量转换成数字量之后，规则通道组的数据存放在 ADC_RDATA 中，注入通道组的数据存放在 ADC_IDATAx 中。ADC_RDATA 是一个 32 位寄存器，仅低 16 位有效，由于 ADC 的分辨率为 12 位，因此，转换后的数字量既可以按照左对齐方式存储，也可以按照右对齐方式存储，具体按照哪种方式可通过 ADC_CTL1 的 DAL 进行设置。

规则通道组最多可对 16 个信号源进行转换，而用于存放规则通道组的 ADC_RDATA 只有 1 个，如果对多个通道进行转换，旧的数据就会被新的数据覆盖，因此，每完成一次转换都需要立刻将该数据取走，或开启 DMA 模式，把数据转存至 SRAM 中。本章只对外部通道 ADC_IN3（与 PA3 引脚相连）进行采样和转换，每次转换完成后，都通过 DMA 的通道 0 将数据转存到 SRAM（即 s_arrADCBuf 数组）中，应用层根据需要从 s_arrADCBuf 数组读取转换后的数字量。

20.2　ADC 时钟及转换时间

1. ADC 时钟

GD32F30x 系列微控制器的 ADC 输入时钟 CK_ADC 由 AHB 或 PCLK2 经过分频产生，

最大频率为 40MHz。本章使用的 PCLK2 为 120MHz，CK_ADC 为 PCLK2 的 6 分频，即 ADC 输入时钟为 20MHz。CK_ADC 的时钟分频系数既可通过 RCU_CFG0 和 RCU_CFG1 进行更改，也可以通过 rcu_adc_clock_config 函数进行更改。

2．ADC 转换时间

ADC 使用若干 CK_ADC 周期对输入电压进行采样，采样周期的数目可由 ADC_SAMPT0 和 ADC_SAMPT1 中的 SPTx[2:0]位配置，也可由 adc_regular_channel_config 函数进行更改。每个通道可以用不同的时间采样。

ADC 的总转换时间可以根据下式计算：

$$T_{CONV} = 采样时间 + 12.5个ADC时钟周期$$

其中，采样时间可配置为 1.5、7.5、13.5、28.5、41.5、55.5、71.5、239.5 个 ADC 时钟周期。

本章采用的 ADC 输入时钟频率为 20MHz，即 CK_ADC = 20MHz，采样时间为 239.5 个 ADC 时钟周期，ADC 的总转换时间为

$$T_{CONV} = 239.5个ADC时钟周期 + 12.5个ADC时钟周期$$
$$= 252个ADC时钟周期$$
$$= 252 \times \frac{1}{20} \mu s$$
$$= 12.6 \mu s$$

20.3 实例与代码解析

将 GD32F303RCT6 微控制器的 PA3 引脚配置为 ADC 输入端口，编写程序实现以下功能：①将 PA4 引脚通过跳线帽连接到 PA3 引脚；②通过 ADC 对 PA3 引脚的模拟信号量进行采样和模数转换；③将转换后的数字量按照 PCT 通信协议进行打包；④通过 GD32F3 杨梅派开发板的 UART0 将打包后的数据实时发送至计算机；⑤通过计算机上的信号采集工具动态显示接收到的波形。

20.3.1 ADC 逻辑框图分析

ADC 逻辑框图如图 20-2 所示，其中，将 ADC 设置为软件触发，且为连续采样模式，用于对 ADC0_CH3（PA3 引脚）的模拟信号量进行模数转换，每次转换结束后，DMA 控制器将 ADC_RDATA 中的数据通过 DMA0 传送到 SRAM（s_arrADCBuf 数组）。应用层通过 ReadADC 函数读取数组中的数据。图 20-2 中灰色部分的代码由本书配套的资料包提供，本实例只需要完成 ADC 采样和处理部分。

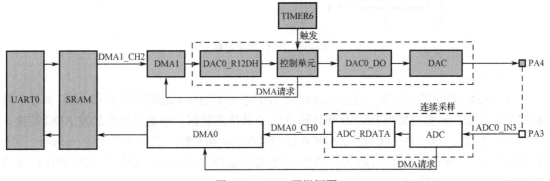

图 20-2　ADC 逻辑框图

20.3.2　程序架构

　　ADC 程序架构如图 20-3 所示。该图简要介绍了程序开始运行后各个函数的执行和调用流程，图中仅列出了与本实例相关的部分函数。下面详细解释该程序架构图。

　　（1）在 main 函数中调用 InitHardware 函数进行硬件相关模块初始化，包括 RCU、NVIC、UART 和 Timer 和 ADC 等模块，这里仅介绍 ADC 初始化函数 InitADC。InitADC 函数首先通过 ConfigDMA0CH0ForADC0 函数对 DMA 功能进行初始化，再通过 ConfigADC0 函数对 ADC0 的相关参数进行设置。

　　（2）调用 InitSoftware 函数进行软件相关模块初始化，包括 PackUnpack、ProcHostCmd 和 SendDataToHost 等模块。

　　（3）调用 Proc2msTask 函数进行 2ms 任务处理，在 Proc2msTask 函数中接收来自计算机的命令并进行处理，以及通过 SendWaveToHost 函数将波形数据包发送至计算机，并由信息采集工具显示。

　　（4）调用 Proc1SecTask 函数进行 1s 任务处理，本实例中没有需要处理的 1s 任务。

　　在图 20-3 中，编号①、⑤、⑥和⑨的函数在 Main.c 文件中声明和实现；编号②的函数在 ADC.h 文件中声明，在 ADC.c 文件中实现；编号③和④的函数在 ADC.c 文件中声明并实现；编号⑦的函数在 SendDataToHost.h 文件中声明，在 SendDataToHost.c 文件中实现。

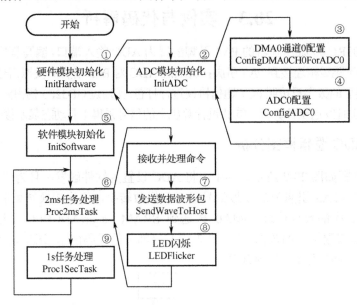

图 20-3　ADC 程序架构

要点解析：

　　（1）ADC 模块的初始化，在 InitADC 函数中进行了 DMA 通道的配置和 ADC 具体参数的配置等操作。本实例使用 DMA0 来传输 ADC0 转换的数据，并通过软件触发 ADC 转换。

　　（2）通过 ConfigDMA0CH0ForADC0 配置 DMA0 参数时，要将内存地址 memory_addr 赋值为数组 s_arrADCBuf 的地址。另外，还需要选择与 ADC0 通道对应的 DMA 通道 DMA0_CH0 进行初始化。

　　（3）通过 ConfigADC0 函数配置 ADC0 具体参数时，需要根据复用为 ADC0 的 GPIO 引

脚来设置 ADC0 通道,本实例使用 PA3 引脚的 ADC0 功能,对应 ADC_CHANNEL_3,即 ADC0
通道 3。

20.3.3　ADC 文件对

1．ADC.h 文件

在 ADC.h 文件的"API 函数声明"区,为 API 函数的声明代码,如程序清单 20-1 所示。
InitADC 函数用于初始化 ADC 模块,ReadADC 函数用于获取 ADC 转换值。

程序清单 20-1

```
void            InitADC(void); //初始化 ADC 模块
unsigned short ReadADC(void); //获取 ADC 转换值
```

2．ADC.c 文件

在 ADC.c 文件的"宏定义"区,定义了 ADC 通道数量及长度,如程序清单 20-2 所示。

程序清单 20-2

```
#define ADC_CH_NUM 1 //通道数量,即一共有多少路 ADC 输入
#define ADC_CH_LEN 1 //通道长度,即一个 ADC 通道要采集多少个数据
```

在"内部变量"区,为内部变量的声明代码,如程序清单 20-3 所示。数组 s_arrADCBuf
为 ADC 数据的缓冲区。

程序清单 20-3

```
static unsigned short s_arrADCBuf[ADC_CH_NUM][ADC_CH_LEN]; //ADC 数据缓冲区,由 DMA 自动搬运
```

在"内部函数声明"区,为内部函数的声明代码,如程序清单 20-4 所示。
ConfigDMA0CH0ForADC0 函数用于配置 ADC0 对应的 DMA0 通道,ConfigADC0 函数用于
配置 ADC0 的参数。

程序清单 20-4

```
static void ConfigDMA0CH0ForADC0(void); //配置 DMA0 的通道 0
static void ConfigADC0(void);            //配置 ADC0
```

在"内部函数实现"区,首先实现 ConfigDMA0CH0ForADC0 函数,如程序清单 20-5 所示。

(1)第 7 至 18 行代码:通过 rcu_periph_clock_enable 函数使能时钟,并通过 dma_deinit
函数将 DMA0 通道 0 对应寄存器重设为默认值后,对结构体 dma_init_struct 中各个成员变量
进行赋值,最后通过 dma_init 函数对 DMA0 通道 0 进行配置。

(2)第 21 至 25 行代码:通过 dma_circulation_enable 函数使能 DMA 循环,并通过
dma_memory_to_memory_disable 函数禁止存储器到存储器的 DMA 传输,最后通过
dma_channel_enable 函数使能 DMA0 通道 0。

程序清单 20-5

```
1.    static void ConfigDMA0CH0ForADC0(void)
2.    {
3.        //DMA 初始化结构体
4.        dma_parameter_struct dma_init_struct;
5.
6.        //DMA 配置
```

```
7.     rcu_periph_clock_enable(RCU_DMA0);                              //使能 DMA0 时钟
8.     dma_deinit(DMA0, DMA_CH0);                                      //初始化结构体设置默认值
9.     dma_init_struct.direction   = DMA_PERIPHERAL_TO_MEMORY;         //设置 DMA 数据传输方向
10.    dma_init_struct.memory_addr = (uint32_t)s_arrADCBuf;            //内存地址设置
11.    dma_init_struct.memory_inc  = DMA_MEMORY_INCREASE_ENABLE;       //内存增长使能
12.    dma_init_struct.memory_width = DMA_MEMORY_WIDTH_16BIT;          //内存数据位数设置
13.    dma_init_struct.number      = ADC_CH_NUM * ADC_CH_LEN;          //内存数据量设置
14.    dma_init_struct.periph_addr = (uint32_t)&(ADC_RDATA(ADC0));     //外设地址设置
15.    dma_init_struct.periph_inc  = DMA_PERIPH_INCREASE_DISABLE;      //外设地址增长失能
16.    dma_init_struct.periph_width = DMA_PERIPHERAL_WIDTH_16BIT;      //外设数据位数设置
17.    dma_init_struct.priority    = DMA_PRIORITY_ULTRA_HIGH;          //优先级设置
18.    dma_init(DMA0, DMA_CH0, &dma_init_struct);                      //初始化结构体
19.
20.    //DMA 模式设置
21.    dma_circulation_enable(DMA0, DMA_CH0);                //使能循环
22.    dma_memory_to_memory_disable(DMA0, DMA_CH0);          //禁止内存到内存
23.
24.    //使能 DMA
25.    dma_channel_enable(DMA0, DMA_CH0);
26.  }
```

在 ConfigDMA0CH0ForADC0 函数实现区后，为 ConfigADC0 函数的实现代码，如程序清单 20-6 所示。

（1）第 4 至 11 行代码：配置 ADC 时钟源并使能 GPIOA 时钟后，配置 ADC 对应引脚 PA3 并将 ADC 配置为独立工作模式。

（2）第 14 至 29 行代码：使能 ADC0 时钟后，根据参数配置 ADC0，并通过 adc_enable 函数使能 ADC0 功能。

（3）第 32 至 38 行代码：使能 ADC0 校准及相应的 DMA 后，通过 adc_software_trigger_enable 函数触发 A/D 转换，由于 ADC 为连续采样模式，因此只需要触发一次即可。

程序清单 20-6

```
1.   static void ConfigADC0(void)
2.   {
3.     //配置 ADC 时钟源
4.     rcu_adc_clock_config(RCU_CKADC_CKAPB2_DIV6);
5.
6.     //GPIO 配置
7.     rcu_periph_clock_enable(RCU_GPIOA);                              //使能 GPIOA 时钟
8.     gpio_init(GPIOA, GPIO_MODE_AIN, GPIO_OSPEED_50MHZ, GPIO_PIN_3); //ADC0 引脚配置（PA3）
9.
10.    //所有 ADC 独立工作
11.    adc_mode_config(ADC_MODE_FREE);
12.
13.    //配置 ADC0
14.    rcu_periph_clock_enable(RCU_ADC0);                              //使能 ADC0 的时钟
15.    adc_deinit(ADC0);                                              //复位 ADC0
16.    adc_special_function_config(ADC0, ADC_SCAN_MODE, ENABLE);
                                                //使能 ADC 扫描，即开启多通道转换
17.    adc_special_function_config(ADC0, ADC_CONTINUOUS_MODE, ENABLE);//使能连续采样
18.    adc_resolution_config(ADC0, ADC_RESOLUTION_12B);               //规则组配置，12 位分辨率
```

```
19.    adc_data_alignment_config(ADC0, ADC_DATAALIGN_RIGHT);              //右对齐
20.    adc_channel_length_config(ADC0, ADC_REGULAR_CHANNEL, ADC_CH_NUM);
                                                    //规则组长度，即 ADC 通道数量
21.    adc_external_trigger_config(ADC0, ADC_REGULAR_CHANNEL, ENABLE);//规则组使能外部触发
22.    adc_external_trigger_source_config(ADC0, ADC_REGULAR_CHANNEL, ADC0_1_2_EXTTRIG_REGULAR_
       NONE); //规则组使用软件触发
23.    adc_oversample_mode_disable(ADC0);                               //禁用过采样
24.
25.    //通道采样顺序配置，采样顺序从 0 开始
26.    adc_regular_channel_config(ADC0, 0, ADC_CHANNEL_3, ADC_SAMPLETIME_239POINT5);
27.
28.    //ADC0 使能
29.    adc_enable(ADC0);
30.
31.    //使能 ADC0 校准
32.    adc_calibration_enable(ADC0);
33.
34.    //使能 DMA
35.    adc_dma_mode_enable(ADC0);
36.
37.    //规则组软件触发
38.    adc_software_trigger_enable(ADC0, ADC_REGULAR_CHANNEL);
39.  }
```

在"API 函数实现"区，首先实现 InitADC 函数，如程序清单 20-7 所示。在 InitADC 函数中实现对 DMA0 和 ADC0 的配置。

程序清单 20-7

```
1.   void InitADC(void)
2.   {
3.     //DMA0CH0 配置
4.     ConfigDMA0CH0ForADC0();
5.
6.     //ADC0 配置
7.     ConfigADC0();
8.   }
```

在 InitADC 函数实现区后，为 ReadADC 函数的实现代码，如程序清单 20-8 所示。该函数将数组 s_arrADCBuf 中的值返回，由于本实例采用 DMA 功能将 ADC 采样得到的数据存放在该数组中，因此该函数用于获取 ADC 采样值。

程序清单 20-8

```
1.   unsigned short ReadADC(void)
2.   {
3.     return s_arrADCBuf[0][0];
4.   }
```

20.3.4　SendDataToHost 文件对

1. SendDataToHost.h 文件

在 SendDataToHost.h 文件的"API 函数声明"区为 API 函数的声明代码，如程序清单 20-9

所示。InitSendDataToHost 函数用于初始化 SendDataToHost 模块，SendAckPack 函数用于发送命令应答数据包，SendWaveToHost 函数用于发送波形数据包。

程序清单 20-9

```
void  InitSendDataToHost(void);                    //初始化 SendDataToHost 模块
void  SendAckPack(unsigned char moduleId, unsigned char secondId, unsigned char ackMsg);
                                                   //发送命令应答数据包
void  SendWaveToHost(unsigned char* pWaveData);    //发送波形数据包到主机，一次性发送 5 个点
```

2. SendDataToHost.c 文件

在 SendDataToHost.c 文件"包含头文件"区，包含 PackUnpack.h 和 UART0.h 头文件。这样就可以在 SendDataToHost.c 文件中调用相应模块的 API 函数等。

在"内部函数声明"区声明内部函数 SendPackToHost，如程序清单 20-10 所示。该函数用于将数据打包后发送到主机。

程序清单 20-10

```
static  void  SendPackToHost(StructPackType* pPackSent);  //打包数据，并将数据发送到主机
```

在"内部函数实现"区实现 SendPackToHost 函数，如程序清单 20-11 所示。该函数通过 PackData 函数打包数据，若返回值大于 0，则表示打包正确，然后通过串口将打包后的数据发送给主机。

程序清单 20-11

```
1.    static  void  SendPackToHost(StructPackType* pPackSent)
2.    {
3.      unsigned char packValid = 0;          //打包正确标志位，默认值为 0
4.
5.      packValid = PackData(pPackSent);       //打包数据
6.
7.      if(0 < packValid)                      //如果打包正确
8.      {
9.        WriteUART0((unsigned char*)pPackSent, 10); //写数据到串口
10.     }
11.   }
```

在"API 函数实现"区，首先实现 InitSendDataToHost 函数，由于没有需要初始化的内容，因此该函数为空。

在 InitSendDataToHost 函数实现区后，为 SendAckPack 函数的实现代码，如程序清单 20-12 所示。该函数用于设置应答数据包的模块 ID、二级 ID 和一系列数据，并通过 SendPackToHost 函数对该应答数据包进行打包并发送到主机。

程序清单 20-12

```
1.    void SendAckPack(unsigned char moduleId, unsigned char secondId, unsigned char ackMsg)
2.    {
3.      StructPackType pt;                     //包结构体变量
4.
5.      pt.packModuleId = MODULE_SYS;          //系统信息模块的模块 ID
6.      pt.packSecondId = DAT_CMD_ACK;         //系统信息模块的二级 ID
7.      pt.arrData[0] = moduleId;              //模块 ID
```

```
8.    pt.arrData[1] = secondId;        //二级 ID
9.    pt.arrData[2] = ackMsg;          //应答消息
10.   pt.arrData[3] = 0;               //保留
11.   pt.arrData[4] = 0;               //保留
12.   pt.arrData[5] = 0;               //保留
13.
14.   SendPackToHost(&pt);             //打包数据，并将数据发送到主机
15. }
```

在 SendAckPack 函数实现区后，为 SendWaveToHost 函数的实现代码，该函数与
SendAckPack 函数的结构类似，用于设置波形数据包中的模块 ID、二级 ID 和一系列需要发
送的波形数据，最后通过 SendPackToHost 函数对该波形数据包进行打包并发送到主机。

20.3.5　ProcHostCmd.c 文件

在 ProcHostCmd.c 文件的"API 函数实现"区，为 ProcHostCmd 函数的实现代码，该函
数用于处理上位机（信号采集工具）发送的波形切换命令。在该函数中调用 SendAckPack 函
数发送应答消息，如程序清单 20-13 的第 14 行代码所示。由于 SendAckPack 函数在
SendDataToHost.h 文件中声明，因此需要在 ProcHostCmd.c 文件中包含 SendDataToHost.h 头
文件。

程序清单 20-13

```
1.  void ProcHostCmd(unsigned char recData)
2.  {
3.    StructPackType pack;              //包结构体变量
4.    unsigned char ack;               //存储应答消息
5.
6.    while(UnPackData(recData))       //解包成功
7.    {
8.      pack = GetUnPackRslt();        //获取解包结果
9.
10.     switch(pack.packModuleId)      //模块 ID
11.     {
12.       case MODULE_WAVE:            //波形信息
13.         ack = OnGenWave(pack.arrData);                   //生成波形
14.         SendAckPack(MODULE_WAVE, CMD_GEN_WAVE, ack);     //发送命令应答消息包
15.         break;
16.       default:
17.         break;
18.     }
19.   }
20. }
```

20.3.6　Main.c 文件

在 Main.c 文件的"内部函数实现"区的 Proc2msTask 函数中，实现读取 ADC 缓冲区的
波形数据，并将波形数据发送到主机的功能，如程序清单 20-14 所示。

（1）第 20 至 24 行代码：在 Proc2msTask 函数中，每 8ms 通过 ReadADC 函数读取一次
ADC 缓冲区的波形数据，由于计算机上的"信号采集工具"显示范围为 0～127，因此需要
将 ADC 缓冲区的波形数据范围压缩至 0～127。

（2）第 29 至 33 行代码：在 PCT 通信协议中，一个波形数据包（模块 ID 为 0x71，二级 ID 为 0x01）包含 5 个连续的波形数据，对应波形上的 5 个点，因此还需要通过变量 s_iPointCnt 对波形点数进行计数，当计数到 5 时，调用 SendWaveToHost 函数将数据包发送到计算机上的信号采集工具，从而实现波形显示。

程序清单 20-14

```
1.   static void Proc2msTask(void)
2.   {
3.      unsigned char   UART0RecData;  //串口数据
4.      unsigned short adcData;        //队列数据
5.      unsigned char   waveData;      //波形数据
6.
7.      static unsigned char s_iCnt4 = 0;            //计数器
8.      static unsigned char s_iPointCnt = 0;        //波形数据包的点计数器
9.      static unsigned char s_arrWaveData[5] = {0}; //初始化数组
10.
11.     if(Get2msFlag())  //判断 2ms 标志位状态
12.     {
13.        if(ReadUART0(&UART0RecData, 1))  //读串口接收数据
14.        {
15.          ProcHostCmd(UART0RecData);     //处理命令
16.        }
17.
18.        s_iCnt4++;                       //计数增加
19.
20.        if(s_iCnt4 >= 4)                 //达到 8ms
21.        {
22.          //接收 ADC 数据
23.          adcData  = ReadADC();                  //从缓冲区中取出 1 个数据
24.          waveData = (adcData * 127) / 4095;     //计算获取点的位置
25.          s_arrWaveData[s_iPointCnt] = waveData; //存放到数组
26.          s_iPointCnt++;                         //波形数据包的点计数器加 1 操作
27.
28.          //接收到 5 个点
29.          if(s_iPointCnt >= 5)
30.          {
31.            s_iPointCnt = 0;             //计数器清零
32.            SendWaveToHost(s_arrWaveData); //发送波形数据包
33.          }
34.
35.          s_iCnt4 = 0;    //准备下次的循环
36.        }
37.
38.        LEDFlicker(250);//调用闪烁函数
39.
40.        Clr2msFlag();   //清除 2ms 标志位
41.     }
42.  }
```

20.3.7   运行结果

代码编译通过后，下载程序并进行复位。下载完成后，按照图 19-25，先将开发板通过 USB 转 Type-C 型连接线连接到计算机，再将 PA4 引脚连接到 PA3 引脚（通过跳线帽短接或杜邦线连接），最后将 PA4 引脚连接到示波器探头。可以通过计算机上的信号采集工具和示波器观察到与第 19 章实例相同的结果。

本 章 任 务

将 PA4 引脚通过杜邦线连接到 PA0 引脚，PA4 依然作为 DAC 的输出端输出正弦波、方波和三角波。在本章实例的基础上，重新修改程序，将 PA3 引脚改为 PA0 引脚，通过 ADC 将 PA0 引脚的模拟信号量转换为数字量，并将转换后的数字量按照 PCT 通信协议进行打包，通过 UART0 实时将打包后的数据发送至计算机，通过计算机上的信号采集工具动态显示接收到的波形。

本 章 习 题

1．简述本章实例的 ADC 工作原理。
2．输入信号幅度超过 ADC 参考电压范围会导致什么后果？
3．如何通过 GD32F3 杨梅派开发板的 ADC 检测 7.4V 锂电池的电压？

第21章 LCD 显示

LCD 是一种支持全彩显示的显示设备,GD32F3 杨梅派开发板上的 LCD 显示模块的尺寸为 2.8 英寸,相比于 0.96 英寸的 OLED 显示模块,能够显示更加丰富的内容,例如,可以显示彩色文本、图片、波形及 GUI 界面等。在 LCD 显示模块上还集成了触摸屏,基于 LCD 显示模块可以呈现出更为直观的运行结果。本章介绍 LCD 显示模块的显示原理和使用方法。

21.1 LCD 显示模块

LCD(Liquid Crystal Display)即液晶显示器。LCD 按照工作原理可分为两种:被动矩阵式,常见的有 TN-LCD、STN-LCD 和 DSTN-LCD;主动矩阵式,通常为 TFT-LCD。GD32F3 杨梅派开发板上使用的 LCD 为 TFT-LCD,在 LCD 的每个像素上都设置了一个薄膜晶体管(TFT),可有效克服非选通时的串扰,使 LCD 的静态特性与扫描线数无关,从而极大地提高了图像质量。

GD32F3 杨梅派开发板上使用的 LCD 显示模块是一款集 ST7789V 驱动芯片、2.8 英寸 240×320ppi 分辨率显示屏、电阻触摸屏及驱动电路于一体的显示屏,可通过 GD32F303RCT6 微控制器控制。

LCD 显示模块接口电路原理图如图 21-1 所示,LCD 显示模块的 LCD_D[15:0]引脚分别与 GD32F303RCT6 微控制器的 PB[15:0]引脚相连,LCD_CS 和 LCD_BL 引脚可通过跳线帽分别与 PA12 和 PA11 引脚相连,LCD_RD 引脚连接到 PC2 引脚,LCD_WR 引脚连接到 PC0 引脚,LCD_RS 引脚连接到 PC1 引脚,LCD_IO0 引脚连接到 NRST 引脚。

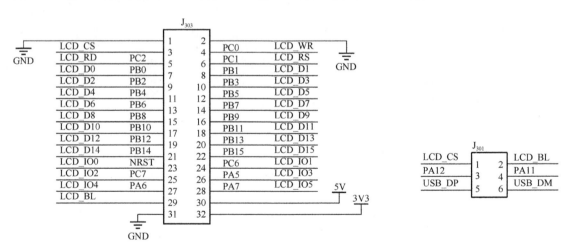

图 21-1 LCD 显示模块接口电路原理图

GD32F3 杨梅派开发板配套的 LCD 显示模块采用 16 位的 8080 并行接口来传输数据,该接口方式采用 4 条控制线(LCD_CS、LCD_WR、LCD_RD 和 LCD_RS)和 16 条双向数据线,LCD 显示模块接口定义如表 21-1 所示。

表 21-1　LCD 显示模块接口定义

序　号	名　称	说　明	引　脚
1	LCD_CS	片选信号，低电平有效	PA12
2	LCD_WR	写入信号，上升沿有效	PC0
3	LCD_RD	读取信号，上升沿有效	PC2
4	LCD_RS	指令/数据标志（0：读/写指令；1：读/写数据）	PC1
5	LCD_BL	背光控制信号，高电平有效	PA11
6	LCD_IO0	硬件复位信号，低电平有效	NRST
7	LCD_D[15:0]	16 位双向数据线	PB[15:0]

　　LCD 显示模块通过 8080 并行接口传输的数据有两种，分别为 ST7789V 芯片的控制指令和 LCD 像素点显示的 RGB 颜色数据。这两种数据都涉及写入和读取，下面根据 LCD 的信号线来简单介绍 LCD 读/写指令和 RGB 数据的时序图。

　　读/写数据首先需要拉低片选信号 LCD_CS，然后根据是写入还是读取数据来配置 LCD_WR 和 LCD_RD 的电平。如果写入数据，则将 LCD_WR 电平拉低，LCD_RD 电平拉高；读数据则相反。数据通过 LCD_D[15:0] 的 16 位双向数据线进行传输。

　　（1）写入数据：在 LCD_WR 的上升沿，将数据通过 LCD_D[15:0] 写入 ST7789V，如图 21-2 所示。

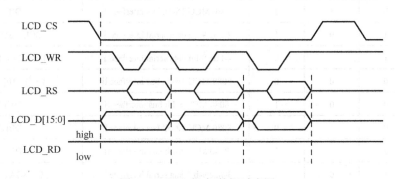

图 21-2　写入指令/数据时序图

　　（2）读取数据：在 LCD_RD 的上升沿，读取 LCD_D[15:0] 上的数据，如图 21-3 所示。

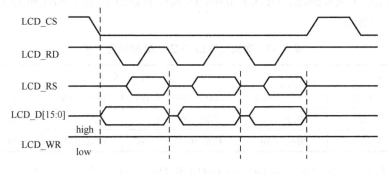

图 21-3　读取指令/数据时序图

21.2　LCD 驱动芯片原理

21.2.1　ST7789V 简介

ST7789V 是一款 TFT-LCD 驱动芯片，自带 172800 字节（240×320×18/8 字节）显存，即 18 位模式下的显存量。ST7789V 提供 8/9/16/18 位并行 8080 系列 MCU 接口、6/16/18 位 RGB 接口和 3/4 线 SPI 接口。另外，ST7789V 有 3 种显示模式，可以显示不同的颜色深度，包括 18 位模式的 RGB666、16 位模式的 RGB565 和 12 位模式的 RGB444。

ST7789V 的 8/9/16/18 位 8080 接口可分为 8080-Ⅰ和 8080-Ⅱ两种，具体的模式由 ST7789V 芯片的 IM[3:0]引脚的电平设置，如表 21-2 所示。GD32F3 杨梅派开发板配套的 LCD 显示模块使用 16 位的 8080-Ⅱ并行接口，即通过将 IM3 置为高电平，将 IM[2:0]置为低电平实现，此时 ST7789V 的 DB[17:10]和 DB[8:1]作为 8080-Ⅱ接口的 16 位数据线使用。

表 21-2　ST7789V 接口模式

IM3	IM2	IM1	IM0	接　口	引　脚
0	0	0	0	8080 MCU 8-bit bus interface Ⅰ	DB[7:0]
0	0	0	1	8080 MCU 16-bit bus interface Ⅰ	DB[15:0]
0	0	1	0	8080 MCU 9-bit bus interface Ⅰ	DB[8:0]
0	0	1	1	8080 MCU 18-bit bus interface Ⅰ	DB[17:0]
0	1	0	1	3-line 9-bit data serial interface Ⅰ	SCL、SDA、CSX
0	1	1	0	4-line 8-bit data serial interface Ⅰ	SCL、SDA、D/CX、CSX
1	0	0	0	8080 MCU 16-bit bus interface Ⅱ	DB[17:10]、DB[8:1]
1	0	0	1	8080 MCU 8-bit bus interface Ⅱ	DB[17:10]
1	0	1	0	8080 MCU 18-bit bus interface Ⅱ	DB[17:0]
1	0	1	1	8080 MCU 9-bit bus interface Ⅱ	DB[17:9]
1	1	0	1	3-line 9-bit data serial interface Ⅱ	SCL、SDA、SDO、CSX
1	1	1	0	4-line 8-bit data serial interface Ⅱ	SCL、SDA、D/CX、SDO、CSX

ST7789V 的 18 位数据线、GD32F303RCT6 微控制器的 16 位数据线和 LCD GRAM 的对应关系如表 21-3 所示。

表 21-3　数据线与 LCD GRAM 的对应关系

名　称	对　应　关　系					
ST7789V 数据线（18 位）	DB17～DB13	DB12～D10	DB9	DB8～DB6	DB5～DB1	DB0
MCU 数据线（16 位）	D15～D11	D10～D8	—	D7～D5	D4～D0	—
LCD GRAM（18 位）	R[4]～R[0]	G[5]～G[3]	NC	G[2]～G[0]	B[4]～B[0]	NC

在 16 位模式下，ST7789V 的 DB17～DB10 和 DB8～DB1 数据线分别与 GD32F303RCT6 微控制器上的 16 个 GPIO（D15～D0，即 PB15～PB0）相连，DB9 和 DB0 未使用，在电路中连接到地线。另外，在本书配套例程中，将 ST7789V 的显示模式设置为 16 位的 RGB565，

而 GRAM 有 18 位，有 2 位未使用。在 RGB565 的 16 位颜色数据中，bit[4:0]为蓝色，bit[10:5]为绿色，bit[15:11]为红色。数值越大，表示该颜色越深。注意，ST7789V 的所有指令均为 16 位，且读/写 GRAM 时也为 16 位。

21.2.2　ST7789V 常用指令

微控制器通过向 ST7789V 芯片发送指令来设置 LCD 的显示参数，ST7789V 提供了一系列指令供用户开发，关于这些指令具体的定义和描述可参见 ST7789V 的数据手册《ST7789V_SPEC_V1.2.pdf》（位于本书配套资料包"09.参考资料"文件夹下）的第 9 章。设置 ST7789V 的过程如下：先向 ST7789V 发送某项设置对应的指令，目的是告知 ST7789V 接下来将进行该项设置，再发送此项设置的参数，完成设置。以设置 LCD 的扫描方向为例，将扫描方向设置为从左到右、从下到上，应先向 ST7789V 发送设置扫描方向的指令（0x36），然后发送从左到右、从下到上读/写方向对应的参数（0x80），即可完成设置。

下面简要介绍 ST7789V 的几条常用指令。

1．0xDA～0xDC

0xDA～0xDC 为读 ID 指令，分别用于读取 LCD 的 ID1、ID2 和 ID3，具体描述如表 21-4 所示。发送 3 条指令并将返回的数据进行组合即可得到芯片 ID，如本章实例中读出的 ST7789V 的 ID 为 858552H。

表 21-4　读 ID 指令

顺序	控　　制			各　位　描　述									HEX
	RS	WR	RD	D15～8	D7	D6	D5	D4	D3	D2	D1	D0	
指令	0	↑	1	—	1	1	0	1	1	0	1	0	DAH
参数	1	1	↑	—	—	—	—	—	—	—	—	—	Dummy
参数	1	1	↑	—	1	0	0	0	0	1	0	1	85H
指令	0	↑	1	—	1	1	0	1	1	0	1	1	DBH
参数	1	1	↑	—	—	—	—	—	—	—	—	—	Dummy
参数	1	1	↑	—	1	0	0	0	0	1	0	1	85H
指令	0	↑	1	—	1	1	0	1	1	1	0	0	DCH
参数	1	1	↑	—	—	—	—	—	—	—	—	—	Dummy
参数	1	1	↑	—	0	1	0	1	0	0	1	0	52H

以读 ID1 为例进行介绍，首先向 ST7789V 发送指令 0xDA。写指令操作需要将 LCD_RS 电平拉低，表示读/写指令，将 LCD_CS 电平拉低以使能片选信号，将 LCD_RD 电平拉高并在 LCD_WR 的上升沿通过 LCD_D[0:15]写入 0xDA，即可完成写指令操作。ST7789V 接收并识别到指令后，将返回 ID1，接下来将 LCD_RS 电平拉高表示读/写数据，将 LCD_WR 电平拉高并在 LCD_RD 的上升沿通过 LCD_D[15:0]读取 ID1，完成读 ID1 的操作。注意，在读取 ID1 数据时，第一次读到的是无效数据（虚读），第二次读到的才是真正的 ID1 数据。

2．0x36

指令 0x36 为存储访问控制指令，用于控制 ST7789V 的扫描方向，在连续写 GRAM 时，可以通过该指令控制 GRAM 指针的增长方向，从而控制显示方式。读 GRAM 与之类似。该指令的具体描述如表 21-5 所示。

表 21-5　存储访问控制指令

顺序	控　制			各 位 描 述									HEX
	RS	WR	RD	D15~8	D7	D6	D5	D4	D3	D2	D1	D0	
指令	0	↑	1	—	0	0	1	1	0	1	1	0	36H
参数	1	↑	1	—	MY	MX	MV	ML	RGB	0	0	0	

其中，RGB 位用于控制 R、G、B 的排列顺序：为 0 表示按 RGB 顺序排列；为 1 表示按 BGR 顺序排列。MY、MX 和 MV 用于控制 LCD 的扫描方向，如表 21-6 所示。如显示 BMP 格式的图片时，BMP 解码的数据是从图片的左下角开始，最后显示到右上角的，如果设置 LCD 的扫描方向为从左到右，从下到上，则只需要设置显示区域的坐标，然后不断向 ST7789V 发送颜色数据即可，这样可以大大提高显示速率。

表 21-6　MY、MX 和 MV 参数的取值及其效果

控 制 位			效　果
MY	MX	MV	LCD 扫描方向（GRAM 自增模式）
0	0	0	从左到右，从上到下
1	0	0	从左到右，从下到上
0	1	0	从右到左，从上到下
1	1	0	从右到左，从下到上
0	0	1	从上到下，从左到右
0	1	1	从上到下，从右到左
1	0	1	从下到上，从左到右
1	1	1	从下到上，从右到左

3. 0x2A

指令 0x2A 为列地址设置指令，在默认的扫描方式（从左到右，从上到下，即竖屏显示）下，这条指令用于设置横坐标（X 坐标）的范围。由于开发板上使用的 LCD 分辨率为 240×320ppi，因此 ST7789V 给出了 X、Y 坐标的限制范围：$0 \leqslant X \leqslant 240$，$0 \leqslant Y \leqslant 320$，此范围适用于竖屏显示；若为横屏显示，则将 X、Y 坐标范围互换。

指令 0x2A 有 4 个参数，用于设置两个坐标值，即列地址的起始值 XS 和结束值 XE（XS 和 XE 均为 16 位，且均由两个参数的低 8 位组合而成），这两个坐标值的范围需满足 $0 \leqslant XS \leqslant XE \leqslant 239$（竖屏）。一般在设置 X 坐标范围时，只需要设置 XS，因为 XE 在初始化时已被设置为一个固定值。列地址设置指令和对应参数的具体描述如表 21-7 所示。

表 21-7　列地址设置指令

顺序	控　制			各 位 描 述									HEX
	RS	WR	RD	D15~D8	D7	D6	D5	D4	D3	D2	D1	D0	
指令 1	1	↑	1	—	0	0	1	0	1	0	1	0	2AH
参数 1	1	↑	1	—	XS15	XS14	XS13	XS12	XS11	XS10	XS9	XS8	XS[15:8]
参数 2	1	↑	1	—	XS7	XS6	XS5	XS4	XS3	XS2	XS1	XS0	XS[7:0]
参数 3	1	↑	1	—	XE15	XE14	XE13	XE12	XE11	XE10	XE9	XE8	XE[15:8]
参数 4	1	↑	1	—	XE7	XE6	XE5	XE4	XE3	XE2	XE1	XE0	XE[7:0]

4．0x2B

与列地址设置指令类似，指令 0x2B 为行地址设置指令，在默认扫描方式下，该指令用于设置纵坐标（Y 坐标）范围，同样具有 4 个参数，用于设置行地址的起始值 YS 和结束值 YE（YS 和 YE 均为 16 位，且均由两个参数的低 8 位组合而成），这两个坐标值的范围需满足 $0 \leqslant YS \leqslant YE \leqslant 319$（竖屏）条件。一般在设置 Y 坐标范围时，只需要设置 YS，因为 YE 在初始化时已被设置为一个固定值。

5．0x2C

指令 0x2C 为写 GRAM 指令，在向 ST7789V 发送该指令后，即可向 LCD 的 GRAM 中写入颜色数据，该指令支持连续写，具体描述如表 21-8 所示。

表 21-8　写 GRAM 指令

顺序	控　制			各　位　描　述										HEX
	RS	WR	RD	D15~D8	D7	D6	D5	D4	D3	D2	D1	D0		
指令	0	↑	1	—	0	0	1	0	1	0	1	0		2CH
参数 1	1	↑	1	D1[15:0]										D1[15:0]
...		↑	1	...										...
参数 N	1	↑	1	DN[15:0]										DN[15:0]

在收到指令 0x2C 后，数据有效位宽变为 16 位，可以连续写入 LCD GRAM 值（16 位的 RGB565 值），GRAM 的地址将根据 MY、MX 和 MV 设置的扫描方向进行自增。例如，如果设置的扫描方向为从左到右，从上到下，那么设置好起始坐标（XS、YS）后，每写入一个颜色值，GRAM 地址将会自增 1（XS++），如果写到 XE，则重新回到 XS，此时 YS++，即先显示完一行，然后列数加 1，再显示下一行，一直写到 XE 和 YE 指定的坐标，其间无须再次设置其他坐标。这样可以提高写入速度。

6．0x2E

指令 0x2E 为读 GRAM 指令，如表 21-9 所示。该指令用于读取 GRAM，ST7789V 在收到该指令后，第一次输出的为无效数据，从第二次开始，输出的才是有效的 GRAM 数据［从起始坐标（XS, YS）开始］，输出格式为：每个颜色分量占 8 个位，一次输出两个颜色分量。例如，第一次输出的是 R1G1，随后的规律为 B1R2→G2B2→R3G3→B3R4→G4B4→R5G5，以此类推。如果只需要读取一个点的颜色值，那么只需要接收至参数 3，后面的参数不需要接收；若要连续读取，则按照上述规律接收颜色数据。

表 21-9　读 GRAM 指令

顺序	控　制			各　位　描　述												HEX
	RS	WR	RD	D15~D11	D10	D9	D8	D7	D6	D5	D4	D3	D2	D1	D0	
指令	0	↑	1	—				0	0	1	0	1	1	1	0	2EH
参数 1	1	1	↑	XX												dummy
参数 2	1	1	↑	R1[4:0]	XX			G1[5:0]					XX			R1G1
参数 3	1	1	↑	B1[4:0]	XX			R2[4:0]					XX			B1R2
参数 4	1	1	↑	G2[5:0]		XX		B2[4:0]					XX			G2B2
参数 5	1	1	↑	R3[4:0]	XX			G3[5:0]					XX			R3G3
...	1	1	↑	...												

以上就是 ST7789V 常用的一些指令，通过这些指令，即可控制 LCD 进行简单的显示。

21.3　LCD 显示模块的驱动流程

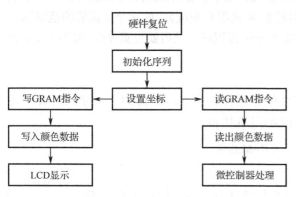

图 21-4　LCD 显示模块的驱动流程

LCD 显示模块的驱动流程如图 21-4 所示。其中，硬件复位即为初始化 LCD 显示模块，初始化序列的代码由 LCD 厂家提供，不同厂家的不同型号有所不同，硬件复位和初始化序列只需要执行一次即可。下面以画点和读点的流程为例进行介绍。

画点流程如下：设置坐标→写 GRAM 指令→写入颜色数据。完成上述操作后，即可在 LCD 上的指定坐标显示对应的颜色。

读点流程如下：设置坐标→读 GRAM 指令→读取颜色数据。完成上述操作后，即

可获取对应点的颜色数据，最后由微控制器进行处理。

21.4　实例与代码解析

掌握驱动 LCD 显示模块的显示原理和方法后，本节基于 GD32F3 杨梅派开发板设计一个 LCD 显示实例，在 LCD 显示模块上绘制出 DAC 实例的正弦波。

21.4.1　LCD 文件对

1. LCD.h 文件

在 LCD.h 文件的"宏定义"区为宏定义代码，如程序清单 21-1 所示，包括背光和片选等引脚的控制、数据总线方向及输入/输出控制、常用指令、画笔颜色和分辨率的定义，其中引脚和数据总线的控制通过设置相应的寄存器位来完成。

程序清单 21-1

```
1.  //背光控制 BL, 高电平有效, PA11
2.  #define LCD_BL_ON  {GPIO_BOP(GPIOA) = (1 << 0 ) << 11;}
3.  #define LCD_BL_OFF {GPIO_BOP(GPIOA) = (1 << 16) << 11;}
4.
5.  //片选控制, PA12
6.  ...
7.
8.  //数据总线方向控制
9.  #define LCD_DIR_OUTPUT {GPIO_CTL0(GPIOB) = 0x33333333; GPIO_CTL1(GPIOB) = 0x33333333;}
10. #define LCD_DIR_INPUT  {GPIO_CTL0(GPIOB) = 0x88888888; GPIO_CTL1(GPIOB) = 0x88888888;
    GPIO_OCTL(GPIOB) = 0xFFFFFFFF;}
11.
12. //数据总线输入/输出
13. #define LCD_WRITE_DATA(data) {GPIO_OCTL(GPIOB) = data;}
14. #define LCD_READ_DATA        GPIO_ISTAT(GPIOB)
15.
16. //指令定义
```

```
17.  #define LCD_CMD_SWRESET (0x01) //软复位
18.  …
19.
20.  //画笔颜色
21.  #define WHITE                0xFFFF //白色
22.  …
23.
24.  //横屏下 LCD 分辨率
25.  #define SSD_HOR_RESOLUTION    320      //LCD 水平分辨率
26.  #define SSD_VER_RESOLUTION    240      //LCD 垂直分辨率
```

在"枚举结构体"区声明如程序清单 21-2 所示的枚举和结构体。包括 LCD 扫描方向、LCD 显示方向的枚举及 LCD 宽、高、ID 等重要参数的结构体。

程序清单 21-2

```
1.   //LCD 扫描方向定义，以竖屏左上角为坐标原点
2.   typedef enum
3.   {
4.       LCD_SCAN_L2R_U2D = 0, //从左到右，从上到下，竖屏，常用
5.       LCD_SCAN_L2R_D2U = 1, //从左到右，从下到上，竖屏
6.       LCD_SCAN_R2L_U2D = 2, //从右到左，从上到下，竖屏
7.       LCD_SCAN_R2L_D2U = 3, //从右到左，从下到上，竖屏
8.       LCD_SCAN_U2D_L2R = 4, //从上到下，从左到右，横屏
9.       LCD_SCAN_U2D_R2L = 5, //从上到下，从右到左，横屏
10.      LCD_SCAN_D2U_L2R = 6, //从下到上，从左到右，横屏，常用
11.      LCD_SCAN_D2U_R2L = 7, //从下到上，从右到左，横屏
12.  }EnumLCDScanDir;
13.
14.  //横屏/竖屏方向定义
15.  typedef enum
16.  {
17.      LCD_DISP_VER = LCD_SCAN_L2R_U2D, //竖屏显示
18.      LCD_DISP_HOR = LCD_SCAN_D2U_L2R, //横屏显示
19.  }EnumLCDDispDir;
20.
21.  //LCD 重要参数集
22.  typedef struct
23.  {
24.    u16 width;    //LCD 宽度
25.    u16 height;   //LCD 高度
26.    u16 id;       //LCD ID
27.    u8  dir;      //横屏/竖屏控制：0，竖屏；1，横屏
28.  }StructLCDDev;
```

在"全局变量声明"区声明如程序清单 21-3 所示的 3 个变量，这 3 个变量在 LCD.c 文件中定义，当其他文件需要控制 LCD 显示时，可以通过包含 LCD.h 文件并修改这 3 个变量来设置 LCD 显示的相应参数。

程序清单 21-3

```
1.   //LCD 参数
2.   extern StructLCDDev g_structLCDDev;   //管理 LCD 重要参数
```

```
3.
4.    //LCD 的画笔颜色和背景色
5.    extern u16  g_iLCDPointColor;          //默认为红色
6.    extern u16  g_iLCDBackColor;           //背景颜色默认为白色
```

在"API 函数声明"区，为 API 函数的声明代码，如程序清单 21-4 所示。LCDWriteReg 和 LCDReadReg 函数分别用于写/读 ST7789V 芯片寄存器，LCDSendWriteGramCMD 函数用于发送开始写 GRAM 指令，LCDWriteRAM 函数用于向 GRAM 写数据，LCDDrawPoint 函数用于画点，即设置 LCD 上某个坐标的颜色值，InitLCD 函数用于初始化 LCD 显示模块，LCDShowChar 和 LCDShowNum 函数分别用于在指定位置显示一个字符或数字。

程序清单 21-4

```
1.    void LCDWriteReg(u16 reg, u16 value);               //写寄存器
2.    u16  LCDReadReg(u16 reg);                           //读寄存器
3.    void LCDSendWriteGramCMD(void);                     //发送开始写 GRAM 指令
4.    void LCDWriteRAM(u16 rgb);                          //写 GRAM
5.    ...
6.    void LCDDrawPoint(u16 x,u16 y);                     //画点
7.    ...
8.    void InitLCD(void);                                 //初始化
9.    ...
10.   void LCDShowChar(u16 x,u16 y,u8 num,u8 size,u8 mode);   //显示一个字符
11.   ...
12.   void LCDShowNum(u16 x,u16 y,u32 num,u8 len,u8 size);    //显示一个数字
13.   ...
```

2. LCD.c 文件

在 LCD.c 文件的"内部函数声明"区，为内部函数的声明代码，如程序清单 21-5 所示。ConfigLCDGPIO 函数用于配置 LCD 的 GPIO；LCDWriteCMD、LCDWriteData 和 LCDReadData 函数分别用于向 LCD 写指令、写数据及读数据；LCDWriteSingleData 函数用于向 LCD 的 GRAM 批量写入单一数据。

程序清单 21-5

```
1.    static void ConfigLCDGPIO(void);                   //配置 LCD 的 GPIO
2.    static void LCDWriteCMD(u16 cmd);                  //向 LCD 写指令
3.    static void LCDWriteData(u16 data);                //向 LCD 写数据
4.    static u16  LCDReadData(void);                     //从 LCD 读数据
5.    static void LCDWriteSingleData(u16 data, u32 len); //批量写单一数据，适合单色填充场合
```

在"内部函数实现"区，首先实现 ConfigLCDGPIO 函数，如程序清单 21-6 所示，该函数使能 GPIO 时钟后，禁用 JTAG，初始化 LCD 的控制引脚并设置初始电平，然后设置端口位速度寄存器，将数据总线的相应引脚设置为最高速度，最后将数据总线设置为输出状态。

程序清单 21-6

```
1.    static void ConfigLCDGPIO(void)
2.    {
3.      //GPIO 时钟使能
4.      rcu_periph_clock_enable(RCU_GPIOA);
5.      rcu_periph_clock_enable(RCU_GPIOB);
```

```
6.      rcu_periph_clock_enable(RCU_GPIOC);
7.      rcu_periph_clock_enable(RCU_AF);
8.
9.      //禁用 JTAG
10.     gpio_pin_remap_config(GPIO_SWJ_SWDPENABLE_REMAP, ENABLE);
11.
12.     //片选 CS，低电平有效
13.     gpio_init(GPIOA, GPIO_MODE_OUT_PP, GPIO_OSPEED_MAX, GPIO_PIN_12);
14.     LCD_CS_SET;
15.
16.     ...
17.
18.     //数据总线输出最高速度
19.     GPIOx_SPD(GPIOB) = 0xFFFF;
20.
21.     //数据总线默认为输出状态
22.     LCD_DIR_OUTPUT;
23. }
```

在 ConfigLCDGPIO 函数实现区后，为 LCDWriteCMD 和 LCDWriteData 函数的实现代码。
这两个函数均通过设置 LCD 相应引脚的电平来向 LCD 写入指令或数据。

LCDWriteCMD 函数如程序清单 21-7 所示。该函数首先将 RS 和 CS 引脚电平拉低以设置
读/写指令并使能片选，然后通过 LCD_WRITE_DATA(cmd)宏定义直接设置 GPIOB 端口输出
控制寄存器，将数据总线（即 PB[15:0]）各个引脚的电平分别设置为与指令 cmd 各个位的值
一致。最后，将 WR 引脚电平先拉低再拉高以产生上升沿，将数据发送至 LCD，最后将 CS
引脚电平拉高取消片选。

程序清单 21-7

```
1.  static void LCDWriteCMD(u16 cmd)
2.  {
3.     LCD_RS_CLR;              //读/写指令
4.     LCD_CS_CLR;              //使能片选
5.     LCD_WRITE_DATA(cmd);     //输出指令
6.     LCD_WR_CLR;              //写使能拉低
7.     LCD_WR_SET;              //写使能拉高，产生上升沿
8.     LCD_CS_SET;              //取消片选
9.  }
```

LCDReadData 函数的实现代码如程序清单 21-8 所示。该函数首先设置数据总线为输入状
态，并将 RS 引脚电平拉高、CS 引脚电平拉低以设置读/写数据并使能片选，将 RD 引脚电平
先拉低再拉高以产生上升沿，然后通过 LCD_READ_DATA 宏定义直接获取 GPIOB 端口输入
状态寄存器，即读取数据总线电平。最后，将 CS 引脚电平拉高取消片选，设置总线为输出
状态，并将读到的数据返回。

程序清单 21-8

```
1.  static u16 LCDReadData(void)
2.  {
3.     volatile u16 data;       //定义临时变量 data
4.     LCD_DIR_INPUT;           //设置总线为输入状态
```

```
5.     LCD_RS_SET;              //读/写数据
6.     LCD_CS_CLR;              //使能片选
7.     LCD_RD_CLR;              //读使能拉低
8.     LCD_RD_SET;              //读使能拉高，产生上升沿
9.     data = LCD_READ_DATA;    //获取数据输入
10.    LCD_CS_SET;              //取消片选
11.    LCD_DIR_OUTPUT;          //总线重新回到输出状态
12.    return data;             //返回读到的数据
13. }
```

在 LCDReadData 函数实现区后，为 LCDWriteSingleData 函数的实现代码，该函数与
LCDWriteData 函数类似，将总线各个引脚的电平设置为与 data 一致，并产生上升沿将数据发
送至 LCD，通过 while 语句循环上述过程完成数据的批量写入。

在"API 函数实现"区，首先实现 LCDWriteReg 和 LCDReadReg 函数，如程序清单 21-9
所示，这两个函数通过写指令函数和读/写数据函数完成寄存器的读/写。

程序清单 21-9

```
1.  void LCDWriteReg(u16 reg, u16 value)
2.  {
3.    LCDWriteCMD(reg);       //寄存器序号
4.    LCDWriteData(value);    //写入数据
5.  }
6.
7.  u16 LCDReadReg(u16 reg)
8.  {
9.    LCDWriteCMD(reg);       //寄存器序号
10.   DelayNus(5);            //延时 5μs
11.   return LCDReadData();   //返回读到的值
12. }
```

在 LCDReadReg 函数实现区后，为 LCDSendWriteGramCMD 和 LCDWriteRAM 函数的实
现代码，如程序清单 21-10 所示。LCDWriteRAM 函数用于向 LCD 的 GRAM 写数据，写入的
数据称为 GRAM 值，即 RGB565 颜色数据。若直接向 LCD 写入 GRAM 值，LCD 无法识别
写入的数据为要写入 GRAM 的 RGB565 颜色数据，所以在向 LCD 写 GRAM 值之前，必须先
向 LCD 发送开始写 GRAM 指令，通过调用 LCDSendWriteGramCMD 函数来实现。

程序清单 21-10

```
1.  void LCDSendWriteGramCMD(void)
2.  {
3.    LCDWriteCMD(LCD_CMD_RAMWR);
4.  }
5.
6.   void LCDWriteRAM(u16 rgb)
7.  {
8.    LCDWriteData(rgb);
9.  }
```

在 LCDWriteRAM 函数实现区后，为 LCDBGRToRGB、LCDReadPoint、LCDDisplayOn、

LCDDisplayOff、LCDSetCursor 和 LCDScanDir 函数的实现代码，这些函数分别用于将 BGR
格式数据转化为 RGB 格式、读取某个点的颜色值、开启 LCD 显示、关闭 LCD 显示、设置光
标位置和设置自动扫描方向。

在 LCDScanDir 函数实现区后，为 LCDDrawPoint 函数的实现代码，如程序清单 21-11 所
示。LCDDrawPoint 函数用于向 LCD 的 GRAM 中特定的位置写入颜色值，以实现在该位置的
像素点上显示指定的颜色。该函数首先通过 LCDSetCursor 函数设置光标位置，然后发送开始
写 GRAM 指令，最后将颜色值通过 LCDWriteData 函数写入 GRAM。

程序清单 21-11

```
1.   void LCDDrawPoint(u16 x,u16 y)
2.   {
3.     LCDSetCursor(x, y);                //设置光标位置
4.     LCDSendWriteGramCMD();             //开始写入 GRAM
5.     LCDWriteData(g_iLCDPointColor); //写 GRAM
6.   }
```

在 LCDDrawPoint 函数实现区后，为 LCDFastDrawPoint、LCDDisplayDir 和 LCDSetWindow
函数的实现代码，这些函数分别用于快速画点、设置 LCD 显示方向和设置窗口。

在 LCDSetWindow 函数实现区后，为 InitLCD 函数的实现代码，如程序清单 21-12 所示。
该函数配置 LCD 相应的 GPIO 端口并获取 LCD 的 ID 后，发送一系列指令及数据完成对 LCD
的设置，最后将 LCD 设置为竖屏显示、点亮背光并清屏。

程序清单 21-12

```
1.   void InitLCD(void)
2.   {
3.     //配置 LCD 的 GPIO
4.     ConfigLCDGPIO();
5.
6.     //延时 50ms
7.     DelayNms(50);
8.
9.     //校验 ID
10.    LCDWriteCMD(LCD_CMD_RDID1);        //发送读 ID1 指令
11.    …
12.    printf("LCD ID: %X\r\n", g_structLCDDev.id); //打印 LCD ID
13.
14.    //软复位
15.    LCDWriteCMD(0x11);
16.    DelayNms(120); //延时 120ms
17.
18.    //设置扫描方向
19.    LCDWriteCMD(0x36);
20.    LCDWriteData(0x60);//0x60
21.
22.    LCDWriteCMD(0x3A);
23.    LCDWriteData(0x05);
24.
25.    //ST7789V 帧率设置
26.    LCDWriteCMD(0xB2);
```

```
27.    …
28.
29.    //ST7789V 电源设置
30.    LCDWriteCMD(0xBB);
31.    …
32.
33.    //ST7789V 伽马值设置
34.    LCDWriteCMD(0xE0);
35.    …
36.
37.    LCDWriteCMD(0x29);  //开启显示
38.    LCDWriteCMD(0x2C);  //写 GRAM
39.
40.    //设置默认显示状态
41.    LCDDisplayDir(0);   //默认为竖屏
42.    LCD_BL_ON;          //点亮背光
43.    LCDClear(WHITE);    //清屏
44.  }
```

在 InitLCD 函数实现区后，为 LCDClear、LCDFill、LCDColorFill、LCDDrawLine、LCDDrawRectangle 和 LCDDrawCircle 函数的实现代码，这些函数分别用于清屏、在指定区域内填充单个颜色、在指定区域内填充颜色块、画线、画矩形和画圆。

在 LCDDrawCircle 函数实现区后为 LCDShowChar 函数的实现代码，如程序清单 21-13 所示。

（1）第 5 至 6 行代码：根据输入参数 size 和 num，分别计算字符对应点阵需要的字节数及该字符在字库中的位置。

（2）第 8 至 66 行代码：在 for 循环中，根据字符在字库中的位置及字节数获取下一字节的点阵数据，并通过嵌套的 for 循环将该字节的 8 位数据逐一取出，再通过 LCDFastDrawPoint 函数绘制。

程序清单 21-13

```
1.   void LCDShowChar(u16 x, u16 y, u8 num, u8 size, u8 mode)
2.   {
3.     u8 temp, t1, t;
4.     u16 y0 = y;
5.     u8 csize = (size / 8 + ((size % 8) ? 1 : 0)) * (size / 2);
                              //得到字体一个字符对应点阵集所占的字节数
6.     num = num - ' '; //得到偏移后的值（ASCII 字库从空格开始取模，所以-' '即为对应字符的字库）
7.
8.     for(t = 0; t < csize; t++)
9.     {
10.      //调用 1206 字体
11.      if(size == 12)
12.      {
13.        temp = asc2_1206[num][t];
14.      }
15.
16.      //调用 1608 字体
17.      else if(size == 16)
18.      {
```

```
19.          temp = asc2_1608[num][t];
20.        }
21.
22.        //调用 2412 字体
23.        else if(size == 24)
24.        {
25.          temp = asc2_2412[num][t];
26.        }
27.
28.        //没有的字库
29.        else
30.        {
31.          return;
32.        }
33.
34.        for(t1 = 0; t1 < 8; t1++)
35.        {
36.          if(temp & 0x80)
37.          {
38.            LCDFastDrawPoint(x, y, g_iLCDPointColor);
39.          }
40.          else if(mode == 0)
41.          {
42.            LCDFastDrawPoint(x, y, g_iLCDBackColor);
43.          }
44.
45.          temp <<= 1;
46.          y++;
47.
48.          //超区域了
49.          if(y >= g_structLCDDev.height)
50.          {
51.            return;
52.          }
53.          if((y - y0) == size)
54.          {
55.            y = y0;
56.            x++;
57.
58.            //超区域了
59.            if(x >= g_structLCDDev.width)
60.            {
61.              return;
62.            }
63.            break;
64.          }
65.        }
66.    }
67.  }
```

在 LCDShowChar 函数的实现区后，为 LCDPow、LCDShowNum 和 LCDShowxNum 函数的实现代码，这 3 个函数分别用于幂运算、显示一个数字和显示多个数字。

在 LCDShowxNum 函数实现区后为 LCDShowString 函数的实现代码，如程序清单 21-14 所示。该函数通过循环调用 LCDShowChar 实现字符串的显示。

程序清单 21-14

```
1.   void LCDShowString(u16 x, u16 y, u16 width, u16 height, u8 size, u8 *p)
2.   {
3.      u8 x0 = x;
4.      width += x;
5.      height += y;
6.      while((*p <= '~') && (*p >= ' '))              //判断是否是非法字符
7.      {
8.        if(x >= width)
9.        {
10.         x = x0;
11.         y += size;
12.       }
13.       if(y >= height)
14.       {
15.         break;//退出
16.       }
17.       LCDShowChar(x, y, *p, size, 0);
18.       x += size / 2;
19.       p++;
20.     }
21.   }
```

21.4.2　Main.c 文件

在 Main.c 文件的"内部函数实现"区的 Proc1msTask 函数中，实现绘制正弦波，如程序清单 21-15 所示。通过 GetADC 函数获取从 PA4 引脚发出的正弦波信号并进行数据处理，再由波形控件将处理后的正弦波信号显示到 LCD 的指定区域。

程序清单 21-15

```
1.   static  void  Proc1msTask(void)
2.   {
3.     static u8 s_iCnt = 0;
4.     int wave;
5.     if(Get1msFlag())
6.     {
7.       s_iCnt++;
8.       if(s_iCnt >= 5)
9.       {
10.        s_iCnt = 0;
11.        wave = GetADC() * (s_structGraph.y1 - s_structGraph.y0) / 4095;
12.        GraphWidgetAddData(&s_structGraph, wave);
13.      }
14.      Clr1msFlag();
15.    }
16.  }
```

main 函数的实现代码如程序清单 21-16 所示，先调用 LCDDisplayDir 函数将 LCD 设置为横屏显示，然后调用 DisPlayBackgroudJPEG 函数将 LCD 背景设置为预先解码好的图片，最后调用 InitGraphWidgetStruct 和 CreateGraphWidget 函数创建波形控件，设置显示正弦波的窗口。

程序清单 21-16

```
1.   int main(void)
2.   {
3.     InitHardware();    //初始化硬件相关函数
4.     InitSoftware();    //初始化软件相关函数
5.
6.     //LCD 测试
7.     LCDDisplayDir(1);  //横屏
8.     LCDClear(GBLUE);   //清屏
9.     s_iLCDPointColor = GREEN;
10.    LCDShowString(30,40,210,24,24,"Hello! GD32 ^_^");
11.
12.    //显示背景图片
13.    DisPlayBackgroudJPEG();
14.
15.    //创建波形控件
16.    InitGraphWidgetStruct(&s_structGraph);
17.    CreateGraphWidget(10, 150, 780, 200, &s_structGraph);
18.    s_structGraph.startDraw = 1;
19.
20.    while(1)
21.    {
22.      Proc1msTask();   //1ms 处理任务
23.      Proc2msTask();   //2ms 处理任务
24.      Proc1SecTask();  //1s 处理任务
25.    }
26.  }
```

21.4.3　运行结果

代码编译通过后，用杜邦线或跳线帽连接开发板上的 PA4 与 PA3 引脚，然后下载程序并进行复位，可以观察到 LCD 屏上显示如图 21-5 所示的正弦波形，表示程序运行成功。

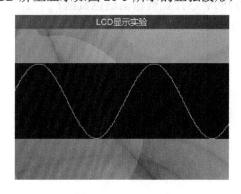

图 21-5　GUI 界面

本 章 任 务

任务 1：

本章实例通过 GD32F3 杨梅派开发板上的 LCD 显示模块实现了显示正弦波波形的功能。尝试通过 LCD 的 API 函数，在 LCD 局部区域内画一个矩形框，并且在矩形框中间显示"Hello! GD32 ^_^"，如图 21-6 所示。

任务 2：

尝试自行编写画虚线函数，并利用 LCD 驱动中的其他 API 函数，在 LCD 上绘制一个正方体，如图 21-7 所示。

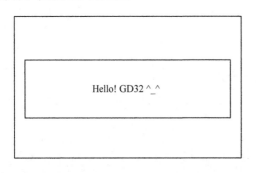

图 21-6　本章任务 1 显示效果图

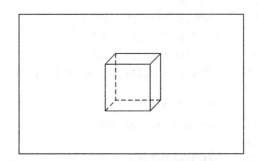

图 21-7　本章任务 2 显示效果图

任务提示：

1. 任务 1 可通过 LCD 模块的画矩形和显示字符串等 API 函数完成，也可以多次调用绘制画线和显示字符等 API 函数实现。

2. 基于画线函数，在循环描点时，每隔一定距离通过 continue 语句跳过部分点的绘制，实现虚线的绘制效果。

3. 计算正方体对应的坐标位置，并将坐标值作为参数，调用画线函数和画虚线函数，实现正方体的绘制。

本 章 习 题

1. 简述 LCD 的分类，查阅资料，了解不同类型 LCD 之间的区别。
2. 简述通过向 ST7789V 芯片发送指令设置 LCD 扫描方向的流程。
3. 读 GRAM 时，ST7789V 芯片如何输出颜色数据？
4. 简述 LCD 的驱动流程。

第 22 章　电容触摸按键

人与机器进行交互时，通常利用键盘、鼠标、触摸屏等外接设备将信息传入机器中，机器根据输入的信息执行操作，从而达到信息交互的目的。以手机为例，以前的手机大多通过实体按键获取输入信息，而如今触摸屏已然成为手机不可或缺的一部分，实体按键的使用场景逐渐变少。相对于传统的机械按键，触摸屏和触摸按键等具有使用寿命长、占用空间少、易于操作等诸多优点。在 GD32F3 杨梅派开发板上集成了一个电容触摸按键，本章将围绕该触摸按键进行设计，捕获按键按下（被触摸状态）/弹起（未被触摸状态）的持续时间。

22.1　电容充电原理

电容一般指电容器，由两个相互靠近的极板（导体）和中间一层不导电的绝缘介质构成。当在两个极板之间加上电压时，电容将存储电荷。电容的电容量在数值上等于一个导电极板上的电荷量与两个极板间的电压之比，电容量的基本单位是法拉（F）。

在 RC 充电电路中，电容两端的电压与充电时间之间的关系满足以下公式：

$$V_t = V_0 + (V_1 - V_0) \times \left(1 - e^{-\frac{t}{RC}}\right)$$

式中，V_0 为电容两端的初始电压值，V_1 为电容最终可充电达到的电压值，V_t 为 t 时刻电容两端的电压值，R 为电路中与电容串联的有效电阻值，C 为电容值。如果 V_0 为 0，即从 0V 开始充电，则上式可简化为

$$V_t = V_1 \times \left(1 - e^{-\frac{t}{RC}}\right)$$

若电阻值固定，在同样的条件下，电容值 C 与时间值 t 成正比，电容越大，充电到达某个临界值（V_{th}）的时间越长。电容充电时间与电容大小之间的关系如图 22-1 所示。

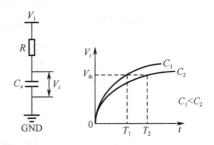

图 22-1　电容充电时间与电容大小之间的关系

22.2　电容触摸按键电路原理图

电容触摸按键电路原理图如图 22-2 所示，电路包含 1 个电容触摸按键，1 个与电容触摸按键串联的 1MΩ 电阻，其作用是与电容触摸按键形成充电电路。人体有时会带静电，静电的瞬时电压通常较高，若直接作用在电路中可能会造成元件损坏，因此电路中增加了一个静电放电保护二极管，防止静电损坏元件。电容触摸按键电路由 GD32F303RCT6 微控制器的 PA1 引脚控制，本章将 PA1 引脚复用为 TIMER1_CH1，通过 TIMER1 的通道 1 捕获电容电压，从而获取电容充电时间，根据电容充电时间的长短即可判断是否有手指按下电容触摸按键。

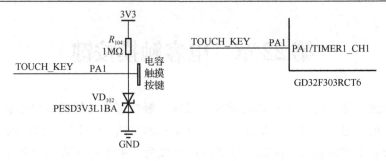

图 22-2　电容触摸按键电路原理图

22.3　检测触摸按键按下原理

本章通过检测电容充电时间来判断是否有手指按下电容触摸按键，原理如图 22-3 所示，图中 R 为外接的电容充电电阻，C_1 为手指未按下电容触摸按键（简称按键）时，电容触摸按键与地之间的杂散电容，C_2 为手指按下按键时，手指与按键之间形成的电容。将 PA1 引脚电平拉低，使 C_1 完全放电，随后 C_1 开始充电，当手指未按下按键时，电容的充电曲线如 S_1 所示；当手指按下按键时，手指和按键之间引入了新的电容，此时电容的充电曲线如 S_2 所示。在 S_1 和 S_2 两条充电曲线上，V_t 达到 V_1 的时间分别为 T_1 和 T_2。只要能够区分 T_1 和 T_2，即可实现手指按下检测。当充电时间在 T_1 附近时，即可认为手指没有按下按键，当充电时间大于 T_2 时，即可认为手指按下按键（T_2 为检测门限值）。

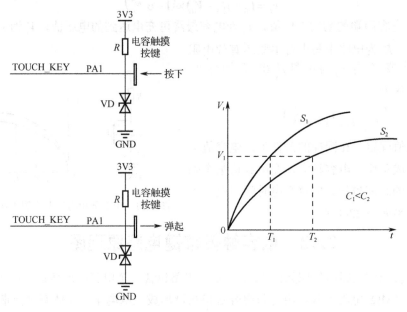

图 22-3　检测电容触摸按键按下原理

通过 PA1 引脚（TIMER1_CH1）来检测按键是否被按下的检测过程如下：①配置 PA1 引脚为推挽输出模式并将引脚电平拉低，使电容 C_1 放电；②配置 PA1 引脚为浮空输入模式，利用外部上拉电阻给电容 C_1 充电，同时开启 TIMER1_CH1 的输入捕获，检测引脚电平的上升沿，当检测到上升沿时，表示电容充电完成，即完成一次捕获；③获取多次捕获结果后（以 25ms 为一个周期），取其中最大值并保存。若最大值与 T_1 接近，则表明此时间段（25ms）内手指未按下按键；若最大值与 T_2 接近，则表明此时间段内手指按下了按键。

22.4　实例与代码解析

前面学习了 GD32F3 杨梅派开发板上的触摸按键模块电路原理图和电容充电的基本原理，以及检测电容触摸按键按下的原理，本节基于 GD32F3 杨梅派开发板设计一个电容触摸按键实例。通过 GD32F303RCT6 微控制器的 PA1 引脚持续控制电容充电，并获取电容充电时间，根据充电时间的长短判断是否有手指按下电容触摸按键，若有，则计算触摸时长并输出至 LCD 屏上，同时输出按键弹起至下一次按键按下的间隔时间。

22.4.1　流程图分析

电容触摸按键流程图如图 22-4 所示。首先，通过 InitTouchKey 函数配置 TIMER1 的 CH1 为上升沿捕获并使能 TIMER1，TIMER1 每 1ms 进入一次中断，在 TIMER1_IRQHandler 中断服务函数中，通过计数器实现每隔 3ms 获取一次输入捕获结果（电容充电时间），以 25ms 为一个周期，在这个周期内取输入捕获结果中的最大值并保存。

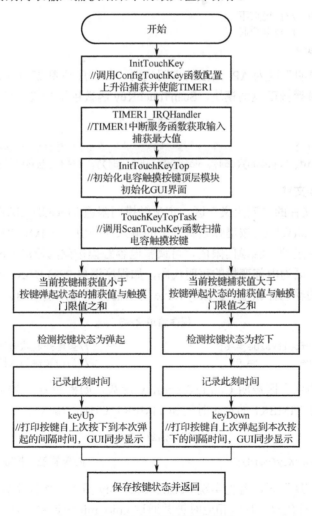

图 22-4　电容触摸按键流程图

然后，通过 InitTouchKeyTop 函数初始化电容触摸按键顶层模块及 GUI 界面。初始化完成后，每 20ms 执行一次 TouchKeyTopTask 函数进行按键扫描。若当前按键捕获值（TIMER1_IRQHandler 函数中保存的最大捕获值）小于电容按键弹起状态的捕获值与触摸门限值（按键按下与弹起状态下电容充电时间的差值，用于调节按键检测精度）之和，则判断为按键弹起；反之则判断为按键按下。记录当前时间后，根据判断结果执行按键按下或弹起响应函数打印按键按下或弹起状态持续时间。最后保存按键状态并返回。

22.4.2　TouchKey 文件对

1. TouchKey.h 文件

在 TouchKey.h 文件的"枚举结构体"区，声明保存按键状态的枚举 EnumTouchKeyState，如程序清单 22-1 所示。

程序清单 22-1

```
1.  typedef enum
2.  {
3.    TOUCH_KEY_DOWN, //按键按下
4.    TOUCH_KEY_UP,   //按键弹起
5.  }EnumTouchKeyState;
```

在"API 函数声明"区为 API 函数的声明代码，如程序清单 22-2 所示，InitTouchKey 函数用于初始化电容触摸按键驱动模块，ScanTouchKey 函数用于扫描电容触摸按键。

程序清单 22-2

```
void InitTouchKey(void);                              //初始化电容触摸按键驱动模块
u64  ScanTouchKey(void(*keyDown)(u64), void(*keyUp)(u64)); //扫描电容触摸按键
```

2. TouchKey.c 文件

在 TouchKey.c 文件的"宏定义"区，定义触摸门限值 TOUCH_GATE_VAL 为 30，即必须大于 s_iTouchDefaultValue（按键弹起状态下的输入捕获值）与 TOUCH_GATE_VAL 之和才认为是有效按下。通过调节触摸门限值，可调整电容触摸按键的检测灵敏度。

在"内部变量"区为内部变量的声明代码，如程序清单 22-3 所示。s_iTouchDefaultValue 为按键弹起状态下的输入捕获值，s_iKeyValue 为当前按键输入捕获值。

程序清单 22-3

```
static u16 s_iTouchDefaultValue = 0;                  //按键弹起状态下的输入捕获值
static u16 s_iKeyValue         = 0;                  //当前按键输入捕获值
```

在"内部函数声明"区声明 ConfigTouchKey 函数，如程序清单 22-4 所示。该函数用于配置触摸按键，包含 TIMER1 的定时时间和 TIMER1_CH1 的输入捕获等配置。

程序清单 22-4

```
static void ConfigTouchKey(void);                     //配置触摸按键
```

在"内部函数实现"区，首先实现 ConfigTouchKey 函数，如程序清单 22-5 所示。

（1）第 7 至 12 行代码：使能相应时钟并通过 gpio_init 函数将 PA1 引脚配置为浮空输入模式。

　　（2）第 15 至 33 行代码：通过 timer_deinit 函数复位 TIMER1 后，设置参数，通过 timer_init
函数初始化 TIMER1，并将 TIMER1_CH1 配置为输入捕获。

　　（3）第 39 至 45 行代码：通过 timer_interrupt_enable 函数使能 TIMER1 的更新中断，再
通过 nvic_irq_enable 函数使能 TIMER1 中断，最后使能 TIMER1。

程序清单 22-5

```
1.   static void ConfigTouchKey(void)
2.   {
3.       timer_parameter_struct    timer_initpara;
4.       timer_ic_parameter_struct timer_icintpara;
5.
6.       //使能 RCU 相关时钟
7.       rcu_periph_clock_enable(RCU_GPIOA);    //使能 GPIOA 的时钟
8.       rcu_periph_clock_enable(RCU_TIMER1);   //使能 TIMER1 时钟
9.       rcu_periph_clock_enable(RCU_AF);        //使能复用时钟
10.
11.      //配置 PA1 为浮空输入模式
12.      gpio_init(GPIOA, GPIO_MODE_IN_FLOATING, GPIO_OSPEED_50MHZ, GPIO_PIN_1);
13.
14.      //复位 TIMER1
15.      timer_deinit(TIMER1);
16.
17.      //配置 TIMER1
18.      timer_struct_para_init(&timer_initpara);                //设置默认参数
19.      timer_initpara.period         = 999;               //设置自动重装载值（1ms）
20.      timer_initpara.prescaler      = 119;               //设置预分频系数（1MHz）
21.      timer_initpara.alignedmode    = TIMER_COUNTER_EDGE; //设置边沿对齐
22.      timer_initpara.counterdirection = TIMER_COUNTER_UP;  //设置递增计数模式
23.      timer_initpara.clockdivision  = TIMER_CKDIV_DIV1;  //设置时钟分割
24.      timer_initpara.repetitioncounter = 0;               //设置重复计数
25.      timer_init(TIMER1, &timer_initpara);                //根据参数初始化定时器
26.
27.      //配置 TIMER1_CH1 输入捕获
28.      timer_channel_input_struct_para_init(&timer_icintpara);       //设置默认参数
29.      timer_icintpara.icfilter    = 3;                          //配置滤波器
30.      timer_icintpara.icpolarity  = TIMER_IC_POLARITY_RISING;   //上升沿捕获
31.      timer_icintpara.icprescaler = TIMER_IC_PSC_DIV1;          //设置预分频
32.      timer_icintpara.icselection = TIMER_IC_SELECTION_DIRECTTI; //ic0 映射到 CI0
33.      timer_input_capture_config(TIMER1, TIMER_CH_1, &timer_icintpara);
                                                           //根据参数配置 TIMER1_CH1
34.
35.      //使能影子寄存器自动重装载
36.      timer_auto_reload_shadow_enable(TIMER1);
37.
38.      //使能定时器的更新中断
39.      timer_interrupt_enable(TIMER1, TIMER_INT_UP);
40.
41.      //定时器中断 NVIC 使能
42.      nvic_irq_enable(TIMER1_IRQn, 1, 0);
43.
44.      //使能 TIMER1
```

```
45.    timer_enable(TIMER1);
46.  }
```

在 ConfigTouchKey 函数实现区后，为 TIMER1_IRQHandler 函数的实现代码，如程序清单 22-6 所示。

（1）第 13 至 18 行代码：本实例以 25ms 为周期判断手指是否按下电容触摸按键，通过比较 25ms 内的最大捕获值与按键按下时的充电时间来实现判断。TIMER1_IRQHandler 每隔 1ms 执行一次，因此，s_iKeyTimeCnt 每隔 1ms 执行加 1 操作后对 25 取余，其取值范围为 0～24。每当 s_iKeyTimeCnt 循环一个周期（即每隔 25ms），将最大捕获值更新到 s_iKeyValue（当前按键输入捕获值）中，并将最大捕获值清零。

（2）第 21 至 49 行代码：捕获计数器 s_iCapTimeCnt 每隔 1ms 执行加 1 操作后对 3 取余，其取值范围为 0～2。通过 switch 语句，以 3ms 为一个周期循环进行 3 步操作：①当捕获计数器 s_iCapTimeCnt 为 0 时，将 PA1 引脚配置为推挽输出并拉低电平，使电容放电；②当捕获计数器 s_iCapTimeCnt 为 0 时，将 PA1 引脚配置为推挽输出并拉低电平，使电容放电；当 s_iCapTimeCnt 为 1 时，通过 timer_flag_clear 函数清空定时器输入捕获标志位，再将 PA1 引脚配置为浮空输入模式，使电容充电并开启 PA1 引脚的输入捕获功能；③当 s_iCapTimeCnt 为 2 时，获取输入捕获值，若该捕获值大于当前周期内得到的最大捕获值，则将该捕获值更新为当前最大捕获值。

程序清单 22-6

```
1.   void TIMER1_IRQHandler(void)
2.   {
3.     static u8  s_iCapTimeCnt     = 0;
4.     static u8  s_iKeyTimeCnt     = 0;
5.     static u8  s_iCapture        = 0;
6.     static u16 s_iMaxCaptureValue = 0;
7.
8.     if (timer_interrupt_flag_get(TIMER1, TIMER_INT_FLAG_UP) == SET)
                                                      //判断定时器更新中断是否发生
9.     {
10.      timer_interrupt_flag_clear(TIMER1, TIMER_INT_FLAG_UP);   //清除定时器更新中断标志
11.
12.      //更新检测结果到 s_iKeyValue，并将最大值清零
13.      if(0 == s_iKeyTimeCnt)
14.      {
15.        s_iKeyValue = s_iMaxCaptureValue;
16.        s_iMaxCaptureValue = 0;
17.      }
18.      s_iKeyTimeCnt = (s_iKeyTimeCnt + 1) % 25;
19.
20.      //获取按键输入捕获值
21.      switch (s_iCapTimeCnt)
22.      {
23.        //电容触摸按键放电
24.        case 0:
25.          gpio_init(GPIOA, GPIO_MODE_OUT_PP, GPIO_OSPEED_50MHZ, GPIO_PIN_1);
26.          gpio_bit_reset(GPIOA, GPIO_PIN_1);
27.          break;
```

```
28.
29.          //清空定时器输入捕获标志位，配置电容触摸按键引脚为浮空输入
30.          //此时定时器计数值为 0，所以不用清空定时器计数值
31.          case 1:
32.            timer_flag_clear(TIMER1, TIMER_FLAG_CH1);
33.            gpio_init(GPIOA, GPIO_MODE_IN_FLOATING, GPIO_OSPEED_50MHZ, GPIO_PIN_1);
34.            break;
35.
36.          //获取输入捕获检测结果，并保存最大值
37.          case 2:
38.            s_iCapture = timer_channel_capture_value_register_read(TIMER1, TIMER_CH_1);
39.            if(s_iCapture > s_iMaxCaptureValue)
40.            {
41.              s_iMaxCaptureValue = s_iCapture;
42.            }
43.            break;
44.
45.          default:
46.            break;
47.      }
48.      s_iCapTimeCnt = (s_iCapTimeCnt + 1) % 3;
49.   }
50. }
```

在"API 函数实现"区，首先实现 InitTouchKey 函数，如程序清单 22-7 所示，该函数用于初始化电容触摸按键驱动模块。

（1）第 3 行代码：通过 ConfigTouchKey 函数配置电容触摸按键，包括 PA1 引脚配置、TIMER1 配置、TIMER1_CH1 的输入捕获配置和中断使能等。

（2）第 6 至 21 行代码：通过 while 语句，判断按键弹起状态（默认状态）下的输入捕获值，若捕获值在 0～100 之间，则打印当前捕获值；若不在此范围内，则表示获取默认捕获值失败。最后打印按键当前的输入捕获值。

程序清单 22-7

```
1.  void InitTouchKey(void)
2.  {
3.    ConfigTouchKey(); //配置触摸按键
4.
5.    //获取按键弹起状态下的输入捕获值
6.    while(1)
7.    {
8.      s_iTouchDefaultValue = s_iKeyValue;
9.      if((s_iTouchDefaultValue > 0) && (s_iTouchDefaultValue < 100))
10.     {
11.       break;
12.     }
13.     else
14.     {
15.       printf("InitTouchKey: Falt to get default value\r\n");
16.       printf("InitTouchKey: value = %d\r\n", s_iTouchDefaultValue);
17.     }
```

```
18.      DelayNms(500);
19.    }
20.
21.    printf("Touck key default value: %d\r\n", s_iTouchDefaultValue);
22. }
```

在 InitTouchKey 函数实现区后为 ScanTouchKey 函数的实现代码，如程序清单 22-8 所示，ScanTouchKey 函数用于进行触摸按键扫描。

（1）第 13 至 20 行代码：通过 if 语句判断按键当前状态。若当前输入捕获值大于按键弹起状态下的输入捕获值与触摸门限值之和，则判断为按键按下；否则判断为按键弹起。

（2）第 23 至 52 行代码：通过 if 语句分别处理按键按下和弹起状态。若按键按下，则使用 s_iKeyDownBeginTime 记录按键按下时刻的系统时间，并调用 keyDown 函数显示按键自上一次弹起到本次按下的间隔时间；若按键弹起，则使用 s_iKeyUpBeginTime 记录按键弹起时刻的系统时间，并调用 keyUp 函数显示按键自上一次按下到本次弹起的间隔时间。

（3）第 55 至 67 行代码：通过 s_enumKeyLastState 保存当前按键状态。再通过 if 语句判断当前按键状态，若为按键按下，则返回按下的时长；若按键弹起，则返回 0。

程序清单 22-8

```
1.  u64 ScanTouchKey(void(*keyDown)(u64), void(*keyUp)(u64))
2.  {
3.    static EnumTouchKeyState s_enumKeyLastState  = TOUCH_KEY_UP;  //上一次检测结果
4.    static EnumTouchKeyState s_enumKeyNewState   = TOUCH_KEY_UP;  //此次测量结果
5.    static u64               s_iKeyDownBeginTime = 0;            //按键按下时刻的系统时钟
6.    static u64               s_iKeyUpBeginTime   = 0;            //按键弹起时刻的系统时钟
7.    u64 currentTime;
8.
9.    //获取系统时钟
10.   currentTime = GetSysTime();
11.
12.   //判断按键状态
13.   if(s_iKeyValue > (s_iTouchDefaultValue + TOUCH_GATE_VAL))
14.   {
15.     s_enumKeyNewState = TOUCH_KEY_DOWN;
16.   }
17.   else
18.   {
19.     s_enumKeyNewState = TOUCH_KEY_UP;
20.   }
21.
22.   //按下处理
23.   if((TOUCH_KEY_UP == s_enumKeyLastState) && (TOUCH_KEY_DOWN == s_enumKeyNewState))
24.   {
25.     //记录按键按下时刻的系统时间
26.     s_iKeyDownBeginTime = currentTime;
27.
28.     //回调处理
29.     if(NULL != keyDown)
30.     {
31.       if(s_iKeyUpBeginTime != 0)
```

```
32.        {
33.          keyDown(currentTime - s_iKeyUpBeginTime);
34.        }
35.      }
36.    }
37.
38.    //弹起处理
39.    if((TOUCH_KEY_DOWN == s_enumKeyLastState) && (TOUCH_KEY_UP == s_enumKeyNewState))
40.    {
41.      //记录按键弹起时刻的系统时间
42.      s_iKeyUpBeginTime = currentTime;
43.
44.      //回调处理
45.      if(NULL != keyUp)
46.      {
47.        if(s_iKeyDownBeginTime != 0)
48.        {
49.          keyUp(currentTime - s_iKeyDownBeginTime);
50.        }
51.      }
52.    }
53.
54.    //保存按键状态
55.    s_enumKeyLastState = s_enumKeyNewState;
56.
57.    //按键按下时返回按下时长
58.    if(TOUCH_KEY_DOWN == s_enumKeyNewState)
59.    {
60.      return currentTime - s_iKeyDownBeginTime;
61.    }
62.
63.    //按键弹起
64.    else
65.    {
66.      return 0;
67.    }
68. }
```

22.4.3　TouchKeyTop 文件对

1．TouchKeyTop.h 文件

在 TouchKey.h 文件的"API 函数声明"区，为 API 函数的声明代码，如程序清单 22-9 所示。InitTouchKeyTop 函数用于初始化电容触摸按键顶层模块，TouchKeyTopTask 函数用于执行电容触摸按键任务。

程序清单 22-9

```
void InitTouchKeyTop(void);   //初始化电容触摸按键顶层模块
void TouchKeyTopTask(void);   //电容触摸按键任务
```

2．TouchKeyTop.c 文件

在 TouchKeyTop.c 文件的"内部变量"区，为内部变量的声明代码，如程序清单 22-10

所示。s_arrStringBuf 为字符串转换缓冲区。

程序清单 22-10

```
static char s_arrStringBuf[64]; //字符串转换缓冲区
```

在"内部函数声明"区为内部函数的声明代码,如程序清单 22-11 所示。DisplayBackground 函数用于绘制 GUI 界面背景,KeyDownCallback 和 KeyUpCallback 分别为按键按下和弹起的回调函数。

程序清单 22-11

```
static void DisplayBackground(void);        //绘制背景
static void KeyDownCallback(u64 upTime); //按键按下回调函数
static void KeyUpCallback(u64 downTime); //按键弹起回调函数
```

在"内部函数实现"区,首先实现 DisplayBackground 函数,如程序清单 22-12 所示。该函数定义背景图片控制结构体 backgroundImage 后,将存放在 JPEGImage.h 文件中的 s_arrJPEGBackgroundImage 数组地址赋给对应的结构体变量并计算图片字节数,再通过 DisplayJPEGInFlash 函数将图片解码并显示在 LCD 屏上。

程序清单 22-12

```
1.    static void DisplayBackground(void)
2.    {
3.      //背景图片控制结构体
4.      StructJPEGImage backgroundImage;
5.
6.      //初始化 backgroundImage
7.      backgroundImage.image = (unsigned char*)s_arrJPEGBackgroundImage;
8.      backgroundImage.size  = sizeof(s_arrJPEGBackgroundImage) / sizeof(unsigned char);
9.
10.     //解码并显示图片
11.     DisplayJPEGInFlash(&backgroundImage, 0, 0);
12.   }
```

在 DisplayBackground 函数实现区后,为 KeyDownCallback 和 KeyUpCallback 函数的实现代码,如程序清单 22-13 所示。这两个函数分别为按键按下和弹起的回调函数,将按键弹起时长和按键按下时长转换成字符串,并显示在 GUI 界面的终端和串口助手上。

程序清单 22-13

```
1.    static void KeyDownCallback(u64 upTime)
2.    {
3.      //字符串转换
4.      sprintf(s_arrStringBuf, "Key down:up %lld ms\r\n", upTime);
5.
6.      //输出到终端显示
7.      ShowStringLineInGUITerminal(s_arrStringBuf);
8.
9.      //打印到串口显示
10.     printf("%s", s_arrStringBuf);
11.   }
12.
```

```
13.  static void KeyUpCallback(u64 downTime)
14.  {
15.      //字符串转换
16.      sprintf(s_arrStringBuf, "Key up:down %lld ms\r\n", downTime);
17.
18.      //输出到终端显示
19.      ShowStringLineInGUITerminal(s_arrStringBuf);
20.
21.      //打印到串口显示
22.      printf("%s", s_arrStringBuf);
23.  }
```

在 TouchKeyTop.c 文件的"API 函数实现"区，首先实现 InitTouchKeyTop 函数，如程序
清单 22-14 所示。该函数用于初始化电容触摸按键顶层模块，包括设置 LCD 显示方向为竖屏、
绘制 GUI 界面背景和在界面上创建终端等。

程序清单 22-14

```
1.   void InitTouchKeyTop(void)
2.   {
3.       //LCD 竖屏显示
4.       LCDDisplayDir(0);
5.       LCDClear(GBLUE);
6.
7.       //绘制背景
8.       DisplayBackground();
9.
10.      //创建终端
11.      InitGUITerminal();
12.      ClearGUITerminal();
13.
14.      //终端输出 "Touch Key Test"
15.      ShowStringLineInGUITerminal("Touch Key Test");
16.  }
```

在 InitTouchKeyTop 函数实现区后为 TouchKeyTopTask 函数的实现代码，如程序清单 22-15
所示。该函数调用 ScanTouchKey 函数进行触摸按键扫描。

程序清单 22-15

```
1.   void TouchKeyTopTask(void)
2.   {
3.       //触摸按键扫描
4.       ScanTouchKey(KeyDownCallback, KeyUpCallback);
5.   }
```

22.4.4　Main.c 文件

如程序清单 22-16 所示，在 Main.c 文件的"内部函数实现"区的 Proc1msTask 函数中，
每 20ms 调用 TouchKeyTopTask 函数执行电容触摸按键任务，即对触摸按键进行扫描。

程序清单 22-16

```
1.   static  void  Proc1msTask(void)
2.   {
```

```
3.      static u8 s_iCnt = 0;
4.      if(Get1msFlag())
5.      {
6.        s_iCnt++;
7.        if(s_iCnt >= 20)
8.        {
9.          TouchKeyTopTask();   //电容触摸按键任务
10.         s_iCnt = 0;
11.       }
12.       Clr1msFlag();
13.     }
```

22.4.5　运行结果

代码编译通过后，下载程序并进行复位，可以观察到开发板上的 LCD 屏显示如图 22-5 所示的 GUI 界面。

用手指按下开发板上的电容触摸按键，按下一段时间后，抬起手指，GUI 界面的终端将显示本次按键按下的时长，如图 22-6 所示。"Key up:down 1846ms"表示本次按下按键的时长为 1846ms；"Key down:up 1529ms"表示第一次按键弹起到第二次按键按下的时间差，即按键弹起状态持续的时长为 1529ms；"Key up:down 751ms"表示第二次按键按下到第二次按键弹起的时间差，即按键第二次按下状态的时长为 751ms。

图 22-5　电容触摸按键 GUI 界面　　　　　图 22-6　手指按下抬起后屏幕输出结果

本 章 任 务

在本章实例中，通过检测手指是否按下电容触摸按键，实现了对按键按下和弹起持续时间的计时。现尝试通过检测手指是否按下电容触摸按键来控制开发板上的 LED 状态，LED_1 初始状态为熄灭，当用手指按下电容触摸按键时，LED_1 持续点亮，直至弹起按键时，LED_1 熄灭。

任务提示：在电容触摸按键对应的回调函数中，添加 LED 灯对应引脚的电平设置代码。

本 章 习 题

1．简述电容充电原理及过程。

2．简述本章实例所采用的检测手指是否按下电容触摸按键的原理。

3．在本章实例中，如何提升检测按键按下和弹起的灵敏度？

第23章　触摸屏

触摸屏在日常生活中应用广泛，如用在手机、平板电脑等电子设备上，触摸屏能够减少机械按键的使用，提高设备的便携性和交互性。本章将介绍触摸屏的基本工作原理，并基于触摸屏实现模拟手写板的功能。

23.1　触摸屏分类

触摸屏可将触摸位置转换为坐标，通过触摸屏可实现用户与微控制器的交互。触摸屏根据结构可分为电阻式触摸屏和电容式触摸屏，两种触摸屏的应用范围与其特点有关。电阻式触摸屏具有精确度高、成本较低和稳定性好等优点，但其缺点是表面易被划破、透光性不好且不支持多点触控，通常应用于需要精确控制或对使用环境要求较高的场合，如工厂车间的工控设备等。电容式触摸屏支持多点触控、透光性好，且无须校准，广泛应用于智能手机、平板电脑等便携式电子设备中。

考虑到 GD32F3 杨梅派开发板上的 LCD 显示模块配套的触摸屏为电阻式触摸屏，因此本章基于电阻式触摸屏的工作原理进行介绍。

23.2　电阻式触摸屏工作原理

1. 触摸屏的组成结构

电阻式触摸屏在结构上主要由 5 部分组成，如图 23-1 所示，从上到下分别为表面硬涂层、外层 ITO、隔离层、内层 ITO 和基板。触摸屏的顶部是表面硬涂层，为手指直接接触的地方，该层外表面经硬化处理，具有光滑防刮的特点。外层 ITO 和内层 ITO 为触摸屏的关键结构，ITO 是氧化铟锡的缩写，它是一种同时具有导电性和透光性的材料，两层 ITO 中间为隔离层，最下面是用于支撑以上结构的基板。

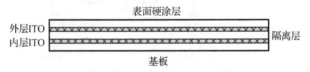

图 23-1　电阻式触摸屏的结构

2. 检测原理

电阻触摸屏通过阻值的变化来检测手指按下的位置。触摸屏的两层 ITO 示意图如图 23-2 所示，外层 ITO 为 Y 层，内层 ITO 为 X 层。

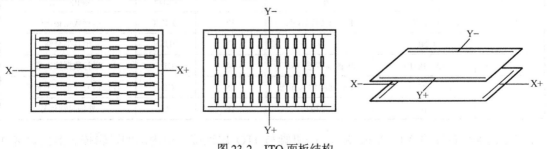

图 23-2　ITO 面板结构

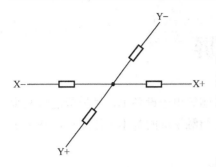

图 23-3　接触点简化图

当手指按下时，接触点处的两层 ITO 相连，将图形简化为如图 23-3 所示。此时将 Y-接地，Y+接电源，X-悬空，检测 X+处的电压并通过下式即可确定按下处的 Y 坐标，其中 V 为在 X+处检测到的电压，V_{CC} 为电源电压，Y_{max} 为 Y+的坐标最大值。同理，可获得按下处的 X 坐标。

$$Y=V/V_{CC} \times Y_{max}$$

由于电阻触摸屏通过电阻分压原理检测两层 ITO 接触点的电压，并根据该电压计算坐标值，测量时只能获取对应的 ADC 值，再通过该 ADC 值计算相应的坐标，因此使用前需要进行校准。校准用于确定 ADC 值转换为对应坐标的系数及偏移量，校准方法为在屏幕上设置测试接触点，当用户触摸时，根据读取到的 ADC 值与测试接触点的坐标进行对比、计算，从而获取转换需要的系数和偏移量。

23.3　触摸屏控制芯片原理

23.3.1　XPT2046 芯片原理图

触摸屏控制芯片用于检测 ITO 电极之间电压的变化，通过计算得到手指触摸的具体坐标，并保存在芯片内部相应的寄存器内，供微控制器读取和调用。开发板上的触摸屏使用的控制芯片为 XPT2046，其原理图如图 23-4 所示，各引脚的功能描述如表 23-1 所示。

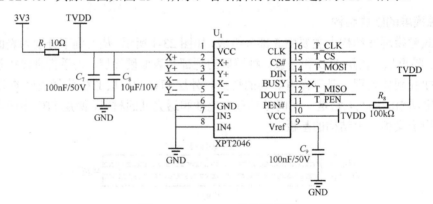

图 23-4　XPT2046 芯片原理图

表 23-1　XPT2046 芯片引脚功能描述

引 脚 号	名 称	功 能 描 述	引 脚 号	名 称	功 能 描 述
1、10	VCC	电源	11	PEN#	笔触中断引脚
2~5	X+、Y+、X-、Y-	ITO 电极输入端	12	DOUT	串行数据输出端
6	GND	地	13	BUSY	忙时信号线
7	IN3（BAT）	电源监视输入端	14	DIN	串行数据输入端
8	IN4（AUX）	ADC 辅助输入通道	15	CS#	片选信号（低电平有效）
9	Vref	参考电压	16	CLK	外部时钟信号

XPT2046 芯片的 X+、Y+、X-、Y-引脚与 ITO 层连接，由内部的逻辑控制器控制这 4

个引脚的功能，包括将其悬空、设置为接电源、接地或 ADC 输入功能端。XPT2046 芯片通过 SPI 接口与微控制器连接，传输从 ITO 面板上检测到的坐标数据。

　　PEN#为笔触中断引脚，当触摸屏被触摸时，输出低电平。

23.3.2　XPT2046 芯片时序

1. 时序

　　XPT2046 芯片的时序与 SPI 时序类似，微控制器与该芯片通信的时序如图 23-5 所示，其中 XPT2046 的 DIN 引脚与微控制器 SPI 接口的 MOSI 引脚相连，DOUT 引脚与 SPI 接口的 MISO 引脚相连。

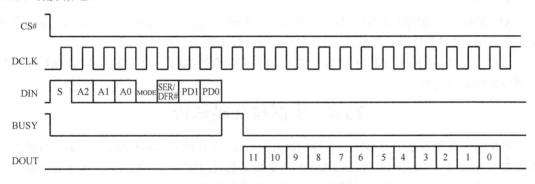

图 23-5　XPT2046 芯片时序

2. 输入

　　DIN 引脚时序如图 23-5 所示，微控制器通过 DIN 引脚向 XPT2046 芯片发送控制字指令，该指令大小为 1 字节，其各个位的名称和作用如表 23-2 所示。

表 23-2　控制字指令

指　令　位	名　　称	作　　用
bit7	S	开始位，为 1 时表示新的控制字指令
bit6	A2	配置输入端口，根据选择的模式配置引脚为接电源、接地和 ADC 输入端口等以完成坐标检测
bit5	A1	
bit4	A0	
bit3	MODE	1：8 位 A/D 转换； 0：12 位 A/D 转换
bit2	SER/DFR#	1：单端输入模式，由外部提供参考电压； 0：差分输入模式，由芯片内部提供参考电压
bit1	PD1	低功率模式选择位。 PD[1:0]=0：在两次 A/D 转换间断电，转换开始时立即通电
bit0	PD0	PD[1:0]=1：关闭参考电压，打开 ADC PD[1:0]=2：打开参考电压，关闭 ADC PD[1:0]=3：参考电压和 ADC 持续打开

　　由于 XPT2046 芯片的 Vref 引脚未外接电源，因此只能通过差分输入模式进行测量，差分模式根据 A2、A1 和 A0 的输入配置如表 23-3 所示。

表 23-3　控制字指令

A2	A1	A0	X+	Y+	X-	Y-
0	0	1	ADC	+REF		-REF
0	1	1	ADC	+REF	-REF	
1	0	0		+REF	-REF	ADC
1	0	1	+REF	ADC	-REF	

当需要检测 X 坐标时，对 A2A1A0 赋值 101 即可；当需要检测 Y 坐标时，对 A2A1A0 赋值 001 即可。

3. 输出

XPT2046 芯片根据控制字的 bit3 设置 ADC 精度，当接收到控制字后，根据控制字各个位进行 ADC 采样及转换，最后通过 DOUT 引脚将数据发送至微控制器。

注意，若 ADC 精度设置为 12 位，微控制器在读取数据时，读取 2 次并取出前 12 位数据即可得到采样结果。

23.4　实例与代码解析

本章的主要内容是学习 GD32F3 杨梅派开发板上 LCD 的触摸屏模块，了解触摸屏检测原理和 XPT2046 芯片的工作原理。本节基于开发板上的触摸屏设计手写板，当手指在屏幕上划动时，能够实时显示划动轨迹并通过 GUI 控件将手指触控的坐标显示在屏幕上。

23.4.1　Touch 文件对

1. Touch.h 文件

在 Touch.h 文件的"宏定义"区，为触摸屏、接触点被按下及控制 XPT2046 的片选引脚和中断引脚电平的宏定义，如程序清单 23-1 所示。

程序清单 23-1

```
1.  #define TP_PRES_DOWN 0x80    //触摸屏被按下
2.  #define TP_CATH_PRES 0x40    //接触点被按下
3.
4.  //触摸屏 IO 控制定义
5.  #define TP_CS_SET gpio_bit_set(GPIOC, GPIO_PIN_6)
6.  #define TP_CS_CLR gpio_bit_reset(GPIOC, GPIO_PIN_6)
7.  #define TP_PEN    gpio_input_bit_get(GPIOC, GPIO_PIN_7)
```

在"枚举结构体"区声明结构体 StructTouchDev 及其变量 g_structTouchDev，如程序清单 23-2 所示。该结构体用于保存接触点的原始坐标、当前坐标和状态。

程序清单 23-2

```
1.  //触摸屏控制器
2.  typedef struct
3.  {
4.    //原始坐标(第一次按下时的坐标)
5.    u16 x0;
6.    u16 y0;
7.
8.    //当前坐标(此次扫描时，触摸屏的坐标)
9.    u16 x;
```

```
10.     u16 y;
11.
12.     //接触点的状态：bit7：1-按下/0-松开，bit6：1-已被按下/0-未被按下
13.     u8   sta;
14. }StructTouchDev;
15.
16. //触摸屏控制器在 touch.c 里面定义
17. extern StructTouchDev g_structTouchDev;
```

在"API 函数声明"区为 API 函数的声明代码，如程序清单 23-3 所示。InitTouch 函数用于初始化触摸屏检测驱动模块；TPAdjust 函数用于校准触摸屏系数；TPScan 函数用于检测当前触摸屏状态，若存在接触点，则处理数据并将其保存至相应结构体中。

程序清单 23-3

```
void InitTouch(void);     //初始化
void TPAdjust(void);      //触摸屏校准
u8   TPScan(u8 tp);       //触摸屏扫描
```

2. Touch.c 文件

在 Touch.c 文件的"宏定义"区，分别为数据处理参数、数据误差范围及参数保存地址的宏定义，如程序清单 23-4 所示。

程序清单 23-4

```
1.  //读取坐标 ADC 值时的滤波阶数，使用求平均法，并去除最大、最小值
2.  #define READ_TIMES 5    //读取次数
3.  #define LOST_VAL   1    //丢弃值
4.
5.  //误差范围，连续采样两个点，误差在此范围内说明采样有效
6.  #define ERR_RANGE 100   //误差值
7.
8.  //EEPROM 保存基址，电阻屏需要校准，校准参数保存到 EEPROM 中
9.  #define SAVE_ADDR_BASE 0
```

在"枚举结构体"区定义 1 个触摸设备结构体，如程序清单 23-5 所示。该结构体用于保存触摸屏校准相关参数，并使该结构体按 1 字节对齐。

程序清单 23-5

```
1.  typedef struct
2.  {
3.      u8      saveFlag;     //校准标志位，0x0A-已校准，其他-未校准
4.      float   xfac;         //X 方向比例系数
5.      float   yfac;         //Y 方向比例系数
6.      short   xoff;         //X 方向偏移量
7.      short   yoff;         //Y 方向偏移量
8.      u8      touchtype;    //触摸屏类型，1-X、Y方向与屏幕相反，0-X、Y方向与屏幕相同
9.  }StructTPAdjParam __attribute__ ((aligned (1)));
```

在"内部变量"区为内部变量的声明和定义代码，如程序清单 23-6 所示。s_structTPAdjParam 用于保存屏幕校准参数，g_structTouchDev 用于保存接触点坐标及状态，s_iReadXCmd 和 s_iReadYCmd 用于保存触发 XPT2046 芯片进行 X 坐标和 Y 坐标检测的控制字。

程序清单 23-6

```
1.  //需要保存的屏幕校准参数
2.  static StructTPAdjParam s_structTPAdjParam;
```

```
3.
4.     //触摸屏控制器
5.     StructTouchDev g_structTouchDev;
6.
7.     //坐标扫描指令，默认为 touchtype=0 的数据
8.     static u8 s_iReadXCmd = 0xD0;
9.     static u8 s_iReadYCmd = 0x90;
```

在"内部函数声明"区为内部函数的声明代码，如程序清单 23-7 所示。TPReadAD 函数用于发送控制字以获取原始 ADC 值，TPReadXOY 函数用于获取滤波后的 ADC 值，TPReadXY 函数用于获取滤波后的 X、Y 方向的 ADC 值，TPReadXY2 函数用于获取 2 次滤波后的 X 方向和 Y 方向的 ADC 值，TPSaveAdjdata 函数用于将校准参数保存到 EEPROM 中，TPGetAdjdata 函数用于从 EEPROM 中获取校准参数，TPDrowTouchPoint 函数用于绘制校准点，TPAdjInfoShow 函数用于将校准数据显示在 LCD 上。

程序清单 23-7

```
1.     static u16  TPReadAD(u8 cmd);                     //获取原始 ADC 值
2.     static u16  TPReadXOY(u8 cmd);                    //获取滤波后的 ADC 值
3.     static u8   TPReadXY(u16 *x,u16 *y);              //获取滤波后的 X 方向和 Y 方向的 ADC 值
4.     static u8   TPReadXY2(u16 *x,u16 *y);             //获取 2 次滤波后的 X 方向和 Y 方向的 ADC 值
5.     static void TPSaveAdjdata(void);                  //保存校准参数到 EEPROM 中
6.     static u8   TPGetAdjdata(void);                   //获取保存到 EEPROM 中的校准数据
7.     static void TPDrowTouchPoint(u16 x,u16 y,u16 color); //绘制校准点
8.     static void TPAdjInfoShow(u16 x0, u16 y0 ,u16 x1, u16 y1, u16 x2, u16 y2, u16 x3, u16 y3,
       u16 fac);                                         //显示校准数据
```

在"内部函数实现"区，首先实现 TPReadAD 函数，如程序清单 23-8 所示。该函数先设置 SPI 为低速模式，再选中触摸屏芯片 XPT2046 并根据参数 cmd 发送 ADC 值读取指令，然后将读取到的 2 字节数据转换为 12 位 ADC 值，并取消选中触摸屏芯片，最后将 ADC 值返回。

程序清单 23-8

```
1.     static u16 TPReadAD(u8 cmd)
2.     {
3.       //读取到的 ADC 值
4.       u32 readData = 0;
5.
6.       //SPI 进入低速模式
7.       SPI0SetSpeed(SPI_PSC_256);
8.
9.       //选中触摸屏 IC
10.      TP_CS_CLR;
11.
12.      //发送读取指令
13.      SPI0ReadWriteByte(cmd);
14.
15.      //获取 2 字节转换结果
16.      readData = SPI0ReadWriteByte(0xFF);
17.      readData = (readData << 8) | SPI0ReadWriteByte(0xFF);
18.
19.      //只有高 12 位有效，再加上最前面的 BUSY 位，所以要右移 3 位
```

```
20.    readData = (readData >> 3) & 0x0FFF;
21.
22.    //释放片选
23.    TP_CS_SET;
24.
25.    //返回
26.    return readData;
27. }
```

在 TPReadAD 函数实现区后为 TPReadXOY 函数的实现代码，该函数通过 TPReadAD 函数多次获取 ADC 值后，去除最大、最小值，将剩余值求平均后返回平均值。

在 TPReadXOY 函数实现区后为 TPReadXY 函数的实现代码，该函数通过 TPReadXOY 函数获取滤波后的 X、Y 方向的 ADC 值，若判断 ADC 数据有效，返回 1；无效则返回 0。

在 TPReadXY 函数实现区后，为 TPReadXY2 函数的实现代码，如程序清单 23-9 所示。该函数调用 2 次 TPReadXY 函数获取 X、Y 方向的 ADC 值，并判断 2 次得到的 ADC 值之差是否小于 100，若是，则表示 2 次读取到的为同一个点，取平均后返回 1，表示坐标读取成功；否则返回 0。

程序清单 23-9

```
1.  static u8 TPReadXY2(u16 *x,u16 *y)
2.  {
3.     u16 x1, y1;
4.     u16 x2, y2;
5.     u8  flag;
6.
7.     //第一次获取 ADC 值
8.     flag = TPReadXY(&x1, &y1);
9.     if(0 == flag)
10.    {
11.      return(0);
12.    }
13.
14.    //第二次获取 ADC 值
15.    flag = TPReadXY(&x2, &y2);
16.    if(0 == flag)
17.    {
18.      return(0);
19.    }
20.
21.    //前后两次采样在误差范围内
22.    if(((x2 <= x1 && x1 < x2 + ERR_RANGE) || (x1 <= x2 && x2 < x1 + ERR_RANGE))
23.     &&((y2 <= y1 && y1 < y2 + ERR_RANGE)||(y1 <= y2 && y2 < y1 + ERR_RANGE)))
24.    {
25.      *x = (x1 + x2) / 2;
26.      *y = (y1 + y2) / 2;
27.      return 1;
28.    }
29.    else
30.    {
31.      return 0;
```

```
32.    }
33. }
```

在 TPReadXY2 函数实现区后，为 TPSaveAdjdata 和 TPGetAdjdata 函数的实现代码，TPSaveAdjdata 函数将 s_structTPAdjParam 结构体中的变量 saveFlag 赋值为 0x0A，表示已校准，然后将该结构体保存至 EEPROM 中。TPGetAdjdata 函数从 EEPROM 中获取该结构体后，根据该结构体中的变量 saveFlag 确定是否已校准，若未校准，则返回 0；若已校准，则根据该结构体中的变量 touchtype 确定 X 方向和 Y 方向的 ADC 值读取控制字，最后返回 1。

在 TPGetAdjdata 函数实现区后，为 TPDrowTouchPoint 和 TPAdjInfoShow 函数的实现代码，这两个函数分别用于在 LCD 上绘制校准点和显示校准数据。

在"API 函数实现"区首先实现 InitTouch 函数，如程序清单 23-10 所示，该函数初始化与 XPT2046 芯片相连的控制引脚及 EEPROM 芯片后，通过 TPGetAdjdata 函数检测电阻式触摸屏是否已校准，若未校准，则校准并保存相应的结构体。

程序清单 23-10

```
1.    void InitTouch(void)
2.    {
3.      //初始化 GPIO
4.      rcu_periph_clock_enable(RCU_GPIOC); //使能 GPIOC 时钟
5.      gpio_init(GPIOC, GPIO_MODE_OUT_PP, GPIO_OSPEED_50MHZ, GPIO_PIN_6);        //CS
6.      gpio_init(GPIOC, GPIO_MODE_IN_FLOATING, GPIO_OSPEED_50MHZ, GPIO_PIN_7); //PEN
7.
8.      //初始化 AT24Cxx
9.      InitAT24Cxx();
10.
11.     //电阻式触摸屏校准
12.     if(0 == TPGetAdjdata())
13.     {
14.       TPAdjust();
15.       TPSaveAdjdata();
16.       TPGetAdjdata();
17.     }
18.   }
```

在 InitTouch 函数实现区后，为 TPScan 函数的实现代码，如程序清单 23-11 所示。

（1）第 6 至 34 行代码：若触摸屏被按下，则根据参数获取物理坐标或屏幕坐标，若为物理坐标，则读取该坐标对应的 ADC 值；若为屏幕坐标，则读取坐标 ADC 值后，根据参数和偏移计算相应的屏幕坐标，并判断是否超出范围，以及是否需要转换坐标以适应横屏。获取坐标后，判断此前触摸屏是否已被按下，若未被按下，则将当前点坐标作为起始坐标并标记。

（2）第 37 至 53 行代码：若触摸屏未被按下，则根据上一次的检测结果清除相应标志位，或将坐标值赋值为无效值。

（3）第 56 行代码：返回当前的触摸屏状态，为 0 表示触摸屏未被按下，为 1 表示触摸屏被按下。

程序清单 23-11

```
1.    u8 TPScan(u8 tp)
2.    {
```

```
3.     double x, y;
4.
5.     //有触摸情况下
6.     if(0 == TP_PEN)
7.     {
8.        //读取物理坐标
9.        if(tp)
10.       {
11.          TPReadXY2(&g_structTouchDev.x, &g_structTouchDev.y);
12.       }
13.
14.       //读取屏幕坐标
15.       else if(TPReadXY2(&g_structTouchDev.x, &g_structTouchDev.y))
16.       {
17.          //将结果转换为屏幕坐标
18.          x = s_structTPAdjParam.xfac * g_structTouchDev.x + s_structTPAdjParam.xoff;
19.          y = s_structTPAdjParam.yfac * g_structTouchDev.y + s_structTPAdjParam.yoff;.
20.
21.          ...
22.       }
23.
24.       //记录起始坐标
25.       if((g_structTouchDev.sta & TP_PRES_DOWN) == 0)
26.       {
27.          //标记接触点被按下
28.          g_structTouchDev.sta = TP_PRES_DOWN | TP_CATH_PRES;
29.
30.          //记录第一次按下时的坐标
31.          g_structTouchDev.x0 = g_structTouchDev.x;
32.          g_structTouchDev.y0 = g_structTouchDev.y;
33.       }
34.    }
35.
36.    //无触摸情况下
37.    else
38.    {
39.       //之前已被按下
40.       if(g_structTouchDev.sta & TP_PRES_DOWN)
41.       {
42.          g_structTouchDev.sta &= ~(1 << 7);//清除标志位
43.       }
44.
45.       //之前未被按下
46.       else
47.       {
48.          g_structTouchDev.x0 = 0;
49.          g_structTouchDev.y0 = 0;
50.          g_structTouchDev.x = 0xffff;
51.          g_structTouchDev.y = 0xffff;
52.       }
53.    }
54.
```

```
55.    //返回当前的触摸屏状态
56.    return g_structTouchDev.sta & TP_PRES_DOWN;
57. }
```

在 TPScan 函数实现区后，为 TPAdjust 函数的实现代码，如程序清单 23-12 所示。

（1）第 9 行代码：绘制第 1 个校准点，启动校准。

（2）第 13 至 107 行代码：通过 while 循环，检测坐标并绘制下一个校准点，直到 4 个校准点坐标检测完毕，根据校准点的坐标判断是否合格，若合格，则计算校准系数及偏移。具体说明如下。

（3）第 16 至 41 行代码：通过 TPScan 函数获取物理坐标，并检测接触点是否在被按下后被释放，若是，表示校准点已被单击，记录物理坐标后根据已保存点数执行下一步操作。若已保存点数为 1，则清除校准点 1，绘制校准点 2，并继续执行坐标获取及检测步骤。已保存点数为 2、3 的情况与之类似。

（4）第 44 至 102 行代码：当已保存点数为 4 时，将 4 个点两两配对并判断距离，由于 4 个校准点被设置在屏幕的 4 个端点，因此 1、2 点和 3、4 点的距离差相等，1、3 点和 2、4 点的距离差相等，1、4 点和 2、3 点的距离差相等。在 47 至 66 行代码中，分别计算 1、2 点和 3、4 点的距离差并判断距离是否合格，若合格，则继续检测；否则重新获取第 1 个校准点坐标。若 3 次检测都合格，则根据坐标计算物理坐标和屏幕坐标的转换系数及偏移，最后通过 goto 语句跳转至标号 TP_ADJ_EXIT_MARK，从而跳出 while 循环。

程序清单 23-12

```
1.  void TPAdjust(void)
2.  {
3.      ...
4.
5.      //界面初始化
6.      ...
7.
8.      //绘制校准点 1
9.      TPDrowTouchPoint(20 , 20, RED);
10.
11.     //开始校准
12.     ...
13.     while(1)
14.     {
15.         //扫描物理坐标
16.         TPScan(1);
17.
18.         //接触点被按下后被释放
19.         if((g_structTouchDev.sta & 0xC0) == TP_CATH_PRES)
20.         {
21.             //清除超时计数
22.             outtime = 0;
23.
24.             //标记接触点已处理
25.             g_structTouchDev.sta &= ~(1 << 6);
26.
27.             //记录坐标点物理值
```

```
28.          pointBuf[pointCnt][0] = g_structTouchDev.x;
29.          pointBuf[pointCnt][1] = g_structTouchDev.y;
30.          pointCnt++;
31.
32.          //根据已保存的坐标点执行不同操作
33.          switch(pointCnt)
34.          {
35.            //绘制校准点 2
36.            case 1:
37.              TPDrowTouchPoint(20, 20, WHITE); //清除校准点 1
38.              TPDrowTouchPoint(g_structLCDDev.width - 20, 20, RED); //绘制校准点 2
39.              break;
40.
41.            ...
42.
43.            //4 个点已经得到，尝试计算校准参数
44.            case 4:
45.
46.              //1-2 和 3-4 相等
47.              tem1 = abs(pointBuf[0][0] - pointBuf[1][0]);//x1-x2
48.              tem2 = abs(pointBuf[0][1] - pointBuf[1][1]);//y1-y2
49.              tem1 *= tem1;
50.              tem2 *= tem2;
51.              d1 = sqrt(tem1 + tem2);//得到 1、2 点的距离
52.
53.              tem1 = abs(pointBuf[2][0] - pointBuf[3][0]);//x3-x4
54.              tem2 = abs(pointBuf[2][1] - pointBuf[3][1]);//y3-y4
55.              tem1 *= tem1;
56.              tem2 *= tem2;
57.              d2 = sqrt(tem1+tem2);//得到 3、4 点的距离
58.              fac = (float)d1/d2;
59.              if(fac<0.95||fac>1.05||d1==0||d2==0)//不合格
60.              {
61.                pointCnt = 0;
62.                TPDrowTouchPoint(g_structLCDDev.width - 20, g_structLCDDev.height - 20, WHITE);
                                              //清除校准点 4
63.                TPDrowTouchPoint(20, 20, RED);        //绘制校准点 1
64.                TPAdjInfoShow(pointBuf[0][0], pointBuf[0][1], pointBuf[1][0], pointBuf[1][1],
      pointBuf[2][0], pointBuf[2][1], pointBuf[3][0], pointBuf[3][1], fac * 100);//显示数据
65.                continue;
66.              }
67.
68.              ...
69.
70.              //计算结果
71.              s_structTPAdjParam.xfac = (float)(g_structLCDDev.width - 40) / (pointBuf[1][0] -
      pointBuf[0][0]);                                  //得到 xfac
72.              s_structTPAdjParam.xoff = (g_structLCDDev.width - s_structTPAdjParam.xfac *
      (pointBuf[1][0] + pointBuf[0][0])) / 2;           //得到 xoff
73.              s_structTPAdjParam.yfac = (float)(g_structLCDDev.height - 40) / (pointBuf[2][1]-
      pointBuf[0][1]);                                  //得到 yfac
74.              s_structTPAdjParam.yoff = (g_structLCDDev.height - s_structTPAdjParam.yfac *
      (pointBuf[2][1] + pointBuf[0][1])) / 2;           //得到 yoff
```

```
75.             if(abs((int)s_structTPAdjParam.xfac) > 2 || abs((int)s_structTPAdjParam.yfac) >
2)                                                          //触摸屏和预设的相反了
76.             {
77.                 pointCnt = 0;
78.                 TPDrowTouchPoint(g_structLCDDev.width - 20, g_structLCDDev.height - 20, WHITE);
                                                            //清除校准点4
79.                 TPDrowTouchPoint(20, 20, RED);          //绘制校准点1
80.                 LCDShowString(40, 26, g_structLCDDev.width, 24, 16,"TP Need readjust!");
81.                 s_structTPAdjParam.touchtype =! s_structTPAdjParam.touchtype;//修改触摸屏类型
82.
83.                 //X、Y方向与屏幕相反
84.                 if(s_structTPAdjParam.touchtype)
85.                 {
86.                     s_iReadXCmd = 0x90;
87.                     s_iReadYCmd = 0xD0;
88.                 }
89.
90.                 //X、Y方向与屏幕相同
91.                 else
92.                 {
93.                     s_iReadXCmd = 0xD0;
94.                     s_iReadYCmd = 0x90;
95.                 }
96.                 continue;
97.             }
98.
99.             //校准成功
100.            ...
101.
102.            goto TP_ADJ_EXIT_MARK;//校正完成
103.         }
104.     }
105.
106.     ...
107.  }
108.
109. TP_ADJ_EXIT_MARK:
110.
111.     //恢复屏幕方向
112.     LCDDisplayDir(screenDir);
113. }
```

23.4.2 Canvas 文件对

1. Canvas.h 文件

在 Canvas.h 文件的"宏定义"区，为用于设置画布范围的宏定义代码，如程序清单 23-13 所示。

程序清单 23-13

```
1.   #define CANVAS_VER_HIGH     60       //画布垂直最高点
2.   #define CANVAS_VER_LOW      320      //画布垂直最低点
```

```
3.   #define CANVAS_HOR_HIGH    0      //画布水平最高点
4.   #define CANVAS_HOR_LOW     240    //画布水平最低点
```

在"API 函数声明"区，为 API 函数的声明代码，如程序清单 23-14 所示，InitCanvas 函数用于初始化画布，CanvasTask 函数用于创建画布任务。

程序清单 23-14

```
void InitCanvas(void);          //初始化画布
void CanvasTask(void);          //创建画布任务
```

2．Canvas.c 文件

在 Canvas.c 文件的"内部变量"区，为内部变量的声明代码，如程序清单 23-15 所示，s_strText 用于显示坐标信息。

程序清单 23-15

```
static StructTextWidget s_strText;        //text 控件，显示坐标信息
```

在"内部函数声明"区，声明 DisplayBackground 函数，如程序清单 23-16 所示，该函数用于显示 LCD 屏幕的背景图片。

程序清单 23-16

```
static void DisplayBackground(void);        //显示 LCD 屏幕的背景图片
```

在"API 函数实现"区，首先实现 InitCanvas 函数，如程序清单 23-17 所示，该函数设置 LCD 的显示方式并绘制背景图片后，创建用于显示接触点坐标的文本控件。

程序清单 23-17

```
1.   void InitCanvas(void)
2.   {
3.     //LCD 横屏显示
4.     LCDDisplayDir(1);
5.     LCDClear(GBLUE);
6.
7.     //绘制背景
8.     DisplayBackground();
9.
10.    //创建 text 控件
11.    CreateText();
12.  }
```

在 InitCanvas 函数实现区后，为 CanvasTask 函数的实现代码，如程序清单 23-18 所示。

（1）第 5 至 40 行代码：若检测到接触点，则将该坐标显示在 LCD 屏幕上，并限制坐标在画布范围内。然后，检测当前坐标与上一个坐标的距离，间距过大表示并非绘制线条，此时设置相应标志位并画点；间距较小表示绘制线条，在 LCD 屏幕上连接两个坐标的对应点，最后保存当前坐标，为后续画线做准备。

（2）第 42 至 46 行代码：若未检测到接触点，则清空坐标显示。

程序清单 23-18

```
1.   void CanvasTask(void)
2.   {
```

```
3.     ...
4.
5.     if(TPScan(0))
6.     {
7.       //字符串转换
8.       sprintf(s_arrString, "%d,%d", g_structTouchDev.x, g_structTouchDev.y);
9.
10.      //更新到 text 显示
11.      s_strText.setText(&s_strText, s_arrString);
12.
13.      //限制绘制线条在画布范围内
14.      ...
15.
16.
17.      if((s_arrLastPoints_x - g_structTouchDev.x >= 8) || (s_arrLastPoints_x - g_structTouchDev.x
   <= -8) ||\
18.        (s_arrLastPoints_y - g_structTouchDev.y >= 8) || (s_arrLastPoints_y - g_structTouchDev.y
   <= -8))
19.      {
20.        s_arrFirstFlag = 1;
21.      }
22.
23.      if(1 == s_arrFirstFlag)
24.      {
25.        //标记线条已经开始绘制
26.        s_arrFirstFlag = 0;
27.
28.        //画点
29.        LCDFastDrawPoint(g_structTouchDev.x, g_structTouchDev.y, YELLOW);
30.      }
31.      else
32.      {
33.        g_iLCDPointColor = YELLOW;
34.        LCDDrawLine(s_arrLastPoints_x, s_arrLastPoints_y, g_structTouchDev.x, g_structTouchDev.y);
35.      }
36.
37.      //保存当前位置，为画线做准备
38.      s_arrLastPoints_x = g_structTouchDev.x;
39.      s_arrLastPoints_y = g_structTouchDev.y;
40.    }
41.    else
42.    {
43.      //未检测到接触点则清空显示
44.      s_strText.setText(&s_strText, "");
45.    }
46.  }
47. }
```

23.4.3 ProcKeyOne.c 文件

在"API 函数实现"区的 ProcKeyDownKey1 和 ProcKeyDownKey2 函数中，调用 TPAdjust、DisPlayBackgroudJPEG 等函数实现对 LCD 屏幕的控制，如程序清单 23-19 所示。按下 KEY$_1$

按键用于校准屏幕，校准成功后显示背景图片；按下 KEY₂ 按键用于清屏并显示背景图片。

程序清单 23-19

```
1.   void  ProcKeyDownKey1(void)
2.   {
3.     TPAdjust();           //屏幕校准
4.     LCDClear(WHITE);      //清屏
5.
6.     //显示背景图片
7.     DisPlayBackgroudJPEG();
8.   }
9.
10.  void  ProcKeyDownKey2(void)
11.  {
12.    LCDDisplayDir(0);     //竖屏
13.    LCDClear(WHITE);      //清屏
14.
15.    //显示背景图片
16.    DisPlayBackgroudJPEG();
17.  }
```

23.4.4　Main.c 文件

在 Main.c 文件的"内部函数实现"区的 Proc2msTask 函数中，调用 CanvasTask 和 ScanKeyOne 函数实现触摸屏扫描及按键检测，如程序清单 23-20 所示。

程序清单 23-20

```
1.   static  void  Proc2msTask(void)
2.   {
3.     static u8 s_iCnt5 = 0;
4.
5.     //判断 2ms 标志位状态
6.     if(Get2msFlag())
7.     {
8.       //画笔检测
9.       CanvasTask();
10.
11.      //调用闪烁函数
12.      LEDFlicker(250);
13.
14.      //按键扫描
15.      s_iCnt5++;
16.      if(s_iCnt5 >= 5)
17.      {
18.        s_iCnt5 = 0;
19.
20.        ScanKeyOne(KEY_NAME_KEY1, ProcKeyUpKey1, ProcKeyDownKey1);
21.        ScanKeyOne(KEY_NAME_KEY2, ProcKeyUpKey2, ProcKeyDownKey2);
22.        ScanKeyOne(KEY_NAME_KEY3, ProcKeyUpKey3, ProcKeyDownKey3);
23.      }
24.
```

```
25.      //清除 2ms 标志位
26.      Clr2msFlag();
27.   }
28. }
```

23.4.5 运行结果

代码编译通过后，下载程序并进行复位，初次下载触摸屏程序时，需要按下 KEY$_1$ 按键进行校准，此时 LCD 屏幕显示如图 23-6 所示的校准界面。

依次单击竖屏状态下的左上角、右上角、左下角和右下角图形的中心点，若单击点与中心点偏差较大，会导致校准失败，此时 LCD 屏幕显示接触点坐标后将重新绘制校准点 1。若校准成功，则在显示相应字符串 1s 后进入画布界面，如图 23-7 所示，可通过手指在屏幕上划动来绘制线条，同时，在界面右上角实时显示接触点的坐标值。

图 23-6　校准界面

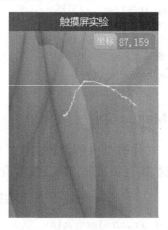

图 23-7　画布界面

本 章 任 务

在本章实例中，通过 GD32F3 杨梅派开发板上的 LCD 和触摸屏实现了手写板的功能。现在尝试通过 LCD 和触摸屏的 API 函数，实现在屏幕上的局部矩形区域内显示蓝色，并将该区域模拟为触摸按键，当触摸按键未被按下时显示蓝色，按下时变为绿色。

任务提示：

1．通过 LCD 显示模块填充单色函数，绘制蓝色的"触摸按键"。

2．定时检测屏幕坐标，若检测到屏幕被触摸，且坐标在矩形范围内，则将标志位置 1，并通过填充单色函数将"触摸按键"填充为绿色。

3．定时检测屏幕坐标，若检测到屏幕未被触摸，且标志位为 1，则将标志位清零，并将"触摸按键"填充为蓝色。

本 章 习 题

1．简述电阻式触摸屏检测坐标的原理。

2．简述电阻式触摸屏的分类及应用场景。

3．LCD 显示的接触点坐标范围是多少？坐标原点在哪里？

第 24 章 内存管理

GD32F303RCT6 微控制器内存资源有限，为了提高内存的利用率，本章介绍一种分块式内存管理方法，该方法可对内部存储器或外部存储器（如 SRAM、SDRAM 等）进行内存管理。对内部 SRAM 进行内存管理，在需要时向内部 SRAM 申请一定大小的内存，不需要时可及时释放，防止内存泄漏。

24.1 分块式内存管理

内存管理是指软件运行时对内存资源的分配和使用，目的是高效、快速地对内存进行分配，并在适当的时候释放内存资源。在 GD32F3 杨梅派开发板上，内存的分配与释放最终由两个函数实现：malloc 函数用于申请内存，free 函数用于释放内存。虽然 C 标准库中已经实现了这两个函数，但是 C 语言动态分配的内存堆区分配在内部 SRAM 中，为了充分利用内部 SRAM，本章编写了一种内存管理机制，使用"分块式内存管理"技术，在占用尽可能少的内存的情况下，实现内存动态管理。

如图 24-1 所示，分块式内存管理由内存池和内存管理表两部分组成。内存池被等分为 n 块，对应的内存管理表也被分为 n 项，每一项对应内存池的一块内存。

内存管理表的项值代表的含义如下：
当项值为 0 时，代表对应的内存块未被占

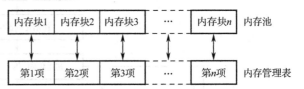

图 24-1 分块式内存管理原理图

用；为非 0 时，代表该项对应的内存块已被占用，其数值代表被连续占用的内存块数。例如，某项值为 10，表示包括本项对应的内存块在内，总共分配了 10 个内存块给外部的某个指针。在内存管理初始化时，内存管理表全部清零，表示没有任何内存块被占用。

假设用指针 p 指向所申请的内存的首地址，内存分配与释放实现原理如下。

1．分配原理

当通过指针 p 调用 malloc 函数来申请内存时，首先要判断需要分配的内存块数 m，然后从内存管理表的最末端，即从第 n 项开始向下查找，直至找到 m 个连续的空内存块（即对应内存管理表项为 0），再将这 m 个内存管理表项的值都设置为 m，即标记相应块已被占用。最后，把分配到内存块的首地址返回给指针，分配完成。若内存不足，无法分配连续的 m 个空内存块，则返回 NULL 给指针，表示分配失败。

2．释放原理

当 malloc 函数申请的内存使用完毕时，需要调用 free 函数实现内存释放。free 函数先计算出指针 p 指向的内存地址所对应的内存块，然后找到对应的内存管理表项，得到指针 p 所占用的内存块数目 m，将这 m 个内存管理表项目的值都清零，完成一次内存释放。注意，每分配一块内存时，需要及时对所分配的内存进行释放，否则会造成内存泄漏。内存释放并不清空内存中的数据，仅表示该内存块可以用于写入新的数据，写入的新数据将覆盖原有数据。

3．内存泄漏

"内存泄漏"是指程序中已动态分配的内存由于某种原因，在程序结束退出后未释放或无

法释放，从而失去对一段已分配内存空间的控制，造成系统内存的浪费，导致程序运行速度

图 24-2　GUI 界面布局

减慢，甚至引发系统崩溃等严重后果。在本章实例中，若在未调用 free 函数释放上次申请内存的情况下，继续调用 malloc 函数申请内存，指针 p 将指向新申请内存的首地址，而此时上一次申请的内存的首地址会丢失，无法释放上一个内存块，就会发生内存泄漏。

4．内存分配与释放操作界面

本章使用的 LCD 显示模块的 GUI 界面布局如 图 24-2 所示。在界面上方以文字的形式显示内部 SRAM 的内存使用情况。界面中部为内存占用情况的波形显示。

24.2　内存分配与释放流程

内存分配与释放的流程图如图 24-3 所示。首先初始化内部 SRAM 和 GUI 界面，初始化相应的内存池。

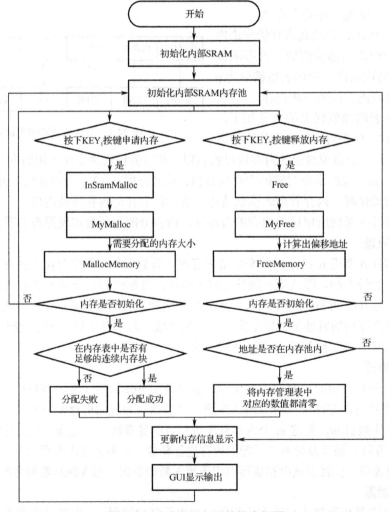

图 24-3　内存分配与释放的流程图

（1）进入 GUI 界面后，按下 KEY₁ 按键，程序将调用内部 SRAM 申请内存的 InSramMalloc 函数。申请内存时，首先检测内部 SRAM 是否已进行初始化，如果未初始化，则先进行初始化，再检测内存申请大小是否为 0，若为 0 则直接返回；不为 0 则计算需要分配的内存块，然后在内存管理表中寻找是否有足够的连续内存块。若有足够的连续内存块，则令当前指针指向所分配内存块的首地址，否则返回 NULL，最后更新 GUI 界面上显示的信息。

（2）按下 KEY₂ 按键，程序将调用内存释放按钮 Free 函数。释放内存时，首先判断内存是否已进行初始化，若未初始化，则先进行初始化，然后判断该地址是否在内存池内。如果在内存池内，则将内存管理表中对应的数值清零，最后更新 GUI 界面上显示的信息。

24.3 实例与代码解析

前面介绍了分块式内存管理的原理，包括内存池、内存管理表和内存的分配、释放原理，以及动态内存管理方法。本节基于 GD32F3 杨梅派开发板设计一个内存管理程序，通过 LCD 显示模块的 GUI 界面实现动态内存管理，并在屏幕上使用文字和波形图实时显示内存使用率。

24.3.1 Malloc 文件对

1. Malloc.h 文件

在 Malloc.h 文件的"宏定义"区为内部 SRAM 内存池、支持的内存块数目、内存块大小、最大的管理内存及内存表大小的宏定义，如程序清单 24-1 所示。

程序清单 24-1

```
1.   //定义内存池
2.   #define SRAMIN                    0                              //内部内存池
3.
4.   #define SRAMBANK                  1                              //定义支持的 SRAM 块数
5.
6.   //mem1 内存参数设定.mem1 完全处于内部 SRAM 里面
7.   #define MEM1_BLOCK_SIZE           32                             //内存块大小为 32 字节
8.   #define MEM1_MAX_SIZE             10 * 1024                      //最大管理内存 10KB
9.   #define MEM1_ALLOC_TABLE_SIZE     MEM1_MAX_SIZE/MEM1_BLOCK_SIZE  //内存表大小
```

在"枚举结构体"区声明内存管理器结构体 StructMallocDeviceDef，如程序清单 24-2 所示。该结构体中的变量包括内存池初始化函数和内存使用率等。

程序清单 24-2

```
1.   typedef struct
2.   {
3.     void (*init)(u8);                    //初始化
4.     u16  (*perused)(u8);                 //内存使用率
5.     u8   *memoryBase[SRAMBANK];          //内存池，管理 SRAMBANK 个区域的内存
6.     u32  *memoryMap[SRAMBANK];           //内存管理状态表
7.     u8   memoryRdy[SRAMBANK];            //内存管理是否就绪
8.   }StructMallocDeviceDef;
```

在"API 函数声明"区为 API 函数的声明代码，如程序清单 24-3 所示。InitMemory 函数用于初始化内存管理模块，MemoryPerused 函数用于获得内存使用率，MyFree 函数用于释放

指定地址的内存，MyMalloc 函数用于从内存池中申请指定大小的内存，MyRealloc 函数用于重新分配内存。

程序清单 24-3

```
1.   void  InitMemory(u8 memx);                          //初始化 Malloc 模块
2.   u16   MemoryPerused(u8 memx);                       //获得内存使用率(外/内部调用)
3.
4.   void  MyFree(u8 memx, void* ptr);                   //内存释放
5.   void* MyMalloc(u8 memx, u32 size);                  //内存分配
6.   void* MyRealloc(u8 memx, void* ptr, u32 size);      //重新分配内存
```

2. Malloc.c 文件

在 Malloc.c 文件的"内部变量"区声明内存管理相关的内部变量，主要包括内存池、内存管理表所在地址，以及内存管理的相关参数，如程序清单 24-4 所示。

程序清单 24-4

```
1.   //内存池(32 字节对齐)
2.   __align(32) u8 Memory1Base[MEM1_MAX_SIZE];          //内部 SRAM 内存池
3.
4.   //内存管理表
5.   u32 Memory1MapBase[MEM1_ALLOC_TABLE_SIZE];          //内部 SRAM 内存池 MAP
6.
7.   //内存管理参数
8.   const u32 c_iMemoryTblSize[SRAMBANK] = {MEM1_ALLOC_TABLE_SIZE};  //内存表大小
9.   const u32 c_iMemoryBlkSize[SRAMBANK] = {MEM1_BLOCK_SIZE};        //内存分块大小
10.  const u32 c_iMemorySize[SRAMBANK]    = {MEM1_MAX_SIZE};          //内存总大小
11.
12.  //内存管理控制器
13.  static StructMallocDeviceDef s_structMallocDev =
14.  {
15.     InitMemory,      //内存初始化
16.     MemoryPerused,   //内存使用率
17.     Memory1Base,     //内存池
18.     Memory1MapBase,  //内存管理状态表
19.     0,               //内存管理未就绪
20.  };
```

在"内部函数声明"区为内部函数的声明代码，如程序清单 24-5 所示。SetMemory 函数用于为内存赋值，CopyMemory 函数用于将一段内存中指定长度的数据复制到另一段内存中，MallocMemory 函数用于从内存池中分配指定大小的内存，FreeMemory 函数用于从内存池中释放指定偏移地址的内存。

程序清单 24-5

```
1.   static void SetMemory(void* s, u8 c, u32 count);    //设置内存
2.   static void CopyMemory(void* des, void* src, u32 n); //复制内存
3.   static u32  MallocMemory(u8 memx, u32 size);        //内存分配
4.   static u8   FreeMemory(u8 memx, u32 offset);        //内存释放
```

在"内部函数实现"区，首先实现 SetMemory 函数，该函数根据输入参数为相应长度的内存段赋值。

在 SetMemory 函数实现区后为 CopyMemory 函数的实现代码，该函数根据输入参数，将一段内存中指定长度的数据复制到另一段内存中。

在 CopyMemory 函数实现区后为 MallocMemory 函数的实现代码，如程序清单 24-6 所示。

（1）第 8 至 11 行代码：通过 memoryRdy 标志判断内存池是否已初始化，如果未初始化，则先通过 s_structMallocDev 结构体中的相应成员变量进行初始化。

（2）第 17 至 21 行代码：将需要分配的内存大小除以单个内存块大小，得到需要分配的连续内存块数目，若有余数则再加 1。

（3）第 22 至 31 行代码：从内存管理表的最高项开始搜索，若搜索到被标为未使用的内存块，则连续空内存块数 cmemb 加 1；若遇到已经被占用的内存块，则将 cmemb 置 0。

（4）第 32 至 39 行代码：若找到所需的连续内存块个数，将这些内存块在内存管理表中都标记为 nmemb，即被连续占用的内存块数，最后返回被占用内存块的首个内存块偏移地址。

程序清单 24-6

```
1.   static  u32   MallocMemory(u8 memx, u32 size)
2.   {
3.     signed long offset = 0;
4.     u32 nmemb;        //需要的内存块数
5.     u32 cmemb = 0;    //连续空内存块数
6.     u32 i;
7.
8.     if(!s_structMallocDev.memoryRdy[memx])
9.     {
10.      s_structMallocDev.init(memx);           //未初始化，先执行初始化
11.    }
12.    if(size == 0)
13.    {
14.      return 0XFFFFFFFF;                       //不需要分配
15.    }
16.
17.    nmemb = size / c_iMemoryBlkSize[memx];   //获取需要分配的连续内存块数
18.    if(size % c_iMemoryBlkSize[memx])
19.    {
20.      nmemb++;
21.    }
22.    for(offset = c_iMemoryTblSize[memx] - 1; offset >= 0; offset--)//搜索整个内存控制区
23.    {
24.      if(!s_structMallocDev.memoryMap[memx][offset])
25.      {
26.        cmemb++;//连续空内存块数增加
27.      }
28.      else
29.      {
30.        cmemb = 0;                             //连续内存块清零
31.      }
32.      if(cmemb == nmemb)                       //找到了连续 nmemb 个空内存块
33.      {
34.        for(i = 0; i < nmemb; i++)             //标注内存块非空
35.        {
36.          s_structMallocDev.memoryMap[memx][offset + i] = nmemb;
```

```
37.          }
38.          return (offset * c_iMemoryBlkSize[memx]);      //返回偏移地址
39.      }
40.   }
41.   return 0XFFFFFFFF;                                    //未找到符合分配条件的内存块
42. }
```

在 MallocMemory 函数实现区后为 FreeMemory 函数的实现代码，如程序清单 24-7 所示。注意，内存释放并不清除对应内存中的内容，而是在内存管理表中标记该内存块未使用，可以再次对该内存块写入数据。

（1）第 7 至 11 行代码：通过 memoryRdy 标志判断内存池是否被初始化，若未初始化，则先通过 s_structMallocDev 结构体中的相应成员变量进行初始化，返回 1 表示释放内存失败。

（2）第 13 至 26 行代码：判断需要释放的内存是否位于内存池内，若是，则计算偏移所在的内存块号，读取连续内存块的个数，并将内存管理表中对应的数值清零，最后返回 0，表示释放内存成功；若需要释放的内存在内存池外，则返回 2，表示偏移超过内存池。

程序清单 24-7

```
1.   static   u8     FreeMemory(u8 memx, u32 offset)
2.   {
3.     int i;
4.     int index;
5.     int nmemb;
6.
7.     if(!s_structMallocDev.memoryRdy[memx])               //未初始化，先执行初始化
8.     {
9.       s_structMallocDev.init(memx);
10.      return 1;                                          //未初始化
11.    }
12.
13.    if(offset < c_iMemorySize[memx])                     //偏移在内存池内
14.    {
15.      index = offset / c_iMemoryBlkSize[memx];           //偏移所在内存块号
16.      nmemb = s_structMallocDev.memoryMap[memx][index];  //内存块数量
17.      for(i = 0; i < nmemb; i++)                         //内存块清零
18.      {
19.        s_structMallocDev.memoryMap[memx][index+i] = 0;
20.      }
21.      return 0;
22.    }
23.    else
24.    {
25.      return 2;                                          //偏移超过内存池
26.    }
27. }
```

在"API 函数实现"区，首先实现 InitMemory 函数，如程序清单 24-8 所示。该函数通过 SetMemory 函数将内存状态表中的数据清零以将内存块设置为均可申请，然后设置 memoryRdy 标志表示该内存池已被初始化。

程序清单 24-8

```
1.   void InitMemory(u8 memx)
2.   {
3.     SetMemory(s_structMallocDev.memoryMap[memx], 0, c_iMemoryTblSize[memx] * 4);
                                                      //内存状态表数据清零
4.     s_structMallocDev.memoryRdy[memx] = 1;         //内存管理初始化 OK
5.   }
```

在 InitMemory 函数实现区后为 MemoryPerused 函数的实现代码，如程序清单 24-9 所示。该函数统计内存管理表上项值不为 0 的块从而获得总使用率，并与内存块总数相除，在百分比的基础上再扩大 10 倍，最终返回的数值为 0~1000，代表使用率为 0.0%~100.0%。

程序清单 24-9

```
1.   u16 MemoryPerused(u8 memx)
2.   {
3.     u32 used = 0;
4.     u32 i;
5.
6.     for(i = 0; i < c_iMemoryTblSize[memx]; i++)
7.     {
8.       if(s_structMallocDev.memoryMap[memx][i])
9.       {
10.        used++;
11.      }
12.    }
13.    return (used * 1000) / (c_iMemoryTblSize[memx]);
14.  }
```

在 MemoryPerused 函数实现区后，为 MyFree 函数的实现代码，如程序清单 24-10 所示。该函数判断需要释放内存的地址是否为空，若为空，则直接返回；若不为空，则用内存的首地址减去所属内存池的起始地址以获得偏移量，最后调用 FreeMemory 函数进行内存释放。

程序清单 24-10

```
1.   void MyFree(u8 memx, void* ptr)
2.   {
3.     u32 offset;
4.     if(ptr == NULL)
5.     {
6.       return;//地址为 0
7.     }
8.     offset = (u32)ptr - (u32)s_structMallocDev.memoryBase[memx];
9.     FreeMemory(memx, offset); //释放内存
10.  }
```

在 MyFree 函数实现区后，为 MyMalloc 函数的实现代码，如程序清单 24-11 所示。该函数首先调用 MallocMemory 获得分配的内存相对于首地址的偏移量，并判断是否分配成功，若成功，则返回分配的内存地址。

程序清单 24-11

```
1.   void* MyMalloc(u8 memx, u32 size)
2.   {
```

```
3.      u32 offset;
4.
5.      offset = MallocMemory(memx, size);
6.      if(offset == 0XFFFFFFFF)
7.      {
8.        return NULL;
9.      }
10.     else
11.     {
12.       return (void*)((u32)s_structMallocDev.memoryBase[memx] + offset);
13.     }
14. }
```

在 MyMalloc 函数实现区后为 MyRealloc 函数的实现代码，用于重新分配内存，如程序清单 24-12 所示。该函数通过 MallocMemory 函数申请内存后，将其他内存中的数据复制到该内存中，一般用于扩大或缩小给定指针指向的内存空间。

程序清单 24-12

```
1.  void* MyRealloc(u8 memx, void* ptr, u32 size)
2.  {
3.      u32 offset;
4.      offset = MallocMemory(memx, size);
5.      if(offset == 0XFFFFFFFF)
6.      {
7.        return NULL;
8.      }
9.      else
10.     {
11.       //复制旧内存内容到新内存
12.       CopyMemory((void*)((u32)s_structMallocDev.memoryBase[memx] + offset), ptr, size);
13.
14.       //释放旧内存
15.       MyFree(memx, ptr);
16.
17.       //返回新内存首地址
18.       return (void*)((u32)s_structMallocDev.memoryBase[memx] + offset);
19.     }
20. }
```

24.3.2   MallocTop 文件对

1. MallocTop.h 文件

在 MallocTop.h 文件的"API 函数声明"区，为 API 函数的声明代码，如程序清单 24-13 所示。InitMallocTop 函数用于初始化内存管理顶层模块，InSramMalloc 函数用于从内部 SRAM 申请内存，Free 函数用于释放内存，MallocTopTask 函数用于执行内存管理顶层模块任务。

程序清单 24-13

```
1.  void InitMallocTop(void);      //初始化内存管理顶层模块
2.  void InSramMalloc(void);       //从内部 SRAM 申请内存
3.  void Free(void);               //内存释放
4.  void MallocTopTask(void);      //内存管理顶层模块任务
```

2. MallocTop.c 文件

在 MallocTop.c 文件的"宏定义"区,定义每次申请内存时的内存分配量为 1KB,如程序清单 24-14 所示。

程序清单 24-14

```
#define IN_MALLOC_SIZE (1024 * 1)          //内部 SRAM 内存申请量
```

在"内部变量"区为内部变量的声明和定义代码,如程序清单 24-15 所示。s_structGUIDev 为 GUI 设备结构体,s_pMalloc 为内存申请指针。

程序清单 24-15

```
static StructGUIDev s_structGUIDev;        //GUI 设备结构体
static u8*           s_pMalloc = NULL;     //内存申请指针
```

在"内部函数声明"区声明 updateMamInfoShow 函数,如程序清单 24-16 所示。该函数用于更新内存信息显示。

程序清单 24-16

```
static void updateMamInfoShow(u8 mem);     //更新内存信息显示
```

在"内部函数实现"区为 updateMamInfoShow 函数的实现代码,如程序清单 24-17 所示。该函数通过 MemoryPerused 函数获取内存使用率,并根据内存使用率计算已使用的字节数,将其向上取整后计算剩余字节数,最后将其显示在 LCD 上。

程序清单 24-17

```
1.   static void updateMamInfoShow(void)
2.   {
3.     //内存使用量与剩余量
4.     u32 usage, free;
5.
6.     //获取内存使用率
7.     usage = MemoryPerused(SRAMIN);
8.
9.     //计算字节使用量
10.    usage = MEM1_MAX_SIZE * usage / 1000;
11.
12.    //向上取整
13.    while(0 != (usage % IN_MALLOC_SIZE))
14.    {
15.      usage++;
16.    }
17.
18.    //计算剩余字节数
19.    free = MEM1_MAX_SIZE - usage;
20.
21.    //更新显示
22.    s_structGUIDev.updateInSRAMInfo(usage, free);
23.  }
```

在"API 函数实现"区,首先实现 InitMallocTop 函数,如程序清单 24-18 所示。该函数在设置内存池大小后，通过 InitGUI 函数初始化 GUI 界面。

程序清单 24-18

```
1.   void InitMallocTop(void)
2.   {
3.     //内存池显示大小
4.     s_structGUIDev.inMallocSize = MEM1_MAX_SIZE;
5.
6.     //初始化 GUI 界面
7.     InitGUI(&s_structGUIDev);
8.   }
```

在 InitMallocTop 函数实现区后，为 InSramMalloc 和 Free 函数的实现代码，如程序清单 24-19 所示。InSramMalloc 函数通过 MyMalloc 函数从内存池中申请相应大小的内存后，将申请到的内存首地址通过串口助手打印并更新内存信息显示；Free 函数通过 MyFree 函数释放内存后，更新内存信息显示。

程序清单 24-19

```
1.   void InSramMalloc(void)
2.   {
3.     //内存申请
4.     s_pMalloc = MyMalloc(SRAMIN, IN_MALLOC_SIZE);
5.     printf("指针数值：0x%08X\r\n", (u32)s_pMalloc);
6.
7.     //更新内存信息显示
8.     updateMamInfoShow();
9.   }
10.
11.  void Free(void)
12.  {
13.    //释放内存
14.    MyFree(SRAMIN, s_pMalloc);
15.
16.    //更新内存信息显示
17.    updateMamInfoShow();
18.  }
```

在 Free 函数实现区后为 MallocTopTask 函数的实现代码，如程序清单 24-20 所示。该函数每隔 250ms 获取 1 次内部 SRAM 使用量，并通过结构体 s_structGUIDev 中的成员变量增加波形点，最后调用 GUITask 函数刷新波形。

程序清单 24-20

```
1.   void MallocTopTask(void)
2.   {
3.     //上次添加波形点
4.     static u64 s_iLastTime = 0;
5.
6.     //内部 SRAM 和外部 SRAM 使用量
7.     u16 inSramUse;
8.
```

```
9.      //每隔 250ms 添加一次内存使用量
10.     if((GetSysTime() - s_iLastTime) >= 250)
11.     {
12.       s_iLastTime = GetSysTime();
13.       inSramUse = MemoryPerused(SRAMIN);
14.       s_structGUIDev.addMemoryWave(inSramUse / 10);
15.     }
16.
17.     //GUI 任务
18.     GUITask();
19.   }
```

24.3.3　ProcKeyOne.c 文件

在 ProcKeyOne.c 文件的"API 函数实现"区的 ProcKeyDownKey1 和 ProcKeyDownKey2
函数中，调用 InSramMalloc 和 Free 函数实现内存的申请与释放，如程序清单 24-21 所示。

程序清单 24-21

```
1.    void ProcKeyDownKey1(void)
2.    {
3.      InSramMalloc();
4.    // printf("KEY1 PUSH DOWN\r\n");      //打印按键状态
5.    }
6.
7.    void ProcKeyDownKey2(void)
8.    {
9.      Free();
10.   // printf("KEY2 PUSH DOWN\r\n");      //打印按键状态
11.   }
```

24.3.4　Main.c 文件

在 Main.c 文件的"内部函数实现"区的 Proc2msTask 函数中，调用 ScanKeyOne 函数进
行按键扫描，如程序清单 24-22 所示，每 20ms 调用一次 MallocTopTask 函数执行内存管理顶
层模块任务。

程序清单 24-22

```
1.    static  void  Proc2msTask(void)
2.    {
3.      static u32 s_iCnt_5 = 0;
4.      static u32 s_iCnt_10 = 0;
5.
6.      if(Get2msFlag())  //判断 2ms 标志位状态
7.      {
8.        LEDFlicker(250);
9.        s_iCnt_5++;
10.       s_iCnt_10++;
11.
12.       if(s_iCnt_5 > 5)
13.       {
14.         ScanKeyOne(KEY_NAME_KEY1, ProcKeyUpKey1, ProcKeyDownKey1);
15.         ScanKeyOne(KEY_NAME_KEY2, ProcKeyUpKey2, ProcKeyDownKey2);
```

```
16.       }
17.
18.       if(s_iCnt_10 > 10)
19.       {
20.         s_iCnt_10 = 0;
21.         MallocTopTask();
22.       }
23.
24.       Clr2msFlag();      //清除 2ms 标志位
25.     }
26. }
```

24.3.5 运行结果

代码编译通过后，下载程序并进行复位。按下 KEY₁ 按键，申请 1KB 内存，内存使用率增加；按下 KEY₂ 按键，释放上一次申请的 1KB 内存。每次内存被分配或释放后，内存使用信息均可更新到 GUI 的波形图和文字显示区域中。开发板上的 LCD 显示如图 24-4 所示。

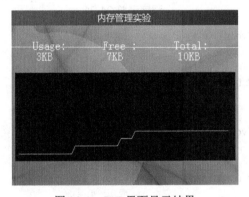

图 24-4　GUI 界面显示结果

本 章 任 务

基于本章实例，重新编写 MallocTop 模块，在进行内存释放时，不仅能释放最后一次申请的内存块，还可以按申请顺序将内存块逐一释放。

任务提示：

1．定义数组保存已申请内存块的数量和对应地址块的地址。

2．数组类型可以为指针类型或任意 32 位数据类型，此时可以用数组的首个元素保存已申请内存块的数量，申请或释放内存块时基于该变量完成记录。

3．在使用数组元素时需要进行类型转换。

本 章 习 题

1．简述分块式内存管理的原理。

2．造成内存泄漏的原因可能是什么？

3．简述分配的内存地址必须连续的原因。

4．若需要同时申请并使用多块内存，如何避免内存泄漏？

第 25 章　读/写 SD 卡

由于微控制器系统在完成某些功能（如录像、LCD 显示等）时需要存储大量数据，因此需要使用存储器作为外设来增加微控制器的存储空间，常见的存储器有 SRAM、Flash（闪存）和 SD 存储卡（简称 SD 卡）等，其中 SD 卡具有容量大、多种尺寸的优点，应用十分广泛。本章将介绍微控制器与 SD 卡的通信。

25.1　SDIO 模块

SDIO（Secure Digital Input and Output）即安全的数字输入/输出接口。它是在 SD 卡协议基础上发展而来的一种 I/O 接口，该接口提供 AHB 系统总线与 SD 卡、SDIO 卡、MMC 卡等类型设备和 CE-ATA 设备之间的数据传输。

GD32F3 杨梅派开发板具有 SDIO 接口，通过该接口可实现微控制器与 SD 卡设备之间的数据传输。开发板上的 TF 卡座电路原理图如图 25-1 所示，与 TF 卡座适配的 SD 卡为 MicroSD 卡（TF 卡也称 MicroSD 卡）。在原理图中，SDIO_CK 对应 GD32F303RCT6 微控制器的 PC12 引脚，在本章中该引脚被复用为 SDIO 接口的 CLK 线；SDIO_CMD 对应 PD2 引脚，该引脚被复用为 SDIO 接口的 CMD 线；SDIO_D0 对应 PC8 引脚，作为 SDIO 接口的数据线。另外，TF 卡座使用 SDIO_CD 作为片选引脚，通过检测该引脚的电平可以判断 SD 卡是否正常插入。

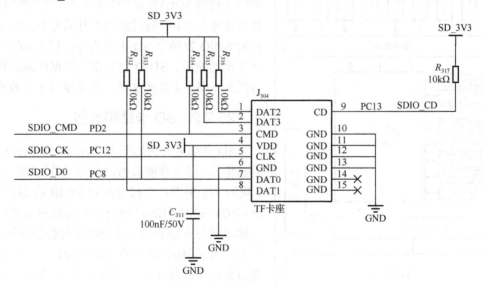

图 25-1　TF 卡座电路原理图

25.2　SDIO 原理

25.2.1　SDIO 结构框图

SDIO 结构框图如图 25-2 所示，GD32F3 杨梅派开发板的 SDIO 控制器由 AHB 接口和 SDIO 适配器组成，其中，AHB 接口包括数据 FIFO 单元、寄存器单元、中断及 DMA 单元，FIFO

单元通过数据缓冲区发送和接收数据，寄存器单元包含所有的 SDIO 寄存器，用于控制微控制器与 SD 卡之间的通信。SDIO 适配器由控制单元、命令单元和数据单元组成。控制单元向 SD 卡传输时钟信号，并控制 SD 卡的通电和关电状态；命令单元实现开发板与 SD 卡之间的命令发送和接收，通过命令状态机（CSM）控制命令传输；数据单元实现开发板与 SD 卡之间的数据发送和接收，通过数据状态机（DSM）控制数据传输。

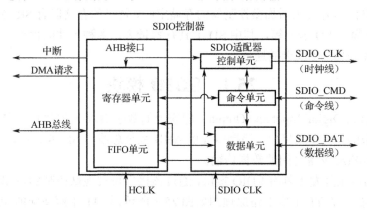

图 25-2　SDIO 结构框图

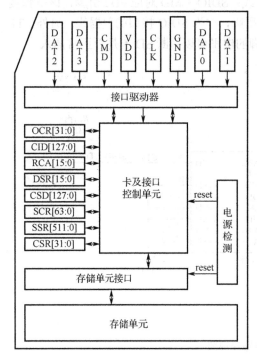

图 25-3　SD 卡结构框图

SDIO 与 SD 卡之间通过 3 条线进行通信，即时钟线、命令线和数据线（见图 25-2）。其中，时钟线上传输 SDIO 发出的时钟信号，根据传输协议，数据传输在 CLK 时钟线的上升沿有效。命令线上传输 SDIO 发送至 SD 卡的命令，以及 SD 卡发送至主机的响应。SDIO 协议用于数据传输的数据线可以为 1 条、4 条或 8 条，本章使用 1 条数据线。

25.2.2　SD 卡结构框图

SD 卡结构框图如图 25-3 所示，其包括 5 部分：存储单元，用于存储数据，SD 卡读/写以块为单位，1 块为 512 字节，存储空间为 64MB 的 SD 卡共有 64×1024×1024/512=131072 块；存储单元接口，是存储单元与卡控制单元进行数据传输的通道；电源检测，用于保证 SD 卡在合适的电压下工作，在加电时复位控制单元和存储单元接口；卡及接口控制单元，通过 8 个寄存器控制并记录 SD 卡的运行状态；接口驱动器，由接口控制单元控制，完成 SD 卡引脚的输入/输出。

卡及接口控制单元包含 8 个寄存器。对各个寄存器的描述如表 25-1 所示。寄存器各个位的具体描述可参见文档《SD2.0 协议标准完整版》（位于本书配套资料包 "09.参考资料" 文件夹下）的第 5 章。

表 25-1 寄存器描述

寄存器名称	宽度/bit	描　　述
OCR	32	存储卡的电压描述和存取模式指示（MMC）
CID	128	存储卡识别阶段使用的卡识别信息
RCA	16	存储相对卡地址寄存器存放的卡地址
DSR	16	可选寄存器，可用于在扩展操作条件中提高总线性能
CSD	128	存储访问卡中的内容信息
SCR	64	存储被配置到特定 SD 卡的特殊功能的信息
SSR	512	存储 SD 卡专有特征的信息，即 SD 状态
CSR	32	存储 SD 卡状态信息，即卡状态

25.2.3 SDIO 传输内容

SDIO 与 SD 卡传输的内容可分为命令和数据。命令在 CMD 线上串行传输，数据在 DAT0 线上传输。其中，命令又可分为主机发送至 SD 卡的命令和 SD 卡发送至主机的响应。

1. 命令

SDIO 发送至 SD 卡的命令可根据发送范围及是否接收响应分为 4 种类型，如表 25-2 所示。

表 25-2 命令类型及描述

命 令 类 型	命 令 描 述
无响应广播命令（bc）	发送给所有从机（SD 卡），不接收响应
带响应广播命令（bcr）	发送给所有从机，接收响应
寻址命令（ac）	发送至对应地址的从机，不接收数据
寻址数据传输命令（adtc）	发送至对应地址的从机，接收数据

命令可分为通用命令（CMD）和应用命令（ACMD），应用命令是 SD 卡制造商指定的命令，发送应用命令的方法是先通过 CMD 线发送 CMD55 命令，再发送 CMDx 命令，此时 SD 卡将其视为 SDIO 的 ACMDx 命令。

不同命令的具体描述可参见文档《SD2.0 协议标准完整版》的 4.7.4 节。

主机发送至 SD 卡的命令在 CMD 线上串行传输，传输格式如图 25-4 所示。起始位与终止位各包含一个数据位，起始位为 0，终止位为 1，分别表示命令传输的起始和结束。传输标志用于表示传输方向，主机传输到 SD 卡时为 1，SD 卡传输到主机时为 0，即传输命令时传输标志为 1，传输响应时传输标志为 0。命令号占 6 位，可表示 $2^6 = 64$ 个命令。参数大小为 32 位，用于传输命令有关的参数或地址数据。CRC 校验位占 7 位，用于检验传输数据的正确性，检验失败将导致 SD 卡不执行相应命令。

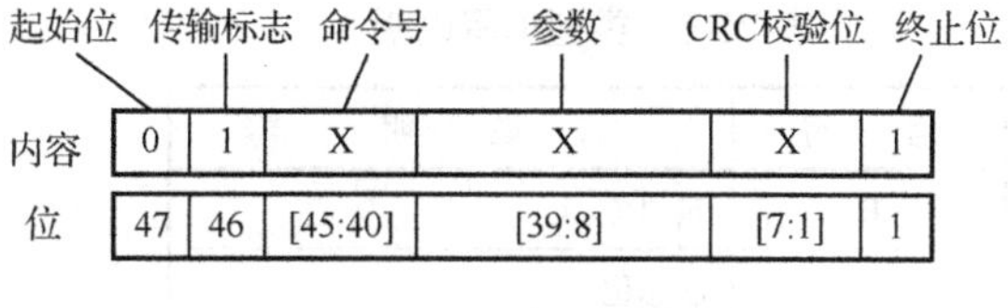

起始位	传输标志	命令号	参数	CRC校验位	终止位
0	1	X	X	X	1
47	46	[45:40]	[39:8]	[7:1]	1

内容
位

图 25-4 命令传输格式

表 25-3　响应类型

响 应 类 型	描　　述
R1	普通命令响应
R2	CID、CSD 寄存器
R3	OCR 寄存器
R4	Fast I/O
R5	中断请求
R6	RCA 响应
R7	卡接口条件

2. 响应

SD 卡发送至主机的响应分为 7 种类型，如表 25-3 所示。

不同响应的具体描述可参见文档《SD2.0 协议标准完整版》的 4.9.1～4.9.7 节。

响应为 SD 卡对主机命令的回应，当 SDIO 发送不同命令时，SD 卡根据主机的要求发送不同的响应。注意，有些命令不需要响应，如表 25-2 所示的无响应广播命令。响应同样在 CMD 线上串行传输，其传输格式与命令传输格式相同。

25.2.4　SD 卡状态信息

SD 卡支持两种状态信息：卡状态和 SD 状态。卡状态包含命令执行的错误和状态信息相关的状态位，卡状态为 32 位，存储于 CSR 寄存器中。卡状态在响应 R1（普通命令响应）中标识，卡状态标志位存储于图 25-4 中的 32 位参数中，当发送的命令要求 R1 响应时，卡状态标志位将随响应发出。部分卡状态标志位如表 25-4 所示。卡状态标志位的完整描述可参见文档《SD2.0 协议标准完整版》的 4.10.1 节。

表 25-4　部分卡状态标志位

位	标　识	类　型	值	描　　述	清 除 条 件
31	OUT_OF_RANGE	ERX	0=no error；1=error	命令的参数超出卡的接收范围	C
30	ADDRESS_ERROR	ERX	0=no error；1=error	未对齐的地址，同命令中使用的块长度不匹配	C
			......		
25	CARD_IS_LOCKED	SX	0=card unlocked；1=card locked	表明卡被主机加锁	A
24	LOCK_UNLOCK_FAILED	ERX	0=no error；1=error	加锁/解锁命令发生错误	C
23	COM_CRC_ERROR	ER	0=no error；1=error	前一个命令的 CRC 检查错误	B
			......		
19	ERROR	ERX	0=no error；1=error	通用或未知错误	C
			......		

其中，类型和清除条件的缩写说明分别如表 25-5 和表 25-6 所示。

表 25-5　类型缩写说明

缩　写	说　　明
E	错误位
S	状态位
R	检测和设置实际的命令响应
X	在命令执行期间，检测和设置

表 25-6　清除条件缩写说明

缩　写	说　　明
A	对应卡当前状态
B	与上一条命令相关
C	读后即清除

SD 状态包含与 SD 卡属性功能相关的状态位,该状态位为 512 位,存储于 SSR 寄存器中。当主机发送 ACMD13 命令至 SD 卡后,SD 状态将通过 DAT0 线发送给主机。部分 SD 状态标志位如表 25-7 所示。SD 状态标志位的完整描述可参见文档《SD2.0 协议标准完整版》的 4.10.2 节。

表 25-7 部分 SD 状态标志位

位	标 识	类型	值	描 述	清除条件
511:510	DAT_BUS_WIDTH	SR	00=1 默认; 01=保留; 10=4 位宽; 11=保留	SET_BUS_WIDTH 定义的当前总线宽度	A
509	SECURED_MODE	SR	0=不是担保模式; 1=担保模式	参考 "SD Security Specification"	A
508:496			保留		
495:480	SD_CARD_TYPE	SR	00xxh=V1.01-2.0; 0000h=常规读/写卡; 0001h=SD Rom 卡	SD_CARD_TYPE 表明卡的类型	A
			......		

25.2.5 SD 卡操作模式

SD 卡从插入开发板上的卡槽到结束传输数据共经历两种模式:卡识别模式和数据传输模式。

卡识别模式包含卡从空闲状态到待机状态的过程。当 SD 卡插入主机并通电时,首先处于空闲状态,主机通过不同命令检测 SD 卡的相应参数,并根据参数使 SD 卡最终处于待机状态或无效状态。卡识别模式阶段的时钟频率用 FOD 表示,最高为 400kHz,其状态转换图如图 25-5 所示。

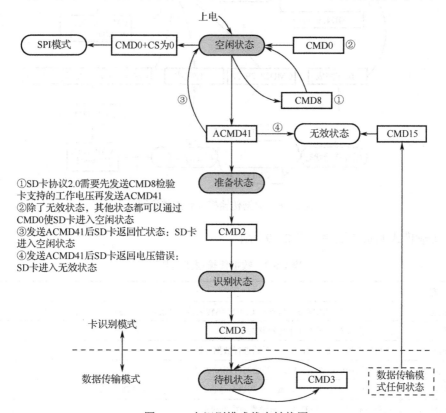

①SD卡协议2.0需要先发送CMD8检验卡支持的工作电压再发送ACMD41
②除了无效状态,其他状态都可以通过CMD0使SD卡进入空闲状态
③发送ACMD41后SD卡返回忙状态:SD卡进入空闲状态
④发送ACMD41后SD卡返回电压错误:SD卡进入无效状态

图 25-5 卡识别模式状态转换图

表 25-8　卡识别模式状态

状　　态	说　　明
空闲状态	通电后的初始状态，可通过 CMD0 跳转至该状态
准备状态	发送给所有从机（SD 卡），并接收响应
识别状态	发送至对应地址的从机，不接收数据
无效状态	发送至对应地址的从机，接收数据

卡识别模式状态的说明如表 25-8 所示。

数据传输模式包含卡从待机状态到断开连接状态的过程。当 SD 卡结束卡识别模式后，首先处于待机状态，主机可以通过命令 CMD7 使 SD 卡进入传输状态，并通过不同命令控制 SD 卡进入发送或接收数据状态。数据传输模式阶段的时钟频率用 FPP 表示，最高为 25~50MHz，其状态转换图如图 25-6 所示。

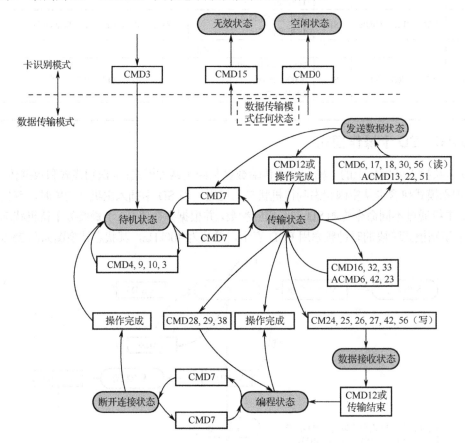

图 25-6　数据传输模式状态转换图

数据传输模式的状态说明如表 25-9 所示。

表 25-9　数据传输模式的状态

状　　态	说　　明
待机状态	结束识别后的初始状态，可通过 CMD7 跳转至传输状态，该状态可同时存在复数卡
传输状态	同一时间仅有一张卡处于传输状态
发送数据状态	主机发送相应命令后，SD 卡开始进行数据发送
数据接收状态	主机发送相应命令后，SD 卡开始接收相应数据
编程状态	数据接收完成后进入该状态，可通过命令进入传输状态或断开连接状态
断开连接状态	结束传输状态，将 SD 卡重新设置为待机状态

25.2.6 SDIO 总线协议

SDIO 总线协议如图 25-7 所示，SDIO 接口间的通信通常由主机发送命令，从机接收后执行相应动作并做出响应。数据传输是以"块"的形式传输的，数据块长度可通过格式化重新设置，通常为 512 字节。数据块传输伴随 CRC 校验，CRC 校验位由 SD 卡系统硬件生成，用于检测数据传输的正确性。SD 卡写协议包含忙状态检测，该状态通过 SD 卡将 D0 引脚电平拉低来表示。当数据传输即将结束时，主机将发送停止数据传输命令，SD 卡接收到该命令后，则会在接收完数据块后停止接收数据，并从数据接收状态重新跳转至传输状态或待机状态。

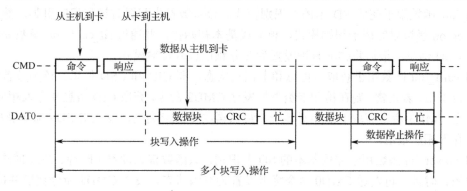

图 25-7 SDIO 总线协议

25.2.7 SDIO 数据包格式

SDIO 数据包有两种格式：常规数据包格式和宽位数据包格式。一般数据块的发送采用常规数据包格式，如图 25-8 所示，先发送低字节再发送高字节，先发字节高位再发字节低位。

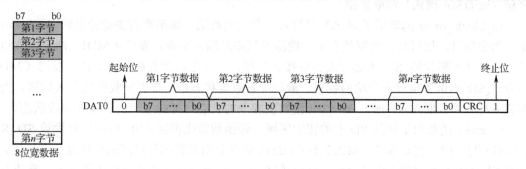

图 25-8 常规数据包格式

宽位数据包格式应用于发送 SD 卡的 SSR 寄存器（512 位）时，接收到 ACMD13 命令后，SD 卡将该寄存器的内容通过宽位数据包格式发送，如图 25-9 所示，通过数据线 DAT0 将寄存器的 512 位数据按照从高位到低位的顺序发送。

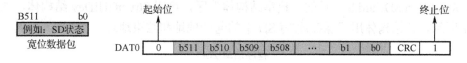

图 25-9 宽位数据包格式

25.3 实例与代码解析

前面介绍了 SDIO 结构、协议等内容，包括 SD 卡及其内部结构、SD 卡与微控制器的传输、SD 卡有关的状态位、SD 卡的操作模式、SDIO 接口传输数据的格式。本节基于 GD32F3 杨梅派开发板设计一个读/写 SD 卡程序，通过串口实现 SD 卡的读/写功能。

25.3.1 SDCard.c 文件

由于底层读/写文件 SDCard.c 的代码量较大，下面仅介绍部分关键函数的作用。

sd_init 函数用于完成 SD 卡的卡识别模式。该函数首先配置时钟和相应引脚，然后调用 sd_power_on 函数以完成卡识别模式，再完成基本初始化，并通过 sd_card_init 函数获取卡的 CID 和 CSD 信息，最后将传输时钟设置为 2 分频以进入传输模式。

sd_card_init 函数用于获取卡信息和卡识别状态，即 CID 和 CSD 信息。该函数首先检测电源是否正常，若正常，则在检测卡类型后发送 CMD2 命令，获取 CID 信息并存入相应数组，然后发送 CMD3 命令获取卡的相对地址，最后再次检测卡类型，发送 CMD9 命令获取 CSD 信息并存入相应数组。

sd_power_on 函数用于完成基本的 SD 卡识别，该函数首先设置了时钟、总线模式，然后使能电源、时钟，再发送 CMD0 命令将卡设置为空闲状态，发送 CMD8 命令获取并检验 SD 卡接口条件，即支持电压，最后通过 ACMD41 命令获取并检验 SD 卡的操作条件，即可操作的卡容量。此时微控制器已完成基本的卡匹配，进入卡识别模式。

sd_block_read 函数用于对 SD 卡读出一个块，即 512 字节的数据。该函数首先检验参数 preadbuffer 是否为空指针，然后禁止数据状态机，检测卡状态及输入参数，重新使能数据状态机，配置命令状态机，发送 CMD17 命令使 SD 卡发送一个块的数据，最后根据参数模式（轮询模式或 DMA 模式）读取数据。

sd_block_write 函数用于向 SD 卡写入一个块的数据。该函数首先检验参数 pwritebuffer 是否为空指针，然后禁止数据状态机，检测卡状态及输入参数，发送 CMD13 命令设置相应标志位，并不断检测 SD 卡是否准备好接收数据，在此之后配置命令状态机，发送 CMD24 命令使 SD 卡准备接收一个块的数据，最后配置数据状态机，根据参数模式写入数据。当数据完成写入后，通过 sd_card_state_get 函数获取卡的状态，等待卡退出编程和接收状态。

sd_erase 函数用于擦除 SD 卡的相应区域。该函数首先根据 CSD 中的信息检验 SD 卡是否支持擦除操作，然后通过 CMD32 和 CMD33 命令分别设置擦除区域的首地址和末地址，再通过 CMD38 命令擦除选定的区域，最后通过 sd_card_state_get 函数获取卡的状态，等待卡退出编程和接收状态。

25.3.2 ReadWriteSDCard 文件对

1. ReadWriteSDCard.h 文件

在 ReadWriteSDCard.h 文件的"枚举结构体"区，声明 StructGUIDev 结构体，如程序清单 25-1 所示，该结构体用于保存读/写 SD 卡的起始地址和结束地址。

程序清单 25-1

```
1.   typedef struct
2.   {
```

```
3.      u32  beginAddr;                              //SD 卡读/写开始地址
4.      u32  endAddr;                                //SD 卡读/写结束地址
5.    }StructGUIDev;
```

在"API 函数声明"区为 API 函数的声明代码，如程序清单 25-2 所示。ReadSDCard 函数用于从 SD 卡的指定地址读取指定长度的数据。WriteSDCard 函数用于向 SD 卡的指定地址写入指定长度的数据，DisplayAddress 函数用于在 LCD 屏上显示地址范围，InitReadWriteSDCard 函数用于初始化 SD 卡读/写模块，ReadWriteSDCardTask 函数用于执行读/写 SD 卡模块任务。

程序清单 25-2

```
1.    void ReadSDCard(u32 addr, u32 len);            //读取 SD 卡
2.    void WriteSDCard (u32 addr, u8 data);          //写入 SD 卡
3.    void DisplayAddress(void);                     //显示地址范围
4.    void InitReadWriteSDCard(void);                //初始化读/写 SD 卡模块
5.    void ReadWriteSDCardTask(void);                //读/写 SD 卡模块任务
```

2. ReadWriteSDCard.c 文件

ReadWriteSDCard.c 文件的"包含头文件"区包含了 SDCard.h 和 LCD.h 等头文件，SDCard.c 文件包含对 SD 卡的块进行读/写的函数，ReadWriteSDCard.c 文件需要通过调用这些函数完成对 SD 卡的读/写，因此需要包含 SDCard.h 头文件。由于地址、数据等信息都通过 LCD 屏显示，因此还需要包含 LCD.h 头文件。

在"宏定义"区定义了显示字符的最大长度 MAX_STRING_LEN 为 64，即 LCD 显示字符串的最大长度为 64 位。

在"内部变量"区为内部变量的声明代码，如程序清单 25-3 所示。s_structGUIDev 为 GUI 的结构体，包含读/写地址和读/写函数等数据，s_arrSDBuffer[2048] 为 SD 卡读/写缓冲区，2048 表示该工程每次读/写 SD 卡的最大数据量为 2048 字节，s_arrStringBuff[MAX_STRING_LEN] 为字符串转换缓冲区，最多转换 64 字符，s_structSDCardInfo 为包含 SD 卡信息的结构体。

程序清单 25-3

```
1.    static StructGUIDev s_structGUIDev;            //GUI 设备结构体
2.    static u8   s_arrSDBuffer[2048];               //SD 卡读/写缓冲区
3.    static char s_arrStringBuff[MAX_STRING_LEN];   //字符串转换缓冲区
4.    static sd_card_info_struct s_structSDCardInfo; //SD 卡信息
```

在"内部函数声明"区为内部函数的声明代码，如程序清单 25-4 所示。Read 函数根据参数读取 SD 卡相应位置、相应长度的字节数，Write 函数根据参数向 SD 卡的相应位置写入 1 字节数据，PrintSDInfo 函数根据输入的结构体参数将 SD 卡信息发送至串口助手进行打印，InitSDCard 函数用于初始化 SD 卡。

程序清单 25-4

```
1.    static u8   Read(u32 addr, u32 len, u8** data);        //按字节读取 SD 卡
2.    static u8   Write(u32 addr, u8 data);                  //按字节写入 SD 卡
3.    static void PrintSDInfo(sd_card_info_struct *pcardinfo);//打印 SD 卡信息
4.    static void InitSDCard(void);                          //初始化 SD 卡
```

在"内部函数实现"区，首先实现 Read 函数，如程序清单 25-5 所示。

（1）第 7 至 12 行代码：由于 SD 卡是通过块读/写传输数据的，因此 Read 函数首先通过

while 语句获得读取地址相对应的数据块的首地址及相应的偏移地址。

　　（2）第 15 至 41 行代码：设置数据保存的缓冲区 buff，并根据偏移地址计算需要读取的长度 len，通过 while 语句，先计算剩余读取长度，再将当前读取地址对应的数据块通过 sd_block_read 函数读取至数据缓冲区 buff。

　　（3）第 44 至 46 行代码：计算数据地址并赋给返回参数 data，最后返回 1 表示读取成功。

程序清单 25-5

```
1.    static u8   Read(u32 addr, u32 len, u8** data)
2.    {
3.      u32 addrOffset;         //目标地址与实际写入地址偏移量
4.      u8* buff;               //读取缓冲区
5.
6.      //查找数据块首地址
7.      addrOffset = 0;
8.      while(0 != (addr % s_structSDCardInfo.card_blocksize))
9.      {
10.       addr = addr - 1;
11.       addrOffset = addrOffset + 1;
12.     }
13.
14.     //按数据块读入数据并保存到数据缓冲区
15.     buff = s_arrSDBuffer;
16.     len = len + addrOffset;
17.     while(len > 0)
18.     {
19.       //计算剩余读取数据量
20.       if(len >= s_structSDCardInfo.card_blocksize)
21.       {
22.         len = len - s_structSDCardInfo.card_blocksize;
23.       }
24.       else
25.       {
26.         len = 0;
27.       }
28.
29.       //读入整个数据块.
30.       if(SD_OK != sd_block_read(buff, addr, s_structSDCardInfo.card_blocksize))
31.       {
32.         printf("SDCrad Read ERROR!!!");
33.         return 0;
34.       }
35.
36.       //设置读取地址为下一个数据块
37.       addr = addr + s_structSDCardInfo.card_blocksize;
38.
39.       //设置下一个读取缓冲区地址
40.       buff = buff + s_structSDCardInfo.card_blocksize;
41.     }
42.
43.     //计算返回地址
44.     *data = s_arrSDBuffer + addrOffset;
45.
46.     return 1;
47.   }
```

在 Read 函数实现区后为 Write 函数的实现代码，如程序清单 25-6 所示。

（1）第 7 至 11 行代码：通过 while 语句获得写入地址对应的数据块的首地址和偏移地址。

（2）第 14 至 26 行代码：调用 sd_block_read 函数将写入地址对应的数据块读出，并存入缓冲区，修改写入地址对应的数据后，将整个数据块重新写入。

程序清单 25-6

```
1.   static u8   Write(u32 addr, u8 data)
2.   {
3.     u32 addrOffset; //目标地址与实际写入地址偏移量
4.
5.     //查找数据块首地址
6.     addrOffset = 0;
7.     while(0 != (addr % s_structSDCardInfo.card_blocksize))
8.     {
9.       addr = addr - 1;
10.      addrOffset = addrOffset + 1;
11.    }
12.
13.    //读取整个数据块
14.    if(SD_OK != sd_block_read(s_arrSDBuffer, addr, s_structSDCardInfo.card_blocksize))
15.    {
16.      printf("SDCrad Read ERROR!!!");
17.      return 0;
18.    }
19.
20.    //修改数据块，将要写入的数据存储到数据块指定位置
21.    s_arrSDBuffer[addrOffset] = data;
22.
23.    //写入修改后的数据块
24.    sd_block_write(s_arrSDBuffer, addr, s_structSDCardInfo.card_blocksize);
25.
26.    return 1;
27.  }
```

在 Write 函数实现区后为 PrintSDInfo 函数的实现代码，该函数通过输入参数来判断插入的 SD 卡类型，并将 SD 卡的相对地址、容量等信息发送到计算机的串口助手上进行显示。

在 PrintSDInfo 函数实现区后为 InitSDCard 函数的实现代码。如程序清单 25-7 所示。

（1）第 7 至 12 行代码：通过 sd_io_init 函数初始化 SD 卡，并根据返回值判断初始化结果，若初始化失败，则执行相应函数体后重新初始化，直到初始化成功，输出初始化成功的信息至串口助手。

（2）第 15 至 18 行代码：获取并输出 SD 卡信息。

（3）第 21 至 34 行代码：选中准备读/写的 SD 卡并检测其是否被锁死，若 SD 卡被锁死，则输出 "SD card is locked!" 并执行相应函数。

（4）第 37 至 43 行代码：若未锁死，则设置 SD 卡传输模式为 1 线模式及 DMA 传输模式，并使能 SDIO 的中断以保证 SD 卡正常进行数据传输。

程序清单 25-7

```
1.   static void InitSDCard(void)
2.   {
```

```
3.      u8   firstShowFlag;
4.      u32 cardstate;
5.
6.      //初始化 SD 卡
7.      firstShowFlag = 1;
8.      while(SD_OK != sd_io_init())
9.      {
10.       ...
11.     }
12.     printf("Initialize SD card successfully\r\n");
13.
14.     //获取 SD 卡信息
15.     sd_card_information_get(&s_structSDCardInfo);
16.
17.     //打印输出 SD 卡信息
18.     PrintSDInfo(&s_structSDCardInfo);
19.
20.     //选中 SD 卡
21.     sd_card_select_deselect(s_structSDCardInfo.card_rca);
22.
23.     //查看 SD 卡是否锁死
24.     sd_cardstatus_get(&cardstate);
25.     if(cardstate & 0x02000000)
26.     {
27.       LCDClear(WHITE);
28.       LCDShowString(250, 200, 300, 30, 24, "SD card is locked!");
29.       printf("SD card is locked!\r\n");
30.       while(1)
31.       {
32.
33.       }
34.     }
35.
36.     //切换 SD 卡到 1 线模式
37.     sd_bus_mode_config(SDIO_BUSMODE_1BIT);
38.
39.     //使用 DMA 传输
40.     sd_transfer_mode_config(SD_DMA_MODE);
41.
42.     //使能 SDIO 中断
43.     nvic_irq_enable(SDIO_IRQn, 0, 0);
44.   }
```

在"API 函数实现"区首先实现 ReadSDCard 函数，如程序清单 25-8 所示，该函数首先校验地址范围是否位于 SD 卡的内存中，若位于 SD 卡的内存中，则通过 Read 函数获取数据，然后将数据打印到 LCD 屏和串口助手上；否则显示地址无效。

程序清单 25-8

```
1.   void ReadSDCard(u32 addr, u32 len)
2.   {
3.     u32 i;      //循环变量
```

```
4.    u8* buff;    //读取缓冲区
5.    u8  data;    //读取到的数据
6.
7.    //校验地址范围
8.    if((addr >= s_structGUIDev.beginAddr) && (addr + len - 1 <= s_structGUIDev.endAddr))
9.    {
10.     //从 SD 卡中读取数据
11.     if(!Read(addr, len, &buff))
12.     {
13.       printf("SDCard read error!\r\n");
14.       ShowStringLineInGUITerminal("SDCard read error!");
15.       return;
16.     }
17.
18.     //输出读取信息到终端和串口
19.     sprintf(s_arrStringBuff, "Read : 0x%08X - 0x%02X\r\n", addr, len);
20.     ShowStringLineInGUITerminal(s_arrStringBuff);
21.     printf("%s", s_arrStringBuff);
22.
23.     //打印到终端和串口上
24.     for(i = 0; i < len; i++)
25.     {
26.       //读取
27.       data = buff[i];
28.
29.       //输出
30.       sprintf(s_arrStringBuff, "0x%08X: 0x%02X\r\n", addr + i, data);
31.       ShowStringLineInGUITerminal(s_arrStringBuff);
32.       printf("%s", s_arrStringBuff);
33.     }
34.   }
35.   else
36.   {
37.     //无效地址
38.     ShowStringLineInGUITerminal("Read: Invalid address\r\n");
39.     printf("Read: Invalid address\r\n");
40.   }
41. }
```

在 ReadSDCard 函数实现区后，为 WriteSDCard 函数的实现代码，该函数与 ReadSDCard 函数类似，判断地址范围后，根据是否位于 SD 卡中，调用 Write 函数将数据写入 SD 卡或显示地址无效。

在 WriteSDCard 函数实现区后，为 DisplayAddress 函数的实现代码，该函数将 SD 卡的内存范围转换为字符串后，将其显示在 LCD 屏和串口助手上。

在 DisplayAddress 函数实现区后为 InitReadWriteSDCard 函数的实现代码，如程序清单 25-9 所示。该函数通过 InitSDCard 函数初始化 SD 卡，并根据卡容量设置 SD 卡的内存范围。

程序清单 25-9

```
1.    void InitReadWriteSDCard(void)
2.    {
```

```
3.     u32 realCapacity;
4.
5.     //初始化 SD 卡
6.     InitSDCard();
7.
8.     realCapacity = sd_card_capacity_get();
9.
10.    //SD 卡首地址
11.    s_structGUIDev.beginAddr = 0;
12.
13.    //SD 卡结束地址
14.    if(realCapacity > 4*1024*1024)  //SD 卡容量大于 4GB，限定可读/写地址为 0～0xFFFFFFFF
15.    {
16.      s_structGUIDev.endAddr = 0xFFFFFFFF;
17.    }
18.    else
19.    {
20.      s_structGUIDev.endAddr = s_structGUIDev.beginAddr + (realCapacity << 10) - 1;
21.    }
22. }
```

25.3.3　SDCardTop.c 文件

1. SDCardTop.h 文件

在 SDCardTop.h 文件的"API 函数声明"区为 API 函数的声明代码，如程序清单 25-10 所示。InitSDcardTop 函数初始化读/写 SD 卡顶层模块，SDCardTask 函数执行 SD 卡读/写任务。

程序清单 25-10

```
void InitSDcardTop(void);      //初始化读/写 SD 卡顶层模块
void SDCardTask(void);         //执行 SD 卡读/写任务
```

2. SDCardTop.c 文件

在 SDCardTop.c 文件的"内部函数声明"区为内部函数的声明代码，如程序清单 25-11 所示。CharToU32 函数用于将传入的字符转换为对应的整型数据，并将其作为返回值返回；DisplayBackground 函数用于绘制 LCD 屏的背景图；CommandAnalyza 函数用于分析串口获取的命令，并执行相应函数。

程序清单 25-11

```
static u32 CharToU32(char c);           //将字符转换为对应的整型数据
static void DisplayBackground(void);    //绘制背景
static u8 CommandAnalyza(u8 *data);     //命令分析
```

在"内部函数实现"区首先实现 CharToU32 函数，如程序清单 25-12 所示，该函数通过 switch 语句将表示十六进制数的字符 0～f 转换为对应的数字，最后将其作为返回值返回。

程序清单 25-12

```
1.    static u32 CharToU32(char c)
2.    {
3.       u32 result;
```

```
4.      switch(c)
5.      {
6.        case '0': result = 0 ; break;
7.        case '1': result = 1 ; break;
8.        ...
9.        case 'F': result = 15; break;
10.       case 'f': result = 15; break;
11.       default : result = 16; break;
12.     }
13.
14.     return result;
15. }
```

在 CharToU32 函数实现区后，为 DisplayBackground 函数的实现代码，该函数定义背景图片控制结构体，并将背景图片的存储首地址及大小赋给该结构体的成员变量，然后通过 DisplayJPEGInFlash 函数将图片解码并显示在 LCD 屏上。

在 DisplayBackground 函数实现区后，为 CommandAnalyza 函数的实现代码，如程序清单 25-13 所示，该函数首先通过命令的前两个字符判断命令格式是否正确，若正确，则通过 while 循环获取 ":" 至 "," 之间的内容作为地址的字符，并将这些字符转换为对应的十六进制数，然后将 "," 之后的内容作为参数的字符转换为十六进制数，最后根据第 1 个字符调用相应函数并返回 0，表示命令执行完成；若不正确，则返回 2，表示格式错误。

程序清单 25-13

```
1.  static u8 CommandAnalyza(u8 *data)
2.  {
3.      ...
4.
5.      //检测命令作用
6.      if((('R' == *(data + 0)) || ('W' == *(data + 0)))&& (':' == *(data + 1)))
7.      {
8.        //获取地址
9.        i = 2;
10.       while (i < 10)   //地址最多至第 9 位
11.       {
12.         //遇见逗号
13.         if (',' == *(data + i))
14.         {
15.           break;
16.         }
17.
18.         charValue = CharToU32(*(data + i));
19.
20.         if(charValue < 16)
21.         {
22.           address = address * 16 + charValue;
23.         }
24.         else
25.         {
26.           ok = 3;
27.           return ok;
```

```
28.        }
29.
30.        i = i + 1;
31.      }
32.
33.      i = i + 1;
34.
35.      //获取读出数据量或写入数据
36.      while('\0' != *(data + i))            //未遇见命令终止符
37.      {
38.        charValue = CharToU32(*(data + i));
39.
40.        if(charValue < 16)
41.        {
42.          paraNum = paraNum * 16 + charValue;
43.        }
44.        else
45.        {
46.          ok = 3;
47.          return ok;
48.        }
49.
50.        if(paraNum > 0xFF)
51.        {
52.          ok = 3;
53.          return ok;
54.        }
55.
56.        i = i + 1;
57.      }
58.
59.      if(paraNum > 0xFF || address > 0xFFFFFFFF)
60.      {
61.        ok = 3;
62.        return ok;
63.      }
64.
65.      //根据命令，读/写 SD 卡
66.      switch(*(data + 0))
67.      {
68.        case 'R':
69.          ReadSDCard(address, paraNum);
70.          break;
71.        case 'W':
72.          WriteSDCard(address, paraNum);
73.          break;
74.        default :
75.          ok = 1;
76.      }
77.    }
78.    else
79.    {
```

```
80.      ok = 2;
81.    }
82.
83.    return ok;
84.  }
```

在"API 函数实现"区首先实现 InitSDcardTop 函数,如程序清单 25-14 所示,该函数设置屏幕显示方向并清屏,并通过 InitReadWriteSDCard 函数初始化读/写 SD 卡模块,然后进行背景绘制、终端创建、数据检测模块初始化,最后通过 DisplayAddress 函数显示 SD 卡的可读/写地址范围。

程序清单 25-14

```
1.   void InitSDcardTop(void)
2.   {
3.     //LCD 横屏显示
4.     LCDDisplayDir(1);
5.     LCDClear(GBLUE);
6.
7.     //初始化读/写 SD 卡模块
8.     InitReadWriteSDCard();
9.
10.    //绘制背景
11.    DisplayBackground();
12.
13.    //创建终端
14.    InitGUITerminal();
15.    ClearGUITerminal();
16.
17.    //初始化数据检测模块
18.    InitCheckLineFeed();
19.
20.    //终端输出地址范围
21.    DisplayAddress();
22.  }
```

在 InitSDcardTop 函数实现区后,为 SDCardTask 函数的实现代码。该函数通过检测串口发送的命令,在收到的完整字符串的末尾添加结束符,然后通过 CommandAnalyza 函数解析命令并进行处理。

25.3.4 Main.c 文件

在 Main.c 文件的"内部函数实现"区的 Proc2msTask 函数中,调用 SDCardTask 函数执行读/写 SD 卡任务,即检测串口发送的命令并进行相应的处理,如程序清单 25-15 所示。

程序清单 25-15

```
1.   static  void  Proc2msTask(void)
2.   {
3.     //判断 2ms 标志位状态
4.     if(Get2msFlag())
5.     {
```

```
6.       //调用闪烁函数
7.       LEDFlicker(250);
8.
9.       SDCardTask();
10.
11.      //清除 2ms 标志位
12.      Clr2msFlag();
13.   }
14. }
```

25.3.5 运行结果

图 25-10　GUI 界面

代码编译通过后，将 SD 卡插入 GD32F3 杨梅派开发板的 TF 卡座（J_{304}），下载程序并进行复位。可以观察到开发板上的 LCD 屏显示如图 25-10 所示的 GUI 界面。

注意，$2^{32}B = 4GB$，若 SD 卡的容量大于 4GB，则 GUI 界面显示的范围为 0x00000000–0xFFFFFFFF；若不大于 4GB，则显示该 SD 卡实际可读/写的地址范围。通常，标注 4GB 容量的 SD 卡的实际容量要小于 4GB，因此最大地址小于 0xFFFFFFFF。

打开串口助手，输入"R/W:ADDR,DATA"格式的指令后，单击"发送"按钮，即可对 SD 卡相应的内存进行读/写。其中，字符串首字符 R 为读指令，表示以 ADDR 指定的地址为起始地址，依次读取 DATA 字节数据；字符串首字符 W 为写指令，表示将 DATA 写入 ADDR 指定的地址中。ADDR 和 DATA 均为十六进制数，ADDR 的值应在 GUI 界面上显示的地址范围内，DATA 应在 0~0xFF 内。

例如，在串口助手中通过写指令依次向地址 0x1111F303~0x1111F306 中写入数据 0x0F、0x03、0x00、0x03，此时串口助手显示如图 25-11 所示，LCD 屏显示如图 25-12 所示。

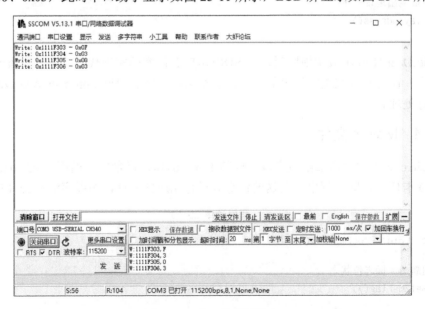

图 25-11　串口发送写指令

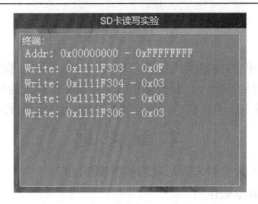

图 25-12　LCD 屏幕显示写入数据

再通过发送读指令，以 0x1111F303 为起始地址，依次读取 4 字节数据（即 0x1111F303～ 0x1111F306 中的数据），此时串口助手显示如图 25-13 所示，LCD 屏显示如图 25-14 所示。 可见读出的数据与写入的数据完全一致，表示读/写 SD 卡成功。

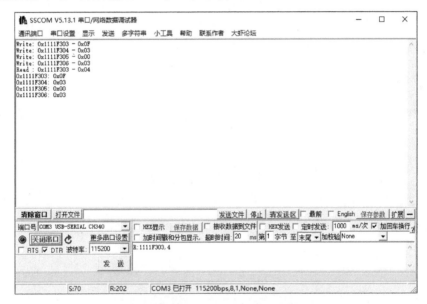

图 25-13　串口发送读指令

图 25-14　LCD 屏幕显示读取数据

本 章 任 务

本章实例将 SDIO 协议的传输模式配置为 DMA 传输，实现了微控制器与 SD 卡之间的数据通信。尝试在实例例程的基础上，将传输模式由 DMA 传输改为轮询模式。

任务提示：在初始化 SD 卡函数中，将传输模式修改为轮询模式。

本 章 习 题

1. 简述 SD 卡从插入到数据传输结束的状态转换过程。

2. 简述 SD 卡不同命令的作用。

3. 简述 SD 卡的卡状态和 SD 状态中不同状态标识的含义。

4. 将整型、浮点型、字符型等不同数据类型的变量写入 SD 卡，写入后进行读取并通过串口助手显示。

第 26 章　FatFs 与读/写 SD 卡

存储空间的作用是存放数据，但如果仅对扇区进行简单的读/写却不对数据加以管理，那么存储空间的作用将大大减弱。文件系统是一种为了存储和管理数据而在存储介质上建立的组织结构。本章将介绍如何向 SD 卡移植文件系统，并通过不同的文件操作函数管理文件。

本节基于 GD32F3 杨梅派开发板设计一个 FatFs 与读/写 SD 卡实例，实现向 SD 卡移植文件系统，并通过各种文件操作函数将电子书文件的内容显示在开发板的 LCD 屏上，以及通过独立按键创建、保存和删除存放阅读进度的文件。

26.1　文　件　系　统

文件系统可以理解为一份用于管理数据的代码，其原理是，在写入数据时求解数据的写入地址和格式，并将这些信息随着数据写入相应的地址中，其最大的特点是可以对数据进行管理。使用文件系统时，数据以文件的形式存储。写入新文件时，将在目录创建一个文件索引，文件索引指示文件存放的物理地址，并将数据存储到该地址。当需要读取数据时，可以从目录找到该文件的索引，进而在相应的地址中读取数据。

Windows 下常见的文件系统格式包括 FAT32、NTFS、exFAT 等。

26.2　FatFs 文件系统

FatFs 文件系统是一种面向小型嵌入式系统的通用 FAT 文件系统。该系统完全由 ANSIC 语言（即标准 C 语言）编写，并且完全独立于底层的 I/O 介质，可以很容易地移植到其他处理器。FatFs 文件系统支持多个存储媒介，具有独立的缓冲区，可以读/写多个文件，并且该系统特别针对 8 位和 16 位微控制器进行了优化。

FatFs 文件系统的关系网络如图 26-1 所示，其中物理设备为相应的存储介质，如 Flash、SD 卡等。底层设备输入/输出为用户实现的读/写物理设备的有关函数，即底层存储媒介接口。

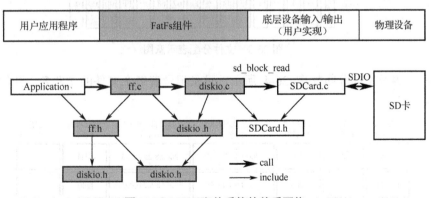

图 26-1　FatFs 文件系统的关系网络

FatFs 组件包含 ff.c、diskio.c 等文件，各个文件的描述如表 26-1 所示。最后是用户应用程序，通过调用 ff.c 文件中的相应函数来实现文件管理。

表 26-1　FatFs 组件文件描述

文 件 名	描　　　述
integer.h	包含了一些数值类型定义
diskio.c	包含需要用户自己实现的底层存储介质操作函数
ff.c	FatFs 核心文件，包含文件管理的实现方法
cc936.c	包含了简体中文的 GBK 和 Unicode 相互转换功能函数
ffconf.h	包含了对 FatFs 功能配置的宏定义

26.3　文件系统空间分布

文件系统是以"簇"为最小单位进行读/写的，每个文件至少占用一个簇的空间。簇的大小在格式化时被确定，簇越大，读/写速度越快，但对于小文件来说存在浪费空间的问题。FatFs 文件系统通常使用的簇的大小为 4KB。

文件系统移植完成后，存储介质中的空间分布情况如图 26-2 所示，文件分配表用于记录各个文件的存储位置。目录用于记录文件系统中各个文件的开始簇和文件大小等文件信息。A.TXT、B.TXT 和 C.TXT 等为文本文件。下面具体介绍文件分配表和目录的内容。

图 26-2　存储介质中的空间分布

文件分配表的内容如图 26-3 所示，其中第一行从 1 到 99 为相应的簇号，对应第二行的数据为该文件存储的下一簇的簇号，当数据为 FF 时，表示对应文件的数据已经结束。

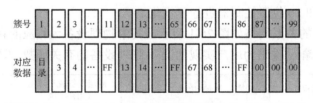

图 26-3　文件分配表示意图

目录的内容及空间分布如图 26-4 所示，目录记录着每个文件的文件名、开始簇和读/写属性等信息。

文件名 （50字节）	开始簇 （4字节）	文件大小 （10字节）	创建日期时间 （10字节）	修改日期时间 （10字节）	读写属性 （4字节）	保留 （12字节）
A.TXT	2	10	2000.8.25 10.55	2000.8.25 12.55	只读	
B.TXT	12	53.6	2018.6.1 13.55	2018.6.2 6.09	隐藏	
C.TXT	66	20.5	2021.11.25 10.38	2021.11.26 18.55	系统	
...						

图 26-4　目录示意图

26.4　FatFs 文件系统移植步骤

1. 添加 FatFs 文件夹至文件路径

在 Keil μVision5 中将 FatFs 文件夹中的文件添加至工程中，并将该文件夹添加至文件路径中。

2. 修改 ffconf.h 文件的相关宏定义

在 ffconf.h 文件中，将程序清单 26-1 所示的 5 项宏定义进行修改，并添加头文件 diskio.h。

程序清单 26-1

```
#ifndef _FFCONF
...
#define   _USE_MKFS      1            /*设置 _USE_MKFS 为 1 以使能 f_mkfs()函数*/
...
#define _CODE_PAGE 936               /*设置_CODE_PAGE 为 936 以使用中文编码而不是 932 日文编码*/
...
#define _VOLUMES    3                /*支持 3 个盘符*/
...
#define   _FS_LOCK 3                 /*设置_FS_LOCK 为 3，支持同时打开 3 个文件*/
...
#define _WORD_ACCESS   1            /*设置_WORD_ACCESS 为 1，支持 WORD*/
...

#include "diskio.h"

#endif
```

3. 完善 diskio.c 文件中的底层设备驱动函数

需要完善的底层设备驱动函数包括设备状态获取函数（disk_status）、设备初始化函数（disk_initialize）、扇区读取函数（disk_read）、扇区写入函数（disk_write）和其他控制函数（disk_ioctl），具体代码将在 26.3 节的 diskio.c 文件中介绍。

此时，文件系统 FatFs 已移植完成，可通过 f_mount 函数为 SD 卡挂载文件系统，并通过 f_open、f_close 和 f_read 等函数操作文件。

26.5　文件系统操作函数

与文件系统操作有关的函数约有 40 个，下面仅介绍其中的部分函数：①挂载文件系统的函数 f_mount；②打开或创建文件的函数 f_open；③关闭文件的函数 f_close；④从文件读取数据的函数 f_read；⑤将数据写入文件的函数 f_write；⑥获取文件大小的函数 f_size；⑦移动读/写指针的函数 f_lseek；⑧获取文件信息的函数 f_stat。这些函数均在 ff.h 文件中声明，在 ff.c 文件中实现。更多其他函数的功能和用法可参见 FatFs 官网。

1. f_mount

f_mount 函数用于为存储介质挂载一个文件系统，文件系统的挂载是指将该文件系统放在全局文件系统树的某个目录下，完成挂载后才能访问文件系统中的文件。f_mount 函数的描述如表 26-2 所示。

opt：指定文件系统的初始化选项，为 0 时表示现在不挂载，等到第一次访问卷时再挂载；为 1 时强制挂载卷以检查它是否可以工作。

例如，立即挂载文件系统对象为 fs 的文件系统，其中，"0:"表示 SD 卡物理驱动器号，代码如下：

```
f_mount(&fs, "0:", 1);
```

2. f_open

f_open 函数的功能是打开或创建一个文件，该函数的描述如表 26-3 所示。

表 26-2　f_mount 函数的描述

函数名	f_mount
函数原型	FRESULT f_mount (　　FATFS* fs, 　　const TCHAR* path, 　　BYTE opt)
功能描述	为存储介质挂载文件系统
输入参数	fs：指向文件对象结构的指针
输入参数	path：指向要打开或创建的文件名的指针
输入参数	opt：指定初始化选项
输出参数	无
返回值	文件操作状态

表 26-3　f_open 函数的描述

函数名	f_open
函数原型	FRESULT f_open (　　FIL* fp, 　　const TCHAR* path, 　　BYTE mode)
功能描述	打开或创建一个文件
输入参数	fp：指向文件对象结构的指针
输入参数	path：指向要打开或创建的文件名的指针
输入参数	mode：指定文件的访问类型和打开方法模式的标志
输出参数	无
返回值	文件操作状态

参数 mode 的部分可取值如表 26-4 所示。

表 26-4　参数 mode 的部分可取值

mode 可取值	实 际 值	描　　述
FA_READ	0x01	指定对文件的读取访问权限。可以从文件中读取数据
FA_WRITE	0x02	指定对文件的写访问权限。数据可以写入文件
FA_OPEN_EXISTING	0x00	打开一个已存在的文件
FA_CREATE_NEW	0x04	创建一个不存在的文件
FA_CREATE_ALWAYS	0x08	创建一个新文件。如果文件存在，它将被截断并覆盖
FA_OPEN_ALWAYS	0x10	打开文件，如果文件不存在则创建文件

例如，创建一个文件名为 A.txt 且位于 SD 卡的文件 fdst_bin，并指定其写访问权限的代码如下：

```
f_open(&fdst_bin, "0:/A.txt", FA_CREATE_ALWAYS | FA_WRITE);
```

3. f_close

f_close 函数的功能是将打开的文件关闭，该函数的描述如表 26-5 所示。

例如，关闭文件 fdst_bin 的代码如下：

```
f_close(&fdst_bin);
```

4. f_read

f_read 函数的功能是从文件中读取相应长度的数据，该函数的描述如表 26-6 所示。

表 26-5　f_close 函数的描述

函数名	f_close
函数原型	FRESULT f_close (　　FIL *fp)
功能描述	关闭文件
输入参数	fp: 指向文件对象结构的指针
输出参数	无
返回值	文件操作状态

表 26-6　f_read 函数的描述

函数名	f_read
函数原型	FRESULT f_read (　　FIL* fp, 　　void* buff, 　　UINT btr, 　　UINT* br)
功能描述	从文件中读取数据
输入参数	fp: 指向文件对象结构的指针
输入参数	buff: 指向读取数据缓冲区地址的指针
输入参数	btr: 需要读取的字节数
输出参数	br: 实际读取的字节数
返回值	文件操作状态

例如，从文件 fs 中读取 buff 数组大小的字节数到 buff 数组，并将实际读取到的字节数赋值给变量 br，代码如下：

```
f_read(&fs, &buff, sizeof(buff) , &br);
```

5. f_write

f_write 函数的功能是写入相应长度的数据到文件，该函数的描述如表 26-7 所示。

例如，将文本 "FatFs Write Demo" 和文本 "www.ly.com" 写入文件 fs，并将实际写入的字节数赋值给变量 bw，代码如下：

```
f_write(&fs,"FatFs Write Demo \r\n www.ly.com \r\n", 30, &bw);
```

6. f_size

f_size 函数的功能是获取文件的大小，通过宏定义实现，该函数的描述如表 26-8 所示。

表 26-7　f_write 函数的描述

函数名	f_write
函数原型	FRESULT f_write (　　FIL* fp, 　　const void *buff, 　　UINT btw, 　　UINT* bw)
功能描述	从文件中读取数据
输入参数	fp: 指向文件对象结构的指针
输入参数	buff: 指向写入数据缓冲区地址的指针
输入参数	btw: 需要写入的字节数
输出参数	bw: 实际写入的字节数
返回值	文件操作状态

表 26-8　f_size 函数的描述

函数名	f_size
函数原型	#define f_size(fp) ((fp)->fsize)
功能描述	获取文件的大小
输入参数	fp: 指向文件对象结构的指针
标识符含义	通过指向文件对象结构的指针得到文件的 fsize 参数

例如，获取文件 fs 的大小并赋值给变量 size，代码如下：

```
size=f_size(fs)
```

7. f_lseek

f_lseek 函数的功能是移动打开文件对象的读/写指针，该函数的描述如表 26-9 所示。

例如，将读/写指针设置为指向文件 fs 末尾以追加数据，代码如下：

```
f_lseek (fs, f_size(fs));
```

8. f_stat

f_stat 函数的功能是检查目录的文件或子目录是否存在，若不存在，返回 FR_NO_FILE；若存在，则返回 FR_OK，并将对象、大小、时间戳和属性等信息存储到文件信息结构中，该函数的描述如表 26-10 所示。

表 26-9　f_lseek 函数的描述

函数名	f_lseek
函数原型	FRESULT f_lseek (　FIL* fp, 　DWORD ofs)
功能描述	移动打开文件对象的读/写指针。
输入参数	fp: 指向文件对象结构的指针
输入参数	ofs: 设置读/写指针的文件顶部的字节偏移量
输出参数	无
返回值	文件操作状态

表 26-10　f_stat 函数的描述

函数名	f_stat
函数原型	FRESULT f_stat (　const TCHAR* path, 　FILINFO* fno)
功能描述	获取文件信息
输入参数	path: 指向指定对象以获取其信息的指针
输入参数	fno: 指向用于存储对象信息的空白 FILINFO 结构的指针
输出参数	无
返回值	文件操作状态

26.6　实例与代码解析

26.6.1　ffconf.h 文件

ffconf.h 文件包含了对 FatFs 功能配置的宏定义，由于该文件中部分宏定义与本实例功能不相符，因此需要进行修改。另外，还需要添加 diskio.h 头文件，如程序清单 26-2 所示。下面对修改的宏定义进行解释。

（1）第 3 行代码的宏定义_USE_MKFS，当其为 1 时，使能 f_mkfs 函数，使得该函数可被调用。因此将其由 0 修改为 1。

（2）第 5 行代码的宏定义_CODE_PAGE，其作用是设置文件系统的编码文字，936 为中文编码，932 为日文编码，因此将其由 932 修改为 936。

（3）第 7 行代码的宏定义_VOLUMES，其作用是设置盘符数目，由于本实例将 SD 卡、NAND Flash、USB 设置为盘符，因此将其由 0 修改为 3。

（4）第 9 行代码的宏定义_FS_LOCK，其作用是设置文件打开数目，将其修改为 3，可支持同时打开 3 个文件。

（5）第 11 行代码的宏定义_WORD_ACCESS，当其为 1 时，使能文件系统对 WORD 文档的操作。

程序清单 26-2

```
1.   #ifndef _FFCONF
2.   …
3.   #define  _USE_MKFS    1        /*设置_USE_MKFS 为 1 以使能 f_mkfs 函数*/
4.   …
5.   #define _CODE_PAGE 936         /*设置_CODE_PAGE 为 936 以使用中文编码而不是 932 日文编码*/
6.   …
7.   #define _VOLUMES    3          /*支持 3 个盘符*/
8.   …
9.   #define  _FS_LOCK 3            /*设置_FS_LOCK 为 3，支持同时打开 3 个文件*/
10.  …
11.  #define _WORD_ACCESS  1        /*设置_WORD_ACCESS 为 1，支持 WORD*/
12.  …
13.
14.  #include "diskio.h"
15.
16.  #endif
```

26.6.2　diskio.c 文件

diskio.c 文件包含了以下几种底层设备驱动函数。

disk_status 函数用于获取存储设备的状态，这里返回正常状态。如程序清单 26-3 的第 9 至 10 行代码所示，当检测到参数为 FS_SD（SD 卡设备）时，返回 RES_OK 表示设备正常。

程序清单 26-3

```
1.   DSTATUS disk_status (
2.     BYTE pdrv /* Physical drive nmuber to identify the drive */
3.   )
4.   {
5.     switch (pdrv)
6.     {
7.
8.     //获取 SD 卡状态
9.     case FS_SD :
10.      return RES_OK;
11.
12.     //获取 NAND Flash 状态
13.     case FS_NAND :
14.      return STA_NODISK;
15.     }
16.
17.     return STA_NODISK;
18.   }
```

disk_initialize 函数用于初始化存储设备，如程序清单 26-4 的第 8 至 16 行代码所示，当检测到参数为 FS_SD 时，调用 sd_io_init 函数初始化 SD 卡，并根据初始化结果返回相应的返回值。

程序清单 26-4

```
1.   DSTATUS disk_initialize (
2.     BYTE pdrv /* Physical drive nmuber to identify the drive */
```

```
3.    )
4.    {
5.      switch (pdrv)
6.      {
7.        //初始化 SD 卡
8.        case FS_SD :
9.          if (sd_io_init() == SD_OK)
10.          {
11.            return RES_OK;
12.          }
13.          else
14.          {
15.            return RES_ERROR;
16.          }
17.
18.        //初始化 NAND Flash
19.        case FS_NAND :
20.          return RES_PARERR;
21.
22.        default :
23.          break;
24.      }
25.      return RES_PARERR;
26.    }
```

  disk_read 函数用于向存储设备读取数据，如程序清单 26-5 的第 20 至 41 行代码所示，当检测到参数为 FS_SD 时，根据需要读出扇区的数目调用 sd_block_read 或 sd_multiblocks_read 函数读取数据，若读取失败，则将 RES_ERROR 作为返回值返回，否则等待传输完成后返回 RES_OK。

程序清单 26-5

```
1.    DRESULT disk_read (
2.      BYTE pdrv,     /* Physical drive nmuber to identify the drive */
3.      BYTE *buff,    /* Data buffer to store read data */
4.      DWORD sector,  /* Sector address in LBA */
5.      UINT count     /* Number of sectors to read */
6.    )
7.    {
8.      sd_error_enum status; //SD 卡操作返回值
9.
10.     //count 不能等于 0，否则返回参数错误
11.     if(0 == count)
12.     {
13.       return RES_PARERR;
14.     }
15.
16.     switch (pdrv)
17.     {
18.
19.       //读取 SD 卡数据
20.       case FS_SD :
```

```
21.        //单扇区传输
22.        if (1 == count)
23.        {
24.          status = sd_block_read(buff, sector << 9 , SECTOR_SIZE);
25.        }
26.
27.        //多扇区传输
28.        else
29.        {
30.          status = sd_multiblocks_read(buff, sector << 9 , SECTOR_SIZE, count);
31.        }
32.
33.        //检验传输结果
34.        if (status != SD_OK)
35.        {
36.          return RES_ERROR;
37.        }
38.
39.        //等待 SD 卡传输完成
40.        while(sd_transfer_state_get() != SD_NO_TRANSFER);
41.        return RES_OK;
42.
43.      //读取 NAND Flash 数据
44.      case FS_NAND :
45.        return RES_PARERR;
46.
47.    }
48.    return RES_PARERR;
49.  }
```

　　disk_write 函数用于向存储设备写入数据，其函数体与 disk_read 函数体大致相同，仅将调用读取函数修改为调用写入函数 sd_block_write 或 sd_multiblocks_write。

　　disk_ioctl 函数被称为"其他函数"，当存在 disk_read、disk_write 等底层驱动函数无法完成的功能时，可通过该函数完成。如程序清单 26-6 的第 12 至 40 行代码所示，当检测到参数为 FS_SD 时，根据参数 cmd 执行相应的语句，若为有效参数，则执行相应语句后返回 RES_OK；否则返回 RES_PARERR，表示非法参数。

程序清单 26-6

```
1.   DRESULT disk_ioctl (
2.     BYTE pdrv,   /* Physical drive nmuber (0..) */
3.     BYTE cmd,    /* Control code */
4.     void *buff   /* Buffer to send/receive control data */
5.   )
6.   {
7.     sd_card_info_struct sdInfo; //SD 卡信息
8.
9.     switch (pdrv) {
10.
11.    //SD 卡控制
12.    case FS_SD :
13.
```

```
14.        //获取 SD 卡信息
15.        sd_card_information_get(&sdInfo);
16.        switch(cmd)
17.        {
18.            //同步操作
19.            case CTRL_SYNC:
20.                return RES_OK;
21.
22.            //获取扇区大小
23.            case GET_SECTOR_SIZE:
24.                *(WORD*)buff = 512;
25.                return RES_OK;
26.
27.            //获取块大小
28.            case GET_BLOCK_SIZE:
29.                *(WORD*)buff = sdInfo.card_blocksize;
30.                return RES_OK;
31.
32.            //获取扇区数量
33.            case GET_SECTOR_COUNT:
34.                *(DWORD*)buff = sdInfo.card_capacity / 512;
35.                return RES_OK;
36.
37.            //非法参数
38.            default:
39.                return RES_PARERR;
40.        }
41.
42.    //NAND Flash 控制
43.    case FS_NAND :
44.        return RES_PARERR;
45.    }
46.    return RES_PARERR;
47. }
```

　　除了上述底层驱动函数，由于文件系统中的目录需要记录文件的创建时间和最终修改时间，因此获取时间戳的函数也是必需的。如程序清单 26-7 所示，get_fattime 函数将当前时间戳转换为 32 位数据后将其作为返回值返回。

程序清单 26-7

```
1.  DWORD get_fattime (void)
2.  {
3.      /*如果有全局时钟，可按下面的格式进行时钟转换。本例是 2014-07-02 00:00:00 */
4.
5.      return    ((DWORD)(2014 - 1980) << 25)    /* Year = 2013 */
6.              | ((DWORD)7 << 21)                /* Month = 1 */
7.              | ((DWORD)2 << 16)                /* Day_m = 1*/
8.              | ((DWORD)0 << 11)                /* Hour = 0 */
9.              | ((DWORD)0 << 5)                 /* Min = 0 */
10.             | ((DWORD)0 >> 1);                /* Sec = 0 */
11. }
```

26.6.3　ReadBookByte 文件对

1．ReadBookByte.h 文件

在 ReadBookByte.h 文件的"API 函数声明"区，为 API 函数的声明代码，如程序清单 26-8 所示。ReadBookByte 函数用于获取 1 字节数据，GetBytePosition 函数用于获取当前字节在文本文件中的位置，SetPosition 函数用于设置文件中的读取位置，GetBookSize 函数用于获取电子书文件的大小。

程序清单 26-8

```
1.  u32 ReadBookByte(char* byte, u32* visi);   //读取 1 字节数据
2.  u32 GetBytePosition(void);                  //获取当前字节在文本文件中的位置
3.  u32 SetPosition(u32 position);              //设置读取位置
4.  u32 GetBookSize(void);                      //获取电子书文件的大小
```

2．ReadBookByte.c 文件

在 ReadBookByte.c 文件的"内部函数声明"区声明 ReadData 函数，该函数用于从文件中读取一段数据。

在"内部函数实现"区实现 ReadData 函数，如程序清单 26-9 所示。

（1）第 10 至 23 行代码：打开固定路径的文件后，通过 f_lseek 函数设置文件的读取位置，并检查是否完成。

（2）第 26 至 37 行代码：将缓冲区清空后，通过 f_read 函数读取一段数据至缓冲区。

（3）第 43 至 57 行代码：通过 f_close 函数关闭文件后更新读取位置，并检测文件是否读取完毕。

程序清单 26-9

```
1.   static u32 ReadData(void)
2.   {
3.     //文件操作返回值
4.     FRESULT result;
5.
6.     //循环变量
7.     u32 i;
8.
9.     //打开文件
10.    result = f_open(&s_fileBook, "0:/book/Holmes.txt", FA_OPEN_EXISTING | FA_READ);
11.    if (result != FR_OK)
12.    {
13.      printf("ReadBookByte: 打开指定文件失败\r\n");
14.      return 0;
15.    }
16.
17.    //设置读取位置（要确保读取位置的地址为 4 的倍数，不然会卡死）
18.    result = f_lseek(&s_fileBook, s_iFilePos * BOOK_READ_BUF_SIZE);
19.    if (result != FR_OK)
20.    {
21.      printf("ReadBookByte: 设置读取位置失败\r\n");
22.      return 0;
```

```
23.    }
24.
25.    //清缓冲区
26.    for(i = 0; i < BOOK_READ_BUF_SIZE; i++)
27.    {
28.      s_arrReadBuf[i] = 0;
29.    }
30.
31.    //读取一段数据
32.    result = f_read(&s_fileBook, s_arrReadBuf, BOOK_READ_BUF_SIZE, &s_iByteRemain);
33.    if (result !=  FR_OK)
34.    {
35.      printf("ReadBookByte: 读取数据失败\r\n");
36.      return 0;
37.    }
38.
39.    //保存图书大小
40.    s_iBookSize = s_fileBook.fsize;
41.
42.    //关闭文件
43.    result = f_close(&s_fileBook);
44.    if (result !=  FR_OK)
45.    {
46.      printf("ReadBookByte: 关闭指定文件失败\r\n");
47.      return 0;
48.    }
49.
50.    //更新读取位置
51.    s_iFilePos = s_iFilePos + 1;
52.
53.    //判断是不是文件中的最后一段数据
54.    if(s_fileBook.fptr >= s_fileBook.fsize)
55.    {
56.      s_iEndFlag = 1;
57.    }
58.
59.    return 1;
60.  }
```

在"API 函数实现"区，首先实现 ReadBookByte 函数，该函数用于获取相应区域 1 字节的数据并检测可视字节的数目，如程序清单 26-10 所示。

（1）第 7 至 24 行代码：检测缓冲区是否为空，以及文件是否读取完毕，若为空且未读取完毕，则继续读取；若为空且读取完毕，则直接返回 0。

（2）第 30 至 45 行代码：在缓冲区范围内，检测最近的非可视字符位置以获取连续可视字符的数目。

（3）第 49 至 50 行代码：更新已读取字节及剩余字节的计数。

程序清单 26-10

```
1.  u32 ReadBookByte(char* byte, u32* visi)
2.  {
```

```
3.      u32 result;   //文件操作返回值
4.      u32 visible;  //可视字符统计
5.
6.      //当前缓冲区中剩余字节数为 0, 需要读取一段新数据
7.      if((0 == s_iByteRemain) && (0 == s_iEndFlag))
8.      {
9.        //读取一段数据
10.       result = ReadData();
11.       if(0 == result)
12.       {
13.         return 0;
14.       }
15.
16.       //读取字节计数清零
17.       s_iByteCnt = 0;
18.     }
19.
20.     //当前缓冲区中剩余字节数为 0, 并且文件已全部读取完毕
21.     else if((0 == s_iByteRemain) && (1 == s_iEndFlag))
22.     {
23.       return 0;
24.     }
25.
26.     //输出字节数据
27.     *byte = s_arrReadBuf[s_iByteCnt];
28.
29.     //可视字符统计
30.     visible = 0;
31.     while(1)
32.     {
33.       //检查数组是否越界
34.       if((s_iByteCnt + visible + 1) >= BOOK_READ_BUF_SIZE)
35.       {
36.         break;
37.       }
38.
39.       //查找到了非可视字符
40.       if(s_arrReadBuf[s_iByteCnt + visible + 1] <= ' ')
41.       {
42.         break;
43.       }
44.       visible++;
45.     }
46.     *visi = visible;
47.
48.     //更新计数
49.     s_iByteCnt++;
50.     s_iByteRemain--;
51.
52.     //读取成功
53.     return 1;
54.   }
```

在 ReadBookByte 函数实现区后为 GetBytePosition 函数的实现代码，GetBytePosition 函数首先判断变量 s_iFilePos 的值，为 0 表示读取数据，否则根据文件中的读取位置、读取数据量及读取字节计数计算相应的位置。

在 GetBytePosition 函数实现区后为 SetPosition 函数的实现代码，SetPosition 函数用于设置文件中的读取位置，如程序清单 26-11 所示，首先检测读取位置是否超出文件范围，若未超出，则设置文件读取位置后通过 ReadData 函数获取一段数据，并更新读取字节计数及缓冲区剩余量。

程序清单 26-11

```
1.   u32 SetPosition(u32 position)
2.   {
3.     //读取位置超过文件大小
4.     if((position >= s_iBookSize) && (0 != s_iBookSize))
5.     {
6.       return 0;
7.     }
8.
9.     //设置读取位置并读入一段新数据
10.    s_iFilePos = position / BOOK_READ_BUF_SIZE;
11.    if(0 == ReadData())
12.    {
13.      return 0;
14.    }
15.
16.    //更新读取字节计数
17.    s_iByteCnt = position % BOOK_READ_BUF_SIZE;
18.
19.    //更新缓冲区剩余量
20.    s_iByteRemain = s_iByteRemain - s_iByteCnt;
21.
22.    return 1;
23.  }
```

在 SetPosition 函数实现区后为 GetBookSize 函数的实现代码，该函数用于获取文本大小，该函数直接将 ReadBookByte.c 文件中的内部变量 s_iBookSize 作为返回值返回。

26.6.4 FatFsTest 文件对

1. FatFsTest.h 文件

在 FatFsTest.h 文件的"API 函数声明"区为 API 函数的声明代码，如程序清单 26-12 所示。

程序清单 26-12

```
1.   void InitFatFsTest(void);              //初始化 FatFs 与读/写 SD 卡模块
2.   void PreviousPage(void);               //显示上一页的内容
3.   void NextPage(void);                   //显示下一页的内容
4.   void CreatReadProgressFile(void);      //创建保存阅读进度文件
5.   void SaveReadProgress(void);           //保存阅读进度
6.   void DeleteReadProgress(void);         //删除阅读进度
```

2. FatFsTest.c 文件

在 FatFsTest.c 文件的"包含头文件"区，包含了 ReadBookByte.h、GUITop.h 等头文件，由于 FatFsTest.c 文件需要通过调用 ReadBookByte 和 GetBytePosition 等函数获取文件数据，因此需要包含 ReadBookByte.h 头文件。FatFsTest.c 文件的代码中还需要使用 InitGUI 等函数来初始化 GUI 界面，该函数在 GUITop.h 文件中声明，因此还需要包含 GUITop.h 头文件。

在"内部函数声明"区声明 NewPage 函数，如程序清单 26-13 所示，该函数用于刷新新一页的内容显示。

程序清单 26-13

```
static void NewPage(void);        //显示新的一页
```

在"内部函数实现"区实现 NewPage 函数，如程序清单 26-14 所示。

（1）第 8 至 22 行代码：检测上一个未打印字符并设置显示行列数为 0，若未打印字符在显示范围内，则将其显示至 LCD 相应区域。

（2）第 28 至 101 行代码：通过 while 语句将整页内容显示于文本显示区域，每次循环完成一个字符的显示或操作，当行数大于每页最大行数（即本页全部内容显示完成）时返回。

（3）第 31 至 35 行代码：获取 1 字节的数据并检测文本是否已完全显示，若完全显示，则设置标志位后返回。

（4）第 38 至 79 行代码：检测获取到的数据，如果为回车换行符，则更新行计数及列计数。如果为需要显示的字符，则检测是否存在特殊情况，若当前行不足以显示整个单词则换行；若出现空格且位置为非新段的行首则不显示；若不存在特殊情况，则通过 GUIDrawChar 函数显示该字符。

（5）第 82 至 97 行代码：更新列计数以显示下一字符，若本行完全显示，则更新行计数。

程序清单 26-14

```
1.    static void NewPage(void)
2.    {
3.      ...
4.
5.      //清除显示
6.      GUIFillColor(BOOK_X0, BOOK_Y0, BOOK_X1, BOOK_Y1, s_iBackColor);
7.
8.      //显示上一个未打印出来的字符
9.      if((s_iLastChar >= ' ') && (s_iLastChar <= '~'))
10.     {
11.       rowCnt = 0;
12.       lineCnt = 0;
13.       x = BOOK_X0 + FONT_WIDTH * rowCnt;
14.       y = BOOK_Y0 + FONT_HEIGHT * lineCnt;
15.       GUIDrawChar(x, y, s_iLastChar, GUI_FONT_ASCII_16, NULL, GUI_COLOR_BLACK, 1);
16.       rowCnt = 1;
17.     }
18.     else
19.     {
20.       rowCnt = 0;
21.       lineCnt = 0;
22.     }
```

```
23.
24.    //显示一整页内容
25.    newchar = 0;
26.    newParaFlag = 0;
27.    s_iLastChar = 0;
28.    while(1)
29.    {
30.      //从缓冲区中读取1字节数据
31.      if(0 == ReadBookByte(&newchar, &visibleLen))
32.      {
33.        s_iEndFlag = 1;
34.        return;
35.      }
36.
37.      //回车符号
38.      if('\r' == newchar)
39.      {
40.        rowCnt = 0;
41.      }
42.
43.      //换行符号
44.      else if('\n' == newchar)
45.      {
46.        rowCnt = 0;
47.        lineCnt = lineCnt + 1;
48.        if(lineCnt >= MAX_LINE_NUM)
49.        {
50.          return;
51.        }
52.        newParaFlag = 1;
53.      }
54.
55.      //正常显示
56.      if((newchar >= ' ') && (newchar <= '~'))
57.      {
58.        //检查当前行是否足以显示整个单词
59.        if((newchar != ' ') && ((BOOK_X0 + FONT_WIDTH * (rowCnt + visibleLen)) > (BOOK_X1 -
    FONT_WIDTH)))
60.        {
61.          rowCnt = 0;
62.          lineCnt = lineCnt + 1;
63.          if(lineCnt >= MAX_LINE_NUM)
64.          {
65.            s_iLastChar = newchar;
66.            return;
67.          }
68.        }
69.
70.        //非新段行首空格不显示
71.        if((0 == rowCnt) && (0 == newParaFlag) && (' ' == newchar))
72.        {
73.          continue;
```

```
74.        }
75.
76.        x = BOOK_X0 + FONT_WIDTH * rowCnt;
77.        y = BOOK_Y0 + FONT_HEIGHT * lineCnt;
78.        GUIDrawChar(x, y, newchar, GUI_FONT_ASCII_16, NULL, GUI_COLOR_BLACK, 1);
79.      }
80.
81.      //更新列计数
82.      rowCnt = rowCnt + 1;
83.      x = BOOK_X0 + FONT_WIDTH * rowCnt;
84.      if(x > (BOOK_X1 - FONT_WIDTH))
85.      {
86.        rowCnt = 0;
87.      }
88.
89.      //更新行计数
90.      if(0 == rowCnt)
91.      {
92.        lineCnt = lineCnt + 1;
93.        if(lineCnt >= MAX_LINE_NUM)
94.        {
95.          return;
96.        }
97.      }
98.
99.      //清除新段标志位
100.     newParaFlag = 0;
101.   }
102. }
```

在"API 函数实现"区，首先实现 InitFatFsTest 函数，该函数用于向 SD 卡挂载文件系统，并实现 GUI 界面与底层读/写函数的联系。

在 InitFatFsTest 函数实现区后为 PreviousPage 函数的实现代码，如程序清单 26-15 所示。

（1）第 6 至 13 行代码：检测上一页是否有意义，如果有意义，则通过 for 语句将 s_arrPrevPosition 数组中的元素位置进行偏移，并将记录中的第一页赋值为无意义，即赋值为 0xFFFFFFFF。其中，数组 s_arrPrevPosition 用于存放上一页的位置信息，下标和页码呈正相关，最后一个元素为当前显示页的位置。

（2）第 16 至 27 行代码：检测上一页是否有意义，若有意义，则将文件读/写指针设置在当前位置。

程序清单 26-15

```
1.  void PreviousPage(void)
2.  {
3.    u32  i; //循环变量
4.
5.    //刷新上一页位置数据
6.    if(0xFFFFFFFF != s_arrPrevPosition[MAX_PREV_PAGE - 2])
7.    {
8.      for(i = (MAX_PREV_PAGE - 1); i > 0; i--)
9.      {
```

```
10.         s_arrPrevPosition[i] = s_arrPrevPosition[i - 1];
11.       }
12.       s_arrPrevPosition[0] = 0xFFFFFFFF;
13.     }
14.
15.     //上一页有意义
16.     if(0xFFFFFFFF != s_arrPrevPosition[MAX_PREV_PAGE - 1])
17.     {
18.       //成功设置读/写位置
19.       if(1 == SetPosition(s_arrPrevPosition[MAX_PREV_PAGE - 1]))
20.       {
21.         s_iEndFlag = 0;
22.         s_iLastChar = 0;
23.
24.         //刷新新的一页
25.         NewPage();
26.       }
27.     }
28.   }
```

在 PreviousPage 函数实现区后，为 NextPage 函数的实现代码，如程序清单 26-16 所示。NextPage 函数的函数体与 PreviousPage 函数类似。

（1）第 6 至 9 行代码：首先检测文本是否已全部显示，若已全部显示，则直接退出。

（2）第 11 至 24 行代码：检测上一页的位置是否有效，若无效，表示此时显示的是第一页，为了避免特殊情况，将当前字节的位置（即上一页的位置）保存两次；若有效，则进行数组的偏移及赋值。注意，由于文件指针在使用时会自增，此时不需要通过 SetPosition 函数设置文件指针位置。

程序清单 26-16

```
1.    void NextPage(void)
2.    {
3.      u32  i; //循环变量
4.
5.      //文本已全部显示，直接退出
6.      if(1 == s_iEndFlag)
7.      {
8.        return;
9.      }
10.
11.     //保存上一页位置
12.     if(0xFFFFFFFF == s_arrPrevPosition[MAX_PREV_PAGE - 1])
13.     {
14.       s_arrPrevPosition[MAX_PREV_PAGE - 1] = GetBytePosition();
15.       s_arrPrevPosition[MAX_PREV_PAGE - 2] = GetBytePosition();
16.     }
17.     else
18.     {
19.       for(i = 0; i < (MAX_PREV_PAGE - 1); i++)
20.       {
21.         s_arrPrevPosition[i] = s_arrPrevPosition[i + 1];
```

```
22.      }
23.      s_arrPrevPosition[MAX_PREV_PAGE - 1] = GetBytePosition();
24.    }
25.
26.    //刷新新的一页
27.    NewPage();
28.  }
```

在 NextPage 函数实现区后，为 CreatReadProgressFile 函数的实现代码，该函数用于创建保存阅读进度的文件，如程序清单 26-17 所示。CreatReadProgressFile 函数首先检测保存文件的路径"0:/book/progress"是否存在，若路径不存在，则通过 f_mkdir 函数创建该路径，最后通过 f_open 函数创建保存阅读进度的文件并检测函数返回值。

程序清单 26-17

```
1.   void CreatReadProgressFile(void)
2.   {
3.     static FIL s_fileProgressFile;      //进度缓存文件
4.     DIR        progressDir;             //目标路径
5.     FRESULT    result;                  //文件操作返回变量
6.
7.     //校验进度缓存路径是否存在，若不存在则创建该路径
8.     result = f_opendir(&progressDir,"0:/book/progress");
9.     if(FR_NO_PATH == result)
10.    {
11.      f_mkdir("0:/book/progress");
12.    }
13.    else
14.    {
15.      f_closedir(&progressDir);
16.    }
17.
18.    //检查文件是否存在，如不存在则创建
19.    result = f_open(&s_fileProgressFile, "0:/book/progress/progress.txt", FA_CREATE_NEW |
    FA_READ);
20.    if(FR_OK != result)
21.    {
22.      printf("CreatReadProgressFile：文件已存在\r\n");
23.    }
24.    else
25.    {
26.      printf("CreatReadProgressFile：创建文件成功\r\n");
27.      f_close(&s_fileProgressFile);
28.    }
29.  }
```

在 CreatReadProgressFile 函数实现区后，为 SaveReadProgress 函数的实现代码，该函数用于保存阅读进度，在获取当前字节在文本的位置及文本的总大小后，将其写入保存阅读进度的文件中。

在 SaveReadProgress 函数实现区后，为 DeleteReadProgress 函数的实现代码，该函数用于删除阅读进度，如程序清单 26-18 所示，通过调用 f_unlink 函数将保存阅读进度的文件删除。

程序清单 26-18

```
1.   void DeleteReadProgress(void)
2.   {
3.     f_unlink("0:/book/progress/progress.txt");
4.     printf("DeleteReadProgress: 删除成功\r\n");
5.   }
```

26.6.5　ProcKeyOne.c 文件

在 ProcKeyOne.c 文件的"API 函数实现"区的 ProcKeyDownKey1 和 ProcKeyDownKey3 函数中，分别调用 PreviousPage 和 NextPage 函数来实现电子书翻页，如程序清单 26-19 所示。

程序清单 26-19

```
1.   void   ProcKeyDownKey1(void)
2.   {
3.     PreviousPage();
4.   }
5.
6.   void   ProcKeyDownKey3(void)
7.   {
8.     NextPage();
9.   }
```

26.6.6　Main.c 文件

在 Main.c 文件的"内部函数实现"区的 Proc2msTask 函数中，调用按键扫描函数，如程序清单 26-20 所示，每 2ms 进行一次独立按键扫描，以完成按键任务。

程序清单 26-20

```
1.   static   void   Proc2msTask(void)
2.   {
3.     static u8 s_iCnt = 0;
4.
5.     //判断 2ms 标志位状态
6.     if(Get2msFlag())
7.     {
8.       //调用闪烁函数
9.       LEDFlicker(250);
10.
11.      //独立按键扫描任务
12.      ScanKeyOne(KEY_NAME_KEY1, ProcKeyUpKey1, ProcKeyDownKey1);
13.      ScanKeyOne(KEY_NAME_KEY2, ProcKeyUpKey2, ProcKeyDownKey2);
14.      ScanKeyOne(KEY_NAME_KEY3, ProcKeyUpKey3, ProcKeyDownKey3);
15.
16.      Clr2msFlag();     //清除 2ms 标志位
17.    }
18.  }
```

26.6.7　运行结果

代码编译通过后，使用读卡器将 SD 卡在计算机上打开，将本书配套资料包中"08.软件资料\SD 卡文件"文件夹下的所有文件复制到 SD 卡的根目录下，再将 SD 卡插入开发板，下载程序并进行复位。程序将打开位于 SD 卡根目录下的 Holmes.txt 文件，可以观察到 LCD 屏上显示图 26-5 所示的 GUI 界面，此时通过按下 KEY$_1$、KEY$_3$ 按键可进行电子书翻页。

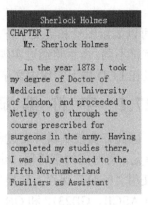

图 26-5　GUI 界面

本 章 任 务

本章实例以在 LCD 屏上显示电子书的形式实现 FatFs 文件系统与读/写 SD 卡功能，并增加了翻页功能。在本章实例的基础上，增加自动保存功能，即每隔一段时间自动保存阅读进度，并将存放进度的文件存入 SD 卡中。另外，在开发板通电或复位时，读取 SD 卡中的进度文件，并跳转进度至对应的页码。

任务提示：

1．FatFsTest 模块中包含用于保存阅读进度的 API 函数，在 2ms 或 1s 任务处理函数中调用该函数即可实现自动保存。

2．在初始化 FatFsTest 模块中，通过 f_open、f_read 等函数打开阅读进度文件并读取其中的进度。

3．根据获取到的进度，通过 FatFsTest 模块中的设置读取位置函数，设置当前应显示的页面。

本 章 习 题

1．简述文件系统的移植步骤。

2．简述文件系统移植成功后的存储空间分布情况。

3．f_open 函数的功能是什么？通过该函数实现打开一个文件名为 B.txt 且位于 SD 卡的文件 fdst_bin，并指定其读/写访问权限。如果文件不存在，则先创建该文件再打开。

4．能否向 Flash 移植文件系统？如果可以，请尝试实现。

5．调用 26.2.4 节中的各个文件操作函数，验证函数功能。

第 27 章　中文显示

LCD 屏作为显示设备，不仅可以显示图形和英文字符，还可以显示中文字符，但中文字符的编码方式和显示方式与英文字符不同。本章将通过实现在 LCD 屏上显示中文电子书的功能来介绍中文字符编码方式，以及在 LCD 屏上实现中文字符显示的方法。

27.1　字　符　编　码

微控制器只能存储二进制数，因此在微控制器开发过程中涉及的数据只能先转换成二进制数，才能存储至相应的存储器单元。将对应的字符用二进制数表示的过程，称为字符编码，如 ASCII 码中的字符"A"可以使用"0x41"保存。转换成不同二进制数的过程即为不同的编码方式，常见的字符编码方式有 ASCII、GB2312 和 GBK 等。其中 ASCII 码用于保存英文字符，GB2312 和 GBK 码除了用于保存英文字符，还可用于保存中文字符。ASCII 编码方式在第 10 章中已介绍过，下面主要介绍 GB2312 和 GBK 编码方式。

1. GB2312 编码方式

使用 ASCII 编码方式足以实现英文字符的保存，英文单词的数量虽然多，但是都由 26 个英文字母组成，因此仅用 1 字节编码长度即可表示所有英文字符。但对于汉字，如果类比英文字母，按照笔画的方式来保存，再将其组合成具体的文字，这样的编码方式将会极其复杂。因此，通常使用二进制数编码来保存单个汉字。但汉字的数量较多，仅常用字就约 6000 个，此外，还有众多生僻字和繁体字。所以中文字符的编码需要使用 2 字节的编码长度。2 字节编码长度最多能表示 65535 个字符，但实际上字库的保存并不需要使用全部空间，因为

```
16 0 1 2 3 4 5 6 7 8 9
0    啊 阿 埃 挨 哎 唉 哀 皑 癌
1 蔼 矮 艾 碍 爱 隘 鞍 氨 安 俺
2 按 暗 岸 胺 案 肮 昂 盎 凹 敖
3 熬 翱 袄 傲 奥 懊 澳 芭 捌 扒
4 叭 吧 笆 八 疤 巴 拔 跋 靶 把
5 耙 坝 霸 罢 爸 白 柏 百 摆 佰
6 败 拜 稗 斑 班 搬 扳 般 颁 板
7 版 扮 拌 伴 瓣 半 办 绊 邦 帮
8 梆 榜 膀 绑 棒 磅 蚌 镑 傍 谤
9 苞 胞 包 褒 剥
```

图 27-1　区位码定位图

常用汉字加上生僻字和繁体字总共约 20000 个，若参考 ASCII 码的方式按顺序来排列，不仅浪费空间，而且不方便字符的检索。因此，GB2312 编码方式使用区位码来查找字符，它将字符分为 94 个区，每个区含有 94 个字符，一共 8836 个编码，能够表示 8836 个字符。在使用过程中，字符编码的第一字节（高字节）为区号，第二字节（低字节）为位号，根据对应的区号和位号即可查找到对应的字符。如图 27-1 所示为区位码定位图，其中 16 代表的是区号。以"啊"字为例，"啊"字对应的位为 01，因此"啊"字对应的区位码为"1601"。由于 GB2312 编码向下兼容 ASCII 码，因此，在实际的 GB2312 编码中，将区号和位号同时加上"0xA0"来区别 ASCII 编码段。故"啊"字的 GB2312 编码为 0xB0A1。

2. GBK 编码方式

采用 GB2312 编码方式可以表示的汉字只有 6000 多个（其余 2000 多个为中文符号及日文字符等，不包含繁体字和生僻字），在特殊情况下，GB2312 码的字符量可能无法满足使用需求，而在 GB2312 编码方式基础上产生的 GBK 编码方式能够很好地解决这一问题。GBK 编码方式能够保存 20000 多个汉字，包括生僻字和繁体字，同时兼容 GB2312 和 ASCII 编码方式。GBK 编码方式同样使用 1 字节或 2 字节空间来保存字符，使用 1 字节时，保存的字符

与 ASCII 码对应；使用 2 字节时，保存的字符为中文及其他字符，在其编码区中，第一字节（区号）范围为 0x81~0xFE。由于 0x7F 不被使用，因此第二字节（位号）分为两部分，分别为 0x40~0x7E 和 0x80~0xFE（以 0x7F 为界）。其中与 GB2312 编码区重合的部分字符相同，因此可以说，GB2312 码是 GBK 码的子集。本章使用的字库即为 GBK 字库。

27.2　字模和字库的概念

如图 27-2 所示，假设在 LCD 16×16 区域显示中文字符 "啊"，可以按照一定的顺序，如从左往右、从上往下依次将像素点点亮或熄灭，遍历整个矩形区域后，字符 "啊" 将显示在屏幕上。现在用 1 位表示一个像素点，假设 0 代表熄灭，1 代表点亮，可以按照从左往右、从上往下的顺序依次将像素点数据保存到一个数组中，该数组即为汉字 "啊" 的点阵数据，即字模。将所有汉字的点阵数据组合在一起并保存到一个文件中，就是一个汉字字库。

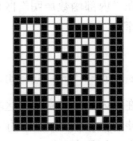

图 27-2　中文字符 "啊" 点阵示意图

27.3　LCD 显示字符的流程

由于本章要显示一本中文电子书，使用到的中文字符量较大，因此需要使用软件自动生成的字库文件。这里提前生成一个 GBK 字库文件并保存在 SD 卡的相应目录下，供程序调用。另外，由于字库中的字符数量较多，而 GD32F303RCT6 微控制器的内存容量有限，因此将字库文件保存在 SPI Flash 中，当程序需要显示中文字符时，可以访问 SPI Flash 获取对应字符的点阵数据。每个字符的点阵数据在 Flash 中都有相应的地址，调用时根据 GBK 码计算地址值，即可显示中文字符。

本章配套的电子书为.txt 文件，保存在 SD 卡的相应目录中。文件中的文本为中文字符，当 FatFs 文件系统读取其中的数据时，所获取的数据为对应中文字符的 GBK 码。程序通过该数据即可计算相应的地址，根据该地址获取对应字符的点阵数据并传到 LCD 驱动中，即可在 LCD 屏上显示对应的中文字符。

27.4　实例与代码解析

本节基于 GD32F3 杨梅派开发板实现在 LCD 屏上显示中文电子书，并实现通过按键完成电子书的翻页功能。

27.4.1　FontLib 文件对

1．FontLib.h 文件

在 FontLib.h 文件的 "API 函数声明" 区为 API 函数的声明代码，如程序清单 27-1 所示。InitFontLib 函数用于初始化字库管理模块，UpdataFontLib 函数用于更新字库，GetCNFont16x16 函数用于获取 16×16 汉字点阵数据。

程序清单 27-1

```
void InitFontLib(void);                 //初始化字库管理模块
void UpdataFontLib(void);               //更新字库
void GetCNFont16x16(u32 code, u8* buf); //获取 16x16 汉字点阵数据
```

2．FontLib.c 文件

在 FontLib.c 文件的"宏定义"区定义一个 FONT_FIL_BUF_SIZE 常量，用于设置字库缓冲区大小为 4KB，如程序清单 27-2 所示。

程序清单 27-2

```
#define FONT_FIL_BUF_SIZE (1024 * 4)        //字库文件缓冲区大小（4KB）
```

在"内部函数声明"区声明 CheckFontLib 函数，如程序清单 27-3 所示。该函数用于校验字库。

程序清单 27-3

```
static u8 CheckFontLib(void);              //校验字库
```

在"内部函数实现"区实现 CheckFontLib 函数，如程序清单 27-4 所示。在本实例中，可以使用保存在 SD 卡中的字库文件来更新 SPI Flash 内的字库。CheckFontLib 函数将 SD 卡中的字库与保存在 SPI Flash 内的字库进行对比，检查 SPI Flash 中的字库是否损坏。

（1）第 3 至 10 行代码：定义 s_filFont 字库文件，用来保存文件的基本属性。两个字库缓冲区 fileBuf 和 flashBuf 分别保存 SD 卡中的字库和外部 Flash 中的字库，用以对比校验。

（2）第 12 至 24 行代码：使用内存管理模块来申请动态内存并检查是否申请成功，然后使用 f_open 函数来打开保存在 SD 卡中的"GBK16.FON"文件。

（3）第 40 至 96 行代码：通过 while 语句将 SD 卡中的字库文件与 SPI Flash 中的字库文件进行比对，以检验 SPI Flash 中的字库是否损坏。

（4）第 99 至 103 行代码：关闭文件并释放相应的内存空间。

程序清单 27-4

```
1.    static u8 CheckFontLib(void)
2.    {
3.      static FIL  s_filFont;       //字库文件（需是静态变量）
4.      FRESULT    result;          //文件操作返回变量
5.      u8*        fileBuf;         //字库缓冲区，文件系统中的字库文件，由动态内存分配
6.      u8*        flashBuf;        //字库缓冲区，Flash 中的字库文件，由动态内存分配
7.      u32        readNum;         //实际读取的文件数量
8.      u32        ReadAddr;        //读入 SPI Flash 地址
9.      u32        i;               //循环变量
10.     u32        progress;        //进度
11.
12.     //申请动态内存
13.     fileBuf  = MyMalloc(SRAMIN, FONT_FIL_BUF_SIZE);
14.     flashBuf = MyMalloc(SRAMIN, FONT_FIL_BUF_SIZE);
15.     if((NULL == fileBuf) || (NULL == flashBuf))
16.     {
17.       MyFree(SRAMIN, fileBuf);
18.       MyFree(SRAMIN, flashBuf);
19.       printf("CheckFontLib: 申请动态内存失败\r\n");
20.       return 0;
21.     }
22.
23.     //打开文件
```

```
24.    result = f_open(&s_filFont, "0:/font/GBK16.FON", FA_OPEN_EXISTING | FA_READ);
25.    if (result !=  FR_OK)
26.    {
27.      //释放内存
28.      MyFree(SRAMIN, fileBuf);
29.      MyFree(SRAMIN, flashBuf);
30.
31.      //打印错误信息
32.      printf("CheckFontLib：打开字库文件失败\r\n");
33.      return 0;
34.    }
35.
36.    //读取数据并逐一比较整个字库，若有一个不同，则表示字库损坏
37.    printf("CheckFontLib：开始校验字库\r\n");
38.    ReadAddr = 0;
39.    progress = 0;
40.    while(1)
41.    {
42.      //进度输出
43.      if((100 * s_filFont.fptr / s_filFont.fsize) >= (progress + 15))
44.      {
45.        progress = 100 * s_filFont.fptr / s_filFont.fsize;
46.        printf("CheckFontLib：校验进度：%%%d\r\n", progress);
47.      }
48.
49.      //从文件中读取数据到缓冲区
50.      result = f_read(&s_filFont, fileBuf, FONT_FIL_BUF_SIZE, &readNum);
51.      if (result !=  FR_OK)
52.      {
53.        //关闭文件
54.        f_close(&s_filFont);
55.
56.        //释放内存
57.        MyFree(SRAMIN, fileBuf);
58.        MyFree(SRAMIN, flashBuf);
59.
60.        //打印错误信息
61.        printf("CheckFontLib：读取数据失败\r\n");
62.        return 0;
63.      }
64.
65.      //从 SPI Flash 中读取数据
66.      GD25Q16Read(flashBuf, readNum, ReadAddr);
67.
68.      //逐一比较
69.      for(i = 0; i < readNum; i++)
70.      {
71.        //发现字库损坏
72.        if(flashBuf[i] != fileBuf[i])
73.        {
74.          //关闭文件
75.          f_close(&s_filFont);
```

```
76.
77.        //释放内存
78.        MyFree(SRAMIN, fileBuf);
79.        MyFree(SRAMIN, flashBuf);
80.
81.        printf("%d,%d,%d\r\n",flashBuf[i],fileBuf[i],i);
82.
83.        return 1;
84.      }
85.    }
86.
87.    //更新读取地址
88.    ReadAddr = ReadAddr + readNum;
89.
90.    //判断文件是否读/写完成
91.    if((s_filFont.fptr >= s_filFont.fsize) || (FONT_FIL_BUF_SIZE != readNum))
92.    {
93.      printf("CheckFontLib：校验进度：%%100\r\n");
94.      break;
95.    }
96.  }
97.
98.  //关闭文件
99.  f_close(&s_filFont);
100.
101. //释放内存
102. MyFree(SRAMIN, fileBuf);
103. MyFree(SRAMIN, flashBuf);
104.
105. return 0;
106. }
```

在"API 函数实现"区，首先实现 InitFontLib 函数，该函数初始化 SPI Flash 芯片后，通过 CheckFontLib 函数校验其中的字库文件是否完整，若不完整，则通过 UpdataFontLib 函数进行字库更新。

在 InitFontLib 函数实现区后，为 UpdataFontLib 函数的实现代码，如程序清单 27-5 所示。

（1）第 3 至 8 行代码：与字库校验函数类似，通过文件系统使用 SD 卡中的字库文件，首先创建字库文件对象，字库缓冲区 fontBuf 用来暂存字库数据。

（2）第 11 至 16 行代码：使用内存管理模块创建暂存字库的动态内存。

（3）第 34 至 71 行代码：通过 while 语句读取 SD 卡中的字库文件至缓冲区，并将该文件存储到 SPI Flash 中。

程序清单 27-5

```
1.   void UpdataFontLib(void)
2.   {
3.     static FIL s_filFont;       //字库文件（需是静态变量）
4.     FRESULT    result;          //文件操作返回变量
5.     u8*        fontBuf;         //字库缓冲区，由动态内存分配
6.     u32        readNum;         //实际读取的文件数量
7.     u32        writeAddr;       //写入 SPI Flash 地址
```

```
8.    u32          progress;      //进度
9.
10.   //申请 4KB 内存
11.   fontBuf = MyMalloc(SRAMIN, FONT_FIL_BUF_SIZE);
12.   if(NULL == fontBuf)
13.   {
14.     printf("UpdataFontLib: 申请动态内存失败\r\n");
15.     return;
16.   }
17.
18.   //打开文件
19.   result = f_open(&s_filFont, "0:/font/GBK16.FON", FA_OPEN_EXISTING | FA_READ);
20.   if (result !=  FR_OK)
21.   {
22.     //释放内存
23.     MyFree(SRAMIN, fontBuf);
24.
25.     //打印错误信息
26.     printf("UpdataFontLib: 打开字库文件失败\r\n");
27.     return;
28.   }
29.
30.   //分批次读取数据并写到 SPI Flash 中
31.   printf("UpdataFontLib: 开始更新字库\r\n");
32.   writeAddr = 0;
33.   progress = 0;
34.   while(1)
35.   {
36.     //进度输出
37.     if((100 * s_filFont.fptr / s_filFont.fsize) >= (progress + 15))
38.     {
39.       progress = 100 * s_filFont.fptr / s_filFont.fsize;
40.       printf("UpdataFontLib: 更新进度: %%%d\r\n", progress);
41.     }
42.
43.     //从文件中读取数据到缓冲区
44.     result = f_read(&s_filFont, fontBuf, FONT_FIL_BUF_SIZE, &readNum);
45.     if (result !=  FR_OK)
46.     {
47.       //关闭文件
48.       f_close(&s_filFont);
49.
50.       //释放内存
51.       MyFree(SRAMIN, fontBuf);
52.
53.       //打印错误信息
54.       printf("UpdataFontLib: 读取数据失败\r\n");
55.       return;
56.     }
57.
58.     //将字库数据写入 SPI Flash
59.     GD25Q16Write(fontBuf, readNum, writeAddr);
```

```
60.
61.      //更新写入地址
62.      writeAddr = writeAddr + readNum;
63.
64.      //判断文件是否读/写完成
65.      if((s_filFont.fptr >= s_filFont.fsize) || (FONT_FIL_BUF_SIZE != readNum))
66.      {
67.        printf("UpdataFontLib：更新进度：%%100\r\n");
68.        printf("UpdataFontLib：更新字库完毕\r\n");
69.        break;
70.      }
71.    }
72.
73.    //关闭文件
74.    f_close(&s_filFont);
75.
76.    //释放内存
77.    MyFree(SRAMIN, fontBuf);
78.
79.    //更新成功提示
80.    printf("UpdataFontLib：更新字库成功\r\n");
81.  }
```

在 UpdataFontLib 函数实现区后，为 GetCNFont16x16 函数的实现代码，如程序清单 27-6 所示。该函数有两个输入参数 code 和 buf，分别代表汉字的 GBK 码和汉字的点阵数据缓冲区。

（1）第 8 至 9 行代码：将 GBK 码拆分为高 8 位和低 8 位，分别保存在 gbkH 和 gbkL 变量中，用于判断区号和位号。

（2）第 21 至 33 行代码：在 GBK 编码方式中，由于低位 0x7F 未被使用，因此地址查询分为两段。当 $0x40 \leqslant gbkL \leqslant 0x7E$ 时，$addr = ((gbkH-0x81) \times 190 + (gbkL-0x40)) \times 32$；当 $0x80 \leqslant gbkL \leqslant 0xFE$ 时：$addr = ((gbkH-0x81) \times 190 + (gbkL-0x41)) \times 32$。

程序清单 27-6

```
1.   void GetCNFont16x16(u32 code, u8* buf)
2.   {
3.     u8   gbkH, gbkL;  //GBK 码高位、低位
4.     u32 addr;          //点阵数据在 SPI Flash 中的地址
5.     u32 i;             //循环变量
6.
7.     //拆分 GBK 码高位、低位
8.     gbkH = code >> 8;
9.     gbkL = code & 0xFF;
10.
11.    //校验高位
12.    if((gbkH < 0x81) || (gbkH > 0xFE))
13.    {
14.      for(i = 0; i < 32; i++)
15.      {
16.        buf[i] = 0;
17.      }
18.      return;
```

```
19.      }
20.
21.      //低位在 0x40～0x7E 范围内
22.      if((gbkL >= 0x40) && (gbkL <= 0x7E))
23.      {
24.        addr = ((gbkH - 0x81) * 190 + (gbkL - 0x40)) * 32;
25.        GD25Q16Read(buf, 32, addr);
26.      }
27.
28.      //低位在 0x80～0xFE 范围内
29.      else if((gbkL >= 0x80) && (gbkL <= 0xFE))
30.      {
31.        addr = ((gbkH - 0x81) * 190 + (gbkL - 0x41)) * 32;
32.        GD25Q16Read(buf, 32, addr);
33.      }
34.
35.      //出错
36.      else
37.      {
38.        for(i = 0; i < 32; i++)
39.        {
40.          buf[i] = 0;
41.        }
42.      }
43.    }
```

27.4.2　LCD 文件对

1. LCD.h 文件

本实例使用 LCD 显示中文字符，由于原 LCD 驱动代码中没有中文显示函数，因此，在 LCD.h 文件的"API 函数声明"区添加如程序清单 27-7 所示的代码，ShowCNChar 函数用于显示汉字。

程序清单 27-7

```
void ShowCNChar(u16 x, u16 y, u16 code, u16 textColor, u16 backColor, u16 size, u16 mode);
                                                                                //显示汉字
```

2. LCD.c 文件

在 LCD.c 文件的"包含头文件"区的最后，添加代码#include "FontLib.h"。

在"API 函数实现"区的 LCDShowString 函数后，添加 ShowCNChar 函数的实现代码，如程序清单 27-8 所示。该函数有 7 个输入参数，x、y 为起点坐标；code 为汉字内码；textColor 为文本颜色；backColor 为文字底色；size 为字体大小；mode 为 0 表示非叠加显示，为 1 表示叠加显示。

（1）第 18 行代码：通过 GetCNFont16x16 函数获取汉字点阵数据，并保存在 gbk 数组中。

（2）第 21 至 49 行代码：通过 LCDFastDrawPoint 函数使 LCD 根据点阵数据显示相应的中文字符。

程序清单 27-8

```
1.    void ShowCNChar(u16 x, u16 y, u16 code, u16 textColor, u16 backColor, u16 size, u16 mode)
2.    {
```

```
3.      u8   byte, i, j;    //临时变量和循环变量
4.      u16  y0;            //用于保存起始纵坐标
5.      u8   gbk[32];       //汉字点阵数据
6.      u8   len;           //单个点阵数据字节总数
7.
8.      //保存起始纵坐标
9.      y0 = y;
10.
11.     //16×16 汉字点阵固定为 32 字节
12.     if(16 == size)
13.     {
14.       len = 32;
15.     }
16.
17.     //获得汉字点阵数据
18.     GetCNFont16x16(code, gbk);
19.
20.     //显示汉字
21.     for(i = 0; i < len; i++)
22.     {
23.       //获取 1 字节点阵数据
24.       byte = gbk[i];
25.
26.       //显示这 1 字节内容
27.       for(j = 0; j < 8; j++)
28.       {
29.         if(byte & 0x80)
30.         {
31.           LCDFastDrawPoint(x, y, textColor);
32.         }
33.         else if(0 == mode)
34.         {
35.           LCDFastDrawPoint(x, y, backColor);
36.         }
37.
38.         //左移一位
39.         byte = byte << 1;
40.
41.         //更新坐标
42.         y++;
43.         if((y - y0) >= size)
44.         {
45.           y = y0;
46.           x++;
47.         }
48.       }
49.     }
50.   }
```

27.4.3　FatFsTest.c 文件

第 26 章实现了在 GD32F3 杨梅派开发板上显示英文电子书，本实例将使用同样的 GUI
框架来显示中文电子书，因此需要修改 FatFsTest.c 文件中相应的函数。如程序清单 27-9 所示，

在"内部函数实现"区的 NewPage 函数中添加相应的代码，用于显示中文字符。

（1）第 4 行代码：定义 cnChar 用于保存汉字的 GBK 码。

（2）第 8 行代码：将 cnChar 初始化为 0。

（3）第 14 至 33 行代码：添加中文显示的部分代码。其中第 14 行代码用于判断第一字节是否大于或等于 0x81，如果满足条件，则使用 GBK 编码方式进行解码。在第 32 行代码中，通过调用 ShowCNChar 函数进行中文字符显示。

（4）第 36 至 48 行代码：由于中文字符的列空间比英文字符大 1 倍，需要重新计算列计数。

程序清单 27-9

```
1.    static void NewPage(void)
2.    {
3.      ...
4.      u16 cnChar;                        //中文符号
5.      ...
6.      while(1)
7.      {
8.        cnChar = 0;
9.
10.       //从缓冲区中读取 1 字节数据
11.       ...
12.
13.       //中文
14.       else if(newchar >= 0x81)
15.       {
16.         //保存高字节
17.         cnChar = newchar << 8;
18.
19.         //从缓冲区中读取 1 字节数据
20.         if(0 == ReadBookByte((char*)&newchar, &visibleLen))
21.         {
22.           s_iEndFlag = 1;
23.           return;
24.         }
25.
26.         //组合成一个完整的汉字内码
27.         cnChar = cnChar | newchar;
28.
29.         //显示
30.         x = BOOK_X0 + FONT_WIDTH * rowCnt;
31.         y = BOOK_Y0 + FONT_HEIGHT * lineCnt;
32.         ShowCNChar(x, y, cnChar, GUI_COLOR_BLACK, NULL, 16, 1);
33.       }
34.
35.       //更新列计数（中文占 2 列）
36.       if(0 == cnChar)
37.       {
38.         rowCnt = rowCnt + 1;
39.       }
40.       else
41.       {
```

```
42.        rowCnt = rowCnt + 2;
43.      }
44.      x = BOOK_X0 + FONT_WIDTH * rowCnt;
45.      if(x > (BOOK_X1 - 2 * FONT_WIDTH))
46.      {
47.        rowCnt = 0;
48.      }
49.
50.      //更新行计数
51.      ...
52.    }
53. }
```

27.4.4 GUIPlatform.c 文件

本实例使用 GUI 控件来显示电子书的标题，由于标题中含有中文字符，因此需要在 GUIDrawChar 函数中添加支持显示中文字符的部分代码，如程序清单 27-10 中的第 5 至 8 行代码所示。

程序清单 27-10

```
1.  void GUIDrawChar(u32 x, u32 y, u32 code, EnumGUIFont font, u32 backColor,u32 textColor, u32
    mode)
2.  {
3.    ...
4.    //汉字
5.    else
6.    {
7.      ShowCNChar(x, y, code, textColor, backColor, size, mode);
8.    }
9.  }
```

27.4.5 运行结果

代码编译通过后，将 SD 卡插入开发板，下载程序并进行复位。程序将打开位于 SD 卡根目录下的 book 文件夹中的"西游记.txt"文件，可以看到开发板的 LCD 屏上显示如图 27-3 所示的电子书界面，按下 KEY$_1$ 和 KEY$_3$ 按键可以实现翻页功能，表示程序运行成功。

图 27-3 GUI 界面

本 章 任 务

本章介绍了中文编码的基本方式，以及字库的生成和调用方法，最终实现了中文电子书功能。请尝试使用本章实例提供的字库，在 OLED 上显示中文字符"乐育科技"。

任务提示：

1．在 OLED 显示实例的基础上添加 FontLib 文件对及 SD 卡、FatFs 模块。

2．将 FatFsTest.c 文件中显示中文的部分代码封装为 OLED 模块中的 API 函数。

本 章 习 题

1．中文字符"你"对应的 GBK 码是什么？

2．什么是 Unicode 编码？其存在的意义和作用是什么？

3．如何使用字模生成软件生成 GB2132 字库？

第 28 章　图片显示

LCD 屏作为显示设备，不仅可以显示图形和字符，还可以显示图片。字符和图片都是由一个个像素组成的，但是用于组成图片的像素通常具有多种颜色，且图片作为文件的一种格式类型，需要先解码再显示。本章将介绍 BMP 图片的编码方式，实现从 SD 卡中获取 BMP 文件并将其显示在 LCD 屏中。

28.1　图片格式简介

图片格式即图像文件存放的格式，常用格式有 JPG、BMP、GIF 和 PNG 等。这几种图片格式的区别如下。

（1）压缩方式不同

BMP 几乎不压缩，画质好，但是文件大，不利于传输。PNG 为无损压缩，能够保留相对多的信息，也可以把图像文件压缩到极限，便于传输。JPG 为有损压缩，压缩文件小，但是会导致画质损失。

（2）显示速度不同

JPG 在网页下载时只能由上到下依次显示图像，直到图像信息全部下载后，才能看到全貌。PNG 显示速度快，只需下载 1/64 的图像信息即可显示出低分辨率的预览图像。

（3）支持图像不同

JPG 和 BMP 格式无法保存透明信息，系统默认自带白色背景。而 PNG 和 GIF 格式支持透明图像的制作，在制作网页图像时，可以把图像背景设置为透明，用网页本身的颜色信息来代替透明图像的色彩。

28.2　BMP 编码简介

BMP 是 Bitmap 的缩写，即位图，是 Windows 操作系统中的标准图像文件格式，能够被多种 Windows 应用程序所支持。BMP 格式的特点是所包含的图像信息较丰富，几乎不进行压缩，导致其缺点是占用磁盘空间大。

BMP 文件由文件头（bitmap-file header）、位图信息头（bitmap-information header）、颜色信息（color table）和图像数据 4 部分组成。

1. 文件头

文件头一共包含 14 字节，包括文件标识、文件大小和位图起始位置等信息。文件头位于位图文件的第 1～14 字节，其结构体定义如下：

```
typedef __packed struct
{
  u16 bfType;
  u32 bfSize;
  u16 bfReserved1;
  u16 bfReserved2;
  u32 bfOffBits;
}StructBMPFileHeader;
```

下面对文件头结构体中的变量进行简要介绍。

bfType：说明文件的类型，位于位图文件的第 1~2 字节。该值必须为 0x4D42，即字符 BM 的 ASCII 码值。

bfSize：说明位图文件大小，单位为字节，低位在前，位于位图文件的第 3~6 字节。

假设 bfSize 的第 3 字节为 0x82，第 4 字节为 0x21，则文件大小为 0x2182B = 8527B = 8527/ 1024KB ≈ 8.327KB。

bfReserved1、bfReserved2：位图文件保留字，必须都为 0。

bfOffBits：位图数据的起始位置，文件头的偏移量，单位为字节，位于位图文件的第 11~ 14 字节。

2. 位图信息头

位图信息头用于说明位图的尺寸等信息，位于位图文件的第 15~54 字节，其结构体定义如下：

```
typedef __packed struct
{
  u32 biSize;
  u32 biWidth;
  u32 biHeight;
  u16 biPlanes;
  u16 biBitCount;
  u32 biCompression;
  u32 biSizeImage;
  u32 biXPelsPerMeter;
  u32 biYPelsPerMeter;
  u32 biClrUsed;
  u32 biClrImportant;
}StructBMPInfoHeader;
```

下面对位图信息头结构体中的变量进行简要介绍。

biSize：信息头所占字节数，通常为 40 字节，即 0x00000028，位于文件的第 15~18 字节。

biWidth、biHeight：位图的宽度和高度，分别位于文件的第 19~22、第 23~26 字节。

biPlanes：目标设备的级别，通常为 1，位于文件的第 27~28 字节。

biBitCount：说明比特数/像素数，即每个像素所需的位数，一般取 1、4、8、16、24 或 32，位于文件的第 29~30 字节。

biCompression：说明图像数据压缩的类型，可以为以下几种类型：BI_RGB，没有压缩；BI_RLE8，每个像素 8 位的 RLE 压缩编码，压缩格式由 2 字节组成（重复像素计数和颜色索引）；BI_RLE4，每个像素 4 位的 RLE 压缩编码，压缩格式由 2 字节组成；BI_BITFIELDS，每个像素的位数由指定的掩码决定。该变量位于文件的第 31~34 字节。

biSizeImage：位图的大小，以字节为单位，无压缩时可为 0，位于文件的第 35~38 字节。

biXPelsPerMeter、biYPelsPerMeter：表示位图水平分辨率和垂直分辨率，单位为像素/米。分别位于文件的第 39~42 字节和第 43~46 字节。

biClrUsed：表示位图实际使用的调色板中的颜色数，为 0 表示使用所有调色板项，则颜色数为 2 的 biBitCount 次方。该变量位于文件的第 47~50 字节。

biClrImportant：位图显示过程中对图像显示重要的颜色索引的数目，位于文件的第 51~ 54 字节。

3．颜色信息

颜色信息又称调色板，用于说明位图中的颜色，有若干个表项，每一个表项为一个 s_structRGBQuad 结构体，结构体定义如下：

```
typedef __packed struct
{
  u8 rgbBlue;       //指定蓝色强度
  u8 rgbGreen;      //指定绿色强度
  u8 rgbRed;        //指定红色强度
  u8 rgbReserved;   //保留，设置为 0
}s_structRGBQuad;
```

该结构体用于定义一个颜色，每种颜色都由红、绿、蓝 3 种颜色组成。表项数目由信息头中的 biBitCount 决定，当 biBitCount 为 1 时，有两个表项，此时图最多有两种颜色，默认情况下是黑色和白色，可以自定义；当 biBitCount 为 4 或 8 时，分别有 16 或 32 个表项，表示位图最多有 16 或 256 种颜色；当 biBitCount 为 16、24 或 32 时，没有颜色信息项。

GD32F3 杨梅派开发板上的 LCD 屏为 16 位色，因此将 biBitCount 设置为 16，表示位图最多有 65536（2^{16}）种颜色，每个色素用 16 位（2 字节）表示。这种格式称为高彩色，或增强型 16 位色、64K 色。

成员变量 biCompression 取不同的值，代表不同的情况。当 biCompression 为 BI_RGB 时，没有调色板，其位 0~4 表示蓝色强度，位 5~9 表示绿色强度，位 10~14 表示红色强度，位 15 保留，设为 0。在本章令 biCompression 的取值为 BI_BITFIELDS，原调色板的位置被 3 个双字类型的变量占据，称为红、绿、蓝掩码，分别用于描述红、绿、蓝分量在 16 位中所占的位置。常用的颜色数据格式有 RGB555 和 RGB565。在 RGB555 格式下，红、绿、蓝的掩码分别为 0x7C00、0x03E0、0x001F；在 RGB565 格式下，分别为 0xF800、0x07E0、0x001F。在读取一个像素后，可以分别用掩码与像素值进行与运算，某些情况下还要再进行左移或右移操作，从而提取出所需要的颜色分量。

这种格式的图像使用起来较为复杂，不过因其显示效果接近于真彩，而图像数据又比真彩图像小得多，多被用于游戏软件。

4．图像数据

图像数据是定义位图的字节阵列。位图数据记录了位图的每一个像素值，其顺序为：行内扫描从左到右，行间扫描从下到上。

当 biBitCount = 1 时，8 个像素占 1 字节；当 biBitCount = 4 时，2 个像素占 1 字节；当 biBitCount = 8 时，1 个像素占 1 字节；当 biBitCount = 8 时，1 个像素占 2 字节；当 biBitCount = 24 时，1 个像素占 3 字节，按顺序分别为 B、G、R。Windows 规定一个扫描行所占的字节数必须是 4 的倍数（即以 long 为单位），不足的以 0 填充。

28.3　BMP 图片的存储

1．创建位图文件

首先创建 BMP。先给位图文件申请内存，再创建位图文件，将位图文件信息存储在指定路径下。

2．初始化位图文件

完善位图文件的文件头、信息头和掩码信息。本章选用 RGB565 格式，掩码信息分别为 0xF800、0x07E0 和 0x001F。

3．保存 BMP 图像数据

从 LCD 的 GRAM 中读取数据并保存到位图文件中，读入一行文件存储一次。顺序为行内从左到右，行间从上到下。

4．关闭文件

调用 f_close 函数将文件关闭，释放动态内存。只有在调用 f_close 函数之后，文件才会真正保存在文件系统中。

28.4　实例与代码解析

前面学习了 BMP 图片的文件格式及 BMP 图片的编码方式。本节基于 GD32F3 杨梅派开发板设计一个图片显示程序，将 BMP 图片显示在 LCD 屏上。

28.4.1　BMP 文件对

1．BMP.h 文件

在 BMP.h 文件的"枚举结构体"区，声明 2 个枚举和 1 个结构体，如程序清单 28-1 所示。枚举 EnumBmpAlphaType 用于表示位图是否使用透明度叠加算法，枚举 EnumBmpStorageType 用于表示位图存储位置，结构体 StructBmpImage 用于存储位图文件的各个参数。

程序清单 28-1

```
1.   //位图使用透明度算法枚举
2.   typedef enum
3.   {
4.     BMP_UES_ALPHA,    //使用透明度叠加算法，适合小图片显示，大图片使用透明度叠加算法会很慢
5.     BMP_GATE_ALPHA,   //不显示透明度较低的像素点，只显示透明度较高的像素点
6.     BMP_NO_ALPHA      //不使用透明度叠加算法，所有像素点均显示
7.   }EnumBmpAlphaType;
8.
9.   //位图存储位置枚举
10.  typedef enum
11.  {
12.    BMP_IN_MEM,       //存储在内部内存中的位图
13.    BMP_IN_FATFS,     //存储在文件系统中的位图
14.  }EnumBmpStorageType;
15.
16.  //位图文件结构体
17.  typedef struct
18.  {
19.    EnumBmpAlphaType    alphaType;      //透明度类型
20.    u8                  alphaGate;      //透明度阈值，当透明度类型为 BMP_GATE_ALPHA 时，
                                           //大于或等于该阈值的像素点将被显示
21.    EnumBmpStorageType storageType;     //存储类型
22.    void*               addr;           //存储地址或路径
23.
24.    //内部私有变量，禁止修改
```

```
25.     u8* buf;                              //读取缓冲区，由动态内存分配
26.     u32 readPos;                          //缓冲区目前读取的位置
27. }StructBmpImage;
```

在"API 函数声明"区为 API 函数的声明代码，如程序清单 28-2 所示。InitBMP 函数用于初始化位图显示模块，DisplayBMP 函数用于在指定位置显示位图，DisplayBMPInCentral 函数用于在屏幕中央显示位图，BMPSwitch 函数用于切换显示的位图。

程序清单 28-2

```
1.  void InitBMP(void);                                   //初始化位图显示模块
2.  void DisplayBMP(StructBmpImage* image, u32 x, u32 y); //在指定位置显示位图
3.  void DisplayBMPInCentral(StructBmpImage* image);      //在屏幕中央显示位图
4.  void BMPSwitch(int i);                                //位图切换
```

2. BMP.c 文件

在 BMP.c 文件的"宏定义"区，定义每次数据的读取量 BMP_READ_SIZE 为 4KB。

在"枚举结构体"区，声明组成位图文件的 3 个结构体，如程序清单 28-3 所示。结构体 StructBmpFileHeader 用于存储位图文件的文件头参数，结构体 StructBmpInfoHeader 用于存储位图文件的信息头参数，结构体 StructRGB 用于存储像素点的 RGB 值。

程序清单 28-3

```
1.  //BMP 文件头
2.  typedef __packed struct
3.  {
4.      u16 type;          //文件标志，必须是 BM，在十六进制中为 0x424D；
5.      u32 size;          //文件大小，单位为字节
6.      u16 reserved1;     //保留，必须为 0
7.      u16 reserved2;     //保留，必须为 0
8.      u32 offBits;       //位图数据的起始位置相对于文件头的偏移量，单位为字节。
9.  }StructBmpFileHeader;
10.
11. //BMP 信息头
12. typedef __packed struct
13. {
14.     u32 infoSize;      //该结构体所需的字节数
15.     u32 width;         //位图的宽度（像素单位）
16.     u32 height;        //位图的高度（像素单位）
17.     u16 planes;        //目标设备的级别，必须为 1
18.     u16 colorSize;     //每个像素所需的位数
19.     u32 compression;   //说明图像数据压缩的类型，位图压缩类型，必须为 0（不压缩）
20.     u32 imageSize;     //位图的大小(其中包含为了补齐行数为 4 的倍数而添加的空字节)，
                           //以字节为单位
21.     u32 xPelsPerMeter; //位图水平分辨率，每米像素数
22.     u32 yPelsPerMeter; //位图垂直分辨率，每米像素数
23.     u32 colorUsed;     //位图实际使用的颜色表中的颜色数
24.     u32 colorImportant;//位图显示过程中重要的颜色数，如果为 0，表示都重要
25. }StructBmpInfoHeader;
26.
27. //颜色表
28. typedef __packed struct
```

```
29.  {
30.    u8 blue;              //指定蓝色强度
31.    u8 green;             //指定绿色强度
32.    u8 red;               //指定红色强度
33.    u8 reserved;          //保留，设置为 0
34.  }StructRGB;
```

在"内部函数声明"区为内部函数的声明代码，如程序清单 28-4 所示。GetHeaderInMem 函数用于获取内存中位图的文件头和信息头，GetLineInMem 函数用于获取内存中的位图的一行数据，BMPDisplayInMem 函数用于获取内存中的位图并显示，CalcAlphaRGB565 函数用于根据背景色、前景色和透明度计算对应的 RGB 值，GetHeaderInFatFs 函数用于获取文件系统中位图的文件头和信息头，GetLineInFatFs 函数用于获取文件系统中的位图的 1 行数据，BMPDisplayInFatFs 函数用于获取文件系统中的位图并显示。

程序清单 28-4

```
1.   static u8   GetHeaderInMem(const unsigned char *image); //获取内存中位图的文件头和信息头
2.   static u8*  GetLineInMem(const unsigned char *image, u32 line); //获取内存中位图的一行数据
3.   static void BMPDisplayInMem(StructBmpImage* image, u32 x, u32 y);//获取内存中的位图并显示
4.   static u16  CalcAlphaRGB565(u16 backColor, u16 foreColor, u8 alpha); //透明度叠加计算
5.   static u8   GetHeaderInFatFs(StructBmpImage* image); //获取文件系统中位图的文件头和信息头
6.   static u8*  GetLineInFatFs(StructBmpImage* image, u32 line);//获取文件系统中位图的一行数据
7.   static void BMPDisplayInFatFs(StructBmpImage* image, u32 x, u32 y);
                                             //获取文件系统中的位图并显示
```

在"内部函数实现"区，首先实现 GetHeaderInMem 函数，如程序清单 28-5 所示。该函数根据传入图片的地址、文件头和信息头，从指定地址中读取数据并保存至相应的结构体中。

程序清单 28-5

```
1.   static u8 GetHeaderInMem(const unsigned char *image)
2.   {
3.     u32 i;
4.     u8* buf;
5.
6.     //读取 BMP 文件头
7.     buf = (u8*)image;
8.     for(i = 0; i < sizeof(StructBmpFileHeader); i++)
9.     {
10.      *((u8*)(&s_structFileHeader) + i) = buf[i];
11.    }
12.
13.    //读取信息头
14.    buf = (u8*)image + sizeof(StructBmpFileHeader);
15.    for(i = 0; i < sizeof(StructBmpInfoHeader); i++)
16.    {
17.      *((u8*)(&s_structInfoHeader) + i) = buf[i];
18.    }
19.
20.    return 0;
21.  }
```

在 GetHeaderInMem 函数实现区后，为 GetLineInMem 函数的实现代码，如程序清单 28-6

所示。该函数根据文件头中的颜色位数计算位图显示 1 行所需要的数据量，并使其按 4 字节对齐，最后计算行数对应的地址，并将首地址返回。

程序清单 28-6

```
1.    static u8* GetLineInMem(const unsigned char *image, u32 line)
2.    {
3.      u32  readAddr;    //读取地址相对于起始地址偏移量
4.      u32  lineSize;    //1 行数据量，要 4 字节对齐
5.      u8*  p;           //返回地址
6.
7.      //计算 32 位图片 1 行数据大小
8.      if(32 == s_structInfoHeader.colorSize)
9.      {
10.       lineSize = s_structInfoHeader.width * 4;
11.     }
12.
13.     //计算 24 位图片 1 行数据大小
14.     else if(24 == s_structInfoHeader.colorSize)
15.     {
16.       //行数据量应为 4 的倍数
17.       lineSize = s_structInfoHeader.width * 3;
18.       while((lineSize % 4) != 0)
19.       {
20.         lineSize++;
21.       }
22.     }
23.
24.     //计算 16 位图片 1 行数据大小
25.     ...
26.
27.     //计算行数对应的地址
28.     readAddr = s_structFileHeader.offBits + lineSize * line;
29.
30.     //得到行首位置
31.     p = (u8*)image + readAddr;
32.
33.     return p;
34.   }
```

在 GetLineInMem 函数实现区后为 BMPDisplayInMem 函数的实现代码，如程序清单 28-7 所示。

（1）第 5 至 15 行代码：通过 GetHeaderInMem 函数获取 BMP 文件的文件头和信息头，并根据信息头判断位图是否为 24 位或 32 位，若不是则直接返回。

（2）第 17 至 103 行代码：设置图片显示范围后，通过 for 循环不断获取 1 行数据并绘制，直到图片绘制完成。下面通过步骤（3）～（4）具体说明。

（3）第 33 至 99 行代码：通过 for 循环将 1 行数据逐像素点绘制，在循环中首先根据信息头判断位图是否为 24 位或 32 位。

（4）第 39 至 79 行代码：若为 32 位，则从读出的 1 行数据中，通过循环计数取出其中对应点的颜色值及透明度，并转换为 16 位 RGB 值，然后根据透明度要求设置该点颜色，通过

LCDDrawPoint 函数绘制该点。

（5）第 86 至 97 行代码：若为 24 位，则从读出的 1 行数据中，通过循环计数取出其中对应点的颜色值，并转换为 16 位 RGB 值，再通过 LCDDrawPoint 函数绘制该点。

程序清单 28-7

```
1.   static void BMPDisplayInMem(StructBmpImage* image, u32 x, u32 y)
2.   {
3.     ...
4.
5.     //读取 BMP 文件头和信息头
6.     GetHeaderInMem((const unsigned char*)image->addr);
7.
8.     ...
9.
10.    //仅支持 32 位、24 位格式位图
11.    if(!((32 == s_structInfoHeader.colorSize) || (24 == s_structInfoHeader.colorSize) || (16
== s_structInfoHeader.colorSize)))
12.    {
13.      printf("BMPDisplayInMem: unsupported format!!! (%d)\r\n", s_structInfoHeader.colorSize);
14.      return;
15.    }
16.
17.    //设定显示范围
18.    ...
19.
20.    //纵坐标循环
21.    for(y = y0; y < y1; y++)
22.    {
23.      //读取 1 整行数据
24.      line = GetLineInMem((const unsigned char*)image->addr, lineCnt);
25.
26.      //字节计数清零
27.      byteCnt = 0;
28.
29.      //行数计数加 1
30.      lineCnt++;
31.
32.      //横坐标循环
33.      for(x = x0; x < x1; x++)
34.      {
35.        //32 位像素点
36.        if(32 == s_structInfoHeader.colorSize)
37.        {
38.          //获取像素值
39.          blue  = line[byteCnt + 0] >> 3;    //蓝色
40.          green = line[byteCnt + 1] >> 2;    //绿色
41.          red   = line[byteCnt + 2] >> 3;    //红色
42.          alpha = line[byteCnt + 3];         //透明度
43.
44.          //24 位 RGB 转 16 位 RGB
45.          color = (((u32)red) << 11) | (((u32)green) << 5) | blue;
```

```
46.
47.        //字节计数增加
48.        byteCnt = byteCnt + 4;
49.
50.        //透明度叠加
51.        if(BMP_UES_ALPHA == image->alphaType)
52.        {
53.          //读入背景颜色
54.          backColor = LCDReadPoint(x, yn);
55.
56.          //透明度叠加
57.          alphaColor = CalcAlphaRGB565(backColor, color, alpha);
58.
59.          //画点
60.          g_iLCDPointColor = alphaColor;
61.          LCDDrawPoint(x, yn);
62.        }
63.
64.        //过滤掉透明度较低的像素点，不显示
65.        else if(BMP_GATE_ALPHA == image->alphaType)
66.        {
67.          if(alpha >= image->alphaGate)
68.          {
69.            g_iLCDPointColor = color;
70.            LCDDrawPoint(x, yn);
71.          }
72.        }
73.
74.        //不考虑透明度，所有像素点均显示
75.        else if(BMP_NO_ALPHA == image->alphaType)
76.        {
77.          g_iLCDPointColor = color;
78.          LCDDrawPoint(x, yn);
79.        }
80.      }
81.
82.      //24 位像素点
83.      else if(24 == s_structInfoHeader.colorSize)
84.      {
85.        //获取像素值
86.        blue  = line[byteCnt + 0] >> 3;    //蓝色
87.        green = line[byteCnt + 1] >> 2;    //绿色
88.        red   = line[byteCnt + 2] >> 3;    //红色
89.
90.        //24 位 RGB 转 16 位 RGB
91.        color = (((u32)red) << 11) | (((u32)green) << 5) | blue;
92.
93.        //字节计数增加
94.        byteCnt = byteCnt + 3;
95.
96.        g_iLCDPointColor = color;
97.        LCDDrawPoint(x, yn);
```

```
98.        }
99.      }
100.
101.    //按照坐标从下往上扫描
102.    yn = yn - 1;
103.  }
104. }
```

在 BMPDisplayInMem 函数实现区后，为 CalcAlphaRGB565 函数的实现代码，如程序清单 28-8 所示。该函数根据传入的前景色、背景色及透明度计算对应 RGB 通道的值，然后将其组合成 RGB565 格式的颜色值返回。

程序清单 28-8

```
1.    static u16 CalcAlphaRGB565(u16 backColor, u16 foreColor, u8 alpha)
2.    {
3.      u16 backR, backG, backB, foreR, foreG, foreB, colorAlpha;
4.      u16 resultR, resultG, resultB;
5.      u16 result;
6.
7.      //透明度太小，直接返回背景色
8.      if(alpha < 5)
9.      {
10.       return backColor;
11.     }
12.
13.     //提取背景 RGB 通道数据
14.     backR = ((backColor >> 11) & 0x1F);
15.     backG = ((backColor >> 5 ) & 0x3F);
16.     backB = ((backColor >> 0 ) & 0x1F);
17.
18.     //提取前景 RGB 通道数据
19.     foreR = ((foreColor >> 11) & 0x1F);
20.     foreG = ((foreColor >> 5 ) & 0x3F);
21.     foreB = ((foreColor >> 0 ) & 0x1F);
22.
23.     //获取透明度
24.     colorAlpha = alpha;
25.
26.     //RGB 通道透明度叠加
27.     resultR = (foreR * colorAlpha + backR * (0xFF - colorAlpha)) >> 8;
28.     resultG = (foreG * colorAlpha + backG * (0xFF - colorAlpha)) >> 8;
29.     resultB = (foreB * colorAlpha + backB * (0xFF - colorAlpha)) >> 8;
30.
31.     //组合成 RGB565 格式
32.     result = (((u16)resultR) << 11) | (((u16)resultG) << 5) | (((u16)resultB) << 0);
33.
34.     return result;
35. }
```

在 BMPDisplayInMem 函数实现区后为 GetHeaderInFatFs、GetLineInFatFs 和 BMPDisplayInFatFs 函数的实现代码，这 3 个函数的函数体及作用与 GetHeaderInMem、GetLineInMem 和 BMPDisplayInMem 函数类似，区别仅在于位图的存储位置不同。

在"API 函数实现"区，首先实现 InitBMP 函数，如程序清单 28-9 所示。该函数设置位图参数后，通过 DisplayBMPInCentral 函数在屏幕中央显示该位图。

程序清单 28-9

```
1.   void InitBMP(void)
2.   {
3.      StructBmpImage bmp;              //位图设备结构体
4.
5.      //显示位图
6.      bmp.alphaType = BMP_UES_ALPHA;   //使用透明度算法
7.      bmp.storageType = BMP_IN_FATFS;  //图片存储在文件系统中
8.      bmp.addr = "0:/photo/BMP1.bmp";  //图片存储路径
9.      DisplayBMPInCentral(&bmp);       //在屏幕中央显示位图
10.  }
```

在 InitBMP 函数实现区后，为 DisplayBMP 函数的实现代码，如程序清单 28-10 所示。该函数判断位图的存储位置后，调用对应的内部函数将位图显示在 LCD 屏上。

程序清单 28-10

```
1.    void DisplayBMP(StructBmpImage* image, u32 x, u32 y)
2.    {
3.       //图片存储在内存中
4.       if(BMP_IN_MEM == image->storageType)
5.       {
6.         BMPDisplayInMem(image, x, y);
7.       }
8.
9.       //图片存储在文件系统中
10.      else if(BMP_IN_FATFS == image->storageType)
11.      {
12.        //申请动态内存
13.        image->buf = MyMalloc(SRAMIN, BMP_READ_SIZE + 4);
14.        if(NULL == image->buf)
15.        {
16.          printf("DisplayBMP: Fail to malloc\r\n");
17.          while(1){}
18.        }
19.
20.        //文件当前读取位置清零
21.        image->readPos = 0;
22.
23.        //显示图片
24.        BMPDisplayInFatFs(image, x, y);
25.
26.        //释放内存
27.        MyFree(SRAMIN, image->buf);
28.        image->buf = NULL;
29.      }
30.   }
```

在 DisplayBMP 函数实现区后，为 DisplayBMPInCentral 函数的实现代码，该函数与 DisplayBMP 函数类似，区别在于该函数将位图固定显示在屏幕中央。

在 DisplayBMPInCentral 函数实现区后为 BMPSwitch 函数的实现代码，如程序清单 28-11
所示。该函数用于根据输入参数切换显示的图片：首先设置 LCD 显示方向，然后通过 sprintf
函数获取图片存储路径，最后设置位图参数并通过 DisplayBMPInCentral 函数在 LCD 屏幕中
央显示图片。

程序清单 28-11

```
1.   void BMPSwitch(int i)
2.   {
3.     StructBmpImage bmp;      //位图设备结构体
4.     static int num = 1;
5.     unsigned char address[19];
6.
7.     //设置 LCD 初始状态
8.     LCDDisplayDir(0); //竖屏
9.     LCDClear(WHITE);  //清屏
10.
11.    if(i == 1)
12.    {
13.      if(num == 3)
14.      {
15.        num = 1;
16.      }
17.      else
18.      {
19.        num ++;
20.      }
21.    }
22.    else
23.    {
24.      if(num == 1)
25.      {
26.        num = 3;
27.      }
28.      else
29.      {
30.        num --;
31.      }
32.    }
33.
34.    //字符串转换
35.    sprintf((char*)address, "0:/photo/BMP%d.bmp", num);
36.
37.    //显示位图
38.    bmp.alphaType = BMP_UES_ALPHA;   //使用透明度算法
39.    bmp.storageType = BMP_IN_FATFS; //图片存储在文件系统中
40.    bmp.addr = address;              //图片存储路径
41.    DisplayBMPInCentral(&bmp);       //在屏幕中央显示位图
42.  }
```

28.4.2　ProcKeyOne.c 文件

在 ProcKeyOne.c 文件的"API 函数实现"区的 ProcKeyDownKey1 和 ProcKeyDownKey3
函数中，分别调用显示上一张图片和显示下一张图片的函数，如程序清单 28-12 所示。

程序清单 28-12

```
1.  void  ProcKeyDownKey1(void)
2.  {
3.    BMPSwitch(0);
4.  }
5.
6.  void  ProcKeyDownKey3(void)
7.  {
8.    BMPSwitch(1);
9.  }
```

28.4.3 运行结果

代码编译通过后，将 SD 卡插入开发板，下载程序并进行复位。此时可以看到 LCD 屏显示如图 28-1 所示。按下 KEY$_1$、KEY$_3$ 按键可以进行图片切换。

图 28-1 LCD 屏显示图片

本 章 任 务

本章实例实现了在 LCD 屏上显示 BMP 图片，并进行图片切换。根据本章原理，参考资料包中的例程，添加 JPG 图片的显示及切换功能。

任务提示：

1. 参考资料包 "04.例程资料/27.PictureDisplay-JPG" 工程，将 JPG 图片的解码算法移植到本章例程中。

2. 修改按键响应函数，设置显示图片的路径。

本 章 习 题

1. 不同图片格式之间有哪些区别？

2. 简述 BMP 图片的文件格式。

3. 简述 BMP 图片的解码过程。

第 29 章　USB 从机

USB（Universal Serial Bus）即通用串行总线，是连接计算机系统与外部设备的一种串口总线标准，也是一种输入/输出接口的技术规范，被广泛应用于个人计算机和移动通信设备，并扩展至摄影器材、数字电视（机顶盒）、游戏机等其他领域。USB 发展至今已有 USB1.0/1.1/2.0/3.0 等多个版本，其中 USB1.0 和 USB1.1 版本只支持 1.5Mbps 的低速（low-speed）模式和 12Mbps 的全速（full-speed）模式，在 USB 2.0 版本中，加入了 480Mbps 的高速模式。目前最新的 USB 协议版本为 USB 3.2 Gen2x2，传输速率可达 20Gbps。

29.1　USB 模块电路原理图

GD32F3 杨梅派开发板具有 USB Type-C 接口，通过该接口可实现数据传输和电源输入，其电路原理图如图 29-1 所示。其中 Vbus 连接总线电源，CC1 与 CC2 用于识别插入方向，分别连接 5.1kΩ 的下拉电阻。USB_DP 连接 1.5kΩ 的上拉电阻，表示该设备为全速设备或高速设备。当设备接入主机时，主机可以通过该上拉电阻判断是否有 USB 设备接入。由于 USB Type-C 接口支持正反面插入，因此 A7、A6 与 B7、B6 引脚分别与 USB_DM（D−）和 USB_DP（D+）引脚连接，构成半双工的差分信号线，以抵消长导线的电磁干扰。

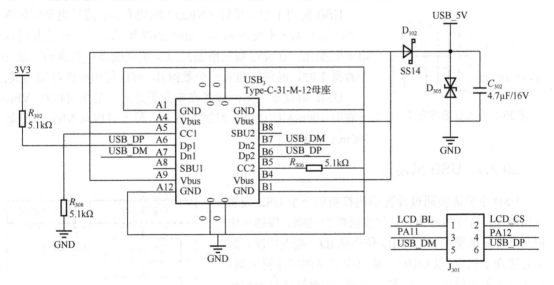

图 29-1　USB 模块电路原理图

注意，USB 插座并不直接连接到 GD32F30x 微控制器上，而是通过 J_{301} 转接。在本章实例中，需要通过跳线帽将 PA11 和 PA12 引脚分别连接到 USB_DM 和 USB_DP 引脚。

29.2　USB 原理

29.2.1　USB 协议简介

USB 是一种串行传输总线,它的出现主要是为了简化个人计算机与外围设备的连接。USB

具有许多优点，如支持热插拔，能够即插即用，具有很强的扩展性、很高的传输速率及统一的标准，兼容性强，价格便宜等；其缺点是只适合短距离传输，开发和调试难度较大。

29.2.2　USB 拓扑结构

USB 是一种主从结构的系统，分为主机（Host）与从机（Device）。所有的数据传输都由主机发起，而从机只能被动地应答。在 USB OTG 中，设备可以在从机与主机之间切换，实现设备与设备之间的连接。

USB 主机通常具有一个或多个主控器（Host controller）和根集线器（Root hub）。主控器主要负责处理数据，根集线器则提供一个连接主控器与设备之间的接口和通路。此外，还有 USB 集线器（USB hub），即 USB 拓展坞，可以对原有的 USB 接口在数量上进行拓展，但是不能拓展出更多的带宽。

29.2.3　USB 电气特性

标准的 USB 连接线使用 4 芯电缆：5V 电源线（Vbus）、差分数据线负（D-）、差分数据线正（D+）及地线（GND）。USB 使用差分信号来传输数据，因此有 2 条数据线，分别为 D+和 D-，使用 3.3V 电压。USB 的低速和全速模式采用电压传输，而高速模式采用电流传输。关于具体的电气参数可参见 USB 协议文档《USB2.0 协议中文版》（位于本书配套资料包 "09. 参考资料" 文件夹下）。

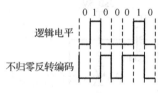

图 29-2　NRZI 编码方式

USB 使用不归零反转（NRZI）编码方式：信号电平翻转表示 0，信号电平不变表示 1，如图 29-2 所示。为了防止长时间电平无变化，在发送数据前要经过位填充处理：当遇到连续 6 个数据 1 时，就强制插入一个数据 0，该过程由硬件自动完成。

USB 协议还规定，设备在未配置之前，最多可以从 Vbus 上获取 100mA 的电流，经过配置后，最多可以从 Vbus 上获取 500mA 的电流。

29.2.4　USB 描述符

USB 主机需要通过设备描述符明确一个 USB 设备如何操作，有哪些行为，具体实现哪些功能。描述符中记录了设备的类型、厂商 ID 和产品 ID、端点情况、版本号等众多信息。以 USB1.1 协议中定义的描述符为例，其中包含设备描述符、配置描述符、端点描述符及可选的字符串描述符，如图 29-3 所示，此外还有一些特殊的描述符，如 HID 描述符。

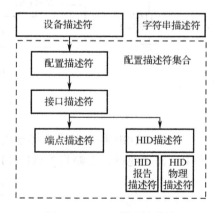

图 29-3　USB 描述符结构

从图 29-3 可以看出，USB 描述符之间的关系是一层一层的，顶层是设备描述符，其次是配置描述符、接口描述符，底层是端点描述符。其中一个设备描述符可以定义多个配置，一个配置描述符可以定义多个接口，一个接口描述符可以定义多个端点描述符或 HID 描述符。主机获取描述符时，首先获取设备描述符，再获取配置描述符。接口描述符、端点描述符及特殊描述符等需要主机根据配置描述符中的配置集合的总长度一次性读回，不能单独返回给 USB 主机。本章使用的配置描述符集合定义参见 29.3.1 节的程序清单 29-2。字符串描述符是单独获取的。

　　本章中的 USB 协议所包含的描述符均在 usbd_std.h 文件中定义，首先定义所有描述符的头部，包括描述符的长度及类型常数，所有描述符均包含该头部。

```
typedef struct
{
    uint8_t bLength;                        //描述符长度（字节）
    uint8_t bDescriptorType;                //描述符的类型常数
} usb_descriptor_header_struct;
```

　　其中 bDescriptorType 为描述符的类型常数，常用的描述符类型及其取值如表 29-1 所示。

表 29-1　常用描述符类型

类　　型	描　述　符	数　　值	类　　型	描　述　符	数　　值
标准	设备描述符	0x01	类别	HID 描述符	0x21
	配置描述符	0x02		HUB 描述符	0x29
	字符串描述符	0x03	HID 特定	报告描述符	0x22
	接口描述符	0x04		物理描述符	0x23
	端点描述符	0x05			

1. 设备描述符

　　设备描述符描述有关 USB 设备的相关信息，每个 USB 设备有且仅有一个设备描述符，其结构体定义如下。

```
typedef struct
{
    usb_descriptor_header_struct Header;    //描述符头部，包含描述符的长度与类型
    uint16_t bcdUSB;                        //该设备遵循的 USB 版本号，采用 BCD 码表示
    uint8_t  bDeviceClass;                  //该设备使用的类代码
    uint8_t  bDeviceSubClass;               //该设备使用的子类代码
    uint8_t  bDeviceProtocol;               //该设备所使用的协议
    uint8_t  bMaxPacketSize0;               //端点 0 的最大包长
    uint16_t idVendor;                      //厂商 ID，由 USB 协议分配
    uint16_t idProduct;                     //产品 ID，由厂商分配
    uint16_t bcdDevice;                     //产品版本号，由厂家分配
    uint8_t  iManufacturer;                 //描述厂商的字符串的索引，为 0 表示无
    uint8_t  iProduct;                      //描述产品的字符串的索引，为 0 表示无
    uint8_t  iSerialNumber;                 //产品序列号字符串的索引
    uint8_t  bNumberConfigurations;         //当前设备有多少个配置
} usb_descriptor_device_struct;
```

　　USB 协议版本的格式为 JJ.M.N（JJ 为主要版本号，M 为次要版本号，N 为次要版本），bcdUSB 定义的格式为 0xJJMN，例如，USB2.0 写成 0200H，USB1.1 写成 0110H。

　　bDeviceClass、bDeviceSubClass 和 bDeviceProtocol 分别代表设备类型代码、子类型代码及协议代码，常用的设备类型代码见表 29-2。如果 bDeviceClass 为 0，则 bDeviceSubClass 和 bDeviceProtocol 均为 0，表示由接口描述符来指定。

　　bMaxPackeSize 表示端点 0 一次传输的最大字节数量（具体见表 29-4 中的"最大数据包

长度"项）。

iManufacturer、iProduct 和 iSerialNumber 是 3 个字符串的索引值，当这些值不为 0 时，主机利用这个索引值来获取相应的字符串。

一个 USB 可能有多个配置，bNumConfigurations 用于标识当前设备有多少个配置。

USB 定义了设备类的类别码信息，可用于识别设备并且加载设备驱动。这种代码信息有 BaseClass（基本类）、SubClass（子类）和 Protocol（协议），共占 3 字节。常见 USB 设备基本类如表 29-2 所示。

表 29-2　常见 USB 设备基本类

基 本 类	描　　述	基 本 类	描　　述
0x01	音频设备	0x08	大容量存储设备
0x02	通信设备	0x09	HUB 设备
0x03	HID 设备	0x0B	智能卡设备
0x06	图像设备	0xFF	厂家自定义类设备
0x07	打印机类设备		

2. 配置描述符

配置描述符描述了特定设备配置的信息，每个 USB 设备至少需要有一个配置描述符，其结构体定义如下。

```
typedef struct
{
    usb_descriptor_header_struct Header;    //描述符头部，包含描述符的长度与类型
    uint16_t wTotalLength;                  //配置描述符的总长度
    uint8_t bNumInterfaces;                 //该配置包含的接口数
    uint8_t bConfigurationValue;            //该配置描述符的索引值
    uint8_t iConfiguration;                 //描述该配置的字符串的索引值
    uint8_t bmAttributes;                   //配置属性
    uint8_t bMaxPower;                      //在当前配置下设备的最大功耗，以 2mA 为单位
} usb_descriptor_configuration_struct;
```

wTotalLength 为描述符的总长度，包含配置描述符、接口描述符、端点描述符等。

bNumInterfaces 表示当前配置下有多少个接口，单一功能设备只有一个接口，例如本章实例中的接口只有一个。

一个 USB 设备可能有多个配置。bConfigurationValue 为当前配置的标识，主机通过该标识来选择所需配置。

iConfiguration 为描述该配置的字符串索引值，该值不为 0 时，主机利用这个索引值来获取相应的字符串。

bmAttributes 表示一些设备的特性，D7 是保留位，默认为 1；D6 表示供电方式，0 为自供电，1 为总线供电；D5 表示是否支持远程唤醒；D4～D0 保留，默认为 0。

bMaxPower 为当前配置下所需电流，单位为 2mA。若一个设备最大耗电量为 100mA，那么该参数设置为 0x32。

3. 接口描述符

接口描述符描述配置中的特定接口。一个配置提供一个或多个接口，每个接口可以具有 0 个或多个端点描述符。

```
typedef struct
{
    usb_descriptor_header_struct Header;        //描述符头部，包含描述符的长度与类型
    uint8_t bInterfaceNumber;                   //该接口的序号
    uint8_t bAlternateSetting;                  //备用接口编号
    uint8_t bNumEndpoints;                      //接口中的端点总数
    uint8_t bInterfaceClass;                    //接口类 ID
    uint8_t bInterfaceSubClass;                 //接口子类 ID
    uint8_t bInterfaceProtocol;                 //该接口所使用的协议 ID
    uint8_t iInterface;                         //该接口描述符索引号，为 0 表示无
} usb_descriptor_interface_struct;
```

　　bInterfaceNumber 为该接口的序号，如果一个配置有多个接口，则每个接口都有一个独立的编号，从 0 开始递增。

　　bAlternateSetting 为备用接口编号，一般很少用，本章将其设置为 0。

　　bInterfaceClass、bInterfaceSubClass 和 bInterfaceProtocol 的作用是，当 bDeviceClass 为 0 时，即指示用接口描述符来标识类别时，用接口类、接口子类、接口协议来说明此 USB 设备功能所属的类别。有关 USB 设备类型编号的常用值见表 29-2，本章中 bInterfaceClass 的值为 0x03，表示该设备为 HID 类设备。

4. 端点描述符

　　端点（Endpoint）是 USB 设备上可被独立识别的端口，是 USB 设备中可以进行数据收发的最小单元。每个 USB 设备必须有一个端点 0，其作用是对设备和设备枚举进行控制，因此也被称为控制端点。端点 0 的数据传输方向是双向的，而其他端点均为单向。除了控制端点，每个 USB 设备允许有一个或多个非 0 端点。低速设备最多有 2 个非 0 端点。高速和全速设备最多支持 15 个端点。

```
typedef struct
{
    usb_descriptor_header_struct Header;        //描述符头部，包含描述符的长度与类型
    uint8_t  bEndpointAddress;                  //端点的逻辑地址
    uint8_t  bmAttributes;                      //端点类型
    uint16_t wMaxPacketSize;                    //该端点的最大包长（字节）
    uint8_t  bInterval;                         //如果端点是中断或同步类型时的轮询间隔（毫秒）
} usb_descriptor_endpoint_struct;
```

　　bEndpointAddress 为端点的逻辑地址，其中 bit3～bit0 为端点编号，bit6～bit4 默认为 0，bit7 表示传输方向，0 对应输出，1 对应输入。

　　bmAttributes 为端点属性，00 表示控制传输，01 表示同步传输，10 表示批量传输，11 表示中断传输。

　　wMaxPacketSize 表示当前配置下此端点能够接收或发送的最大数据包的大小。

　　bInterval 表示查询时间，即主机多久与设备通信一次，通常以 1ms（帧）和 125μs（微帧）为单位。

5. 字符串描述符和语言 ID 描述符

　　在 USB 协议中，字符串描述符是可选的，其结构体定义如下。语言 ID 描述符是特殊的字符串描述符，用于通知主机其他字符串描述符里的字符串为何种语言。常用的语言编码为

美式英语，编码为 0x0409。主机需要先获取语言 ID 描述符，才能正确解析字符串描述符。

```
typedef struct
{
    usb_descriptor_header_struct Header;              //描述符头部，包含描述符的长度与类型
    uint16_t wLANGID;                                  //语言编码
}usb_descriptor_language_id_struct;
```

例如，本章定义的字符串如下。

```
void *const usbd_strings[] =
{
    [USBD_LANGID_STR_IDX] = (uint8_t *)&usbd_language_id_desc,
    [USBD_MFC_STR_IDX] = USBD_STRING_DESC("GigaDevice"),
    [USBD_PRODUCT_STR_IDX] = USBD_STRING_DESC("GD32 USB Keyboard in FS Mode"),
    [USBD_SERIAL_STR_IDX] = USBD_STRING_DESC("GD32F30X-V3.0.0-3a4b5ec")
};
```

所使用的设备描述符（均在 hid_core.c 文件中定义）申请了 3 个非 0 索引值，分别是厂商字符串（iManufacturer）、产品字符串（iProduct）和产品序列号（iSerialNumber），其索引值分别为 1、2、3，USB 主机通过字符串描述符和索引值获取对应的字符串。当索引值为 0 时，表示获取语言 ID。

29.2.5　HID 协议

HID（Human Interface Device）即人体学接口设备，是指用于和人体交互的设备，如鼠标、键盘、游戏手柄和打印机等。现代主流操作系统都能识别标准 USB HID 设备，无须专门的驱动程序。

HID 设备的描述符主要包括 5 个 USB 标准描述符（设备描述符、配置描述符、接口描述符、端点描述符和字符串描述符）和 3 个 HID 设备类特定描述符（HID 描述符、报告描述符和物理描述符）。HID 描述符的结构体定义如下。

```
typedef struct
{
    usb_descriptor_header_struct Header;              //描述符头部，包含描述符的长度与类型
    uint16_t bcdHID;                                   //HID 规范版本号
    uint8_t bCountryCode;                              //硬件设备所在国家的代码
    uint8_t bNumDescriptors;                           //接口的 HID 报告描述符总数
    uint8_t bDescriptorType;                           //附加描述符的类型
    uint16_t wDescriptorLength;                        //附加描述符的长度
} usb_hid_descriptor_hid_struct;
```

bcdHID 为 4 位 16 进制 BCD 码，1.0 即为 0x0100，1.1 即为 0x0101，2.0 即为 0x0200。

bNumDescriptors 为 HID 设备支持的下级描述符的数量。注意，下级描述符分为报告描述符和物理描述符。bNumDescriptors 表示报告描述符和物理描述符的个数总和。

bDescriptorType 表示下级描述符的类型，如报告描述符的类型编号为 0x22。

wDescriptorLength 表示下级描述符的长度。

报告描述符用于描述 HID 设备所上报数据的用途及属性，每个 HID 设备至少有一个报告描述符，物理描述符是可选的，并不常用。

29.2.6　USB 通信协议

USB 数据由二进制数字串构成，采用最低有效位（LSB）先行的传输方式，由数字串组成域，多个域组成一个包，再由多个包组成事务，最后由多个事务组成一次传输，其结构关系如图 29-4 所示。

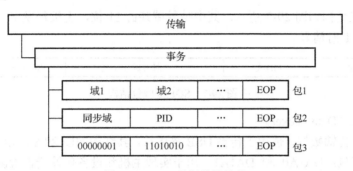

图 29-4　USB 数据传输结构

1．包（Packet）

USB 总线上传输的数据以包为基本单位，所有数据都是经过打包后在总线上传输的，包的基本结构如图 29-5 所示。

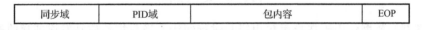

图 29-5　USB 包基本结构

一个包被分成不同的域，所有的包以同步域开始，不同种类的包含有不同的包内容，最终都以包结束符 EOP 结束。

① 同步域：用于表示数据传输的开始，同步主机端和设备端的时钟。对于全速和低速设备，同步域使用的是 00000001；而对于高速设备，同步域使用的是 31 个 0 加 1 个 1。

② PID（Packet Identifier）域：用于表示一个包的类型，共 8 位，其中 USB 协议使用的只有 4 位（PID[3:0]），剩余 4 位（PID[7:4]）为 PID[3:0]的取反，用于校验。有关 USB 协议规定的 PID 取值，可参见表 29-3。

③ EOP（包结束符）：表示一个包的结束，对于全速设备和低速设备，EOP 是一个约为 2 个数据位宽的单端 0 信号（SE0），即 D+和 D−同时保持为低电平。

不同的包内容将产生不同类型的包，分为令牌包、数据包和握手包。

（1）令牌包（Token Packet）

令牌包用来启动一次 USB 传输。因为 USB 为主从结构，主机需要发送一个令牌通知设备做出相应的响应。每个令牌包的末尾都有一个 5 位的 CRC 校验，它只校验 PID 之后的数据。令牌包分为以下 4 种。

① 输出（OUT）令牌包：通知设备输出一个数据包；

② 输入（IN）令牌包：通知设备返回一个数据包；

③ 建立（SETUP）令牌包：只用在控制传输中，通知设备输出一个数据包；

④ 帧起始（Start of Frame，SOF）令牌包：在每帧（或微帧）开始时发送，以广播的形式发送。

OUT、IN、SETUP 令牌包结构如图 29-6 所示。其中地址域（ADDR）占 11 位，低 7 位为设备地址，高 4 位为端点地址。

同步域	PID域	地址域	CRC5校验	EOP

图 29-6　OUT、IN、SETUP 令牌包结构

SOF 令牌包结构如图 29-7 所示。其中帧号域共占 11 位，主机每发出一个帧，帧号自动加 1，达到 0x7FF 时清零。

同步域	PID域	帧号域	CRC5校验	EOP

图 29-7　SOF 令牌包结构

（2）数据包（Data Packet）

数据包用于传输数据，也用于传输 USB 描述符，其结构如图 29-8 所示。在 USB1.1 协议中只有两种数据包：DATA0 和 DATA1，用于实现主机和设备传输错误检测及重发机制。在 USB2.0 中又增加了 DATA2 和 MDATA 包，主要用在高速分裂事务和高速高带宽同步中。其中数据包中特有的数据域长度为 0～1024 字节。

同步域	PID域	数据域	CRC16校验	EOP

图 29-8　数据包结构

不同类型的数据包用于在握手包出错时进行纠错。当数据包成功发送或接收时，数据包的类型会切换（如在 DATA0 与 DATA1 之间切换）。当检测到收发双方所使用的数据包类型不同时，说明此时传输发生了错误。

（3）握手包（Handshake Packet）

同步域	PID域	EOP

图 29-9　握手包结构

握手包内容仅由 PID 域组成，用于表示一次传输是否被对方确认，是最简单的一种数据包，其结构如图 29-9 所示。

其中，PID 域标志了当前握手包的具体类型，主要分为 ACK、NAK、STALL 和 NYET 共 4 种。其中，主机和设备都可以用 ACK 来确认，而余下的 3 种包只能由设备返回。

不同类型的包除了组成结构不同，其 PID 域也会有相应的区别，如表 29-3 所示。

表 29-3　USB 协议规定的 PID

PID 类型	PID 名称	PID[3:0]	说　　明
令牌包	输出（OUT）令牌包	0001	通知设备输出一个数据包
	输入（IN）令牌包	1001	通知设备返回一个数据包
	建立（SETUP）令牌包	0101	只用在控制传输中，通知设备输出一个数据包
	帧起始（SOF）令牌包	1101	在每帧（或微帧）开始时发送，以广播的形式发送
数据包	DATA0	0011	不同类的数据包（USB1.1）
	DATA1	1011	
	DATA2	0111	不同类的数据包（USB2.0 补充）
	MDATA	1111	

续表

PID 类型	PID 名称	PID[3:0]	说　　　明
握手包	ACK	0010	正确接收数据，并且有足够的空间来容纳数据
	NAK	1010	表示没有数据需要返回，或者数据正确接收但没有足够的空间来容纳，不表示数据出错
	STALL	1110	错误状态，表示设备无法执行该请求，或端点被挂起
	NYET	0110	只在 USB2.0 的高速设备输出事务中使用，表示数据正确接收但设备没有足够的空间来接收下一个数据
特殊包	PRE	1100	前导（令牌包）
	ERR	1100	错误（握手包）
	SPLIT	1000	分裂事务（令牌包）
	PING	0100	PING 测试（令牌包）
	\	0000	保留，未使用

2. 事务（Transaction）

数据信息的一次接收或发送的处理过程称为事务，事务分为 3 种类型。

① Setup 事务：主要向设备发送控制命令；

② Data IN 事务：主要从设备读取数据；

③ Data OUT 事务：主要向设备发送数据。

上述 3 种事务均由 3 个包（令牌包、数据包、握手包）组成，而同步传输事务由 2 个包组成（令牌包、数据包），没有握手包。所有传输事务的令牌包都是由主机发起的，数据包含有需要传输的数据，握手包由数据接收方发起，回应数据是否正常接收。

3. 传输（transfer）

USB 协议规定了 4 种传输类型：控制传输、批量传输、同步传输和中断传输。其中，除控制传输外，其他类型的传输每传输一次数据都是一个事务，控制传输可能包含多个事务。

（1）控制（Control）传输

控制传输适用于非周期性且突发的数据传输。当设备接入主机时，需要通过控制传输获取 USB 设备的描述符，完成 USB 设备的枚举。控制传输是双向的，必须由 IN 和 OUT 两个方向上的特定端点号的控制端点来完成两个方向上的控制传输。

（2）批量（Bulk）传输

批量传输适用于需要大数据量传输，但对实时性、延迟和带宽没有严格要求的应用。大容量传输可以占用任意可用的数据带宽。批量传输是单向的，可以用单向的批量传输端点来实现某个方向的批量传输。

（3）同步（isochronous）传输

同步传输用于传输需要保证带宽，且不能延时的信息。整个带宽都用于保证同步传输的数据完整，且不支持出错重传。同步传输总是单向的，可以使用单向的同步端点来实现某个方向上的同步传输。

（4）中断（interrupt）传输

中断传输用于频率不高，但对周期有一定要求的数据传输。中断传输具有保证的带宽，并能在下个周期对先前错误的传输进行重传。中断传输总是单向的，可以用单向的中断端点来实现某个方向上的中断传输。本章实例中的 HID 键盘采用中断传输方式。

表 29-4 4 种传输方式对比

传输模式	控制传输			批量传输			中断传输			同步传输		
传输速率	高速	全速	低速	高速	全速	低速	高速	全速	低速	高速	全速	低速
带宽	保证			没有保证			有限的保留带宽			保证、传输率固定		
	最多 20%	最多 10%	最多 10%				23.4MB/s	62.5KB/s	800B/s		999KB/s	2.9MB/s
最大数据包长度	64	64	8	512	54	\	1024	64	8	1024	1023	\
传输错误管理	握手包、PID 翻转			握手包、PID 翻转			握手包、PID 翻转			无		

29.2.7 USB 枚举

USB 枚举是 USB 设备调试中一个很重要的环节。USB 主机在检测到设备插入后，需要对设备进行枚举。枚举过程采用的是控制传输模式，从设备读取一些信息，了解设备类型和通信方式，主机可以根据这些信息来加载合适的驱动程序。USB 枚举流程如图 29-10 所示。

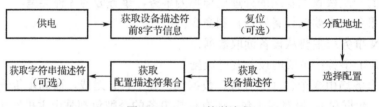

图 29-10 USB 枚举流程

29.2.8 USBD 模块简介

GD32F30x 系列微控制器的通用串行总线全速设备接口（USBD）模块仅适用于 GD32F30x 系列微控制器，USBD 意为 USB Device，即只支持工作在设备（Device）模式，而不支持主机工作模式。USBD 模块支持 USB2.0 协议下的 12Mbps 的全速率传输，其内部包含一个 USB 物理层芯片，支持 USB 2.0 协议所定义的 4 种传输类型（控制、批量、中断和同步传输）。

根据 USB 标准定义，USBD 模块采用固定的 48MHz 时钟。使用 USBD 时需要打开两个时钟，一个是 USB 控制器时钟，其频率必须配置为 48MHz；另一个是 APB1 到 USB 接口时钟，即 APB1 总线时钟，其频率必须大于 24MHz。

29.3 实例与代码解析

本节基于 GD32F3 杨梅派开发板设计一个 USB 从机实例，将开发板作为 HID 键盘设备连接至计算机，实现键盘输入功能。

29.3.1 hid_core 文件对

1. hid_core.h 文件

hid_core.c 与 hid_core.h 为兆易创新官方提供的 HID_keyboard 例程源代码，下面对该文件中的部分代码进行解释说明。hid_core.h 文件首先对 HID 进行相关配置和宏定义，包括 HID

配置描述符的总长度、类型编号等，还定义了 USB HID 设备的请求状态，如设置或获取相关
的报告等，如程序清单 29-1 所示。

程序清单 29-1

```
1.    #define USB_HID_CONFIG_DESC_SIZE          0x29
2.
3.    #define HID_DESC_TYPE                     0x21
4.    #define USB_HID_DESC_SIZE                 0x09
5.    #define USB_HID_REPORT_DESC_SIZE          0x3D
6.    #define HID_REPORT_DESCTYPE               0x22
7.
8.    #define GET_REPORT                        0x01
9.    #define GET_IDLE                          0x02
10.   #define GET_PROTOCOL                      0x03
11.   #define SET_REPORT                        0x09
12.   #define SET_IDLE                          0x0A
13.   #define SET_PROTOCOL                      0x0B
```

USB 配置描述符集合如程序清单 29-2 所示，依次为配置描述符、接口描述符、HID 描述
符和两个端点描述符。

程序清单 29-2

```
1.    typedef struct
2.    {
3.        usb_descriptor_configuration_struct Config;
4.
5.        usb_descriptor_interface_struct            HID_Interface;
6.        usb_hid_descriptor_hid_struct              HID_VendorHID;
7.        usb_descriptor_endpoint_struct             HID_ReportINEndpoint;
8.        usb_descriptor_endpoint_struct             HID_ReportOUTEndpoint;
9.    } usb_descriptor_configuration_set_struct;
```

API 函数声明的代码如程序清单 29-3 所示，包括 HID 设备的初始化、去初始化、处理
HID 类特定的请求、处理数据、发送键盘报告的函数。

程序清单 29-3

```
1.    /* initialize the HID device */
2.    usbd_status_enum hid_init (void *pudev, uint8_t config_index);
3.    /* de-initialize the HID device */
4.    usbd_status_enum hid_deinit (void *pudev, uint8_t config_index);
5.    /* handle the HID class-specific requests */
6.    usbd_status_enum hid_req_handler (void *pudev, usb_device_req_struct *req);
7.    /* handle data stage */
8.    usbd_status_enum hid_data_handler (void *pudev, usbd_dir_enum rx_tx, uint8_t ep_id);
9.    /* send keyboard report */
10.   uint8_t hid_report_send (usbd_core_handle_struct *pudev, uint8_t *report, uint16_t len);
```

2. hid_core.c 文件

在 hid_core.c 文件中，首先定义外部变量 prev_transfer_complete 传输完成标志位及 key_buffer
数据上报发送缓冲区，如程序清单 29-4 所示。这两个变量均在 Keyboard.c 文件中初始化。

程序清单 29-4

```
extern __IO uint8_t prev_transfer_complete;
extern uint8_t key_buffer[];
```

device_descripter 结构体的初始化代码如程序清单 29-5 所示。

程序清单 29-5

```
1.   const usb_descriptor_device_struct device_descripter =
2.   {
3.       .Header =
4.        {
5.            .bLength = USB_DEVICE_DESC_SIZE,
6.            .bDescriptorType = USB_DESCTYPE_DEVICE
7.        },
8.       .bcdUSB = 0x0200,
9.       .bDeviceClass = 0x00,
10.      .bDeviceSubClass = 0x00,
11.      .bDeviceProtocol = 0x00,
12.      .bMaxPacketSize0 = USBD_EP0_MAX_SIZE,
13.      .idVendor = USBD_VID,
14.      .idProduct = USBD_PID,
15.      .bcdDevice = 0x0100,
16.      .iManufacturer = USBD_MFC_STR_IDX,
17.      .iProduct = USBD_PRODUCT_STR_IDX,
18.      .iSerialNumber = USBD_SERIAL_STR_IDX,
19.      .bNumberConfigurations = USBD_CFG_MAX_NUM
20.  };
```

这段语句为 device_descripter 各成员赋初值，未提及的结构体成员值将被初始化为 0。此语法需要 C99 支持，因此必须在 Keil 中选择 C99 模式，如图 29-11 所示，否则会导致编译出错。

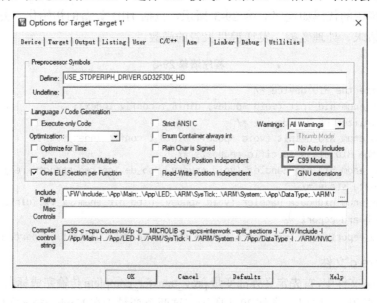

图 29-11　勾选 C99 Mode

关于各描述符的结构说明，可参见 29.2.5 节中 USB 设备描述符部分内容。

configuration_descriptor 结构体的初始化代码如程序清单 29-6 所示，包含配置描述符、接口描述符和 HID 描述符。

（1）第 3 至 16 行代码：配置描述符初始化。

（2）第 18 至 32 行代码：接口描述符初始化。其中，第 27 行代码将接口描述符中的 bNumEndpoints 赋值为 0x02，表示该接口下拥有两个端点，分别为 IN 端点和 OUT 端点；第 28 行代码 bInterfaceClass 赋值为 0x03，表明设备为 HID 类。

（3）第 34 至 46 行代码：HID 描述符初始化。

（4）第 48 至 72 行代码：IN 端点描述符和 OUT 端点描述符初始化。

程序清单 29-6

```
1.  usb_descriptor_configuration_set_struct configuration_descriptor =
2.  {
3.      .Config =
4.      {
5.          .Header =
6.          {
7.              .bLength = sizeof(usb_descriptor_configuration_struct),
8.              .bDescriptorType = USB_DESCTYPE_CONFIGURATION
9.          },
10.         .wTotalLength = USB_HID_CONFIG_DESC_SIZE,
11.         .bNumInterfaces = 0x01,
12.         .bConfigurationValue = 0x01,
13.         .iConfiguration = 0x00,
14.         .bmAttributes = 0xA0,
15.         .bMaxPower = 0x32
16.     },
17.
18.     .HID_Interface =
19.     {
20.         .Header =
21.         {
22.             .bLength = sizeof(usb_descriptor_interface_struct),
23.             .bDescriptorType = USB_DESCTYPE_INTERFACE
24.         },
25.         .bInterfaceNumber = 0x00,
26.         .bAlternateSetting = 0x00,
27.         .bNumEndpoints = 0x02,
28.         .bInterfaceClass = 0x03,
29.         .bInterfaceSubClass = 0x01,
30.         .bInterfaceProtocol = 0x01,
31.         .iInterface = 0x00
32.     },
33.
34.     .HID_VendorHID =
35.     {
36.         .Header =
37.         {
38.             .bLength = sizeof(usb_hid_descriptor_hid_struct),
```

```
39.              .bDescriptorType = HID_DESC_TYPE
40.          },
41.          .bcdHID = 0x0111,
42.          .bCountryCode = 0x00,
43.          .bNumDescriptors = 0x01,
44.          .bDescriptorType = HID_REPORT_DESCTYPE,
45.          .wDescriptorLength = USB_HID_REPORT_DESC_SIZE,
46.      },
47.
48.      .HID_ReportINEndpoint =
49.      {
50.          .Header =
51.          {
52.              .bLength = sizeof(usb_descriptor_endpoint_struct),
53.              .bDescriptorType = USB_DESCTYPE_ENDPOINT
54.          },
55.          .bEndpointAddress = HID_IN_EP,
56.          .bmAttributes = 0x03,
57.          .wMaxPacketSize = HID_IN_PACKET,
58.          .bInterval = 0x40
59.      },
60.
61.      .HID_ReportOUTEndpoint =
62.      {
63.          .Header =
64.          {
65.              .bLength = sizeof(usb_descriptor_endpoint_struct),
66.              .bDescriptorType = USB_DESCTYPE_ENDPOINT
67.          },
68.          .bEndpointAddress = HID_OUT_EP,
69.          .bmAttributes = 0x03,
70.          .wMaxPacketSize = HID_OUT_PACKET,
71.          .bInterval = 0x40
72.      }
73. };
```

语言 ID 描述符和字符串描述符的初始化代码如程序清单 29-7 所示。其中，语言 ID 定义语言为美式英语。在设备描述符中，iManufacturer 字符串索引值为 USBD_MFC_STR_IDX，对应从字符串描述符获取的字符串为第 14 行代码中的"GigaDevice"，以此类推。

程序清单 29-7

```
1.  const usb_descriptor_language_id_struct usbd_language_id_desc =
2.  {
3.      .Header =
4.      {
5.          .bLength = sizeof(usb_descriptor_language_id_struct),
6.          .bDescriptorType = USB_DESCTYPE_STRING
7.      },
8.      .wLANGID = ENG_LANGID
9.  };
10.
```

```
11.  void *const usbd_strings[] =
12.  {
13.      [USBD_LANGID_STR_IDX] = (uint8_t *)&usbd_language_id_desc,
14.      [USBD_MFC_STR_IDX] = USBD_STRING_DESC("GigaDevice"),
15.      [USBD_PRODUCT_STR_IDX] = USBD_STRING_DESC("GD32 USB Keyboard in FS Mode"),
16.      [USBD_SERIAL_STR_IDX] = USBD_STRING_DESC("GD32F30X-V3.0.0-3a4b5ec")
17.  };
```

HID 报告描述符的定义代码如程序清单 29-8 所示，该描述符用于描述一个报告及报告所表示的数据信息。

程序清单 29-8

```
1.   const uint8_t hid_report_desc[USB_HID_REPORT_DESC_SIZE] =
2.   {
3.       0x05, 0x01,    /* USAGE_PAGE (Generic Desktop) */
4.       0x09, 0x06,    /* USAGE (Keyboard) */
5.       0xa1, 0x01,    /* COLLECTION (Application) */
6.
7.       0x05, 0x07,    /* USAGE_PAGE (Keyboard/Keypad) */
8.       0x19, 0xe0,    /* USAGE_MINIMUM (Keyboard LeftControl) */
9.       0x29, 0xe7,    /* USAGE_MAXIMUM (Keyboard Right GUI) */
10.      ...
11.      0xc0              /* END_COLLECTION */
12.  };
```

HID 报告传输函数如程序清单 29-9 所示，该函数在键盘位置上报时被调用。首先将传输完成标志位置 0，再调用端点发送函数 usbd_ep_tx 发送数据，最后返回 USB 设备的 OK 状态。其中，传输标志位将在 hid_data_handler 函数中置 1。

程序清单 29-9

```
1.   uint8_t hid_report_send (usbd_core_handle_struct *pudev, uint8_t *report, uint16_t len)
2.   {
3.       /* check if USB is configured */
4.       prev_transfer_complete = 0;
5.       usbd_ep_tx (pudev, HID_IN_EP, report, len);
6.       return USBD_OK;
7.   }
```

29.3.2 Keyboard 文件对

1. Keyboard.h 文件

Keyboard.h 文件中"宏定义"区的部分宏定义如程序清单 29-10 所示。首先定义键盘的 HID 码表，根据 HID 协议，键盘上的每个按键都有其固定的值。

程序清单 29-10

```
1.   //键盘 HID 码表
2.   #define KEYBOARD_NULL                  0    // No Event Indicated
3.   #define KEYBOARD_ERROR_ROLL_OVER       1    // Error Roll Over
4.   #define KEYBOARD_POST_Fail             2    // Post Fail
5.   #define KEYBOARD_Error_Undefined       3    // Error Undefined
6.   #define KEYBOARD_A                     4    // Keyboard a and A
```

```
7.   ...
8.   //控制键
9.   #define SET_LEFT_CTRL      ((u8)(1 << 0))
10.  #define SET_LEFT_SHIFT     ((u8)(1 << 1))
11.  #define SET_LEFT_ALT       ((u8)(1 << 2))
12.  #define SET_LEFT_WINDOWS   ((u8)(1 << 3))
```

在"API 函数声明"区为 API 函数的声明代码，如程序清单 29-11 所示。InitKeyboard 函数用于初始化 USB 键盘驱动，SendKeyVal 函数用于发送键值给计算机。

程序清单 29-11

```
1.   //初始化 USB 键盘驱动
2.   void InitKeyboard(void);
3.   //发送键值给计算机
4.   u8 SendKeyVal(u8 keyFunc, u8 key0, u8 key1, u8 key2, u8 key3, u8 key4, u8 key5);
```

2. Keyboard.c 文件

在 Keyboard.c 文件的"内部变量"区，首先将上次传输发送完成标志位初始化为 1，并使用 __IO（宏定义为 volatile）修饰符禁止编译器优化，必须每次都直接读/写其值。然后初始化数据上报发送缓冲区。最后初始化 usb_device_dev 结构体并为相应的成员赋初值，包括设备描述符结构体、配置集合描述符结构体、字符串结构体及初始化函数、回调函数，如程序清单 29-12 所示。

程序清单 29-12

```
1.   //上次传输发送完成标志位
2.   __IO uint8_t prev_transfer_complete = 1;
3.
4.   //数据上报发送缓冲区
5.   uint8_t key_buffer[HID_IN_PACKET] = {0};
6.
7.   //USB 从机设备
8.   usbd_core_handle_struct  usb_device_dev =
9.   {
10.    .dev_desc         = (uint8_t *)&device_descripter,
11.    .config_desc      = (uint8_t *)&configuration_descriptor,
12.    .strings          = usbd_strings,
13.    .class_init       = hid_init,
14.    .class_deinit     = hid_deinit,
15.    .class_req_handler = hid_req_handler,
16.    .class_data_handler = hid_data_handler
17.  };
```

在"内部函数实现"区实现 USB 中断处理，如程序清单 29-13 所示。该函数调用 usbd_int.c 文件中的 usbd_isr 函数，处理 USB 低优先级成功传输事件及 USB 设备唤醒事件等。

程序清单 29-13

```
1.   void USBD_LP_CAN0_RX0_IRQHandler (void)
2.   {
3.     usbd_isr();
4.   }
```

在 usbd_conf.h 文件中，将 USBD_LOWPWR_MODE_ENABLE 宏定义打开后，使能 USB 低功耗模式，该中断函数用于清除 EXTI 挂起标志，使用 EXTI_18 将 USB 设备从低功耗模式中唤醒，如程序清单 29-14 所示。

程序清单 29-14

```
1.   #ifdef USBD_LOWPWR_MODE_ENABLE
2.   void  USBD_WKUP_IRQHandler (void)
3.   {
4.     exti_interrupt_flag_clear(EXTI_18);
5.   }
6.   #endif /* USBD_LOWPWR_MODE_ENABLE */
```

在"API 函数实现"区，首先实现 InitKeyboard 函数，如程序清单 29-15 所示。

（1）第 4 至 5 行代码：初始化 USBD 外设时钟，注意 USB 时钟为系统时钟的 2.5 分频。

（2）第 8 行代码：USB 从机配置，初始化有关的寄存器。

（3）第 11 至 16 行代码：配置 USB 中断及唤醒外部中断。

（4）第 22 行代码：将有关信息显示到 LCD 屏上。

（5）第 23 行代码：等待 USB 配置完成。

（6）第 26 行代码：标记上次传输已完成，为接下来的数据传输做好准备。

程序清单 29-15

```
1.    void InitKeyboard(void)
2.    {
3.      //配置 RCU
4.      rcu_usb_clock_config(RCU_CKUSB_CKPLL_DIV2_5);        //USB 时钟为系统时钟的 2.5 分频
5.      rcu_periph_clock_enable(RCU_USBD);                   //使能 USBD 时钟
6.
7.      //USB 从机配置
8.      usbd_core_init(&usb_device_dev);
9.
10.     //USB 中断 NVIC 配置
11.     nvic_irq_enable(USBD_LP_CAN0_RX0_IRQn, 1, 0);
12.     nvic_irq_enable(USBD_WKUP_IRQn, 0, 0);
13.
14.     //USB 唤醒外部中断配置
15.     exti_interrupt_flag_clear(EXTI_18);
16.     exti_init(EXTI_18, EXTI_INTERRUPT, EXTI_TRIG_RISING);
17.
18.     //标记 USB 已连接上
19.     usb_device_dev.status = USBD_CONNECTED;
20.
21.     //等待 USB 配置完成
22.     printf("InitKeyboard: Please insert to the computer or Repower keyboard\r\n");
23.     while(usb_device_dev.status != USBD_CONFIGURED);
24.
25.     //标记上次传输已完成
26.     prev_transfer_complete = 1;
27.   }
```

在 InitKeyboard 函数实现区后，为 SendKeyVal 函数的实现代码，如程序清单 29-16 所示。

（1）第 6 行代码：首先使用 prev_transfer_complete 标志判断上次传输是否完成。若已完成，则继续进行处理；若未完成，则返回 1。

（2）第 9 至 16 行代码：key_buffer 为 8 字节无符号字符型数组，在 Keyboard.c 文件的"内部变量"区声明。USB-HID 上报按键键值时固定为 8 字节，其中第 1 字节为功能按键值，第 2 字节必须为 0，其余为普通按键值。

（3）第 19 行代码：调用 hid_report_send 函数上报按键数据，最多支持同时上报 6 个普通按键，此时程序将上报获取的键值。

程序清单 29-16

```
1.   u8 SendKeyVal(u8 keyFunc, u8 key0, u8 key1, u8 key2, u8 key3, u8 key4, u8 key5)
2.   {
3.     u8 ret;
4.
5.     //若是上次传输完成则开启新一次传输
6.     if(prev_transfer_complete)
7.     {
8.       //将键值保存到发送缓冲区
9.       key_buffer[0] = keyFunc;
10.      key_buffer[1] = 0;
11.      key_buffer[2] = key0;
12.      key_buffer[3] = key1;
13.      key_buffer[4] = key2;
14.      key_buffer[5] = key3;
15.      key_buffer[6] = key4;
16.      key_buffer[7] = key5;
17.
18.      //上报数据
19.      hid_report_send(&usb_device_dev, key_buffer, HID_IN_PACKET);
20.      ret = 0;
21.    }
22.    else
23.    {
24.      ret = 1;
25.    }
26.    return ret;
27.  }
```

29.3.3　ProcKeyOne.c 文件

在 ProcKeyOne.c 文件的"API 函数实现"区的 ProcKeyDownKey1、ProcKeyDownKey2 和 ProcKeyDownKey3 函数中，分别调用 SendKeyVal 函数发送键盘上"A""B""C"键的键值，如程序清单 29-17 所示。

程序清单 29-17

```
1.   void  ProcKeyDownKey1(void)
2.   {
3.     SendKeyVal(0, KEYBOARD_A, 0, 0, 0, 0, 0);
4.   }
5.
6.   void ProcKeyDownKey2(void)
7.   {
8.     SendKeyVal(0, KEYBOARD_B, 0, 0, 0, 0, 0);
9.   }
10.
```

```
11.  void  ProcKeyDownKey3(void)
12.  {
13.    SendKeyVal(0, KEYBOARD_C, 0, 0, 0, 0, 0);
14.  }
```

29.3.4 Main.c 文件

在 Main.c 文件的"内部函数实现"区的 Proc2msTask 函数中，调用 ScanKeyOne 函数，每 2ms 进行 1 次按键扫描以实现模拟键盘输入的功能，如程序清单 29-18 所示。

程序清单 29-18

```
1.  static void Proc2msTask(void)
2.  {
3.    if(Get2msFlag())        //判断 2ms 标志位状态
4.    {
5.      LEDFlicker(250);      //调用闪烁函数
6.
7.      ScanKeyOne(KEY_NAME_KEY1, ProcKeyUpKey1, ProcKeyDownKey1);
8.      ScanKeyOne(KEY_NAME_KEY2, ProcKeyUpKey2, ProcKeyDownKey2);
9.      ScanKeyOne(KEY_NAME_KEY3, ProcKeyUpKey3, ProcKeyDownKey3);
10.
11.     Clr2msFlag();         //清除 2ms 标志位
12.   }
13. }
```

29.3.5 运行结果

代码编译通过后，用跳线帽将 GD32F3 杨梅派开发板 J$_{301}$ 上的 PA11 和 PA12 引脚分别与 USB_DM 和 USB_DP 引脚短接，然后双击打开资料包"\02.相关软件\USB Virtual Com Port Driver_v2.0.2.2673\x64"文件夹下的 USB Virtual Com Port Driver.exe 软件，安装 USB 设备驱动程序，接下来下载程序并进行复位。下载完成后，用 USB 线连接开发板上的 USB_SLAVE Type-C 接口和计算机。连接完毕后，分别按下 KEY$_1$、KEY$_2$、KEY$_3$ 按键，等同于按下键盘上的"A""B""C"键，计算机将产生响应。

本 章 任 务

本章实例实现了以开发板为从机，模拟键盘与计算机的通信过程。现尝试在本章实例配套例程的基础上，编写程序，通过 KEY$_1$ 按键完成 Ctrl+C 组合键的功能，通过 KEY$_2$ 按键完成 Ctrl+V 组合键的功能，通过 KEY$_3$ 按键完成 Enter 键的功能。

任务提示：

1. 熟悉 KeyBoard 模块中的 SendKeyVal 函数及键盘 HID 码表。

2. 修改按键响应函数，调用 SendKeyVal 函数并传入相应的 HID 码。

本 章 习 题

1. 简述 USB 描述符的层次结构。

2. 简述 USB 描述符的种类及所包含的信息。

3. 简述 USB 协议的数据传输过程。

4. USB 协议有哪几种传输类型？简述其各自的特点。

第 30 章　IAP 在线升级应用

当产品在发布之后需要更新或升级程序时，一种方式是收回产品、拆解及重新烧录代码，但这样会大大降低用户体验。因此，一个合格的产品，不仅需要实现应有的功能，还需要最大限度地简化程序更新的步骤。本章介绍如何通过 SD 卡进行 IAP 应用升级。IAP，即在程序中编程。相对于通过 GD-Link 和 J-Link 等工具烧录程序，IAP 可通过存储设备或通信接口连接产品后直接更新程序，极大地简化了更新程序的步骤。

本章的主要内容是学习通过 IAP 实现微控制器程序的在线升级，首先了解 ICP 和 IAP 两种微控制器编程方式的区别，以及二者对应的程序执行流程，进而掌握 IAP 的原理。本节根据用户程序生成方法，基于 GD32F3 杨梅派开发板设计一个 IAP 在线升级应用程序，先将 Bootloader 程序烧录进微控制器中，再将用户程序存放于 SD 卡的固定路径下，最后通过 Bootloader 将 SD 卡中的用户程序下载到微控制器的主闪存中，从而实现用户程序对应的功能。

30.1　微控制器编程方式

微控制器编程方式根据代码下载方法不同可分为两种，即在线编程（In Circuit Programming，ICP）和在程序中编程（In Application Programming，IAP）。

ICP 即通过 JTAG 或 SWD 等接口下载程序到微控制器中，ICP 首先将 Boot0 引脚电平拉高，将 Boot1 引脚电平拉低，然后触发微控制器复位。微控制器复位后跳转到系统存储器的位置，即 0x1FFFB000（微控制器硬件自带的 Bootloader）执行引导装载程序，将 JTAG 或 SWD 等接口传输的程序下载到主闪存中。

IAP 需要两份程序代码，通常将第一份程序代码称为 Bootloader 程序，第二份程序代码称为用户程序。Bootloader 程序不执行正常的功能，而是通过某种接口（如 USB、UART 或 SDIO 接口）获取用户程序，用户程序才是真正的功能代码，两份代码都存储于主闪存中。Bootloader 程序一般存储于主闪存的最低地址区，即从 0x08000000 开始，而用户程序存储地址相对于主闪存的最低地址区存在一个相对偏移量 X。注意，如果主闪存容量足够大，可以实现设计多个用户程序。IAP 中主闪存的空间分配情况如图 30-1 所示。在中断向量表中最先存放的是栈顶地址，通常占 4 字节。

图 30-1　主闪存分配

30.2　程序执行流程

1. ICP

如图 30-2 所示，由于主闪存物理地址的首地址为 0x08000000，因此通过 ICP 下载的程序从 0x08000000 开始。首先存储的区域为栈顶地址，其次从 0x08000004 开始存储中断向量表，在中断向量表之后，开始存储用户程序，用户程序中包含了中断服务程序。

ICP 程序的运行流程为：①根据复位中断向量跳转至复位中断服务程序并执行，复位微控制器；②复位结束后，先调用 SystemInit 函数进行系统初始化，包括 RCU 配置等，然后执行 __main 函数，__main 函数是编译系统提供的一个函数，负责完成库函数的初始化和初始化应用程序执行环境，完成后自动跳转到 main 函数开始执行；③当出现中断请求时，程序将在中断向量表中查找对应的中断向量；④根据查找到的中断向量，跳转到对应的中断服务程序并执行；⑤当中断服务程序运行结束后，跳转到 main 函数继续运行。

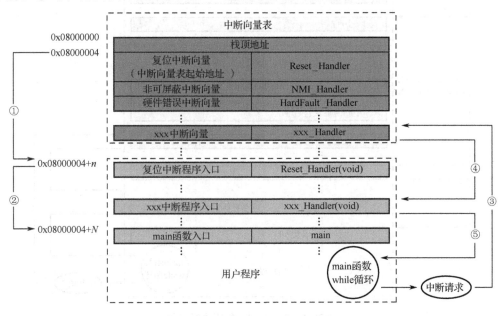

图 30-2　ICP 程序执行流程

2. IAP

如图 30-3 所示，通过 IAP 方式下载程序时，主闪存中存放着 Bootloader 程序及用户程序。相对于 ICP 方式下载的程序，IAP 方式在 Bootloader 程序执行后，开始执行具有新栈顶地址和中断向量表的用户程序。

Bootloader 程序的运行流程起初与 ICP 程序相同：①根据复位中断向量跳转至复位中断服务程序并执行，复位微控制器；②复位结束后调用 SystemInit 和 __main 函数，然后跳转到 main 函数执行。不同之处在于，Bootloader 程序在 main 函数中会执行相应的语句，跳转到用户程序中继续执行：③检查是否需要更新用户程序，如果需要更新，则首先执行用户程序更新操作，否则进行下一步；④跳转至用户程序的复位中断服务程序并执行；⑤复位结束后调用 SystemInit 和 __main 函数，然后跳转到用户程序的 main 函数中执行；⑥~⑦当发生中断时，程序将在中断向量表中查找对应的中断向量，再根据相对偏移量 X 跳转至用户程序对应的中断服务程序并执行；⑧当中断程序运行结束后，跳转至用户程序的 main 函数继续运行。

Bootloader 程序的下载必须通过 ICP 进行，当需要更新用户程序时，可直接通过存储设备或通信接口传输数据。

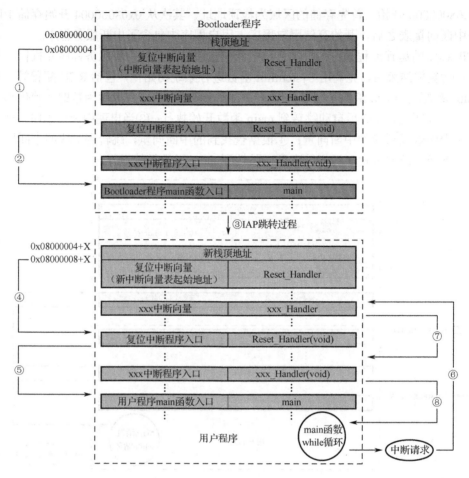

图 30-3　Bootloader 程序执行流程

30.3　用户程序生成

用户程序同样是一个完整的工程，与 ICP 方式所需要的工程相同，但用户程序需要经过特定的配置，配置步骤如下。

步骤 1：设置用户程序的起始地址和存储空间

如图 30-4 所示，单击工具栏中的 🔨 按钮，在弹出的 Options for Target 'Target1'对话框中打开 Target 标签页，勾选 IROM1 选项，并将起始地址设置为 0x8010000，大小为 0x10000（64KB），此时，Bootloader 程序存放地址为主闪存的起始地址，即 0x08000000；用户程序代码存放地址为主闪存起始地址加上相对偏移量 X（这里将 X 设置为 10000），即 0x08010000。

步骤 2：设置中断向量表偏移量

在用户程序的 main 函数执行硬件初始化前，添加如下代码，即可设置相对偏移量 X 为 0x10000，否则会导致 App 跳转失败：

```
nvic_vector_table_set(FLASH_BASE,0x10000);
```

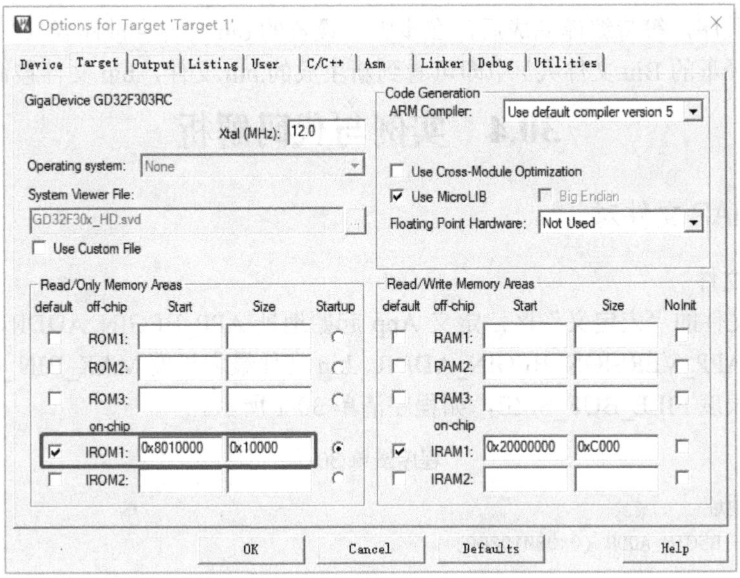

图 30-4　设置地址及存储空间

步骤 3：设置.bin 文件生成

通过步骤 1 和步骤 2 即可生成用户程序，但 MDK 默认生成的文件为.hex 文件，.hex 文件通常通过 ICP 方式下载至微控制器，不适合作为 IAP 的编程文件，需要生成相应的.bin 文件。

Keil　μVision5　软件安装目录的 "ARM\ARMCC\bin" 目录下包含了格式转换工具 fromelf.exe，通过该工具可完成.axf 文件到.bin 文件的转换。如图 30-5 所示，在 Options for Target 'Target1'对话框中打开 User 标签页，勾选 Run#1 选项，并在对应的 User Command 栏中添加格式转换工具 fromelf.exe 路径、.bin 文件存放路径和用户程序路径，3 个路径之间通过空格隔开，本章例程的对应地址为 "D:\GD32\keil5\ARM\ARMCC\bin\fromelf.exe--bin-o../Bin/App.bin../project/Objects/GD32KeilPrj.axf"。

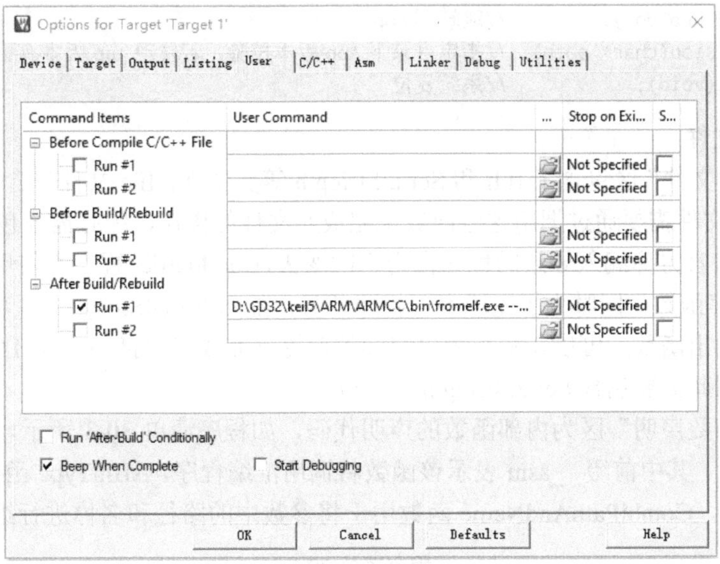

图 30-5　.bin 文件转换设置

最后编译程序，等待编译完成后，在步骤 3 设置的.bin 文件存放路径（"../Bin/App.bin"，即工程所在路径下的 Bin 文件夹）中即可看到新生成的.bin 文件，.bin 文件被命名为 App.bin。

30.4　实例与代码解析

30.4.1　IAP 文件对

1．IAP.h 文件

在 IAP.h 文件的"宏定义"区，定义 App 起始地址 APP_BEGIN_ADDR、.bin 文件版本信息存储地址 APP_VERSION_BEGIN_ADDR、.bin 文件最大长度 MAX_BIN_NAME_LEN 及数据缓冲区的长度 FILE_BUF_SIZE，如程序清单 30-1 所示。

程序清单 30-1

```
1.    //App 起始地址
2.    #define APP_BEGIN_ADDR (0x08010000)
3.
4.    //.bin 文件版本信息存储地址，为 App 起始页的上一页
5.    #define APP_VERSION_BEGIN_ADDR (APP_BEGIN_ADDR - 64)
6.
7.    //.bin 文件最大长度（含路径）
8.    #define MAX_BIN_NAME_LEN 64
9.
10.   //数据缓冲区长度，定义为 Flash 页大小，即每次写入一页数据
11.   #define FILE_BUF_SIZE FLASH_PAGE_SIZE
```

在"API 函数声明"区为 API 函数的声明代码，如程序清单 30-2 所示。GotoApp 函数用于从 Bootloader 程序跳转至 App 程序，即用户程序；CheckAppVersion 函数用于检验 App 程序的版本；SystemReset 函数用于完成系统复位。

程序清单 30-2

```
void GotoApp(u32 appAddr);          //跳转到 App
void CheckAppVersion(char* path);   //指定目录下 App 版本校验，若发现 App 版本有更新则自动更新
void SystemReset(void);             //系统复位
```

2．IAP.c 文件

在"包含头文件"区包含了 ff.h 和 SerialString.h 等头文件，ff.c 文件包含对文件系统的操作函数，IAP.c 文件需要通过调用这些函数来完成对文件的操作，因此需要包含 ff.h 头文件。为了避免 C 语言官方库编入导致的程序占用空间变大，Bootloarder 程序不使用 printf 或 sprintf 等 C 语言官方库函数，同时为了完成串口打印任务，加入 SerialString 文件对，SerialString.c 文件包含串口输出函数，可以在减小程序空间的前提下完成串口打印，而 IAP.c 文件需要输出相应信息，因此需要包含 SerialString.h 头文件。

在"内部函数声明"区为内部函数的声明代码，如程序清单 30-3 所示。SetMSP 函数用于设置主栈指针，其中前缀 __asm 表示该函数将调用汇编程序，IsBinType 函数用于判断文件是否为.bin 文件，CombiPathAndName 函数用于将参数中的路径和名称进行组合。

程序清单 30-3

```
__asm static void SetMSP(u32 addr);                          //设置主栈指针
```

```
static        u8   IsBinType(char* name);                              //判断是否为.bin 文件
static        void CombiPathAndName(char* buf, char* path, char* name);   //将路径和名字组合在一起
```

在"内部函数实现"区，首先实现 SetMSP 函数，如程序清单 30-4 所示。SetMSP 函数具有前缀__asm，表示该函数调用汇编程序，其中，MSR 指令为通用寄存器到状态寄存器的传送指令，BX 指令用于跳转到指定的目标地址。MSP 为主堆栈指针；r0 为通用寄存器，用于保存并传入函数参数；r14 为链接寄存器，保存函数的返回地址。因此，SetMSP 函数将 addr 参数传入主堆栈指针中，然后通过 BX 返回。

程序清单 30-4

```
1.    __asm static void SetMSP(u32 addr)
2.    {
3.      MSR MSP, r0
4.      BX r14
5.    }
```

在 SetMSP 函数实现区后为 IsBinType 函数的实现代码。IsBinType 函数与 MP3Player.c 文件中的 IsMP3Type 函数类似，根据传入的文件名地址检测标识后缀的"."的位置，然后检测后缀是否为 BIN、Bin 或 bin，若是，则返回 1，表示该文件为.bin 文件；否则返回 0。

在 IsBinType 函数实现区后为 CombiPathAndName 函数的实现代码，如程序清单 30-5 所示。由于 f_open 函数打开文件需要提供完整路径，因此需要先通过 CombiPathAndName 函数将文件的所在路径与文件名进行组合。该函数先通过 while 语句检测路径或文件名字符串是否为空，以及 buf 大小是否超过最大长度，然后将路径和文件名按顺序存储在 buf 数组中。

程序清单 30-5

```
1.    static void CombiPathAndName(char* buf, char* path, char* name)
2.    {
3.      u32 i, j;
4.
5.      //保存路径到 buf 中
6.      i = 0;
7.      j = 0;
8.      while((0 != path[i]) && (j < MAX_BIN_NAME_LEN))
9.      {
10.       buf[j++] = path[i++];
11.     }
12.     buf[j++] = '/';
13.
14.     //将名字保存到 buf 中
15.     i = 0;
16.     while((0 != name[i]) && (j < MAX_BIN_NAME_LEN))
17.     {
18.       buf[j++] = name[i++];
19.     }
20.     buf[j] = 0;
21.   }
```

在"API 函数实现"区，首先实现 GotoApp 函数，该函数用于跳转至 App 程序，如程序清单 30-6 所示。GotoApp 函数首先获取复位中断服务函数的地址，并检查栈顶地址是否合法，

若合法，则输出相应信息后获取 App 复位中断服务函数地址，并通过 SetMSP 函数设置 App 主栈指针，最后通过 appResetHandler 函数跳转至 App。

程序清单 30-6

```
1.    void GotoApp(u32 appAddr)
2.    {
3.        //App 复位中断服务函数
4.        void (*appResetHandler)(void);
5.
6.        //延时变量
7.        u32 delay;
8.
9.        //检查栈顶地址是否合法.
10.       if(0x20000000 == ((*(u32*)appAddr) & 0x2FFE0000))
11.       {
12.           //输出提示正在跳转中
13.           PutString(" 跳转到 App...\r\n");
14.           PutString("----Leyutek(COPYRIGHT 2018 - 2021 Leyutek. All rights reserved.)-----\r\n");
15.           PutString("\r\n");
16.           PutString("\r\n");
17.
18.           //延时等待字符串打印完成
19.           delay = 10000;
20.           while(delay--);
21.
22.           //获取 App 复位中断服务函数地址，用户代码区第二个字为程序开始地址(复位地址)
23.           appResetHandler = (void (*)(void))(*(u32*)(appAddr + 4));
24.
25.           //设置 App 主栈指针，用户代码区的第一个字用于存放栈顶地址
26.           SetMSP(*(u32*)(appAddr));
27.
28.           //跳转到 App
29.           appResetHandler();
30.       }
31.       else
32.       {
33.           PutString(" 非法栈顶地址\r\n");
34.           PutString(" 跳转到 App 失败!!!\r\n");
35.           PutString("----Leyutek(COPYRIGHT 2018 - 2021 Leyutek. All rights reserved.)-----\r\n");
36.           PutString("\r\n");
37.           PutString("\r\n");
38.       }
39.   }
```

在 GotoApp 函数实现区后，为 CheckAppVersion 函数的实现代码，如程序清单 30-7 所示。CheckAppVersion 函数用于完成 App 版本的校验，由于 App 存储于 SD 卡中，因此校验前需要先挂载文件系统。App 的版本与其修改日期有关。

（1）第 9 至 51 行代码：通过 f_opendir 函数打开指定路径后，再通过 while 语句搜索该路径下的.bin 文件并获取文件相应信息，根据信息计算文件修改时间后计算版本号，并将计算出的版本号与微控制器内部的用户程序版本号比较，若版本不一致则更新 App 程序。

（2）第 54 至 107 行代码：通过 CombiPathAndName 函数将.bin 文件路径与.bin 文件名合并后打开该.bin 文件，设置.bin 文件数据写入的主闪存地址后，以该地址为首地址，通过 while 语句将.bin 文件中的数据逐一读出并写入主闪存中。等待文件读取完毕后跳出循环。

（3）第 110 至 116 行代码：完成.bin 文件的读/写后，通过 FlashWriteWord 函数将该文件的版本记录至主闪存中，以便下一次 App 检查更新时进行版本校验，最后关闭打开的文件及目录。

程序清单 30-7

```
1.    void CheckAppVersion(char* path)
2.    {
3.      …
4.
5.      PutString(" 开始搜索.bin 文件并校验 App 版本\r\n");
6.      PutString(" --.bin 文件目录："); PutString(path); PutString("\r\n\r\n");
7.
8.      //打开指定路径
9.      result = f_opendir(&direct, path);
10.     if(result != FR_OK)
11.     {
12.       PutString(" 路径："); PutString(path); PutString(" 不存在\r\n");
13.       PutString(" 校验结束\r\n\r\n");
14.       return;
15.     }
16.
17.     //在指定目录下搜索 App.bin 文件
18.     while(1)
19.     {
20.       result = f_readdir(&direct, &fileInfo);
21.       if((result != FR_OK) || (0 == fileInfo.fname[0]))
22.       {
23.         PutString(" 没有查找到.bin 文件\r\n");
24.         PutString(" 请检查.bin 文件是否已经放入指定目录\r\n\r\n");
25.         return;
26.       }
27.       else if(1 == IsBinType(fileInfo.fname))
28.       {
29.         year   = ((fileInfo.fdate & 0xFE00) >> 9 ) + 1980;
30.         month  = ((fileInfo.fdate & 0x01E0) >> 5 );
31.         …
32.         break;
33.       }
34.     }
35.
36.     //校验 App 版本
37.     appVersion = ((u32)fileInfo.fdate << 16) | fileInfo.ftime;
38.     localVersion = *(u32*)APP_VERSION_BEGIN_ADDR;
39.     if(appVersion == localVersion)
40.     {
```

```
41.      PutString(" 当前 App 版本与本地 App 版本一致，无须更新\r\n\r\n");
42.      return;
43.    }
44.    else if(appVersion < localVersion)
45.    {
46.      PutString(" 请注意，当前 App 并非最新版本\r\n\r\n");
47.    }
48.    else
49.    {
50.      PutString(" 当前 App 为最新版本，无须更新\r\n\r\n");
51.    }
52.
53.    //将路径和.bin 文件名组合到一起
54.    CombiPathAndName(s_arrName, path, fileInfo.fname);
55.
56.    //开始更新
57.    PutString(" 开始更新\r\n");
58.
59.    //打开文件
60.    result = f_open(&s_fileBin, s_arrName, FA_OPEN_EXISTING | FA_READ);
61.    if(result != FR_OK)
62.    {
63.      PutString(" 打开.bin 文件失败\r\n");
64.      PutString(" 更新失败\r\n\r\n");
65.      return;
66.    }
67.
68.    //读取.bin 文件数据并写入到主闪存的指定位置
69.    flashWriteAddr = (u32)APP_BEGIN_ADDR;
70.    s_iLastProcess = 0;
71.    s_iCurrentProcess = 0;
72.    while(1)
73.    {
74.      //输出更新进度
75.      s_iCurrentProcess = 100 * s_fileBin.fptr / s_fileBin.fsize;
76.      if((s_iCurrentProcess - s_iLastProcess) >= 5)
77.      {
78.        s_iLastProcess = s_iCurrentProcess;
79.        PutString(" 更新进度："); PutDecUint(s_iCurrentProcess, 1); PutString("%\r\n");
80.      }
81.
82.      //读取.bin 文件数据到数据缓冲区
83.      result = f_read(&s_fileBin, s_arrBuf, FILE_BUF_SIZE, &s_iReadNum);
84.      if(result !=  FR_OK)
85.      {
86.        PutString(" 读取.bin 文件数据失败\r\n");
87.        PutString(" 更新失败\r\n\r\n");
88.        return;
```

```
89.        }
90.
91.        //将读取到的数据写入主闪存中
92.        if(s_iReadNum > 0)
93.        {
94.          FlashWriteWord(flashWriteAddr, (u32*)s_arrBuf, s_iReadNum / 4);
95.        }
96.
97.        //更新主闪存写入位置
98.        flashWriteAddr = flashWriteAddr + s_iReadNum;
99.
100.       //判断文件是否读完
101.       if((s_fileBin.fptr >= s_fileBin.fsize) || (0 == s_iReadNum))
102.       {
103.         PutString(" 更新进度：100%\r\n");
104.         PutString(" 更新完成\r\n\r\n");
105.         break;
106.       }
107.    }
108.
109. //保存 App 版本到主闪存指定位置
110. FlashWriteWord(APP_VERSION_BEGIN_ADDR, &appVersion, 1);
111.
112. //关闭文件
113. f_close(&s_fileBin);
114.
115. //关闭目录
116. f_closedir(&direct);
117. }
```

在 CheckAppVersion 函数实现区后，为 SystemReset 函数的实现代码，如程序清单 30-8 所示，SystemReset 函数在关闭所有中断后，调用 NVIC_SystemReset 函数完成系统复位，以完成微控制器各个寄存器的复位。由于本实例通过 SD 卡完成 IAP 升级并且自动校验.bin 文件的版本，因此无须调用 SystemReset 函数。但该函数十分必要，当完成 IAP 升级后，由于 Bootloader 程序中使用到的串口和定时器等外设未恢复到默认值，此时若运行用户程序，可能导致运行结果出错等问题。

程序清单 30-8

```
1.   void SystemReset(void)
2.   {
3.        __set_FAULTMASK(1);          //关闭所有中断
4.        NVIC_SystemReset();          //系统复位
5.   }
```

30.4.2 Main.c 文件

在 Main.c 文件的 main 函数中调用 CheckAppVersion 和 GotoApp 函数，如程序清单 30-9 所示，这样就实现了从 Bootloader 程序到 App 程序的升级。

程序清单 30-9

```
1.   int main(void)
2.   {
3.     FATFS fs_my[2];
4.     FRESULT result;
5.
6.     InitHardware();    //初始化硬件相关函数
7.     InitSoftware();    //初始化软件相关函数
8.
9.     PutString("\r\n");
10.    PutString("\r\n");
11.    PutString("------------------------Bootloader V1.0.0------------------------\r\n");
12.
13.    //挂载文件系统
14.    result = f_mount(&fs_my[0], FS_VOLUME_SD, 1);
15.
16.    //挂载文件系统失败
17.    if (result != FR_OK)
18.    {
19.      PutString(" 挂载文件系统失败\r\n");
20.    }
21.
22.    //挂载系统成功，校验 App 版本，若发现新版本 App 则更新 App 程序
23.    else
24.    {
25.      PutString(" 挂载文件系统成功\r\n");
26.      CheckAppVersion("0:/UPDATE");
27.    }
28.
29.    //卸载文件系统
30.    f_mount(&fs_my[0], FS_VOLUME_SD, 0);
31.
32.    //跳转至 App
33.    GotoApp(APP_BEGIN_ADDR);
34.
35.    //跳转失败，进入死循环
36.    while(1);
37.  }
```

30.4.3　运行结果

首先按照 30.2.3 节的步骤在 "29.IAP-App\Bin" 文件夹中生成 App.bin 文件，并将其复制到 SD 卡的 update 文件夹中，然后将 SD 卡插入开发板。用跳线帽将 GD32F3 杨梅派开发板 J₃₀₁ 上的 PA11 和 PA12 引脚分别与 BL 和 CS 引脚短接。

"29.IAP-Bootloader" 工程的代码编译通过后，下载程序并进行复位，此时将进行 IAP 在线升级，用户程序被自动加载到微控制器的主闪存中，串口助手显示信息如图 30-6 所示。

此时 LCD 屏显示与中文显示实例相同，具体操作及运行结果可参考中文显示实例。

图 30-6　IAP 升级

本 章 任 务

本章实例实现了自动校验版本并更新程序，现尝试将自动更新改为手动更新。在 Bootloader 程序中，实现复位后通过 KEY$_1$ 按键启动程序更新，长按 KEY$_1$ 按键直到蜂鸣器鸣叫后，自动进行用户程序更新。

任务提示：

1．查看原理图，根据蜂鸣器连接到微控制器的引脚，通过设置引脚电平控制蜂鸣器鸣叫。

2．设置计数器并修改 ScanKeyOne 函数，每次检测到按键按下后使计数器加 1，检测到按键弹起则清零，若计数器达到一定值，表示按键被长按，则控制蜂鸣器鸣叫并调用相应函数进行程序更新。

本 章 习 题

1．简述 ICP 和 IAP 两种编程方式的区别。

2．分别简述通过 ICP 和 IAP 烧录的程序运行流程。

3．尝试将本章之前学习的各个实例通过 IAP 方式进行烧录。

4．设置多个 App 程序，并通过按键控制具体更新哪一个 App。

附录 A   ASCII 码表

ASCII 值	控制字符	ASCII 值	控制字符	ASCII 值	控制字符	ASCII 值	控制字符
0	NUL	32	(space)	64	@	96	`
1	SOH	33	!	65	A	97	a
2	STX	34	"	66	B	98	b
3	ETX	35	#	67	C	99	c
4	EOT	36	$	68	D	100	d
5	ENQ	37	%	69	E	101	e
6	ACK	38	&	70	F	102	f
7	BEL	39	'	71	G	103	g
8	BS	40	(	72	H	104	h
9	HT	41	)	73	I	105	i
10	LF	42	*	74	J	106	j
11	VT	43	+	75	K	107	k
12	FF	44	,	76	L	108	l
13	CR	45	-	77	M	109	m
14	SO	46	.	78	N	110	n
15	SI	47	/	79	O	111	o
16	DLE	48	0	80	P	112	p
17	DC1	49	1	81	Q	113	q
18	DC2	50	2	82	R	114	r
19	DC3	51	3	83	S	115	s
20	DC4	52	4	84	T	116	t
21	NAK	53	5	85	U	117	u
22	SYN	54	6	86	V	118	v
23	ETB	55	7	87	W	119	w
24	CAN	56	8	88	X	120	x
25	EM	57	9	89	Y	121	y
26	SUB	58	:	90	Z	122	z
27	ESC	59	;	91	[	123	{
28	FS	60	<	92	\	124		
29	GS	61	=	93	]	125	}
30	RS	62	>	94	^	126	~
31	US	63	?	95	_	127	DEL

参 考 文 献

[1] 钟世达，郭文波. GD32F3 开发基础教程——基于 GD32F303ZET6. 北京：电子工业出版社，2022.

[2] 钟世达，郭文波.GD32F3 开发进阶教程——基于 GD32F303ZET6. 北京：电子工业出版社，2022.

[3] JOSEPH YIU. ARM Cortex-M3 与 Cortex-M4 权威指南. 北京：清华大学出版社，2015.

[4] 喻金钱，喻斌. STM32F 系列 ARM Cortex-M3 核微控制器开发与应用. 北京：清华大学出版社，2011.

[5] 王益涵，孙宪坤，史志才. 嵌入式系统原理及应用——基于 ARM Cortex-M3 内核的 STM32F1 系列微控制器. 北京：清华大学出版社，2016.

[6] 杨百军，王学春，黄雅琴. 轻松玩转 STM32F1 微控制器. 北京：电子工业出版社，2016.

[7] 刘火良，杨森. STM32 库开发实战指南. 北京：机械工业出版社，2013.

[8] 肖广兵. ARM 嵌入式开发实例——基于 STM32 的系统设计. 北京：电子工业出版社，2013.

[9] 陈启军，余有灵，张伟，等. 嵌入式系统及其应用. 北京：同济大学出版社，2011.

[10] 刘军. 例说 STM32. 北京：北京航空航天大学出版社，2011.